微污染水源饮用水处理

王占生　刘文君　张锡辉　著

U0285604

中国建筑工业出版社

图书在版编目（CIP）数据

微污染水源饮用水处理/王占生等著 . —北京：中国
建筑工业出版社，2016.10
ISBN 978-7-112-19687-6

Ⅰ.①微… Ⅱ.①王… Ⅲ.①微污染-饮用水-供水
水源-水处理 Ⅳ.①TU991.2

中国版本图书馆 CIP 数据核字（2016）第 194966 号

　　本书前版是国内第一本全面论述微污染地表水源饮用水处理技术的专
著，现重新编写。全书分 14 章，包括：国内外地表水源水污染现状、地
表水水质特征、国内外饮用水水质标准的发展趋势、地表水中有机污染物
的分类、有机物分子量分布的特点和选择处理技术的关系；受污染水源水
的净化技术，常规处理、强化常规处理、生物预处理、深度处理等、针对
富营养化水源水的适宜处理技术、饮用水的消毒与消毒副产物、饮用水的
生物稳定性、管网中 AOC、三卤甲烷 、卤乙酸的变化；有关水质指标的
分析测定，色质联机定性微量有机物、有机物分子量分布、可生物降解有
机物 BDOC、可生物同化有机碳 AOC、Ames 致突活性、消毒副产物等，
膜技术在给水处理中的应用、组合工艺处理效果评价以及饮用水净化未来
的展望等。本专著适合从事饮用水处理的研究、设计与运行管理人员阅
读，也可供给水排水专业或环境工程专业的大学生和研究生参考，同时对
饮用水有兴趣的其他人员也可从本书获得帮助。

* 　 * 　 *

责任编辑：王美玲　　俞辉群
责任校对：李欣慰　　张　颖

微污染水源饮用水处理
王占生　刘文君　张锡辉　著

*
中国建筑工业出版社出版、发行（北京西郊百万庄）
各地新华书店、建筑书店经销
北京红光制版公司制版
北京云浩印刷有限责任公司印刷
*
开本：787×1092 毫米　1/16　印张：20½　字数：497 千字
2016 年 11 月第一版　2016 年 11 月第一次印刷
定价：**60.00** 元
ISBN 978-7-112-19687-6
（29074）

前　言

2006 年国家颁布了《生活饮用水卫生标准》修订版。修订版标准水质毒理指标中有机化合物由 5 项增至 53 项，总指标数从 1985 年版 35 项增加到 106 项，其中将浊度限值定为 1NTU、增加了新的代表有机污染物总量的指标耗氧量为 3mg/L，并规定从 2012 年 7 月起完全执行 106 项水质指标。在水源水的有机污染严重时期，生活饮用水水质新标准的实施，大大提高了居民饮用水的质量，保障了居民的饮水健康。

在此期间全国给水行业同仁针对各地受污染水源水质，长期进行了各种强化常规处理、生物预处理与深度处理技术的试验研究，克服了种种困难以寻求实用有效而又经济可行的适宜技术。

21 世纪初首先在浙江嘉兴地区建起了生物预处理、臭氧—生物炭与常规处理组合的深度处理工艺。以后结合生产运行中产生的问题，如：臭氧氧化产生了消毒副产物溴酸盐，生物炭出水中微生物的泄漏等，通过同行们的共同努力、试验研究找出了解决的办法。这样，臭氧—生物炭技术的优缺点清晰了，出现的问题解决了，技术也成熟了。臭氧—生物炭技术是我国给水界同行学习外国经验，结合实际的水源水质情况，通过无数次试验、实践总结而选出的，现已成为给水事业发展中深度处理的主流技术。

根据嘉兴地区的工程经验，逐步推广至今，在全国地表水源水厂 2000 万 m³/d 的供水量，已用上了臭氧—生物炭技术。

目前江苏省建设厅已规划至 2020 年全省县一级的自来水厂都要实施臭氧—生物炭技术以完善深度处理工艺，使全省自来水水质从"合格"提升到"优质"。

我国 2020 年将全面建成小康社会，居民的生活饮用水水质也将提升到一个新的高度，我们将为让老百姓喝上一口安全放心的水继续努力。

本书要点是，全面论述给水深度处理中臭氧—生物炭技术，同时根据发展需要，结合膜技术的特点与膜在给水处理中的作用，介绍其应用情况，并且对消毒与消毒副产物进行概述。

力求通过本书，能让读者全面了解当前水源水质情况，对深度处理的各种工艺和技术有清晰的概念，对解决微污染水源水质处理有所裨益。

本书由王占生、刘文君、张锡辉教授编著，各章作者为：第 1 章：王占生；第 2 章：胡江泳；第 3 章：张贵春、刘文君；第 4 章：贺北平；第 5 章：李永秋；第 6 章：黄晓东；第 7 章：戴日成、吴为中、刘文君；第 8 章：刘建广；第 9 章：罗晓鸿；第 10

章：刘文君；第 11 章：刘文君；第 12 章：罗敏、张锡辉；第 13 章：方振东、贺北平；第 14 章：王占生。

由于各方面条件与知识的局限，难免有错误之处，恳请读者批评指正。

王占生

2016 年 4 月 29 日

目　　录

第1章 概 论

1.1 水资源

人类的生存与活动离不开水。水覆盖着71%的地球表面，因此地球得到了"蓝色星球"的美名。但是在13亿 km³的水资源中，98%都是含盐的水，淡水只有3000万 km³，而且其中88%呈固态（冰帽和冰川）。在12%的淡水中多数是地下水，人们可以直接取用的淡水，即从河流和湖泊中取用的淡水，只占0.014%。

地球上的水虽然不少，但水的分布却很不平衡。世界上每年约65%的水资源集中在不到10个国家里，而人口占世界总人口的40%的80个国家（其中9国在近东和中东）却严重缺水，另外26个国家（共有人口2.32亿）的水资源也很少。

1998年3月22日值"世界水日"之际，各国报纸都刊登了有关水资源的问题，且以"水荒"、"水战"、"水危机"、"水冲突"等显著的标题引起读者的注意。法新社报道，到21世纪，在这个人口过剩的地球上，围绕淡水进行的频繁争夺将比以往任何时候都更加残酷无情。联合国1997年就提醒人们，水资源缺乏很可能引发"地方的或地区的灾难"，还可能引发"能导致世界危机的对抗"。1997年6月在伊斯坦布尔召开的联合国人类住区会议，会议秘书长沃利·恩多警告说："据我的推断，在未来50年我们会看到，导致国与国之间，人与人之间剧烈冲突的诱因将不再是石油，而是水。"1997年3月在摩洛哥的马拉喀什召开的世界水资源研讨会预测，2050年以前将发生一次水危机。2006年3月22日，第四届世界水资源论坛在墨西哥城举行。联合国秘书长科菲·安南发表讲话，宣布了该年世界水日"水与文化"的主题，并向全球各国推荐了题为"水，共有的责任"的《联合国世界水资源开发报告》，以让国际社会了解当前世界水资源管理面临的主要挑战。安南在诠释该年世界水日的主题"水与文化"时说："水，不仅是人类生命所必需的资源，而且还是广博文化的神——艺术家们的灵感、科学研究的焦点，乃至许多传统和宗教信仰严谨礼节中不可缺少的组成部分。"尽管水的价值重大，然而在全球的城镇乡村，浪费水的现象却普遍存在，水环境依然在继续退化。目前，全世界18%的人口无法喝到安全的饮用水，40%的人口缺少基础的卫生设施。每天约6000人因与水有关的原因而死亡，其中大多数是儿童。可见，对水资源的管理和利用迫在眉睫。世界银行官员们主张把水作为一种稀有资源来管理。随着越来越多的人认识到淡水是一种稀有资源，认为水理所当然是取之不尽的时代将一去不复返。

我国是水资源较丰富的国家之一，水资源总量为28124亿 m³，位居世界第六，然而由于人口众多，以13亿计，我国人均占有水资源量仅2163m³，约为世界人均占有水量的1/4。又由于我国水资源主要来源于降水，降水遭受大气环流，海陆位置以及地形、地势等因素的影响，在地区分布上很不均匀，总格局是南方多，北方少，东南多，西北少。在时间分布方面更显不平衡，大多数降水集中于夏季7、8、9三个月份。连续丰水和连续枯水的情况在北方尤其严重。我国西北、华北以及沿海缺水地区受水资源匮乏的影响，使这些地区的国民经济发展受到严重的制约。

目前我国城市供水以地表水或地下水为主，或者两种水源混合使用，有些城市因地下水过度开采，造成地下水位下降，有的城市形成了几百平方公里的大漏斗。中国水资源的枯竭将会给我们国家的稳定带来巨大的威胁，我们应当合理利用有限的水资源，以使我们的生活得到基本的保障。

1.2　地表水环境的污染现状

人们生活用水、生产用水主要来自于地下水和地表水，其中地表水分布较为广泛，来源丰富且利用较为方便，加之近几年来地下水的过量使用，水位急剧下降，因而各种地表水源（如江河、湖泊、水库等）已成为人们用水的主要来源。近年来，世界经济的持续发展，尤其是有机化工、石油化工、医药、农药、杀虫剂及除草剂等生产工业的迅速增长，有机化合物的产量和种类不断增加，各种生产废水和生活污水未达到排放标准就直接进入水体，对地表水源造成了极大的危害，水源水质也因此急剧下降。

1.2.1　国外地表水环境污染状况

流经欧洲9国的莱茵河，在德国段，20世纪50年代以前水质较好，河水经堤岸过滤后即可安全饮用。自20世纪中期以来，随着工业的高速发展，莱茵河曾一度成了欧洲最大的下水道，水体遭到一系列严重污染事件。在这些污染事故中，化工污染与石油泄漏是绝对的主角，其中化工污染比例最大。仅在德国段就有约300家工厂把大量的酸、漂液、染料、铜、镉、汞、去污剂、杀虫剂等上千种污染物倾入河中。1986年11月1日，瑞士巴塞尔的桑多斯化工厂仓库失事起火，该事件被称为"水工业切尔诺贝利事件"，近30t硫化物、磷化物、汞、灭火剂溶液随水注入河道，造成大批鳗鱼、鳟鱼、水鸭等水生生物死亡；下游160km内约有60万条鱼被毒死；480km内的井水不能饮用；沿岸许多自来水厂、啤酒厂被迫关闭；使莱茵河流域国家遭受了6000万美元的损失。自20世纪90年代以来，莱茵河流域国家通过成立统一的管理委员会，推行清洁生产，加强监测和预警等规划措施，有效地减少了工业污染的排放量，降低了跨界传输负荷，改善了莱茵河的水质。水中重金属Hg、Cd、Cr、Pb、Cu、Ni、Zn等污染负荷明显降低，而N、P等富营养物质的负荷也降低了，同时，水体中含氧量上升，有利于水中生物的生存。2000年以来，莱茵河水体的各类有机污染物和重金属污染也得到了较好的控制。

1958～1965年，美国对布赖登巴赫（Breidenbach）等地饮用水水源进行了广泛的调查，发现农药的浓度分别为：艾氏剂$0.001\sim0.006\mu g/L$，环氧七氯为$0.0001\sim0.144\mu g/L$，DDT为$0.008\sim0.0144\mu g/L$。美国环保局（EPA）对30个可能会含有农药的水源水进行取样测试分析，结果发现多数水中含有氯丹、环氧七氯等有机污染物，在对68个水样的分析中有15%的水样含有艾氏剂，含量为$0.014\sim0.020\mu g/L$；有16.7%的水样含有狄氏剂，其中8个水样中狄氏剂浓度大于$0.02\mu g/L$。

美国费城以特拉华河（Delaware）为饮用水水源，河水受到工业废水和城市净化后的污水的污染。马萨诸塞理工学院在 1977～1978 年对该河的水质调查中发现有近百种有机化合物，其中双醚的含量在 0.4～0.5μg/L。这些有机化合物与专门的工业工厂排放物有明显的相关关系，尤其是增塑剂、四甘醇和乙二醇。依阿华州的达文波特（Davenport）水厂以密西西比河为饮用水水源，1978 年 10 月测得该河水质中，三卤甲烷为 12μg/L，其中三氯甲烷达 10μg/L。宾夕法尼亚的约克水厂以科多勒斯克里克（Codorus Creek）河水作为水源，1973 年 12 月水厂出水带有轻微的黄绿色和味，据分析表明是由水中生长的合尾藻和锥囊藻引起的，为解决这一问题，向水中投加 100mg/L 的粉末活性炭，仍没有完全解决色味问题。该水中的硝酸盐氮含量也达 10～15 mg /L。

根据美国清洁水行动计划的调查结果，在 1998 年，美国有 2 万多个水体受到威胁，分析确定了这些水体的退化因素，包括泥沙问题、病原体扩散、杀虫剂浓度、有机物富集或者溶解氧问题、热力性改变、pH 值及鱼类变化问题。

美国环保局（EPA）也于 2010 年首次发布了最全面的全国湖泊研究成果，该项研究的初步报告指出，美国有 56% 的湖泊生态和水质良好，仍有一部分湖泊的环境状况为一般或差，还有 36% 的湖泊其湖岸环境退化为差。有 20% 的湖泊其氮和磷的含量很高，这些营养物质的过量导致水华爆发、杂草生长、水的透明度降低和其他湖泊问题的产生。

英国泰晤士河全长 400km，流域面积 1.3 万 km²，19 世纪前，泰晤士河河水清澈，水中鱼虾成群。但随着工业革命的兴起，大量工业废水和生活污水未经处理流入泰晤士河，水质严重恶化。到 19 世纪 50 年代初，泰晤士河的水质恶化达到了顶点。概括来说，泰晤士河因工业发展，人口膨胀，生活废弃物污染河水这类经济发展过程中的疏忽而导致了第一次水污染问题的爆发。又因不加节制地排放初期雨水、合成洗涤剂污染、电厂热污染废水等导致了第二次水污染问题的爆发。后来，英国政府投资重金对泰晤士河进行了治理，治理的基本思路概括为：完善的流域管理模式、有效的监测管理体系、健全的法律法规体系以及有力的资金技术保障。经过不懈的努力，终于使泰晤士河"起死回生"，成了世界上流经首都的最干净的河流。

琵琶湖是日本第一大淡水湖，流域面积 3848km²，其提供的水源可供日本东京和大阪等城市的 1400 万人使用，是京都、大阪和神户大都市圈近 2000 万人口的"母亲湖"。但自 20 世纪 70 年代开始，琵琶湖水体功能严重退化，湖水富营养化导致了严重的水华现象。水中产生了强烈的土腥味，土臭素和二甲基异莰醇含量每年增加，给水处理带来困难。生态环境的失调使得琵琶湖几乎成了"死湖"。之后，日本政府采取一系列的综合治理措施来控制琵琶湖的污染情况。如以流域为单元进行综合治理，严格控制污染源，加强对流域的荒山治理与绿化，广泛进行环境保护的科普教育等。通过这些措施，琵琶湖的污染得到了有效地控制，水质开始好转，透明度达到了 6m 以上，成了目前世界各国中湖泊治理最成功的例子。

1.2.2 我国的水环境污染

2011 年中国环境状况公报公布了我国水环境状况，总体上看，全国地表水在该年度为轻度污染，湖泊（水库）的营养化问题仍然比较突出。

2011 年度，全国废水排放总量为 652.1 亿 t，化学需氧量（COD_{Cr}）排放量为 2499.9 万 t，比上年下降 2.04%。其中，来自工业源的 COD_{Cr} 为 355.5 万 t，来自生活源的

COD_{Cr} 为 938.2 万 t，来自农业源的 COD_{Cr} 为 1186.1 万 t，集中式排放的 COD_{Cr} 为 20.1 万 t。氨氮排放总量为 260.4 万 t，比上年下降 1.52%。其中，来自工业源的排放量为 28.2 万 t，来自生活源的排放量为 147.6 万 t，来自农业源的排放量为 82.6 万 t，集中式排放量为 2.0 万 t。

我国长江、黄河、珠江、松花江、淮河、海河、辽河、浙闽片河流、西南诸河和内陆诸河这十大水系监测的 469 个国控断面中，Ⅰ～Ⅲ类、Ⅳ～Ⅴ类和劣Ⅴ类水质断面比例分别为 61.0%、25.3% 和 13.7%。主要污染指标为 COD_{Cr}、五日生化需氧量（BOD_5）和总磷。

长江水系水质总体良好，94 个国控断面中Ⅰ～Ⅲ类、Ⅳ～Ⅴ类和劣Ⅴ类水质断面比例分别为 80.9%、13.8% 和 5.3%。长江干流水质为优，32 个国控断面中Ⅰ～Ⅲ类和Ⅳ类水质断面比例分别为 96.9% 和 3.1%，与上年相比，水质无明显变化。长江支流总体为轻度污染，主要污染指标为总磷、氨氮和 BOD_5。

黄河水系总体为轻度污染，主要污染指标为氨氮、COD_{Cr} 和 BOD_5。43 个国控断面中，Ⅰ～Ⅲ类、Ⅳ～Ⅴ类和劣Ⅴ类水质断面比例分别为 69.8%、11.6% 和 18.6%。黄河干流水质为优，21 个国控断面均为Ⅰ～Ⅲ类水质，与去年相比，水质无明显变化。黄河支流总体为中度污染，主要污染指标为氨氮、COD_{Cr} 和石油类，国控断面与上年相比水质无明显变化。

珠江水系水质总体良好，33 个国控断面中，Ⅰ～Ⅲ类、Ⅳ～Ⅴ类和劣Ⅴ类水质断面比例分别为 84.8%、12.2% 和 3.0%。干流水质良好，其中珠江广州段为轻度污染，主要污染指标为石油类和氨氮。支流水质总体为优，深圳河污染严重，主要污染指标为氨氮、总磷和 BOD_5。

淮河水系总体为轻度污染，主要污染指标为 COD_{Cr}、总磷和 BOD_5。86 个国控断面中Ⅰ～Ⅲ类、Ⅳ～Ⅴ类和劣Ⅴ类水质断面比例分别为 41.9%、43.0% 和 15.1%。干流水质为优，与上年相比无明显变化；支流和省界河段总体均为中度污染，主要污染指标为 COD_{Cr}、BOD_5 和总磷。

松花江水系总体为轻度污染，主要污染指标为高锰酸盐指数、总磷和 BOD_5，42 个国控断面中Ⅰ～Ⅲ类、Ⅳ～Ⅴ类和劣Ⅴ类水质断面比例分别为 45.2%、40.5% 和 14.3%。松花江干流为轻度污染，主要污染指标为 COD_{Cr}、总磷和氨氮。支流总体为中度污染，主要污染指标为高锰酸盐指数、氨氮和 COD_{Cr}，与上年相比，水质无明显变化。

海河水系总体为中度污染，主要污染指标为 COD_{Cr}、BOD_5 和总磷。63 个国控断面中Ⅰ～Ⅲ类、Ⅳ～Ⅴ类和劣Ⅴ类水质断面比例分别为 31.7%、30.2% 和 38.1%。海河干流的 2 个国控断面中Ⅳ类和劣Ⅴ类水质断面各 1 个，主要污染指标为总磷、COD_{Cr} 和氨氮。海河水系的其他主要河流总体为中度污染，主要污染指标为 COD_{Cr}、BOD_5 和石油类。水质与上年相比无明显变化。

辽河水系总体为轻度污染，主要污染物指标为五日生化需氧量、石油类和氨氮，37 个国控断面中Ⅰ～Ⅲ类、Ⅳ～Ⅴ类和劣Ⅴ类水质断面比例分别为 40.5%、48.7% 和 10.8%。干流为轻度污染，主要污染指标为 BOD_5、石油类和 COD_{Cr}，与上年相比Ⅰ～Ⅲ类水质断面比例提高 7.7 个百分点，劣Ⅴ类水质断面比例降低 15.4 个百分点，水质明显好转，其中，老哈河和东辽河水质良好，辽河为轻度污染，西辽河为中度污染。辽河支流3个国控断面中，Ⅳ类、Ⅴ类和劣Ⅴ类水质断面各 1 个，主要污染指标为氨氮、总磷和 COD_{Cr}。

西南诸河水质总体为优，17 个国控断面中Ⅰ～Ⅲ类和Ⅳ类水质断面比例分别为83.3％和 16.7％。与上年相比无明显变化。云南境内河流水质总体为优，与上年相比，Ⅰ～Ⅲ类水质断面比例提高 18.2 个百分点，劣Ⅴ类水质断面比例降低 18.2 个百分点，水质明显好转。

内陆诸河水质总体为优，与上年相比，Ⅰ～Ⅲ类水质断面比例提高 9.3 个百分点，劣Ⅴ类水质断面比例降低 2.8 个百分点，水质有所好转。

关于我国湖泊、水库的污染现状，公报指出，2011 年监测的 26 个国控重点湖泊（水库）中Ⅰ～Ⅲ类、Ⅳ～Ⅴ类和劣Ⅴ类水质的湖泊（水库）比例分别为 42.3％、50.0％和7.7％。主要污染指标为总磷和 COD_{Cr}（总氮不参与水质评价）。中营养态、轻度富营养态和中度富营养态的湖泊（水库）比例分别为 46.2％、46.1％和 7.7％。在大型淡水湖泊的"三湖"（太湖、滇池和巢湖）中，滇池污染程度最为严重，湖体水质总体为劣Ⅴ类，主要污染物为 COD_{Cr} 和总磷，与上年相比，滇池由重度富营养状态好转为中度富营养状态；太湖水质总体为Ⅳ类，与上年相比无明显变化；巢湖水质总体为Ⅴ类，与上年相比，湖体水质由Ⅳ类变为Ⅴ类，水质有所下降。对于其他淡水湖泊，白洋淀由中度富营养状态好转为轻度富营养状态，鄱阳湖、洞庭湖和大明湖由轻度富营养状态转为中营养状态；于桥水库、大伙房水库和松花湖由中营养状态变为轻度富营养状态；其他湖泊（水库）营养状态无明显变化。

关于内陆渔业水域污染情况，公报指出，中国渔业水域生态环境状况总体保持稳定，局部渔业水域污染较为严重，主要污染指标为 N、P、石油类和 Cu。

关于地下水水质情况：2011 年，全国对 200 个城市展开了地下水水质监测，共计4727 个监测点，结果表明：优良—良好—较好水质的监测点比例为 45.0％，较差—极差水质的监测点比例为 55.0％。与上年相比，17.4％的监测点水质好转，67.4％的监测点水质保持稳定，15.2％的监测点水质变差。有 176 个城市有连续监测数据，与上年相比，65.9％的城市地下水水质保持稳定；水质好转和变差的城市比例相当，水质好转的城市主要分布在四川、贵州、西藏、内蒙古和广东等省（自治区），水质变差的城市主要分布在甘肃、青海、浙江、福建、江西、湖北、湖南和云南等省。对此，环境保护部会同国家发展和改革委员会、财政部、国土资源部、住房和城乡建设部、水利部等部门共同编制完成了《全国地下水防治规划（2011—2020 年）》，国务院于 2011 年 10 月 10 日正式批复。该规划首次对全国地下水污染防治工作作出全面部署，是今后一段时间内地下水污染防治的重要依据。

湖泊、水库突出的环境问题是严重富营养化和耗氧有机物。大淡水湖泊和城市湖泊的主要污染指标为总氮、总磷、高锰酸盐指数和 BOD。大型水库主要污染指标为总磷、总氮和挥发酚。部分湖、库存在汞污染，个别水库出现砷污染。

关于城市水环境：我国城市及其附近河流仍以有机污染为主，主要污染指标是石油类、高锰酸盐指数和氨氮。城市河流污染程度，北方重于南方。工业较发达城镇附近的水域污染突出。污染型缺水城市的数量呈上升趋势，严重缺水的城市主要集中在华北和沿海地区。

从污染区域分布看，污染较重的城市河段主要分布在淮河流域、黄河的部分支流、辽河流域和京杭运河以及南方的一些经济发达城市。

据全国114个城市地下水水质统计分析，地下水总体质量较好，但多数城市地下水仍受到一定程度的点源和面源污染，使一些指标在局部地段超标。主要超标指标有矿化度、总硬度、硫酸盐、硝酸盐、亚硝酸盐、氨氮、氯化物、氟化物、pH值、铁和锰等。污染的主要特征是：北方城市污染普遍重于南方城市，污染项目多且超标率高。华北地区污染最为突出，矿化度的总硬度污染主要分布在东北、华北、西北和西南地区，铁和锰污染主要分布在南方地区。

目前，我国正处于环境污染爆发时期。

2005年11月13日，中石油吉林石化分公司双苯厂发生爆炸事故，约100t苯、硝基苯和苯胺进入松花江，形成近百公里的污染带沿松花江下泄并进入黑龙江导致严重的松花江水污染事件，对沿江居民的生产生活产生影响，引起了国际国内的广泛关注。

2005年12月8日，国家环保总局接到广东省环保局关于北江韶关段水域镉污染的情况报告，反映韶关市环境监测站在常规检测中发现北江干流5个断面镉平均浓度在0.002～0.069mg/L，最大超标达到12.8倍。北江镉污染事件造成了重大经济损失，但无人员中毒事件。

2007年，无锡发生大面积自来水发臭现象，严重影响到市民饮用和使用。各方监测数据表示，2007年无锡市区域内的太湖水位出现50年来最低水位，加上天气连续高温少雨，太湖水富营养化比较严重，诸多因素导致蓝藻提前暴发，影响了自来水水源地水质，导致了无锡水臭事件。

2009年7月，一场暴雨侵袭了内蒙古赤峰市，大量雨水淹没了新城区九龙供水公司9号水源井，引发了赤峰水细菌性污染事件。由于事态没有得到有效的控制，反而呈现了逐步扩大蔓延的趋势，导致数千居民在饮水后患病，这是一起严重的公共卫生事件。

2012年2月3日，江苏镇江市自来水出现异味，引发了镇江水污染事件。最终调查结果表明，污染事件是从泰国出发的"格格里亚"号货船在卸货时发生意外，导致苯酚泄漏引起的。但是当时镇江方面并未及时向公众透露苯酚泄漏污染水源的消息，事后引起了公众的不满。

综上所述，随着工业化的发展和人类物质生活的提高，水环境的污染已是当今世界范围内普遍存在的问题，由于水污染的日趋严重，许多饮用水处理厂的水源也受到不同程度的污染，从而使饮用水水质变差。水处理工作者面临新的挑战，严峻的现实促使全人类共同行动，控制污染，保护水源。

近年来总的情况是发达国家比较重视环保事业，投入了大量财力，水污染控制较好，水源水质总趋势向好的方面发展，而发展中国家由于重视生产发展，往往忽视环保事业。即或重视环保，但因经济实力有限还不能在环保上投入很多资金，因此水污染日趋严重，使饮用水源受到污染，影响到居民饮水健康，我国也不例外。

1.3 水中污染物质

1.3.1 无机离子污染

重金属离子污染在我国某些地区比较严重，如湘江、北江等流域，重金属离子一般是开矿、冶炼过程中产生的。

重金属离子污染一旦发现后，只要加强厂内处理，多数能获得缓解。

1.3.2 有机污染物质

从 20 世纪 60 年代国外发现用氯消毒产生的副产物对人体有危害开始，逐渐进行人工合成的化学物质对人体健康危害研究。通过流行病调查，长期对不同饮水地区居民进行跟踪追查与通过动物试验等，已取得了大量宝贵的数据和资料，但研究仍是初步的。

近年来在自然界发现了奇形怪状的鸟，大量的畸形蛙，发育不良、生殖器变得异常的鳄鱼（美国）和生殖器出现异常的贝类（日本）。妇女患乳腺癌、子宫癌，男人患膀胱癌、前列腺癌、睾丸癌的病例在增多。专家们认为新型环境污染是由于近似于生物激素的化学物质引起的。由于这些化学物质的结构与激素非常相似，当不知不觉摄入这些物质，会破坏生物的激素平衡，导致发育与生殖功能出现异常。

过去人们比较注意"三致"（致癌、致突变、致畸）物质的危害。近年来科学家们讨论内分泌紊乱的原因（内分泌紊乱能导致癌症、不育症、甲状腺机能障碍、先天缺陷、行为障碍、神经系统压抑和生殖器官畸形等），认为人造化学物质可能正在严重破坏人和野生动物的激素。

过去曾认为低水平污染是安全的，现在认识到低水平污染危害健康。美国图兰大学的约翰·麦克拉伦教授等人提出更惊人的报告。他们在 1996 年 6 月发表了一篇论文说，用作杀虫剂的多种化学物质，从单个来看是没有不良影响的，每个个体物质浓度极低，只有几十 ppb（ppb 为十亿分之一），但如果混合在一起就会产生相当于个体 160～1600 倍的激素作用。如果这个结论属实，那么它将彻底推翻化学物质的安全标准。

科学家们已确定 50 种据认为可影响内分泌系统的化学物质，其中约有一半是氯化物（如二噁英和多氯联苯等）、杀虫剂、滴滴涕。据报道，船底涂料成分、用于食品保鲜的化学物、还有用于塑料、树脂原材料和洗涤剂的化学物质也会起同样的作用。

药品与个人防护用品作为一种新型污染物在 20 世纪 90 年代开始引起公众关注。由于检测仪器的发展进步，一些国家在污水厂出水、地表水、地下水甚至饮用水中都能检出，检出水平为 ng/L 级，我国也有相应研究。这类污染物对活体组织或生物体有较强的生物活性，产生特定的生物学效应，长期暴露于水体，有可能使细菌、病毒具有抗药性，这些微生物进入人体后将给人类带来潜在危害。

1.3.3 病原微生物

除化学物质大量排入水体外，在饮用水中还不断出现新的病原微生物，这是由于：

（1）医学与微生物及其他有关学科的进步，分析手段与仪器的迅速发展，一些流行性疾病暴发后，就能及时确认是水传播的，同时又能鉴定与分离出饮用水中有关的病原微生物；

（2）人类活动对环境的污染，有利于病原微生物的大量繁殖，还可能为产生病原微生物的变种创造条件。

微小似病毒、蓝伯氏贾第鞭毛虫孢囊、隐孢子虫卵囊、产毒性大肠埃希氏菌（包括 O－157 大肠杆菌）、嗜肺军团菌等都是 20 世纪 70 年代以来鉴定出来的。前几种病原微生物传播的都是肠胃炎病。军团菌造成的军团病是伴有严重肠胃炎症状的肺炎。军团菌可存在于冷却塔喷水系统所产生的气溶胶中。

可以认为，随着人类活动的发展、科学技术的进步，饮用水中的化学物质与病原微生物的数目将不断被发现和认识。

1.4 管网水水质

传统的观念是净化水厂出水除 pH 影响管道腐蚀外，只要能维持含氯 0.05mg/L 到管网末梢，用户用水就是安全的。这个结论的根据是净水厂或水厂（地下水）出厂水水质符合国家饮用水水质标准，在管网中除非有二次污染，水质不会发生变化直至送入用户。过去的水源很少受到污染，很少有有机物，因此，出厂水少量的细菌，或被消毒剂灭活的细菌，即使恢复了活力但也没有营养可供细菌自身繁殖需要。因此管网水可以维持到用户。现在的情况已发生变化，水源遭受污染，经净化厂常规工艺处理，仍然有有机物存在于出厂水，这样出厂水中的细菌与复活的细菌就有可能利用这些有机物作为营养物生长繁殖。水中虽有余氯，但在管壁层流区（传质很差），或在弯头处、接头处，在这些坑凹处都是残存细菌的隐蔽所。当余氯量较大时，细菌不活动，而当余氯量稍少时细菌就可摄取水中营养繁殖生长。况且有的细菌已有抗氯性，少量余氯可能不起作用。细菌繁殖后就形成生物膜，造成管壁局部表面电位差使管道腐蚀。因此，要保持出厂水在输送过程中不致因生物膜影响增加细菌数，使管道腐蚀、水质变差，一是要增强消毒作用抑制细菌，二是要使净水厂出厂水中少含有机物，特别是被微生物作为营养基质的有机物，才能保证出厂水水质直至用户，有关管网水质和细菌的生长将在第 11 章中叙述。

1.5 水质标准和水质净化

由于人类的活动而造成对水体的污染，饮用水水质恶化影响到人的健康。当人们认识到了水中含有病原微生物与化学物质（无机的与有机的）造成健康的威胁，就研究它们的危害、允许存在于饮水中的浓度与去除它们的净化技术，并采用有效的净化工艺去除各种污染物质。根据研究成果，制定出饮用水的水质标准，通过严格执行饮用水标准（通常由供水单位日常分析测定，由疾病预防控制中心定期检查监督）来保护自身的安全。

原来的饮用水水质标准主要是从感官性状、化学毒理学、细菌学、放射性指标来制定的，其中毒理学指标主要针对某些金属离子、无机盐与少量的有机物。

由于越来越多的有机化合物被确定有毒害，世界各国都在不断修改饮用水水质标准，增加这些有机化合物在饮用水中含量的限制。

应该认为对人类疾病传播的最直接有关的水质指标还是细菌学指标。由于病毒测定复杂。现在主要通过浊度、余氯与细菌总数、总大肠菌群等来控制。在发展中国家与我国广大农村及小城镇防止水传播病，还应是首位的。但对于有集中供水系统、严格灭菌措施的大中城市，控制有机污染已提到日程，成为大家关注的热点。

有关水质标准的发展将在第 3 章中叙述。

随着水源被污染，水中有着大量有机物与水致传染病的微生物，为了保障健康，就必须及时修订饮用水水质标准，增加有危害的有机物项目。为保证水质，就要研究能有效去除有机物的技术，如化学氧化（投加氧化剂）、物理吸附（投加粉末活性炭或流经活性炭吸附池）、生物降解（生物预处理或生物活性炭）以及膜过滤（微滤、超滤、反渗透）等，还要加强消毒，防止各种致病微生物的影响。由于加氯消毒又带来产生消毒副产物的问题，因此要研究取代氯的其他消毒剂。不仅要使净水厂出厂水达到饮用水水质标准，同时还要控制水中可被细菌利用的有机物（营养物），以便管网水保持水质直至用户。

目前的净水技术已能处理任何水质的水使其可以饮用，问题在于经济可行性。因此要结合当地的财力研究有效的净化技术与工艺。

我国是一个地域广阔的发展中国家，各地经济发展速度不一，有特大城市，也有众多的小城市，随着广大农村迅速城镇化，特别是镇一级的自来水厂将越来越多，因此，要因地制宜，针对饮用水水源水质特点，采取经济有效的净化工艺，确保人民健康。

第 2 章　地表水水质特征

水体是水、溶解物质、悬浮物、底质和水生生物的总称。水质特征是指水与水中污染物的不同状态。地表水水质特征也就是指在不同的水体和不同的污染情况下地表水的水质呈现出不同的状态，因此其水质特征是受多方面因素的影响和决定的。以下是几种对水质特征影响较大的因素。

1. 污染物

引起地表水体污染的污染源各异，因此能够引起水体污染的物质种类很多，在不同水体中其表现的污染特征有所不同。根据污染物影响效果可分为无毒污染物与有毒污染物。

（1）无毒污染物——指碳水化合物、木质素、维生素、脂肪、类脂、蛋白质等天然有机化合物与矿物质、无机离子等。

（2）有毒污染物——指那些进入生物体内后能使生物体发生生物化学或生理功能变化，危害生物生存的物质，如重金属、无机阴离子、放射性物质、农药、杀虫剂、有机致癌物、石油等有机物质。

根据污染物来源又可分为外源污染物和内源污染物：

（1）外源有机物指水体从外界接纳的有机物，主要来自地表径流、土壤渗沥、城市生活污水和工业废水排放、大气降水、垃圾填埋场渗出液、水面养殖的投料、运输事故中的排泄、采矿及石油加工排放和娱乐活动的带入等；

（2）内源有机物来自于生长在水体中的生物群体（藻类、细菌、水生植物及大型藻类）所产生的有机物和水体底泥释放的有机物。

2. 水体特征

地表水水质、水量受人类活动影响大，几乎各种污染源的污染物通过各种途径都可进入地面水，且向下游汇集；但水体更新期短，易稀释、扩散、自净。它受降水、地形、土质、水生生物等多方面因素的控制。

3. 水体类型

地表水表现出不同的类型，有湖泊、水库、河流等，而且所处地域也不同。由于水体类型、地域情况、水体特征、水中污染物特征不同，其相应的水质污染特征也有所不同。

2.1　受城市污染的地表水污染特征

由于工农业及人类自身的需要，地表水域附近往往是人类聚居之地。城市的日益扩大和工农业的迅猛发展，导致周围水域的污染加重。位于城市周围的地表水体受污染途径主要有城市生活污水与工业废水的排放，故而将此类污染归纳为城市污染。这一类污染的特点有：

（1）水中工业产品较多，如无机毒物和有机有毒有害物质，因而污水的毒性一般较大；

（2）生活污水富含 N、P 等营养物，未经任何处理，大量排放，易引起水的富营养化；

（3）水质污染明显的地段性，靠近城市的地表水的污染情况一般较严重，远离城市的地表水污染程度减轻；

（4）由于地表水中颗粒物浓度较高，一些有毒有害有机物附着其上，并随之沉积于水底底泥中，有可能引起水的二次污染。

2.1.1 污染源类型

水体污染源一般可分为自然污染源和人为活动污染源两大类。人为活动污染源又可分为工矿企业生产过程中产生的废水、城镇居民生活区的生活污水和农业生产过程中形成的农田排水等各类污染源。受城市污染的地表水，由于水体主要受到人类城市活动的影响，其污染源应以后者为主，而且是以城市工业废水和生活污水为主要的污染物来源。

1. 城市工业废水

工业废水是天然水体最主要的污染源之一，它们种类繁多，排放量大，所含污染物质种类多，组成复杂。它们的毒性和污染危害较严重，且在水中不容易净化，难于处理。按照目前生产部门各自废水的来源和主要污染物质可以进行分类，见表 2-1。

主要工业生产产生废水分类表　　　　　　表 2-1

生产部门	污染物质的主要来源	废水和主要污染物质
动力部门	火力发电站、核电站	冷却废热水、放射性废水
冶金工业	黑色冶金：选矿、烧结、炼焦、炼铁、炼钢、轧钢等	酚、氰、多环芳烃类化合物、冷却废热水、洗涤废水等
	有色冶金：选矿、烧结、冶炼、电解、精炼等	含 Cu、Pb、Zn、Hg、Cd、As 等重金属的废水、冷却废热水、酸性废水等
纺织印染工业	棉纺、毛纺、丝纺、针织、印染等	染料、酸、碱、硫化物、各类纤维状悬浮物等
化学工业	化学肥料、有机和无机化工生产、化学纤维、合成橡胶、塑料、油漆、农药、制药等生产	各种盐类、Hg、As、Cd、酚、氰化物、苯类、醛类、醇类、油类、多环芳烃化合物等
石油化学工业	炼油、蒸馏、裂解、催化等工艺以及合成有机化学产品的生产	油类、酚类及各种有机物等
制革工业	皮革、毛发的鞣制	含 Cd、S、NaCl、硫酸、有机物等
采矿工业	矿山的剥离和掘进、采矿和选矿等生产	含大量悬浮物及重金属元素的选矿、矿井（坑）排出水
造纸工业	纸浆、造纸的生产	碱、木质素、酸、悬浮物等
食品加工工业	油类、肉类、乳制品、水产、水果、酿造等加工生产	营养元素有机物、微生物病原菌等
机械工业制造	农机、交通工具和设备制造与修理、锻压及铸件工业设备、金属制品的加工制造	含酸废水、电镀废水、Cr、Cd、油类等

生产部门	污染物质的主要来源	废水和主要污染物质
电子及仪器、仪表工业	电子元件、电信、器材、仪器仪表制造等	含重金属元素废水、电镀废水、酸性废水等
建筑材料工业	石棉、玻璃、耐火材料、烧窑业及各类建筑材料加工等	悬浮物等

总的来看，工业废水具有以下几个特点：

（1）悬浮物含量高；

（2）BOD_5 与 COD_{Cr} 均较高；

（3）酸碱度变化大，pH 值在 2～13 范围内变化；

（4）温度高，造成热污染；

（5）含多种有毒有害成分，如油、酚、农药、多环芳烃、染料等。

2. 城市生活污水

城镇生活污水是仅次于工业废水的主要污染源。人口集中的城镇居民区，每天排弃大量的生活污水和固体垃圾。它们含有大量的碳水化合物和 N、P、S 等营养元素，还包括洗涤剂和许多病原菌。在进入天然水体后，会造成水中溶解氧的大量消耗，引起水体富营养化，在厌氧细菌作用下易产生恶臭物质，同时还可能造成病原菌和病毒通过水的媒介而使疾病蔓延。对于受城市污水和二级污水处理厂出水影响的水体，除了含腐殖质外，也含有相对较多的蛋白质和多糖等大分子有机物。

3. 垃圾渗沥液

城市工业垃圾与生活垃圾的露天堆放也是地表水体的污染源之一。降水流经垃圾时携带其中的无机与有机毒物形成垃圾渗沥液，最终进入城市附近的地表水体，引起水体污染。其中沿河道岸边堆放的生活垃圾中的大量有机污染物和细菌等极易进入河道。

4. 大气降水

大气降水一方面是淋洗和冲刷地表各种污染物，形成面源污染，另一方面降尘引起地面二次污染。这种类型污染由于其负荷可能很高且难控制，因而成为日益受到重视的环境问题。城市大气中污染物如多环芳烃类有机有毒物质会随大气降水进入地表水体，另外由降水引起的地表径流流经城市工业区也会带来由工业产品等引起的毒物污染，其污染物性质与工业企业的性质有密切关系。城市道路汽车轮胎的粉末也会随着径流排入河流。一般而言，城市地面径流的水质成分是复杂的，尤其是初期雨水的污染不可忽视。

据美国的研究认为：美国河流的水质污染成分有 50% 甚至更多来自各种径流，城市下游水质有 82% 为地面径流所控制，美国河流长度的 30% 受城市径流污染。

2.1.2 有机污染类型

目前国内外地表水水体的污染集中在有机污染方面，尤其对于受城市污染的地表水体，大量的有机污染物存在于上述几类污染源中，从而使水体中这种污染趋向尤为明显。下面为主要的 2 类有机污染类型：

1. 有毒有机化学物质污染

有毒有机物一般是指通过它本身及其化学组成对生物生命或人体健康造成危险的有机化合物，这类物质一般具有阈值，即在一定浓度限度以上均有毒性，因为它们内含一些具有危害性的功能团，会抑制或破坏生命组织的功能；并且现代医学的发展证明，即使在低浓度下，有毒有机物也可能对人体健康和环境造成严重的甚至是不可逆的影响。

有毒有机污染物在天然水体中往往难于降解，并具有生物积累性和"三致"作用（致癌、致畸、致突变）或慢性毒性，而且分布面极广。有的有毒有机污染物通过迁移、转化、富集，其浓度水平可提高数倍甚至上百倍，对生态环境和人体健康是一种潜在威胁。

2. 耗氧有机物污染

耗氧有机物包括蛋白质、脂肪酸、氨基酸、碳水化合物、油脂、酯类等有机物质。一般在生活污水和许多工业废水中包含较多的耗氧有机物，如造纸、皮革、纺织、食品、石油加工、焦化、印染等工业废水。此外，面污染源也给水体带来大量的耗氧有机物。

2.2 河流地表水污染特征

从已有监测资料来看，我国1200多条河流，有850条受到污染，占70%以上，严重污染的有230多条，占19%。受污染途径有城市生活污水及工业废水的排放及农业径流的影响。河流是人类社会主要供给水源，也是人类活动频繁的场所，其污染机会与途径多，污染物来源广，种类复杂，一旦遭到污染就会严重影响人类生活和生产活动。

河道的水体污染特征与河流这一载体自身的特征有密切的关系。

（1）污染物分布特性。污染物进入河流先呈带状分布，然后逐渐扩散、混合，直到一定距离后达到全断面均匀混合。

（2）河流的自净能力较强。因河流水流速度较快，大气复氧速率较快，保证水中的溶解氧含量迅速恢复。水流不断更替，其更新期较其他陆地水体短，水流与地表物质接触时间不长，因此在河流受到污染后能较快地恢复到污染前的水平。

（3）污染相对容易控制。因河水交替快，水体范围相对较小，自净能力较强，因而河流水体的污染相对易于控制。

（4）污染程度随径流量变化。河水污染程度与河水的稀释条件密切有关。河流的径流量与排入河流中的污水、污物的数量决定了河流对污染物的稀释能力。一般河流的污染程度与径污比（河流的径流量与污水流量之和与其污染物质量之比称为径污比）密切相关。而河流的径流量是随时间变化的，因此河水的污染程度亦随时间而变。

（5）污染物的扩散速度快。污染物在河流中的扩散主要是紊动扩散，比较迅速，其扩散速度取决于水流的流速和水深。河水的流动性使得污染物进入河流后，很快能被河水从排放处携带到河流的下游河段。河流的污染属于污染物质循环中的易于转移的过路型。

（6）污染影响大。一旦发生生态事故，可能会波及整个流域。

上述6种特征决定了河流中污染物不仅在河流中污染范围大，而且影响面也广。河流污染不仅对下游有影响，而且还影响着与其关联的湖泊、水库、地下水及海洋的水质状况。

河道的污染目前以有机物污染为其主要特征。

存在于河水中的有毒污染物可直接杀死水生生物，一般污染物也可因分解耗氧导致水中缺氧，使鱼类和其他水生生物不能生存。河流污染可直接通过城市饮用水和生物系统食物链的富集作用，使微量的有毒有害污染物影响人体健康。

2.3 湖泊、水库地表水污染特征

2.3.1 污染源

有关湖泊污染源调查资料表明，我国湖泊污染物主要来自湖泊流域地区工矿企业的工业废水和城镇生活污水，主要来自各入湖河流，此外，湖区周围地表径流污水排放和人类活动也是湖泊污染的一个来源。

从沿湖工业废水的来源来看，入湖污染物又主要来自造纸、化学肥料、制糖、煤炭化工等工业行业，其中以造纸行业对湖泊的污染最为突出。

此外，湖面降水、湖区径流、湖泊中来往船只的排污及养殖投饵等面污染源亦是湖泊污染物的重要来源之一。据一些典型湖泊有机污染物调查的初步统计，来自面源的有机污染物约占入湖总量的 17%左右。

2.3.2 污染特征

湖泊是陆地上水交换过程缓慢的水体。湖泊水质污染有其形成和发展的过程。由于形态、水质情况等与河流、海洋存在差异，因而湖泊水质污染有其自身的特点。

（1）湖泊污染的来源广、途径多、种类复杂。入湖河流可以携带流经地区的各种工业废水和居民生活污水入湖。湖区周围土壤中残留的化肥、农药和其他污染物质可通过农田回水和降雨径流的形式进入湖泊。湖中生物（水草、鱼类、藻类和底栖动物）死亡后，经微生物分解，其残留物也可以污染湖泊。几乎湖泊流域环境中的一切污染物质，都可以通过各种途径最终进入湖泊。面源污染物所占比例往往超过点源污染。故湖泊的污染来源更广，种类更复杂。

（2）湖水稀释和搬运污染物质的能力弱。湖泊污染大多属于污染物质循环中易于沉积的封闭类型。水库则介于湖泊与河流之间。湖泊及人工湖泊——水库，由于水域广阔，贮水量大，水流速度较小，水交替缓慢，更新期比河流长，一般污染物进入湖泊后不能迅速混合而达到稀释，往往以排污口为圆心，浓度逐渐向湖心扩散，形成浓度梯度，出现水质成分分布的不均一性。同时对沉降有利，而且也难于通过湖流的输送作用，经过出湖河道向下游输送。

此外，流动缓慢的水流还使水体的复氧作用降低，从而使湖水对有机物质的自净能力减弱了。

（3）湖泊的生物降解、积累和转化污染物质的能力强。水生动、植物多且流动缓慢的湖水，有利于湖泊水生动、植物对污染物质的吸收。水体受污染后，污染物质除了直接从水体进入生物体外，还可通过食物链中多级生物的吞食，不断富集和转移。有的生物能对有机的污染物质进行分解。有些生物还能把一些毒性本来不大的无机物转化成毒性大的有机物并在食物链中传递浓缩，使污染危害加重。

由上述原因可知，无论哪一种渠道带来的污染物一旦进入湖泊水体，或沉淀于湖底或长期悬浮于水中，在水体中停留较长时间。因此湖泊的水质污染比河道的水质污染严重。

下面介绍湖泊污染的两个典型特征，分别是湖泊的富营养污染和由于底泥引起的二次污染。

1. 湖泊富营养化

根据全国主要湖泊水库富营养化调查，在所调查的 34 个湖泊中有 54% 的湖泊受到有机物和无机盐（N、P 等）的污染，近 80% 的湖泊透明度差，我国绝大部分湖泊目前处于富营养化状态。

湖泊的富营养化，实质上是自养型生物（主要是浮游植物）在水中建立优势的过程。由于流域周围生活污水、工业废水排放，农业径流以及畜牧、水产、旅游的影响，可造成 N、P、有机碳等营养元素大量进入湖泊，使水生生物特别是某些特征性藻类（主要是蓝藻、绿藻）等浮游生物异常繁殖，有机物的分解大量消耗水中的溶解氧，使水中溶解氧降低，生物窒息而死，大量的有机体在微生物的作用下分解氧化释放出甲烷、硫化氢、二氧化碳等，使水质变坏发臭，导致湖泊的富营养化，湖泊生态系统与水体功能受到损害与破坏，加速湖泊的老化过程。

湖泊富营养污染的危害在于：

1）水质恶化

污染使湖水固有的物理特征遭到破坏。

（1）在富营养水体中生长着以蓝藻、绿藻为优势种类的大量水藻。由于表层水体悬浮着密集的水藻，使水质变得浑浊，水体透明度明显降低，湖水感官性状大大下降。藻类死亡后沉入水底，在细菌作用下分解，使湖水中的悬浮物和有机物的浓度增加。

（2）由于表层有密集的藻类，使阳光难以透射进入湖泊深层；而且阳光在穿射过程中被藻类吸收而衰减，因而溶解氧的来源也就随之减少。另外，藻类死后不断地腐烂分解，消耗深层水体中大量的溶解氧，使水体中溶解氧降低。

（3）水的色度、臭味增加，现已知道，蓝藻门的束丝藻属（Aphanizomenon）和鱼腥藻属（Anabaena）、腔球藻属（Coelosphaerium）、绿藻门的空球藻属（Eudorina）、硅藻门的针杆藻属（Synedra）均散发出恶臭。

（4）某些藻类能够分泌、释放有毒物质，危害人体健康，如蓝藻门的不定腔球藻、铜锈微囊藻等分泌的藻毒素，长期饮用受污染的湖水还能引起饮用者患各种急性或慢性的疾病（如肝癌）。

（5）增加制水成本，降低制水效率。藻类胞体及胞外有机物会妨碍混凝过程。藻类的大量繁殖，会堵塞或穿透滤床滤层，易造成处理过程中的细菌重新生长。藻类有机物滞留在管网中，为细菌提供营养，造成细菌再繁殖，形成生物黏膜，引起管道腐蚀，使饮水水质下降。

（6）水藻产生的有机物是致突变物的前体物质，同时也可能是消毒副产物的前体物。

2）水生生态系统破坏

一旦水体出现富营养状态，水体正常的生态平衡被扰乱，生物种群量会显示出剧烈的波动，这种生物种类演替会导致水生生物稳定性和多样性降低。

水体富营养化使水体失去原有功能，促使湖泊老化。

2. 湖泊底泥污染

湖泊特殊的水流特点决定了底泥污染也是导致其水质污染的一个重要因素。各种外来污染物主要以悬浮形式存在于湖水中，由于流速的减小，最终悬浮物沉积于水底，形成底泥。悬浮物的沉降包括固体粒子的沉降和溶解物质的沉降两方面。比重大的粒子沉降迅速，无机粒子较有机粒子沉降快，胶体性粒子不易沉降。水生生物可以促进粒子的沉降作用，通过生物摄食、排泄或随着生物死亡的残体而下沉于水底。溶解物质的沉降是溶解物质被固体粒子吸附变为可沉降的物质，才能沉降于底泥。细菌、藻类、水生植物可大量吸收溶解物质积聚于体内，并随死亡的残体沉于水底。此外，溶解物质还能通过化学反应生成不溶的沉淀物而沉降。

底泥对水体的污染，一是消耗水中的溶解氧，造成底部贫氧或厌氧状态；二是沉积物质的再悬浮，造成水体的二次污染；三是向水体释放 N、P，这种情况是冬季时湖泊与水库的水质污染的一个主要原因。

2.4 受污染水源水的复杂体系与其特征

2.4.1 水源水中污染物

在受污染水体中，其分散相的情况比较复杂。一般同时存在胶体颗粒、无机离子、藻类个体、溶解性有机物、不溶性有机物等，而且它们之间并不是一个个完全独立的子系统，而是相互联系、密不可分的一个污染物复杂体系。因此在针对一个受污染水体时，把水中污染物综合在一起看作一个复杂体系来处理，了解各种污染物质的性质及其相互作用和相互影响，对于了解水体的综合性质和选择合适的水处理工艺都是至关重要的。

1. 胶体

胶体主要是指水中存在的细菌、藻类、无机颗粒物（如黏土、氧化铝）、大分子有机化合物（如蛋白质、碳氢化合物）等悬浮微粒，尺寸在 $0.01\sim1\mu m$ 之间。对于未受有机污染的天然地表水，胶体主要为无机黏土及其他无机成分；当水体受到有机污染时，胶体的性质将发生一些变化，使其不同于前一种类型。无机胶粒有较大的比表面积，对水中有机物有一定吸附作用，同时具有离子交换能力。有机大分子如富里酸的交换能力更强。由于水体中无机胶体颗粒表面对有机物的吸附作用，使无机胶体颗粒的带电特性发生变化，从而增加了胶体的 ζ 电位，使胶体的稳定性增加。

2. 有机物

水源水中的有机污染物可分为以下两类：天然有机物（NOM）和人工合成有机物（SOC）。天然有机化合物是指动植物在自然循环过程中经腐烂分解所产生的物质，包括腐殖质、微生物分泌物、溶解的动物组织及动物的废弃物等，也称为耗氧有机物或传统有机物。人工合成有机物大多为有毒有机污染物，其中包括"三致"有机污染物。

有机化合物进入自然环境后，与土壤或沉积物中的有机质、矿物质等发生一系列物理化学反应，如分配、物理吸附、化学吸附、生物富集作用、挥发作用、光解作用等，使水中溶解性部分浓度下降而转入固相或气相中去。在一定的条件下，吸附到土壤和沉积物上的有机化合物又会发生各种转化，重新进入水中，甚至危及水生生物和人体健康。图 2-1 为水中有机化合物的转化途径。

1) 传统有机物

传统有机物也称自然环境的代谢物，如水生生物及其分泌物、腐殖质等。典型的传统有机物不超过 10～20 种。天然水体中的传统有机物一般是指有机腐殖质。这些有机物质大部分呈胶体微粒状，部分呈真溶液状，部分呈悬浮物状。

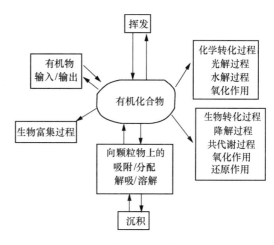

图 2-1　水环境中有机化合物反应模式

（1）腐殖质。

a. 腐殖质的来源及组成。

腐殖质是土壤的有机组分，是由动植物残体通过化学和生物降解以及微生物的合成作用而形成的。腐殖质来自于动植物残骸腐烂过程的中间产物和微生物的合成过程。腐殖质是一类亲水的、酸性的多分散物质，其分子量在几百到数万之间。其组成可根据溶解性的不同分为三类：腐殖酸、富里酸及黑腐物，如图 2-2 所示。

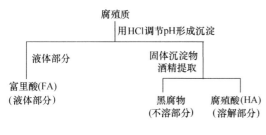

图 2-2　腐殖质的组分

天然水体中的腐殖质来源于土壤腐殖质低分子量组分以及水生植物的分解和低等的浮游生物。腐殖质是天然水体中有机物的主要组成部分，约占水中溶解性有机碳（DOC）的 40%～60%，也是地表水的成色物质。腐殖质中 50%～60% 是碳水化合物及其关联物质，10%～30% 是木质素及其衍生物，1%～3% 是蛋白质及其衍生物。

b. 水体中腐殖质的特性。

腐殖质是由多种化合物组成。富里酸和腐殖酸是有机质演化过程中两个阶段的产物，前者的总酸度、功能团数量及亲水性等特性都高于后者。富里酸是酚酸和苯羧酸通过氢键连接而成的具有一定稳定性的多聚结构，具有很大的比表面积和极性官能团，可以吸附固着水中大量有机物。富里酸可在广泛的 pH 范围内与许多有机化合物和无机物质竞相发生水合反应形成水溶性络合物，而腐殖酸仅仅在 pH＞6.5 时才能发生这种反应，它能吸附有机物质和聚集于有机质表面的无机质。

这一作用是由于其结构特征所决定的，其分子中遍布着不同直径的空洞或洞穴，能容纳许多低分子量的有机化合物，如农药等。众多有关腐殖质化学结构的资料表明，腐殖酸和富里酸重量的 50%～60% 由—COOH 和—OH 基团替代的芳香族结构构成。大部分烷烃、脂肪酸、碳水化合物和含氮化合物都被吸附于芳香结构块上。

（2）耗氧有机物。

耗氧有机物包括蛋白质、脂肪、氨基酸、碳水化合物等。一般生活污水和工业废水中包含较多的耗氧有机物，面污染源也给水体带来大量的耗氧有机物。耗氧有机物来源多，排放量大，污染范围广，是一种普遍性的污染。

耗氧有机物一般不具毒性，易为微生物分解。这类有机物通过消耗水中大量的溶解氧恶化水质，破坏水体功能；水中耗氧有机物的分解常释放出营养物质——N、P、S等，会引起水体中水生植物与藻类的大量繁殖，容易引起水体的富营养化。

（3）藻类有机物。

藻类有机物是藻类的分泌物及藻类尸体分解产物的总称。

藻类在其生长过程中由于新陈代谢从体内排出一些代谢残渣以及细胞分解的产物，即藻类分泌物，是从藻类中分离出来的一类有机物，其中一部分溶于水中，另一部分仍吸附在藻类的表面。藻类在新陈代谢和细胞分解过程中产生的溶于水的物质中糖类物质约占60%左右，主要是葡萄糖、半乳糖、木糖、岩藻糖、鼠李糖、甘露糖和阿拉伯糖等，其余40%的化合物中还可能含有氨基酸、有机酸、糖醛、糖酸、腐殖质类物质和多肽等。

（4）非溶解性有机物。

水中的颗粒态有机物主要有被大分子有机物包裹的颗粒及生物态颗粒有机物和油的乳浊液。生物态颗粒有机物主要是一些微生物（藻类、细菌）及其尸体（细胞碎片），也可能有其他有机碎片、原生动物及后生动物。

2）有毒有机污染物

有毒有机污染物即人工合成有机物（SOCs），具有以下特点：难于降解，在环境中有一定的残留水平，具有生物富集性、"三致"（致突变、致畸变、致癌变）作用和毒性。相对于水体中的天然有机物，它们对人的健康危害更大。

有毒有机污染物的数量成千上万，而且人工合成有机化学品不断问世，使这类污染物的种类还在不断增加。这些有害化学物质往往吸附在悬浮颗粒物上和底泥中，成为不可移动的一部分。它们对水环境的影响时间可能会很长，例如PCBs（多氯联苯）在水环境中的停留时间可长达几年。有毒有机污染物一般难于被水中微生物降解，但却易为生物吸收，通过生物的食物链过程，逐渐富集到生物体内，从而对人体健康造成危害。

业已查明，许多痕量有毒有机物对综合性指标BOD_5、TOC等贡献极小，但却具有更大的潜在威胁。医学中流行病学已查明，80%～90%的癌症与环境因素有关，而绝大多数致癌物则是有毒有机物，如多环芳烃、三氯甲烷等。

有毒有机污染物进入水环境后常常表现出与传统有机污染物不同的特征，见表2-2所列。

有毒有机污染物中有一类由于其污染的典型性和较大的毒性日益受到人们的重视，这就是石油污染物。

水体中石油污染程度多在$\mu g/L$或mg/L量级不等。由于烃类占石油组分的95%～99.5%，所以水中石油污染物主要表现为脂肪烃及芳烃类化合物。其中脂肪烃占80%，芳烃仅占20%左右。

有毒有机污染物与传统有机污染物的对比 表2-2

传统有机污染物	有毒有机污染物
只有10～20种	有几千种，绝大部分是人工合成有机化合物

续表

传统有机污染物	有毒有机污染物
只有在水环境中存在足够大的量时才产生不利影响	在水环境中存在很小的数量就可产生有害影响
在水环境中浓度常为 ppm 级	在水环境中浓度常为 ppb 级
常以溶解态被迁移	常吸附在悬浮颗粒或底泥中
在水体中停留时间常等于或小于流动水体的停留时间	可在底泥中停留数年之久
多数可被生物降解为无毒化合物	多数转化为另外的有毒化合物，抗生物降解，有较强的生物浓缩效应

石油类污染物来源主要有以下几方面：

（1）主要来源于炼油厂的排污以及输油管道和贮油罐的泄漏并进入地表径流；

（2）流经石化工业厂区或油罐存放区的雨水径流；

（3）水体上机动船只的频繁活动；

（4）居民区厨房污水；

（5）高速公路上抛洒的燃料油。

石油类有机物在水中溶解度较小，在水中的主要存在形式表现为：①漂浮于水体表面；②吸附于悬浮颗粒上；③分散于水中，多以乳化和颗粒状态悬浮于水体中。

油类污染物质进入水体后，主要发生迁移和转化两个过程。

石油在水体中的迁移主要是扩展、挥发、乳化、吸附、沉降等物理过程。石油可经过氧化、微生物分解、生物吸收等化学及生物作用，发生性质的转化。

水体石油污染由于污染物的毒性比天然有机物大，其痕量存在于水体，通过饮用水将对人体的健康产生不利影响，这一点已引起人们的极度关注。

2.4.2 水源水中污染物体系及其特征

1. 腐殖质与其他污染物

一般认为水生腐殖质的分子量在 500～10000，主要分布在 500～2000。腐殖质作为自然胶体而具有大量功能团或吸附位。据研究报道，在腐殖质中有一系列的官能团，如羟基、羧基、酚羟基、烯醇羟基、醌、羟基醌、内酯、醚、醇羟基等。它们对各种阳离子或基团存在极强的吸附能力或结合反应能力，尤其对一些极性有机化合物或极性基团在水环境中行为产生重要影响，同水中有机微污染物形成"络合体"，成为有毒、难溶于水的元素及有机微污染物在水环境中的"增溶剂"和运载工具，使其在水中溶解度增大，迁移能力增强，分布范围更广，毒性减弱，隐蔽性更强。通过离子交换、表面吸附、螯合、胶溶和絮凝等反应，水生腐殖质与水中各种金属离子、黏土颗粒以及铁、铝的非晶态氧化物结合在一起，形成化学和生物稳定性完全不同的水溶性或非水溶性的化合物。

由于矿物质对腐殖质的吸附作用，腐殖质与矿物质在沉积物中往往形成一个无机—有机复合体，这是由于它们存在各种表面电荷和作用力，如氢键、离子交换、沉淀、氧化—还原反应。这些作用力除了可以与环境中存在的各类污染物发生作用外，它们之间也存在相互作用和反应。矿物质和有机质复合体模式如图 2-3 所示。

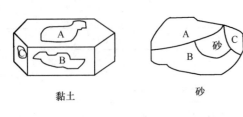

图 2-3　河流悬浮沉积物上的有机包裹物

A—细菌附着物；B—有机物包裹物；
C—Fe-Mn 包裹物

2. 沉积物与有机物

土壤矿物质包括黏土矿物，如蒙脱土、伊利石和高岭石以及铁、锰、铝水合氧化物和其他无机矿物质。在一定条件下，土壤矿物质可以强烈地吸附非腐殖化有机化合物。有机分子与黏土矿物之间的作用存在各种机理，如离子交换、质子化作用、配位和离子偶极作用、氢键、阴离子吸附等。

水中沉积物并不是简单的无机矿物质和有机质的相加，而是被有机质和铁锰氧化物等胶体包围的氧化硅、氧化铝、碳酸盐和硅酸盐。有机质等包裹于矿物质表面完全是由于矿物质表面有大量的电荷和各种化学键，如范德华力、氢键、离子偶极键和配位键、π键等相互作用的结果。

加拿大的研究人员在研究水生生态系统中颗粒物对污染物迁移和掩埋的作用后指出，悬浮颗粒物是水环境中疏水有机化合物的主要迁移介质。据有关测试数据表明，水中主要的疏水有毒有机化合物有多氯联苯、灭蚊灵、六氯苯。一般，大多数持久性有机化学物质常呈极强的疏水性，并被强烈地吸附在颗粒物上。同时，有机化合物也被分配到颗粒物表面的有机相中。而且，进一步的研究证实，疏水性或亲脂性有毒有机化合物与水中颗粒物结合在一起时，容易结合在水和其他介质的边界上。由于颗粒表面微表层可能包括生物和非生物颗粒富积类脂物，因此能增溶有机化合物。虽然微表层未必是主要迁移介质，但也是一个不可忽视的作用因素，即有机化合物进入颗粒物上微表层过程中的溶解和分离作用。

水体中悬浮的颗粒物也可能全部是天然有机物，是由浮游动物、浮游植物或细菌组成的。这类生物颗粒同样能有力地吸附水中的有机物。

一般在水相中这些有机化合物的浓度很低，实际上即使是强烈疏水的有机化合物，或那些在颗粒物上有高分配的化合物，除非悬浮物的浓度或水中有机质的含量很高，水中有机化合物基本上是通过水相迁移的。总的来看，有一个基本的规律，即在开阔的湖区，大部分有机化合物存在于水相中，但在流动的河流中大部分疏水化合物存在于颗粒相中。

3. 藻类与有机物

藻类与藻类分泌物之间关系密切。藻类的胞外产物（ECP）中通常含有大量亲水性的、小分子量的有机酸和糖。具有中性和酸性特点的多糖类物质是藻类新陈代谢和藻类细胞分解过程的最终产物，其中大部分是异养细菌能够利用的有机物，但有些藻类的胞外产物（如多肽）和藻类细胞物质（如细胞壁）较难降解，它们组成水中主要的可溶性有机物。藻类本身即是一类难于降解的颗粒态有机物，在水中为不溶性有机物。

藻类有机物主要是多糖类物质，由单糖缩合而成的结构复杂的大分子物质，多呈疏水性，水溶性较差。不仅能够附着在藻类表面，还能附着在其他具有不同化学特性表面的无机微粒上。低分子量（＜2000）的化合物在藻类各个生长期占主要地位，随着生长期延长，高分子量（＞2000）的化合物不断增长。由于大多带有酸性基团，表现为聚合阴离子。藻类有机物浓度越大，其形成的多聚体阴离子也随之增加。有研究表明水中大分子有机物的增加与湖水中藻类增加速率有关。

综上所述，湖泊、水库中有机物是由以下几种物质组成的：沉积物、有机物（溶解性和非溶解性）、大分子有机物（腐殖质）、藻类、水生动植物。其特征在于各种污染物质之间并没有明显的界限，它们互相融合和包含，在性质上互相渗透和影响，因此在水处理过程中需要作为一个整体来考虑。如考虑水中悬浮物去除时要注意有机物的影响，在考虑水中腐殖质时也要注意到隐蔽在其中的有毒有害有机物。

第3章 饮用水水质标准的发展

3.1 国际上饮用水水质标准的发展趋势

人类历史上最早的关于水质优劣的标准是由罗马建筑师和工程师维特鲁威（Vitrurius）于公元前1世纪提出来的。他根据水在煮沸以后的反应，蔬菜在水中煮熟以后的滋味以及人们饮用水后对健康的影响来确定水质的好坏。此后尽管随着时间的推移，科学技术的迅速发展，对水本身的认识和饮用水处理都得到一定的提高和改进，但真正具有现代意义的饮用水的水质标准则是在20世纪初才首次在美国出现的，即1914年颁布的《公共卫生署饮用水水质标准》。此标准规定饮用水每毫升含细菌数不能超过100个，每5份样品中大肠杆菌数超过10个/mL的水样不能多于1个。尽管此水质标准只对细菌质量做出了定量规定，但对保护饮用者健康却起了十分重要的作用，据美国78个城市的资料，从提出细菌质量标准起在水质控制的不断发展过程中，每10万人中的伤寒病死亡人数从1910年的20.544人降低为1964年的0.15人。此标准制定后在美国被广泛采用，并于1925年、1942年、1946年和1962年不断得到修订。这一阶段，水质标准的内容主要集中于与人体健康相关的化学物质和生物因素以及一些感官指标，如色、味、臭。

20世纪中期以后，由于天然水体中污染成分的种类及浓度迅速增加，对化学物质分析技术的不断提高，以及医学、生物学和化学等学科对水质的不断研究，对于水质与人体健康的关系积累了极其丰富的资料，1974年，美国环保局（EPA）在对全国80个城市饮用水的调查中发现饮用水中普遍含有三卤甲烷（THMs），同时还有四氯化碳和1，2-二氯乙烷等化合物，1977年美国"全国有机物调查研究（NORS）"和"全国有机物监测调查（NOMS）"及其他的调查中，发现饮用水中含有700多种有机化合物，其中卤代有机物及苯、氯酚、双醚均属于有"三致"（致癌、致畸、致突）作用或毒性的物质。而公认的致癌物三卤甲烷则是含量较高的污染物，有些地方饮用水三卤甲烷含量甚至高达$784\mu g/L$，而且三卤甲烷是在进入配水管网之后才出现的，它直接影响饮用者的健康。在大量调查研究的基础上，美国国会于1974年通过《安全饮用水法》（Safe Drinking Water Act），并于1975年12月24日颁布了《国家暂行饮用水基本规则》（National Interim Primary Drinking Water Regulations）。这是美国饮用水水质标准发展史上的里程碑，因为此规则虽仍将饮用水微生物质量作为优先控制目标，但增加了6种有机物的限制标准。到1979年11月27日又对《国家暂行饮用水基本规则》进行了修改，将三卤甲烷列入了规则之中，规定饮用水中总三卤甲烷含量不能超过$100\mu g/L$。1986年，美国在对水中有机物进行了更深入的研究以后于当年提出了《安全饮用水法修正案》（Safe Drinking Water Act Amendments），把《暂行规则》和《修正规则》重新命名为《国家饮用水基本规则》

(National Primary Drinking Water Regulations)，在该法案中不仅规定了污染物的限制浓度，还提出了达到该标准的最佳可行水处理技术（best available technology）。《安全饮用水法修正案》反映了美国对于饮用水中污染物严重性的更深刻的认识，有关水质标准的基本内容有：①对 83 种饮用水中的污染物定出 MCLs（最大污染物浓度）和 MCLGs（最大污染物浓度目标值，分 3 批于 1987 年、1988 年和 1989 年完成），其中一半多是有机污染物；②从 1987 年提出于 1988 年完成公布第一个饮用水重点污染物目录起，以后每 3 年根据公共给水系统中出现的或可能出现的，浓度足以影响饮用者健康的污染物或污染物类别，研究并公布一个新的饮用水重点污染物目录；③1990 年应在第一个重点目录中至少选出 25 项提出 MCLGs 和 MCLs，并于 1993 年正式完成公布。

为了更严格地控制污染，美国环保局（EPA）于 1985 年提出的饮用水管理法中，规定了 43 种有毒化学物质（优先控制污染物）的推荐物浓度（RMCLs）——非强制性目标，8 种挥发性有机化合物的最高污染物浓度（MCLs）——强制性目标，其他 51 种挥发性有机化合物的 RMCLs。管理办法还指出，安全饮用水条例应尽可能地使最高污染物浓度接近推荐最高污染物浓度（RMCLs）。美国环保局（EPA）正考虑用单独的消毒副产物的最高污染物允许浓度来取代其总体指标，并逐步修正《安全饮用水法》（SDWA）中的标准，到 1993 年，饮用水中有机物标准已达 83 项，且每 3 年增加 25 项，包括各类消毒副产物。

由于对饮用水中消毒副产物研究的深入，美国环保局（EPA）于 1993 年提出了消毒剂与消毒副产物法（D/DBPs Rule）草案。提出将三卤甲烷（THMs）标准降为第一阶段 $80\mu g/L$，第二阶段 $60\mu g/L$，并首次提出 5 种卤乙酸（HAAs）（一氯乙酸、二氯乙酸、三氯乙酸、一溴乙酸和二溴乙酸）的限制浓度：规定 1997 年 HAAs 不能超过 $60\mu g/L$，2000 年不能超过 $30\mu g/L$。对其他消毒副产物如卤乙腈、卤代醛和卤代酮等的研究也越来越深入，到 1997 年 8 月，美国环保局（EPA）更是公布了饮用水中 200 种有机物的水质标准立法状况和对健康影响的评价（表 3-1），其数量之多使人触目惊心。

另外，饮用水中微生物的污染特别是病原微生物也是水质标准关注的重点。蓝伯氏贾第鞭毛虫孢囊（Giardia Lamblia）、隐孢子虫卵囊对人体健康的影响和处理方法受到北美给水处理界研究的重视。蓝伯氏贾第鞭毛虫孢囊和隐孢子虫卵囊分别引起蓝伯氏贾第鞭毛虫孢囊病和隐孢子虫卵囊病，均是一种胃肠炎病。隐孢子虫卵囊病具有周期性腹泻的特征，健康的患者 30 天即可痊愈，但艾滋病的患者染上隐孢子虫卵囊病后永远不能痊愈，因此对饮用水中病原微生物种类的限制也会增加。

美国水质标准的发展历程代表了国际上先进水平水质标准发展趋势。目前世界各国已制定了很多饮用水水质标准，主要的国际饮用水水质标准有世界卫生组织（WHO）提出的饮用水水质准则，欧洲共同体（EC）有关饮用水水质的指令，美国环保局（EPA）颁布的安全饮用水法，日本及其他国家的水质标准等。

1956 年，世界卫生组织（WHO）起草了一个关于欧洲饮用水标准和测试方法的文件，并于 1958 年正式公布，在 1963 年又对此标准进行了补充，增加了 7 种金属的最大允许浓度和饮用水相关的 18 个参数，讨论了氟和硝酸盐可接受的极限浓度以及所提出的放射性极限浓度。这些标准的重点在于发展水质定量指标，加强水质的取样和分析以及保证饮用水的安全等。20 世纪 70 年代以后，随着有机化合物分析技术的发展和改进，饮用水中检测出的有机化合物不断增加，例如杀虫剂和溶剂等，它们具有致病的毒性，甚至致癌，于是在 1984～1986 年世界卫生组织（WHO）制定的饮用水标准中增加了 18 项与健康有关的有机物指标，而在 1993 年的饮用水标准中则包括了杀虫剂、消毒副产物等共 89 种有机化合物。

欧洲共同体制定饮用水标准是在 1980 年，这个标准主要为欧共体成员国用，约有 3.5 亿人口，它包括 61 个参数，分别为细菌学、毒理学、物理学、化学及感官参数等。1991 年 12 月欧共体供水协会的联合体（EUREAU）提出了修改欧共体饮用水水质指令的 80/778/EC 建议书。建议书对 EC 水质指令提出了 10 方面的意见，关于农药、多环芳烃以及酚类等有机物，建议书要求列出各个有机物。因此欧共体的水质指令也对饮用水中有机物种类和含量提出更严格的要求。

日本在 1978 年制定的饮用水水质标准中仅有四氯乙烯、三氯乙烯，1，1，1-三氯乙烷、三卤甲烷等 4 种有机物的暂定标准，到 1993 年修订的新标准中不仅增加了大量的有机物指标，而且对原来的指标值也有了修改。世界几个主要的饮用水水质标准的指标比较见表 3-1。

生活饮用水水质标准指标数目比较   表 3-1

	世界卫生组织 WHO（1992）	美国（1994）	欧共体（1980）	日本（1993）
1. 细菌学指标	1（1）	5	6	2
2. 无机物（包括感官）	30（18）	20	42	30
3. 有机物				
氯代烷烯	5（4）	6	有机氯化物：1	6
氯代乙烯	5（5）	7		6
芳　烃	6（6）	5	多环芳烃（PAHs）：1	3
氯化苯	5（4）	6		1
其他有机物	9（8）	8	总量指标：10	6
4. 农药	36（35）	23	农药总量：1	15
5. 消毒剂及消毒副产物				
消毒剂	5（2）	—	包括在有机氯化物中	1
消毒副产物	23（15）	2		10
6. 放射性	2	6	—	—
共计	133（98）	88	61	80

注：括号内的数字是规定了浓度准确值的指标数。

世界卫生组织（WHO）、美国、欧共体、日本的饮用水水质标准代表了当今世界饮用水的最高水平。由表 3-1 可知，有机物指标的数目超过水质指标总数的 2/3，特别是消毒副产物项目的增加，反映了人类对控制有毒有害有机物认识的加深。由此可见，国际饮用水水质标准发展的趋势即是加强饮用水中有机物的控制，特别是消毒副产物的控制。

3.2　我国饮用水水质标准的发展历程

我国政府也十分重视饮用水对人民身体健康带来的影响，于1959年颁布了第一个饮用水水质标准，此标准只包括了16项水质指标，1976年修订的标准则将水质指标增加到23项。《生活饮用水水质标准》（GB 5749—85）则是根据我国的国情于1985年提出的。此标准正式规定的限量参数共35项，其中感官性指标4项，理化指标14项，毒理学指标12项，细菌学指标3项，放射性指标2项。35项水质指标中有机物共有6种，允许含量分别为：挥发酚（以酚计）0.002mg/L，氯仿（三氯甲烷）60μg/L，四氯化碳3μg/L，苯并（a）芘10μg/L，滴滴涕1μg/L，六六六5μg/L。与世界卫生组织（WHO）、美国、欧洲共同体（EC）等饮用水水质标准相比，有如下特点：

（1）在感官性指标方面，我国标准所列项目与欧洲共同体（EC）、世界卫生组织（WHO）及美国无差异。

（2）物理化学指标方面，较世界卫生组织（WHO）只缺少铝、钠2项，与欧洲共同体（EC）比较缺少硅、钠、钾、铝、溶解氧、游离二氧化碳及碱度；与美国比较，增加了总硬度。

（3）不希望过量的指标方面，我国较世界卫生组织（WHO）少测6个有机物（六氯苯、1，2二氯乙烷、1，1二氯乙烯、五氯酸、四氯乙烯、三氯乙烯）；与欧洲共同体（EC）比较，少测13项（亚硝酸盐、氨氮、凯氏氮、耗氧量、总有机碳、硫化氢、氯仿萃取物、溶解性或乳化的烃类、矿物油、硼、有机氯化物、磷、悬浮物质、钡）；与美国比则少11项（硫化氢、钡、腐蚀性、三卤甲烷、苯、p-二氯苯、1，2-二氯乙烷、1，1-二氯乙烯、三氯乙烯、1，1，1-三氯乙烷、氯乙烷）。

（4）有毒物质项目方面，我国较世界卫生组织（WHO）少测6项（艾狄氏剂、农药、多环芳烃、铍、镍、锑、钒）；比美国少测农药（总量及单个量）、二氯苯氧乙酸、异狄化剂、r-666、甲氧DDT、三氯苯乙酸、2，4，5-TPSilvx等。

（5）微生物学指标方面：我国比欧洲共同体（EC）少测粪型大肠菌群、粪型链球菌、亚硫酸还原菌及22℃的细菌总数。

（6）放射性测定方面，较美国少测4项（β射线＋光子放射性物质，Ra226＋Ra228，Sr90，H3）；与欧洲共同体（EC）比，我国多测总α及总β。

以上情况说明，我国《生活饮用水卫生标准》（GB 5749—1985）与国际水质标准之间的差距还很大，特别是对有机物的控制方面亟待加强。

3.3　我国水质标准修订进展

《生活饮用水卫生标准》的基本原则是保证饮水对人体健康的安全性。符合此标准的饮水可以终生饮用，对健康无不良反应。在此标准允许限值以下可能存在的物质对健康不会有潜在危害，标准还规定了生活饮用水应有良好的感官性状。因此，生活饮用水卫生标准是人体健康和生活质量的重要保证。

《中华人民共和国刑法》第三百三十条,《中华人民共和国传染病防治法》第十三条、第三十五条都规定了供水单位供应的饮用水必须符合国家规定的卫生标准,并对供应不符合国家标准的饮用水引起传染病所承担的刑事或其他法律责任作了明确规定。因此,《生活饮用水卫生标准》是卫生监督执法的技术依据。《生活饮用水卫生标准》颁布执行40余年来,在保护人民健康,促进供水事业发展方面发挥了极重要的作用,成为最重要的卫生标准之一。

随着近几十年来我国经济技术水平的快速发展和人民生活要求的显著提高,对饮用水水质的要求也不断提高。因此,《生活饮用水卫生标准》应经常、及时地进行修订。卫生部和建设部曾组织力量修订了此标准,并于1995年、1997年2次报国家技术监督局,但均因各种原因而未能颁布。2000年卫生部再一次组织力量对此卫生标准进行了修订,但未能作为国家标准发布。2001年7月,卫生部发布了《生活饮用水水质卫生规范》(96项水质指标)和《生活饮用水检验规范》。建设部也于2005年颁布了行业标准《城市供水水质标准》(CJ/T 206—2005)(103项水质指标)。

随着我国工农业生产迅速发展,供水行业饮水深度处理技术的提高,现行标准已不符合国情,亟须修订国家标准。

为了解决饮用水水质标准落后于社会发展需要的状况,2005年由国家标准化管理委员会总负责,由卫生部牵头,包括建设部、水利部、国家环保总局等相关单位修订《生活饮用水卫生标准》,并且《生活饮用水卫生标准》(GB 5749—85)和《生活饮用水标准检验法》(GB 5750—85)同步进行修订,于2006年底批准发布。

标准修订过程主要包括了以下几个方面。

1. 修订原则

体现以人为本的思想,《标准》面向城乡全体居民,城乡采用同一个标准。

(1) 对技术和经济条件尚难达到本《标准》的部分农村采用过渡方法,即在保证基本安全的基础上,降低对感官性状指标及少量有安全保证的毒理指标的要求。

(2) 尽力与国际组织和经济发达国家同类标准接轨,密切结合我国实际情况,不宜提出过多的检测项目,或过高的项目限值。

(3) 饮用水感官性状和一般理化指标应为用户所接受。以往这类标准均为强制性标准执行,本次修订仍维持此惯例。

2. 修订的内容

修订后《标准》内容有以下几处特点要加以重点说明。

(1) 修订《标准》重申适用范围为城乡各类生活饮用水。

(2) 修订《标准》删除有关水源水水质要求部分,因该要求已在《地表水环境质量标准》(GB 3838)和《地下水质量标准》(GB/T 14848)中表达。

(3) 有关监测和管理部分,卫生部已纳入《生活饮用水集中式供水单位卫生标准》,故对这部分内容予以简化,只明确卫生监督工作的原则要求。供水单位的供水监测按各主管部门的行业标准《城市供水水质标准》(CJ/T 206—2005)和《村镇供水单位资质标准》(SL 308—2004)规定执行。

(4) 增加了3个标准性引用文件:化学处理剂应执行《生活饮用水化学处理剂卫生安

全评价标准》（GB/T 17218—1998），输配水设备执行《生活饮用水输配水设备及防护材料卫生安全评价标准》（GB/T 17219—1998），二次供水执行《二次供水设施卫生规范》（GB 17051）。

（5）指标参数增多，主要是因我国地域大，水质情况复杂，存在污染物种类多。故而涉及的指标参数增至 106 项，比原标准 35 项增加了 71 项。

（6）检测项目进行了分类：一个水样检验 106 项经测算需要费用 2.5 万元，各级供水部门和卫生部门为此检验所需设备增加费用将是不小的一笔费用。所以本《标准》将水样检验项目分为常规检验项目和非常规检验项目 2 类。这种将检验项目分为 2 类的方法是从我国经济条件出发的，国外饮用水标准未见采用这种分类法。

常规检验项目 42 项是指水中比较常见的污染物质，能反映水质状况，检出率比较高；非常规检验项目 64 项是指比较局限于某地区或者不太经常检验出的指标项目，要根据地区、时间或特殊情况需要检测。

需要明确指出的是，对生活饮用水水质做出评价时，非常规检验项目具有同等作用，即常规检验项目和非常规检验项目同等对待，均属于强制执行，非常规检验项目如超过限值同样评价为不合格。

（7）改进了指标的编排次序，各类指标的饮用水安全重要性次序如下：

首先是生物性指标（细菌、原虫），还包括消毒剂及其主要残留物和消毒副产物。

其次是毒理学方面对人体健康有影响的指标。为方便起见，将毒理学指标分为无机化合物和有机化合物。有机化合物种类繁多，绝大多数为农药、环境激素、持久性化合物均在其中，是评价饮水与健康关系的重要项目。

感官性状指标和一般理化指标。一般性理化指标指的是反映水质总体性状的理化指标，感官性状指标是使人能直接感觉到的水色、臭、味、浑浊，用户很容易从感觉的色、臭、味、沉淀物，而联想到饮用水受到污染，这是用户不满意进行投诉的主要方面。在修订《标准》中考虑到用户最容易从感官指标直接关心评价饮用水水质，我国历来将这类指标作为强制性指标，本次修订《标准》仍维持我国历来的做法。世界上大多数国家也都是这样处理的。

放射性指标为指导值，在检验中发现总 α 放射性和总 β 放射性超过限值时，需要再做核素分析才能确定该水能否饮用。

3.《标准》中增加项目的说明

（1）增加了消毒剂和副产物。我国大型自来水厂几乎都采用液氯消毒，此方法价格廉，效果好，设备安装以后管理使用方便。近 20 年对加氯消毒副产物的研究说明，液氯消毒会产生多种卤代烃类化合物，这些物质在高浓度时会对人体健康构成威胁，但不能证实在饮水实际情况下，低浓度时（约每升水含 10 多微克）对人体健康有危害，因而液氯仍然是我国自来水厂最主要的消毒剂。

（2）对小型水厂而言，液氯的运输和储存过程中安全问题大，同时受到液氯消毒副产物的影响，采用二氧化氯为消毒剂的应用增加很快。臭氧是另一种强氧化剂，用于饮水消毒已有多年，这次修订稿中对二氧化氯和臭氧的限值，在饮用水中残留量和主要消毒副产物的限值均列入标准中。

（3）农药残留量。这是生活饮用水卫生十分关心的问题。我国是世界上最大农药生产使用国，使用农药的种类多，数量大，主要依据调查的农药生产量和使用情况，参考国外在饮用水中列入的农药部分，《标准》中列入农药 20 项。

（4）贾弟鞭毛虫孢囊和隐孢子虫卵囊，这是一类寄生于人和动物体内的肠道原虫，它们的孢囊和卵囊在受生活污水污染的地表水，和处理不完全到位的自来水中均可检出。它们可引起人的消化道感染，症状与腹泻相似。饮水中暴发传染病例较多。

据报道，美国发生饮用水中暴发传染病例约有 1/3 是由这 2 种原虫引起的，1990～2000 年间由"两虫"感染暴发的事件是上升趋势。加拿大的 66 个自来水水源水 81％可检出"两虫"，日本水厂的原水检出率更高。

我国有关的资料表明，四川省华蓥市调查了 1632 人，蓝伯氏贾弟鞭毛虫孢囊的感染率为 6.25％，农村感染率高于城市近 1 倍，湖南省腹泻患者粪便检测出隐孢子虫卵囊阳性率 3.84％，青海牧民感染率较高，可能与人畜共饮有关。云南学龄前儿童隐孢子虫卵囊感染率达 8.51％，中小学生为 6.25％。这表明，通过饮用水导致"两虫"感染暴发在我国同样是不可忽视的。

蓝伯氏贾弟鞭毛虫孢蓝伯氏和隐孢子虫卵囊的直径为 2～7μm，不易为常规的沉淀、过滤等处理方法去除，但从日本有关水质研究的专家们报道过滤后水，浑浊度在 0.1NTU 以下时"两虫"卵囊及隐孢囊去除率可达 90％以上；我国在供水标准中增加"两虫"的限制标准是十分必要的。"两虫"在《标准》中的限值为每 10 升水样中不得检出 1 个卵囊或孢囊。所制定的限制采用了来自中山大学公共卫生学院预防医学系为负责单位的研究报告，协作单位有深圳市疾控中心、澳门自来水公司化验研究中心和广州市自来水公司，该报告通过了环境卫生标委会的评审。

（5）大肠埃希氏菌。我国对生活饮用水、水源水、地表水，进行卫生学检测评价的指标为总大肠菌群和耐热大肠菌群作为粪便污染的指示菌。标准检测方法为膜过滤法和多管发酵法。作为粪便污染的指示菌，大肠埃希氏菌检出的意义最大，其次是耐热大肠菌群，总大肠菌群检出的卫生学意义更差一些。

大肠埃希氏菌是粪便污染最有意义的指示菌，已被世界许多组织、国家和地区使用。世界卫生组织（WHO）规定生活饮用水中 100mL 水样中不得检出大肠埃希氏菌或者耐热大肠菌群。现在世界上美国、加拿大、墨西哥、阿根廷、韩国、日本、新西兰等多个国家作为生活饮用水卫生指示菌所采用。因此，此次《标准》修订中增加大肠埃希氏菌指标，限值为 100mL 不得检出大肠埃希氏菌。

4. 农村小型集中式供水和分散式供水

农村小型集中式供水和分散式供水水质一时达不到《生活饮用水卫生标准》暂时采用过渡的方法放宽限制 16 项。

5. 采用国外生活饮用水标准特点的几点说明

（1）《标准》修订稿中指标限值主要取自世界卫生组织（WHO）2004 年 10 月发布《饮用水水质准则》第三版资料。世界卫生组织（WHO）出版的《准则》的特点：是组织了多个国家学者汇总许多实验室的研究成果综合而成，内容广泛，资料可信，出版物中有详细的制定标准限值的技术资料可以引证。

（2）美国标准的特点是，基础资料详细，依据充分，并且核算标准执行的可行性，新标准发布后至实施期中间有一段准备期，有利于新标准的执行。

（3）俄罗斯生活饮用水水质卫生标准是我国20世纪50年代《饮用水规程》的主要依据，俄罗斯卫生部门对饮用水卫生监督方面有很大权威性，执行有力。俄罗斯在制定水质最高允许浓度方面已有多年历史，积累了大量资料，是参考资料的主要来源。现行饮用水标准的正文52项便于执行，而附录343项需要时可作为参考，这在各国是独一无二的。

（4）日本的饮水水质标准的特点是，正文50项是水质最常见的指标，能反映水质主要问题，另外还有44项反映饮水口感的项目，与人健康有关但并不经常存在的项目，还有一些因除草剂污染水体的项目。

（5）据有关资料报道，目前世界有184个国家制定生活用水水质标准，多数是以世界卫生组织（WHO）的《饮水水质准则》的资料为基础，选用适合本国国情的实际情况的项目编辑而成各国的饮水标准。

3.4 水质标准与水质分析

3.4.1 常规水质分析

常规水质分析项目主要有色度、浊度、臭和味、pH、总硬度、氯化物、硫酸盐、余氯、细菌和大肠杆菌等，其水质标准见表3-2，臭强度分级见表3-3所列。日常水质检测主要控制浊度和余氯。近年来由于水源水中有机物和氨氮含量增加，因此水厂常规水质检测中一般都测定高锰酸钾耗氧量（COD_{Mn}）和氨氮。目前水质标准中还没有规定这2项指标的限定值。一般认为COD_{Mn}应小于4mg/L，氨氮小于0.5mg/L。

常规水质指标　　　　　　表3-2

项目	指标值	项目	指标值
浊度	1NTU	硫酸盐	250mg/L
色度	15Pt-Co	余氯	30min，>0.3mg/L
臭和味	无		管梢>0.05mg/L
pH	6.5~8.5	细菌总数	100个/mL
总硬度	450mgCaCO_3/L	总大肠杆菌	无
氯化物	250mg/L	耐热大肠菌群	无

臭强度等级　　　　　　表3-3

等级	强度	说明
0	无	无任何气味
1	微弱	一般饮用者难于察觉
2	弱	嗅觉敏感者可以察觉
3	明显	一般饮用者刚能察觉
4	强	已能明显察觉，不加处理，不能饮用
5	很强	有很明显的臭味，有强烈的恶臭

3.4.2　有机物的水质分析

水中有机物种类繁多，成分复杂。国内外均采用测定有机物替代参数，以衡量水中有机物总量的情况。这些替代参数主要有 COD_{Cr}、COD_{Mn} 和 TOC 等。这些有机物替代指标目前尚无统一标准，但它们已是国际上通常采用的水中有机物的总量考察指标。

（1）COD_{Cr}：化学需氧量。采用重铬酸钾与浓硫酸氧化法，能氧化水中绝大部分有机物。测定时取 200mL 水样，加入 10.00mL 重铬酸钾及 30mL 硫酸银溶液，加热后回流 2 h，冷却后加入试亚铁灵指示剂，用硫酸亚铁铵标准溶液滴定至溶液由黄色经蓝绿色至红褐色即为终点。由于水源水和饮用水中有机物含量较低，测定 COD_{Cr} 时准确度较低。

（2）COD_{Mn}：也称耗氧量。用高锰酸钾氧化有机物，只能氧化水中部分易氧化的有机物。测定时取 100mL 水样，加入 5mL 1：3 硫酸及 10mL0.01mol/L 高锰酸钾，在沸水浴中加热 30min 后，趁热加入 10mL0.01mol/L 草酸钠标准溶液，然后用 0.01mol/L 高锰酸钾溶液滴定至显微红色。日本采用的 COD，即为 COD_{Mn}，我国也常用于测定饮用水源水与净化后水。

（3）TOC：总有机碳。采用非分散红外吸收 TOC 分析仪，目前这种仪器主要有 2 类：①高温催化燃烧法，其原理为先将水样送入高温燃烧管（680℃左右），在催化剂的催化下使水中有机物燃烧并转化成二氧化碳，经非分散红外吸收二氧化碳分析仪测定含碳量，即为总碳（TC）。然后将水样送入常温反应管，在酸化条件下（pH 为 4 左右）将水中无机碳全转化成二氧化碳，测定结果为总无机碳（IC）。TOC 即为 TC 与 IC 之差。这类 TOC 分析仪适合水中 TOC 含量在 1mg/L 以上的水样。②催化氧化法，其原理为先将水样送入催化氧化管，在铂金催化和过硫酸的氧化作用下使水中有机物转化成二氧化碳，经非分散红外吸收二氧化碳分析仪测定含碳量，即为总碳（TC）。然后将水样送入常温反应管，在酸化条件下（pH 为 4 左右）将水中无机碳全转化成二氧化碳，测定结果为总无机碳（IC）。TC 与 IC 之差即为 TOC。这类 TOC 测定仪适合测定低浓度有机物，特别是饮用水中有机物，检出限可达 ppb 级。由于 TOC 测定方便，准确性好，且代表了水中几乎所有有机物含量，因此很快得到推广应用。

（4）UV_{254}：254nm 波长下水样的紫外吸光度。试验采用紫外分光光度计，水样经 $0.45\mu m$ 滤膜过滤，测定波长为 254nm，比色皿厚度为 1cm。芳香族化合物或具有共轭双键的化合物在紫外区有吸收峰。紫外吸收对于测量水中天然有机物如腐殖质等有重要意义，因为这类物质含有一部分芳香环，又是天然水体中主要的有机物质。UV_{254} 可作为 TOC 及三卤甲烷 THMs 前体物的代用参数，且测定简单，便于应用。

3.4.3　色谱—质谱联机定性分析水中微量有机物

色谱质谱联机分析（GC/MS）是研究水中有机污染物组成的最重要方法之一，通过 GC/MS 分析可以知道水中有机物的种类、结构特征，进而通过有毒有机物数据库查出有机物的毒性与特征，作为原水与净化后水质评价的重要依据。

1. 试验样品的制备

由于水中有机物种类繁多，组成极其复杂，浓度、极性差异较大，若直接将浓缩液进行色谱质谱分析，则会在谱图上出现彼此重叠的峰。使得部分有机物被掩盖而无法得到分离效果好的谱图，影响有机物的确定。为了更准确地分析水中有机物，必须在样品制备过程中进行多次分离，并采用化学衍生法，使有机酸转化为酯，使其在极性、挥发度、稳定性等方面更加适合于 GC/MS 分析。样品制备过程如图 3-1 所示。

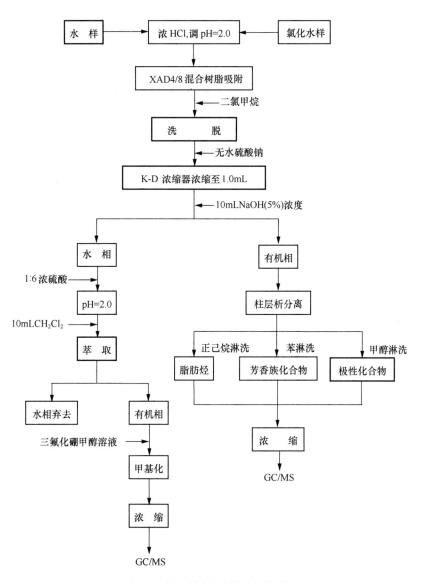

图 3-1 色—质分析样品制备过程

取 100L 待分析用水样于冲洗干净的搪瓷桶中，用分析纯浓盐酸将水样 pH 值调至 2.0 左右。需氯化的水样加入次氯酸钠溶液，氯化反应 24h 后，用硫代硫酸钠溶液终止反应，然后将水样酸化并将 pH 值调至 2.0。将调好 pH 值的水样经 XAD4/XAD8 混合树脂过滤。XAD4 为小孔树脂，XAD8 为大孔树脂，两者结合可以充分吸附水中不同大小的有机物。

过滤完毕，用 60mL 重蒸二氯甲烷分 3 次进行淋洗，再用无水硫酸钠进行干燥脱水，然后倒入 K-D 浓缩器中，于 35℃恒温水浴内减压浓缩，当水样浓缩至 1.0mL 左右时，加入 10mL 浓度为 5% 的氢氧化钠溶液提取，此时溶液分成有机相和水相。先将有机相取出，通过高 11cm 的层析硅胶柱，进行再次分离，然后分别用正己烷、苯、甲醇淋洗，浓缩。再取出水相，用 1:6 浓硫酸调 pH 值到 2.0，再加入 10mL 二氯甲烷萃取有机物，水相弃去，有机相加入 10% 三氟化硼甲醇溶液进行酯化，并浓缩，取出放入安瓿瓶中待用。

上述的色谱质谱分析的预处理十分复杂，适合要深入研究饮用水中各种微量有机物的存在形式时采用。对于一般目的的水质分析，预处理步骤可以加以简化，即按图 3-1 中所示，将水样加酸调 pH 后经 XAD4/XAD8 吸附，用二氯甲烷洗脱，无水硫酸钠脱水，K-D 浓缩器浓缩至 1mL 即可直接进行 GC/MS 分析。

2. 分析条件

色谱：SE-54 型石英毛细管柱（30m×0.32mm），柱升温为程序升温，初始柱温为 45℃，保持 2min 后，以 3～5℃/min 的速率升温，温度达到 250℃时保持 2min，然后以 10℃/min 的速率升温至 290℃终温，保持 3min。

质谱：离子源温度为 250℃，倍增器电压 2400V，电子轰击能量为 70eV。

进样量 0.1μL。

柱流量 1mL/min，分流比 10:1，载气为氦气。

3. 有机物检索

样品经 GC/MS 分析后，将质谱图与标准质谱图比较，确定有机化合物的名称。

4. 毒性检索

有机物的毒性，包括"三致"特性（致畸、致癌、致突变），可利用卫生部中国预防医学科学院环境监测所或当地卫生研究机构所提供的化学物质登录数据库进行检索，数据库中"优先控制污染物"则指美国环保局（EPA）确定的 129 种优先控制污染物。

3.4.4　毒理学指标

毒理学指标即是利用 Ames 试验来检验水体致突变活性的大小。

1. 突变原理

一个基因的核苷酸顺序如果发生任何改变，将引起特异蛋白质以及功能的改变，即突变。突变能在自然或人工条件下发生，前者为自发突变，后者为诱发突变。一般情况下自发突变率较低，但某些物理或化学因素等作用于微生物时，可显著地提高其突变率，这一作用即为诱变。具有诱变作用的因素称诱变剂或致突变物（mutagen）。

2. 突变与癌变的关系

一般认为，50%～90% 人类癌症的发生都可能为环境因素所致。检测废水和某些饮用水中的致突变物和致癌物表明，从受污染的原水所制得的饮用水与癌症的发病率有关，因此，人们就注意到水中"三致"物质可能具有的传递作用。有机物进入生物体中，其毒性作用机理大致可分为 2 种：①毒性来自化合物本身特定的化学结构，如氯丹、烷基等，当其浓度超过阈值时，就会威胁生命；②有机污染物进入有机体后，在生物代谢过程中，产生具有较强反应能力的不稳定中间体的代谢产物，其中部分与蛋白质、核酸等细胞高分子成分发生共价结合，产生不可逆的化学改性。核酸的化学改性则可能破坏细胞正常的信息传递，引起细胞死亡或突变，导致组织出现肿瘤。

目前认为体细胞突变是癌病的基础，有许多实验支持这一学说，刘毓谷等人认为，致癌物质选择性地直接作用于细胞遗传物质 DNA，使其发生突变，突变的结果使细胞功能发生异常，并因此而导致癌症，即癌变形成的基础是体细胞发生突变。因此，研究致突变性的意义在于测定有机污染物的致突变性，以便筛选出可疑的致癌物，而致突变性的测定都比致癌性的测定快得多。此外，所有生物中，其遗传物质与遗传过程基本相似，故利用其他生物所取得的试验结果来评价其对人体可能产生的危害作用是有一定的价值的。

3. Ames 试验

Ames 试验又称鼠伤寒沙门氏菌微粒体回复突变试验（Salmonella Typhimurium/ Manmalian Microsome Test）。以鼠伤寒沙门氏菌的组氨酸营养缺陷型菌株为测试菌株，在含微量组氨酸的顶层培养基中生长，耗尽组氨酸后，形成一层仅在镜下可见的微小菌落。但在致突变物作用下，原营养缺陷型菌株发生回复突变，回变到野生型，在组氨酸耗尽后，它可以继续生长，形成肉眼可见的大菌落，通过统计这些回变菌落，就可确定样品的致突变复活性大小。

由于回复突变是某些特定基因点上的突变，所以 Ames 试验采用带有不同突变基因的一套菌株进行测试。Ames 教授在 1982 年推荐 TA98、TA97、TA100 和 TA102 为一套菌株。其中 TA100 是碱基置换型突变菌株，TA98、TA 97 可用于检测各种移码型致突变物，TA102 主要用于检测氧化的致突变物。Meier 认为用如此多的菌株去评价水的致突变活性似乎是多余的，对于众多的致突变物，任何一个菌呈现阳性反应就已足够了，而且也没有足够的证据说明某种化合物对健康的危害程度依赖于多少菌株呈现阳性反应。单独使用 TA98 可检出 83% 的致突变物，将 TA100 和 TA98 结合使用，可检出 93% 的致突变物。

一些研究表明，许多致突物是以"前致突物"（premutagen）的形式存在，需经体内生物转化最终成为"终致突物"（ultimate mutagen）后才呈现其致突活性。这种生物转化是依据细胞内微粒体氧化酶系统来完成的。此酶系统在细胞体内缺乏，而在哺乳动物的肝脏中较多。为了使试验条件更接近于哺乳动物的代谢情况，Ames 试验又采用在体外加鼠肝微粒体酶系统（S_9）使待测物活化的方法，以弥补体外试验的不足，提高检出率。根据加与不加 S_9 又把致突物分为间接致突物和直接致突物 2 类。但水中的化学物质一般对 TA98 和 TA100 两菌株比较敏感，尤其是氯化过程中产生的致突物。一般认为水中致突物以直接致突物居多，且氯化过程增加水中的直接致突物，在加入 S_9 活化系统时其敏感性通常降低，因此国内外专家把 Ames 试验用于饮用水中的致突变性研究时，大多只采用 TA98 和 TA100 两菌株，不加 S_9 活化体系。Ames 试验用平皿掺入法，试验结果以诱变指数 MR 表示，MR 值为诱发回变菌落数与自发回变菌落数之比值，即：

$$诱变指数(MR)=\frac{受试物平皿的实际回变菌落数}{阴性对照平皿的自发回变菌落数} \tag{3-1}$$

4. 试验结果判断和水质评价

在 Ames 试验中，每皿水样剂量的选择应考虑下列因素：①针对不同污染状况的水样，试验用水样剂量不尽相同，应根据实际情况确定；②TA100 菌株对抑菌敏感，一般以 TA100 来选择 Ames 的合适剂量；③正式试验前应先确定低剂量和高剂量，低剂量应取在产生自发回复突变的剂量附近，高剂量取不出现抑菌现象的最大剂量，然后再确定合适的剂量梯度。试验一般以二甲亚砜为阴性对照，灭滴灵和叠氮化钠分别为 TA98 和 TA100 菌株的阳性对照。试验结果以 MR 来判断：如果 $MR \geqslant 2$，且试验结果具有一定的剂量效应关系，结果可以重复，具有统计意义，即为阳性结果。如果在最大剂量时 $MR < 2$ 即为阴性结果。

为比较不同水样的致突变强度，可以采用下列 2 个指标：最大致突比指数（MI_{max}）和最低致突变量（$MADM$）。

其中

$$MI_{max} = \frac{最高回变菌落数/自发回变菌落数}{最高回变数的相应剂量} \tag{3-2}$$

$MADM$ 为致突比为 2 时每皿所需水样量，根据剂量反应关系的直线回归分析求出。

目前还没有统一的以 Ames 试验结果评价水质的国家标准。对于 Ames 试验结果与水质的关系，主要有下面几种观点：

（1）高玉玲提出对水源水的评价：$MR = 2$ 时最低受试原水量（L/皿）< 1 时为严重污染，$\leqslant 1$ 且 < 3 为重污染，$\geqslant 3$ 且 < 5 为中污染，$\geqslant 5$ 且 < 10 为轻污染，$\geqslant 10$ 为基本未污染。这一标准要求太严格，不易达到。

（2）上海医科大学提出针对水源水的评价见表 3-4。

Ames 试验结果与水质评价　　　　　　　　　　　　　　　表 3-4

$MADM$	级别（G）	卫生评价	$MADM$	级别（G）	卫生评价
0.1	6	严重污染	3.5	2	轻度污染
1.0	5	重污染	4.0	1	尚清洁
1.5	4	较重污染	4.2	0	清洁
2.5	3	重度污染			

（3）由于饮用水在处理中加氯后 Ames 试验结果升高，可以认为上述评价标准不适合于饮用水的评价。清华大学根据多年对各地净水厂出厂水致突变活性的测定，结合我国国情，提出地表水源自来水 $MADM$ 为 0.5、地下水源自来水 $MADM$ 为 1 时可以认为饮用水毒理学试验是合格的。

3.4.5　氯化消毒副产物分析

饮用水中氯化消毒副产物是水质工作者关心的重点。我国现行饮用水标准只规定了三氯甲烷的含量，为 $60\mu g/L$。美国规定三卤甲烷（THMs）为 $100\mu g/L$。1993 年美国制定的消毒剂-消毒副产物法草案中建议 THMs 规定为 $80\mu g/L$，同时增加了另一类消毒副产物-卤乙酸（HAAs），一共 5 种：一氯乙酸（MCAA）、二氯乙酸（DCAA）、三氯乙酸（TCAA）、一溴乙酸（MBAA）、二溴乙酸（DBAA）。5 种卤乙酸的浓度之和在 1997 年低于 $60\mu g/L$，2000 年低于 $30\mu g/L$。清华大学环境科学与工程系在国内首先研究了卤乙酸的测定方法。

1. 三卤甲烷的测定——毛细管柱顶空进样法

（1）原理：顶空进样用于易挥发组分的测定。在密闭的样品瓶中，易挥发的 THMs 在液相与气相中达到平衡。并遵守亨利定律。气相组分由自动进样器送入气相色谱仪内，进行定量分析。三卤甲烷的定量采用外标法。根据已知的三卤甲烷对色谱峰的响应面积，计算水样中 THMs 的含量。

（2）仪器：气相色谱 HP5890Ⅱ，顶空自动进样器 HP19395A，电子捕获检测器（ECD），色谱柱为 HP-5（25m×0.32mm×1.05μm，交联为 5％苯基甲基聚硅氧烷）毛细柱。

（3）分析条件：毛细管进样口温度 250℃；检测器温度 345℃；炉温采用程序升温，由 35℃以每分钟 3℃升到 75℃，保持 2min；载气为高纯氮；进样量 1μL，无分流进样。

（4）样品浓度的定量方法和检出限：采用外标法对样品浓度进行定量，每次开机待系统稳定后进标准样和空白样，绘制标准曲线。待测水样取 2 个平行样，每瓶进 1 针。水样采集一般不应超过 4h，标样应现配现用。此方法对氯仿、一溴二氯甲烷、二溴一氯甲烷和溴仿的检出限分别为：0.1μg/L、0.2μg/L、0.2μg/L、0.4μg/L。

2. 卤乙酸测定方法

卤乙酸为不可吹脱性卤代有机物，共有 9 种。目前能定量检测的卤乙酸共 5 种，即一氯乙酸（沸点 187.8℃）、二氯乙酸（沸点 194℃）、三氯乙酸（197.5℃）、一溴乙酸（沸点 208℃）、二溴乙酸（沸点 195℃）。

1）原理

以甲基叔丁基醚为萃取剂，在酸性条件下加盐强化萃取，使卤乙酸随萃取剂甲基叔丁基醚从水中分离出来，然后取其油层。由于卤乙酸沸点较高，不能直接进样，需先进行衍生化处理，方法为：取一定量的油层，加入用硫酸酸化的甲醇溶液（现配现用，以免生成硫酯），在 50℃水浴中酯化 1h，生成沸点较低的卤乙酸甲酯（其沸点在 60～70℃），然后加盐萃取卤乙酸甲酯，再进行色谱分析。以 2,3-二溴丙烷作内标，进行定量分析。

在样品预处理中美国水和废水标准检测方法（6233 Disinfection By-Products：Haloacetic Acids and Trichlorophenol）采用叠氮甲烷作为酯化剂。由于叠氮甲烷具致癌性和常温下易爆炸，因此有人研究用甲醇代替叠氮甲烷作酯化剂，这两种酯化方法的测定结果无显著差异，具有一致性。

2）主要药品

卤乙酸标准物：一氯乙酸、二氯乙酸、三氯乙酸、一溴乙酸、二溴乙酸，日本进口，色谱纯；甲基叔丁基醚（METB）：日本进口，色谱纯；内标 2,3-二溴丙烷，日本进口，色谱纯，比重：1.937；甲醇、浓硫酸：国产优质纯试剂；无水硫酸钠：国产分析纯试剂，使用前在马弗炉中 550～600℃烘 1h；硫酸铜：分析纯，用于显色。

3）玻璃器皿

见表 3-5 所列。

玻璃器皿   表 3-5

序号	名称	型号	数量	用途	清洗方法
1	玻璃萃取瓶	40mL	水样数×3	水样萃取	20％HNO₃浸泡 2h，蒸馏水冲洗 3 次，纯水冲洗 3 次，250℃烘 2h
2	大肚移液管	3mL	1	移取甲基叔丁基醚	20％HNO₃浸泡 2h，蒸馏水冲洗 3 次，纯水冲洗 3 次
3	大肚移液管	25mL	1	移取水样	20％HNO₃浸泡 2h，蒸馏水冲洗 3 次，纯水冲洗 3 次

续表

序号	名称	型号	数量	用途	清洗方法
4	刻度移液管	2mL	1	移取酸化甲醇	20%HNO₃浸泡2h，蒸馏水冲洗3次，纯水冲洗3次
5	刻度移液管	5mL	1	移取硫酸钠	20%HNO₃浸泡2h，蒸馏水冲洗3次，纯水冲洗3次
6	配样针	50、100μL	各1	进样	使用前用甲基叔丁基醚或乙醚清洗6次
7	定量移液枪	1000μL	1	移取甲基叔丁基醚	20%HNO₃浸泡2h，蒸馏水冲洗5次，纯水冲洗5次，自然干燥

4）分析仪器

（1）气相色谱：HP5890 II，带电子压力控制系统（EPP）和惠普化学工作站（HPCHEM）。

（2）进样针：HP气密型10μL进样针。

（3）检测器：电子捕获检测（ECD）。

（4）色谱柱：HP-5（25m×0.2mm×0.33μm，交联为5%苯基甲基聚硅氧烷）毛细管柱。

5）色谱条件

（1）毛细管进样口温度：220℃；检测器ECD温度：300℃。

（2）炉温：程序升温，升温过程如图3-2所示。

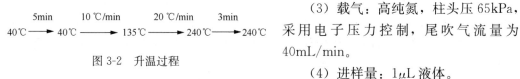

图3-2 升温过程

（3）载气：高纯氮，柱头压65kPa，采用电子压力控制，尾吹气流量为40mL/min。

（4）进样量：1μL液体。

（5）进样方式：无分流进样，1min后开始吹扫，尾吹气流量为40mL/min。

6）样品分析程序

首先用25mL的大肚移液管准确移取25mL待测水样到40mL的微量萃取瓶中，加入1.5mL浓硫酸对水样酸化，抑制卤乙酸电离，再用3mL的大肚移液管移取3mL含内标300μg/L的甲基叔丁基醚，加硫酸钠强化萃取效果，振荡3min，用1000μL的移液枪移取油层1mL到另一个萃取瓶中，加酸化的甲醇溶液2mL，在50℃水浴中酯化1 h，生成卤乙酸甲酯，用刻度移液管加入5mL10%的硫酸钠溶液，用1000μL的移液枪加入1mL甲基叔丁基醚，振荡2min，取其油层置于另一萃取瓶中，准备进样，如不立即进样，可密封好，放入冰箱冷冻室保存，保存时间不超过2周。在第一步萃取时，硫酸铜可加可不加，加硫酸铜的目的只为显色，以区分油层和水层。卤乙酸萃取及衍生化处理程序如图3-3所示。

7）本方法的检出限和精密度

根据清华大学环境科学与工程系研究结果，该方法对5种卤乙酸的最低检出限分别为：MCAA，6μg/L；DCAA，0.2μg/L；TCAA，0.04μg/L；MBAA，0.03μg/L；

DBAA，0.04μg/L。加标 20μg/L 时回收率分别为：MCAA，71.48%；DCAA，125.39%；TCAA，120.24%；MBAA，73.63%；DBAA，97.52%。加标 60μg/L 时回收率分别为：MCAA，100.61%；DCAA，96.97%；TCAA，112.82%；MBAA，104.11%；DBAA，101.19%。

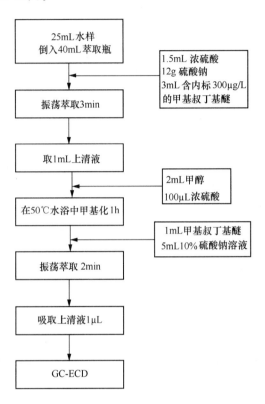

图 3-3　卤乙酸萃取及衍生化处理程序

　　显然此方法在测定低浓度水样时准确度不如高浓度。但即使加标 20μg/L 的回收率也完全合乎美国标准方法 6233 中规定的回收率在 P ±30% 的范围，因此此方法是可行的。研究中还发现活性炭对卤乙酸有良好的去除效果，是控制已生成的卤乙酸的较好方法。

第 4 章　地表水中有机污染物的分类与特性

4.1　重点控制污染物及其毒性

自 20 世纪 70 年代起饮用水中有机污染物的种类急剧增加。美国 1982 年的调查表明：世界范围内饮用水中已出现 765 种合成有机化合物，其中 117 种是属于致癌的或有关致癌的物质。随着分析技术的提高和污染状况的加剧，饮用水中有机物检出量还会增加。饮用水中化学成分的急剧增加是水源水体受到污染的结果，具体污染途径主要有：①废气和粉尘排入大气，通过降水进入水体；②在化肥、农药等化工生产和使用过程中由于生产废水排入水体或其他途径进入水体；③开矿、建设和废物处理过程中产生或使用的化学物质通过径流或渗漏等进入水体；④水体中的运输、娱乐活动和废水处置对人体的直接污染；⑤化学制品运输事故引起的水体污染。

美国环保局（EPA）提出了水体中 129 种优先控制污染物名单，俗称黑名单，其中 114 种为有机污染物。我国也制定了适合中国国情的"水中优先控制污染物黑名单"，包括 14 类 68 种有毒化学污染物，其中有机毒物占 58 种。这 58 种有毒污染物包括（括号内符号表示对人体健康影响范围：O 表示对器官有影响，T 表示毒理影响，C 表示在危险水平的 10^{-5} 就有致癌危险）：

(1) 挥发性氯代烃：二氯甲烷（C）、三氯甲烷（C）、四氯化碳（C）、1, 2-二氯乙烷（C）、1, 1, 1-三氯乙烷（T）、1, 1, 2-三氯乙烷（C）、1, 1, 2, 2-四氯乙烷（C），三氯乙烯（C）、四氯乙烯（C）、三溴甲烷（C）。

(2) 苯系物：苯（C）、甲苯（T）、乙苯（T）、邻二甲苯、间二甲苯、对二甲苯。

(3) 氯代苯类：氯苯（T/C）、邻二氯苯（T）、对二氯苯（T）、六氯苯（C）。

(4) 多氯联苯：多氯联苯（C）。

(5) 酚类：苯酚（C/T）、间甲酚（O）、2, 4-二氯酚（C/T）、2, 4, 6-三氯酚（C/O）、五氯酚（C/O）、对硝基酚。

(6) 硝基苯类：硝基苯（T/O）、对硝基苯，2, 4-二硝基苯（C）、三硝基苯，对硝基苯，2, 4-二硝基苯（C）。

(7) 苯胺类：苯胺、二硝基苯胺、对硝基苯胺、6-二氯硝基苯胺。

(8) 多环芳烃类：萘、萤蒽（T）、苯并（b）萤蒽、苯并（k）萤蒽、苯并（a）芘（C）、茚并（1, 2, 3, c, d）芘（C）、苯并（g, h, i）芘（C）。

(9) 酞酸酯类：酞酸二甲酯、酞酸二丁酯、酞酸二辛酯。

(10) 农药：六六六（C）、敌敌畏（T）、乐果（T）、对硫磷（T）、甲基对硫磷（T）、除草醚（T）、敌百虫（T）。

（11）丙烯腈：苯烯腈（C）。

（12）亚硝胺类：N-亚硝基二乙胺、N-亚硝基二正丙胺。

这些水中优先控制污染物具有下列一些共性：①都具有毒性，与人体健康关系非常密切，在环境中具有长效性，对环境的影响和人体健康的危害大多具有不可逆性；②有机氯占主体，58 个优先控制的有机物中有机氯化物占 25 个，它们往往难以生物降解；③在水体中含量较低，一般是 $\mu g/L$ 数量级甚至 ng/L 数量级。

1997 年美国环保局（EPA）提出的饮水规程和卫生建议（Drinking Water Regulations and Health Advisories：Large File）中详尽地列出了 200 种有机物的毒性、它们对人体的危害和标准规定的浓度值，如表 4-1 所示。表中各参数意义如下：

MCLG：最大污染物浓度目标值（Maximum Contaminant Level Goal），为非强制性的饮用水污染物浓度允许值，能对饮用者的健康有足够的保护。

MCL：所有公共供水系统中饮用水必须达到的最大污染物浓度。

RfD：参考剂量。估计值，饮用者在一生中每天摄入该剂量对健康不会有不利的影响。

DWEL：饮用水当量浓度。假定该污染物进入人体全部由饮水而来。终生饮用不会造成有害的、非致癌性的危害。

F：已经正式立法。

D：只处于立法草案阶段。

L：列入立法计划。

P：提议；

T：研究阶段（非官方）。

致癌性评价分组为：

A：人体致癌剂。有足够的流行病学研究证据证明饮用剂量与致癌的相关关系。

B：可能人体致癌剂。有限的流行病学研究（B1）或足够的动物研究（B2）证实。

C：可疑人体致癌剂。有限的动物研究和不充分的或没有人体研究证据。

D：不能分级。不充分或者无人体或动物研究证据。

E：没有对人体致癌的证据。至少两种不同的动物试验或者充分的流行病学和动物研究证实无致癌性。

饮水卫生建议值（HA）：

1d：连续 5d 饮用，饮用水中污染物不会对人体产生非致癌性的危害，有足够安全性。

10d：连续 14d 饮用，饮用水中污染物不会对人体产生非致癌性的危害，有足够安全性。

长期：饮用 7 年（人平均寿命的 10%），饮用水中污染物不会对人体产生非致癌性的危害，有足够安全性。

终生：终生饮用，饮用水中污染物不会对人体产生非致癌性的危害，有足够安全性。

表中一氯乙酸、二氯乙酸、三氯乙酸的建议值是指 5 种卤乙酸（一氯乙酸、二氯乙酸、三氯乙酸、一溴乙酸、二溴乙酸）浓度之和在 1997 年不能超过 0.06mg/L，在 2000 年不能超过 0.03mg/L；三卤甲烷（THMs）总浓度不能超过 0.08mg/L。表 4-1 表明美国对饮用水中有机物的危害作了比较详细的研究，但由于这些有机物种类繁多，特性不一，因此对部分有机物对人体健康的影响结果并不十分清楚，还有待进一步研究。表中列出的有机物种类之多已经到让人触目惊心的程度，随着研究深入，对饮用水中有机物限制种类肯定还会增加。

饮用水中有机物允许浓度和危害　　　　　　　　表 4-1

化合物名称	标准			卫生建议阶段	卫生建议								致癌性
	立法阶段	MCLG (mg/L)	MCL (mg/L)		10kg 儿童			70kg 成人					
					1d (mg/L)	10d (mg/L)	终生 (mg/L)	长期 (mg/L)	Rfd (mg/kg/d)	DWEL (mg/L)	终生 (mg/L)	mg/L (10^{-4}致癌风险)	
苊	—	—	—	—	—	—	—	0.06	—	—	—	—	—
二氢苊	T	0	—	F	2	2	0.1	0.4	0.013	0.4	—	0.1	B2
丙烯酰胺	F	0	—	F	1.5	0.3	0.02	0.07	0.0002	0.007	—	0.001	B2
丙烯腈	T	0	—	D	—	—	—	—	—	—	—	0.006	B1
己二酸	F	0.4	0.4	—	20	20	20	60	0.6	20	0.4	3	C
草不绿	F	0	0.002	—	0.1	0.1	—	—	0.01	0.4	—	0.04	B2
涕灭威	D	0.007	0.007	D	—	—	—	—	0.001	0.035	0.007	—	D
涕灭威砜	D	0.007	0.007	D	—	—	—	—	0.001	0.035	0.007	—	D
涕灭威亚砜	D	0.007	0.007	D	—	—	—	—	0.001	0.035	0.007	—	D
艾氏剂	—	—	—	D	3×10^{-4}	3×10^{-4}	3×10^{-4}	3×10^{-4}	0.0003	0.001	—	0.0002	B2
莠灭尽	—	—	—	F	9	9	0.9	3	0.009	0.3	0.06	—	D
氨基磺酸铵	—	—	—	F	20	20	20	80	0.28	8	2	—	D
蒽	—	—	—	—	—	—	—	0.3	—	—	—	—	D
阿特拉津	F	0.003	0.003	F	0.1	0.1	0.05	0.2	0.035	0.2	0.003	—	C
蚊蝇灵	—	—	—	F	0.04	0.04	0.04	0.1	0.004	0.1	0.003	—	C
苯达嗪	T	—	—	F	0.3	0.3	0.3	1.0	0.032	1.0	0.2	—	D
苯（a）并蒽	—	—	—	—	—	—	—	—	—	—	—	—	B2
苯	F	0	0.005	F	0.2	0.2	—	—	—	—	—	0.1	A
苯（a）并芘	F	0	0.0002	—	—	—	—	—	—	—	—	0.0002	B2
苯（b）并荧蒽	—	—	—	—	—	—	—	—	—	—	—	—	B2
苯并(g,h,i)芘	—	—	—	—	—	—	—	—	—	—	—	—	D
苯（k）并荧蒽	—	—	—	—	—	—	—	—	—	—	—	—	B2
双-2-氯乙丙基醚	—	—	—	F	4	4	4	13	0.04	1	0.3	—	D
除草定	L	—	—	F	5	5	3	9	0.13	5	0.09	—	C
溴苯	L	—	—	D	—	—	—	—	—	—	—	—	D
溴氯乙腈	T	—	—	D	—	—	—	—	—	—	—	—	—

续表

化合物名称	标准			卫生建议阶段	卫生建议								致癌性
					10kg儿童			70kg成人					
	立法阶段	MCLG (mg/L)	MCL (mg/L)		1d (mg/L)	10d (mg/L)	终生 (mg/L)	长期 (mg/L)	Rfd (mg/kg/d)	DWEL (mg/L)	终生 (mg/L)	mg/L (10^{-4}致癌风险)	
溴氯甲烷	—	—	—	F	0.1	1	0.1	0.5	0.013	0.05	0.01	—	—
溴二氯甲烷	P	0	0.08	D	6	6	4	13	0.02	0.7	—	0.06	B2
溴仿	P	0	0.08	D	5	2	2	6	0.02	0.7	—	0.4	B2
溴代甲烷	T	—	—	D	0.1	0.1	0.1	0.5	0.001	0.05	0.01	—	D
丁基苄基邻苯二甲酸酯	—	—	—		—	—	—	—	0.2	7	—	—	C
正定酯	—	—	—	F	2	2	1	4	0.05	2	0.35	—	D
正丁基苯	—	—	—	D	—	—	—	—	—	—	—	—	—
仲丁基苯	—	—	—	D	—	—	—	—	—	—	—	—	—
叔丁基苯	—	—	—	D	—	—	—	—	—	—	—	—	—
西维因	—	—	—	F	1	1	1	1·	0.1	4	0.7	—	D
羰呋喃	F	0.04	0.04	F	0.05	0.05	0.05	0.2	0.005	0.2	0.04	—	E
四氯化碳	F	0	0.005	F	4	0.2	0.07	0.3	0.0007	0.03	—	0.03	B2
萎锈灵	—	—	—	F	1	1	1	4	0.1	4	0.7	—	D
水合氯醛	P	0.04	0.06	D	7	0.2	0.2	0.6	0.0002	0.06	0.06	—	C
草灭	—	—	—	F	3	3	0.2	0.5	0.015	0.5	0.1	—	D
氯丹	F	0	0.002	F	0.06	0.06	—	—	0.00006	0.002	···	0.003	B2
二溴氯甲烷	P	0.06	0.08	D	6	6	2	8	0.02	0.7	0.06	—	C
氯乙烷	L	—	—	D	—	—	—	—	—	—	—	—	B
三氯甲烷	P	0	0.08	D	4	4	0.1	0.4	0.01	—	—	0.6	B2
一氯甲烷	L	—	—	F	9	0.4	0.4	1	0.004	0.1	0.003	—	C
氯酚	—	—	—	D	0.5	0.5	0.5	2.0	0.005	0.2	0.04	—	D
氯苯甲基硫醚/砜/亚砜	—	—	—		—	—	—	—	—	—	—	—	D
三氯硝基甲烷	L	—	—		—	—	—	—	—	—	—	—	
百菌清	—	—	—	F	0.2	0.2	0.2	0.5	0.015	0.5	—	0.15	B2
o-氯甲苯	L	—	—	F	2	2	2	7	0.02	0.7	0.1	—	D
p-氯甲苯	L	—	—	F	2	2	2	7	0.02	0.7	0.1	—	D
溴硫磷	—	—	—	F	0.03	0.03	0.03	0.1	0.003	0.1	0.02	—	D
Chrysene													B2
Cyanazine	T	0.001	—	D	0.1	0.1	0.02	0.07	0.002	0.07	0.001	—	C
氯化氰	T	—	—		—	—	—	—	—	—	—	—	

续表

化合物名称	标准			卫生建议阶段	卫生建议								致癌性
	立法阶段	MCLG (mg/L)	MCL (mg/L)		10kg 儿童			70kg 成人					
					1d (mg/L)	10d (mg/L)	终生 (mg/L)	长期 (mg/L)	Rfd (mg/kg/d)	DWEL (mg/L)	终生 (mg/L)	mg/L (10^{-4} 致癌风险)	
p-甲基异丙基苯	—	—	—	D	—	—	—	—	—	—	—	—	—
2，4-滴	F	0.07	0.07	F	1	0.3	0.1	0.4	0.01	0.4	0.07	—	D
四氯代对苯二甲酸甲酯	L	—	—	F	80	80	5	20	0.01	—	—	—	D
茅草枯	F	0.2	0.2	F	3	3	0.3	0.9	0.026	0.9	0.2	—	D
二-2-乙基己基己二酸酯	F	0.4	0.4	—	20	20	20	60	0.6	20	0.4	3	C
二嗪农	—	—	—	F	0.02	0.02	0.005	0.02	0.00009	0.003	0.0006	—	E
二溴乙腈	L	—	—	D	2	2	2	8	0.02	0.8	0.02	—	C
二溴一氯丙烷	F	0	0.0002	F	0.2	0.05	—	—	—	—	—	0.03	B2
二溴甲烷	L	—	—	—	—	—	—	—	—	—	—	—	D
邻苯二甲酸二丁酯	—	—	—	—	—	—	—	0.1	4	—	—	—	D
麦草畏	L	—	—	F	0.3	0.3	0.3	1	0.03	1	0.2	—	D
二氯乙醛	L	—	—	D	—	—	—	—	—	—	—	—	—
二氯乙酸	P	0	0.06	D	1	1	1	4	0.004	0.1	—	—	B2
二氯乙腈	L	—	—	D	1	1	0.8	3	0.008	0.3	0.006	—	C
o-二氯苯	F	0.6	0.6	F	9	9	9	30	0.09	3	0.6	—	D
m-二氯苯	—	—	—	F	9	9	9	30	0.09	3	0.6	—	D
p-二氯苯	F	0.075	0.075	F	10	10	10	40	0.1	4	0.075	—	C
二氯氟甲烷	L	—	—	F	40	40	9	30	0.2	5	1	—	D
1，2-二氯乙烷	F	0	0.005	F	0.7	0.7	0.7	2.6	—	—	—	0.04	B2
1，1-二氯乙烯	F	0.007	0.007	F	2	1	1	4	0.009	0.4	0.007	—	C
顺-1，2-二氯乙烯	F	0.07	0.07	F	4	3	3	11	0.01	0.4	0.07	—	D
反-1，2-二氯乙烯	F	0.1	0.1	F	20	2	2	6	0.02	0.6	0.1	—	D
二氯甲烷	F	0	0.005	F	10	2	—	0.06	2	—	0.5	B2
2，4-二氯苯酚	—	—	—	D	0.03	0.03	0.03	0.1	0.003	0.1	0.02	—	D
1，1-二氯丙烷	—	—	—	D	—	—	—	—	—	—	—	—	—

续表

化合物名称	标准			卫生建议阶段	卫生建议								致癌性
	立法阶段	MCLG (mg/L)	MCL (mg/L)		10kg 儿童			70kg 成人					
					1d (mg/L)	10d (mg/L)	终生 (mg/L)	长期 (mg/L)	Rfd (mg/kg/d)	DWEL (mg/L)	终生 (mg/L)	mg/L (10⁻⁴致癌风险)	
1，2-二氯丙烷	F	0	0.005	F	—	0.09	—	—	—	—	—	0.06	B2
1，3-二氯丙烷	L			D									
2，2-二氯丙烷	L			D									
1，1-二氯丙烯	L			D									
1，3-二氯丙烯	T	0	—	F	0.03	0.03	0.03	0.09	0.0003	0.01	—	0.02	B2
狄氏剂	—	—	—	F	5×10^{-4}	5×10^{-4}	5×10^{-4}	0.002	0.00005	0.002	—	0.0002	B2
邻苯二甲酸二乙酯	—	—	—	D	—	—	—		0.8	30	5	—	D
二甘醇二硝酸酯													
二(2-乙基己基)邻苯二甲酸酯	F	0	0.006	D	—	—	—		0.02	0.7	—	0.3	B2
甲基磷酸二异苯酯	—	—	—	F	8	8	8	30	0.08	3	0.6	—	D
Dimethrin	—	—	—	F	10	10	10	40	0.3	10	2	—	D
二甲基磷酸甲酯	—	—	—	F	2	2	2	6	0.2	7	0.1	0.7	C
二甲基邻苯二甲酯	—	—	—		—	—	—	—	—	—	—	—	D
1，3-二硝基苯	—	—	—	F	0.04	0.04	0.04	0.14	0.0001	0.005	0.001	—	D
2，4-二硝基甲苯	L	—	—	F	0.50	0.50	0.30	1	0.002			0.005	B2
2，6-二硝基甲苯	L	—	—	F	0.40	0.40	0.40	1	0.001	0.04		0.005	B2
tg2，6&2，4-二硝基甲苯												0.005	B2
地乐酚	F	0.007	0.007	F	0.3	0.3	0.01	0.04	0.001	0.04	0.007	—	D
p-二噁烷	—	—	—	F	4	0.4	—	—	—	—	—	0.7	B2
苯基苯甲酰胺	—	—	—	F	0.3	0.3	0.3	1	0.03	1	0.2	—	D
二苯胺	—	—	—	F	1	1	0.3	1	0.03	1	0.2	—	D
杀草快	F	0.02	0.02	—	—	—	—		0.0022	0.08	0.02	—	D
乙拌灵	—	—	—	F	0.01	0.01	0.003	0.009	0.00004	0.001	0.0003	—	E
1，4-二噻烷	—	—	—	F	0.4	0.4	0.4	1	0.01	0.4	0.08	—	D
敌草隆	—	—	—	F	1	1	0.3	0.9	0.002	0.07	0.01	—	D
Endothall	F	0.1	0.1	F	0.8	0.8	0.2	0.2	0.02	0.7	0.1	—	D

续表

化合物名称	标准			卫生建议阶段	卫生建议								致癌性
					10kg 儿童			70kg 成人					
	立法阶段	MCLG (mg/L)	MCL (mg/L)		1d (mg/L)	10d (mg/L)	终生 (mg/L)	长期 (mg/L)	Rfd (mg/kg/d)	DWEL (mg/L)	终生 (mg/L)	mg/L (10^{-4}致癌风险)	
异狄氏剂	F	0.002	0.002	F	0.02	0.02	0.003	0.01	0.0003	0.01	0.002	—	D
3-氯-1,2-环氧丙烷	F	0		F	0.1	0.1	0.07	0.07	0.002	0.07	—	0.4	B2
乙苯	F	0.7	0.7	F	30	3	1	3	0.1	3	0.7	—	D
二溴乙烯	F	0	5×10^{-5}	F	0.008	0.008	—	—	—	—	—	0.00004	B2
1,2-亚乙基二醇	—	—	—	F	20	6	6	20	2	40	7	—	D
ETU	L	—	—	F	20	6	6	20	2	40	7	—	D
苯线磷	—	—	—	F	0.009	0.009	0.005	0.02	0.00025	0.009	0.002	—	D
Flumetron	—	—	—	F	2	2	2	5	0.013	0.4	0.09	—	D
芴	—	—	—	—	—	—	—	0.04	—	—	—	—	D
氟利昂	L	—	—	F	7	7	3	10	0.3	10	2	—	D
雾油	—	—	—	D	—	—	—	—	—	—	—	—	D
地虫硫磷	—	—	—	F	0.02	0.02	0.02	0.07	0.002	0.07	0.01	—	D
甲醛	D	—	—	D	10	5	5	20	0.15	5	1	—	B1
无铅汽油	—	—	—	D	—	—	—	—	—	—	0.005	—	D
甘磷酸盐	F	0.7	0.7	F	20	20	1	1	0.1	4	0.7	—	E
七氯	F	0	0.0004	F	0.01	0.01	0.005	0.005	0.0005	0.02	—	0.0008	B2
环氧七氯	F	0	0.0002	F	0.01	—	1×10^{-4}	1×10^{-4}	1×10^{-5}	0.0004	—	0.0004	B2
六氯苯	F	0	0.001	F	0.05	0.05	0.05	0.2	0.0008	0.03	—	0.002	b2
六氯丁二烯	T	0.001	—	F	0.3	0.3	0.1	0.4	0.002	0.07	0.001	—	C
六氯代环戊二烯	F	0.05	0.05	—	—	—	—	—	0.007	0.2	—	—	D
六氯乙烷	L	—	—	F	5	5	0.1	0.5	0.001	0.04	0.001	—	C
正己烷	—	—	—	F	10	4	4	10	—	—	—	—	D
六嗪酮	—	—	—	F	3	3	3	9	0.033	1	0.2	—	D
HMX	—	—	—	F	5	5	5	20	0.05	2	0.4	—	D
茚（1,2,3-c,d）并芘	—	—	—	D	—	—	—	—	—	—	—	—	B2
异佛尔酮	1	—	—	F	15	15	15	15	0.2	7	0.1	4	C
异苯基甲基磷酸盐	—	—	—	D	30	30	30	100	0.1	4.0	0.7	—	D

续表

| 化合物名称 | 标准 | | | 卫生建议阶段 | 卫生建议 | | | | | | | | 致癌性 |
| | 立法阶段 | MCLG (mg/L) | MCL (mg/L) | | 10kg 儿童 | | | 70kg 成人 | | | | | |
					1d (mg/L)	10d (mg/L)	终生 (mg/L)	长期 (mg/L)	Rfd (mg/kg/d)	DWEL (mg/L)	终生 (mg/L)	mg/L (10⁻⁴致癌风险)	
异丙基苯	—	—	—	D	—	—	—	—	—	—	—	—	—
林丹	F	0.0002	0.0002	F	1	1	0.03	0.1	0.0003	0.01	0.0002	—	C
马拉硫磷	—	—	—	F	0.2	0.2	0.2	0.8	0.02	0.8	0.2	—	D
马米酰肼	—	—	—	F	10	10	5	20	0.5	20	4	—	D
2-甲-4-氯苯氧基乙酸	—	—	—	F	0.1	0.1	0.1	0.4	0.0015	0.05	0.01	—	E
灭多威	L	—	—	F	0.3	0.3	0.3	0.3	0.025	0.9	0.2	—	D
甲氧氯	F	0.04	0.04	F	0.05	0.05	0.05	0.2	0.005	0.2	0.04	—	D
丁酮	—	—	—	F	—	—	—	—	—	—	—	—	D
甲基对硫磷	—	—	—	F	0.3	0.3	0.03	0.1	0.00025	0.009	0.002	—	D
甲基叔丁基醚	L	—	—	D	24	24	3	12	0.03	1.0	0.02	—	C
丙草胺	L	—	—	F	2	2	2	5.0	0.1	3.5	0.07	—	C
嗪草酮	L	—	—	F	5	5	0.3	0.5	0.013	0.5	0.1	—	D
一氯乙酸	L	—	—	D	—	—	—	—	—	—	—	—	—
氯苯	F	0.1	0.1	F	2	2	2	7	0.02	0.2	0.1	—	D
萘	—	—	—	F	0.5	0.5	0.4	1	0.004	0.1	0.02	—	D
硝化纤维	—	—	—	F	—	—	—	—	—	—	—	—	—
硝基胍	—	—	—	F	10	10	10	40	0.1	4	0.7	—	D
p-硝基苯酚	—	—	—	F	0.8	0.8	0.8	3	0.008	0.3	0.06	—	D
氨基乙二酰	F	0.2	0.2	F	0.2	0.2	0.2	0.2	0.025		0.2	—	E
百草枯	—	—	—	F	0.1	0.1	0.05	0.2	0.0045	0.2	0.03	—	E
五氯乙烷	—	—	—	D	—	—	—	—	—	—	—	—	—
五氯苯酚	F	0	0.001	F	1	0.3	0.3	1	0.03	1	—	0.03	B2
菲	—	—	—	F	—	—	—	—	—	—	—	—	—
酚	—	—	—	D	6	6	6	20	0.6	20	4	—	D
毒莠定	F	0.5	0.5	F	20	20	0.7	2	0.07	2	0.5	—	D
多氯联苯	F	0	0.0005	P	—	—	—	—	—	—	—	0.0005	B2
扑灭通	L	—	—	F	0.2	0.2	0.2	0.5	0.015	0.5	0.1	—	
拿草	—	—	—	F	0.8	0.8	0.8	3	0.075	3	0.05	—	C
毒草安	—	—	—	F	0.5	0.5	0.1	0.5	0.013	0.5	0.09	—	D
扑草津	—	—	—	F	1	1	0.5	2	0.02	0.7	0.01	—	C
N-氨基甲酸异苯酯	—	—	—	F	5	5	5	20	0.02	0.6	0.1	—	D

续表

化合物名称	立法阶段	MCLG (mg/L)	MCL (mg/L)	卫生建议阶段	10kg儿童 1d (mg/L)	10d (mg/L)	终生 (mg/L)	70kg成人 长期 (mg/L)	Rfd (mg/kg/d)	DWEL (mg/L)	终生 (mg/L)	mg/L (10^{-4}致癌风险)	致癌性
n-丙苯	—	—	—	D	—	—	—	—	—	—	—	—	—
芘	—	—	—	—	—	—	—	—	0.03	—	—	—	D
RDX	—	—	—	F	0.1	0.1	0.1	0.4	0.003	0.1	0.002	0.03	C
西玛嗪	F	0.004	0.004	F	0.07	0.07	0.07	0.07	0.005	0.2	0.004	—	C
苯乙烯	F	0.1	0.1	F	20	2	2	7	0.2	7	0.1	—	C
2,4,5-三氯苯氧基乙酸	L	—	—	F	0.8	0.8	0.8	1	0.01	0.35	0.07	—	D
二噁英	F	0	$3×10^{-8}$	F	$1×10^{-6}$	$1×10^{-7}$	$1×10^{-8}$	$4×10^{-8}$	$1×10^{-9}$	$4×10^{-8}$	—	$2×10^{-8}$	B2
丁噻隆	—	—	—	F	3	3	0.7	2	0.07	2	0.5	—	D
特草定	—	—	—	F	0.3	0.3	0.3	0.9	0.013	0.4	0.09	—	E
特丁磷	—	—	—	F	0.005	0.005	0.001	0.005	0.00013	0.005	0.0009	—	D
1,1,1,2-四氯乙烷	L	—	—	F	2	2	0.9	3	0.03	1	0.07	0.1	C
1,1,2,2-四氯乙烷	L	—	—	D	—	—	—	—	—	—	—	—	—
四氯乙烯	F	0	0.005	F	2	2	1	5	0.01	0.5	—	0.07	—
四氯化碳													
甲苯	F	1	1	F	20	2	2	7	0.2	7	1	—	D
毒杀芬	F	0	0.003							0.1		0.003	B2
2,5,4-对三联苯	F	0.05	0.05	F	0.2	0.2	0.07	0.3	0.0075	0.3	0.05	…	D
1,1,2-三氯-1,12,-三氟乙烯													
三氯乙酸	P	0.3	0.06	D	4	4	4	13	0.1	4.0	0.3	—	C
三氯乙腈	L	—	—	D	0.05	0.05	—	—	—	—	—	—	—
1,2,4-三氯苯	F	0.07	0.07	F	0.1	0.1	0.1	0.5	0.01	0.04	0.07	—	D
1,3,5-三氯苯	—	—	—	F	0.6	0.6	0.6	2	0.006	0.2	0.04	—	D
1,1,1-三氯乙烷	F	0.2	0.2	F	100	40	40	100	0.035	1	0.2	—	D
1,1,2-三氯乙烷	F	0.003	0.005	F	0.6	0.4	0.4	1	0.004	0.1	0.003	—	C
2,2,2-三氯乙醇	L	—	—										
三氯乙烯	F	0	0.005	F	—	—	—	—	—	0.3	—	0.3	B2

续表

化合物名称	标准			卫生建议阶段	卫生建议								致癌性
	立法阶段	MCLG (mg/L)	MCL (mg/L)		10kg 儿童			70kg 成人					
					1d (mg/L)	10d (mg/L)	终生 (mg/L)	长期 (mg/L)	Rfd (mg/kg/d)	DWEL (mg/L)	终生 (mg/L)	mg/L (10⁻⁴致癌风险)	
2，4，6-三氯苯酚	L	—	—	D	—	—	—	—	—	—	—	0.3	B2
1，1，1-三氯丙烷	—	—	—	D	—	—	—	—	—	—	—	—	—
1，2，3-三氯丙烷	L	—	—	F	0.6	0.6	0.6	2	0.006	0.2	0.04	0.5	B2
氟乐灵	L	—	—	F	0.08	0.08	0.08	0.3	0.0075	0.3	0.005	0.5	C
1，2，4-三甲基苯	—	—	—	D	—	—	—	—	—	—	—	—	—
1，3，5-三甲基苯	—	—	—	D	—	—	—	—	—	—	—	—	—
三硝酸甘油酯	—	—	—	F	0.005	0.005	0.005	0.005	—	—	0.005	—	—
三硝基甲苯	—	—	—	F	0.02	0.02	0.02	0.02	0.0005	0.02	0.002	0.1	C
氯乙烯	F	0	0.002	F	3	3	0.01	0.05	—	—	—	0.0015	A
二甲苯	F	10	10	F	40	40	40	100	2	60	10	—	D

资料来源：美国环保局 http：//www.epa.gov/ost/tools/dwstds.html.

我国目前执行的《生活饮用水卫生标准》（GB 5749—2006）规定的 106 项水质指标中，毒理学指标包括 74 项，其中无机化合物 21 项，有机化合物 53 项，有机物指标占总数的 72%，说明对饮用水中有机污染物的重视。

4.2 臭、味

臭、味是人类评价饮用水质量的最早的参数，因为它能被饮用者直观地判断。过去认为臭、味与人体健康无关，只是限于感官性不好。但现在随着研究的深入，已经将它们与饮用者的健康联系起来，我国《生活饮用水卫生标准》（GB 5749—2006）规定生活饮用水不得有异臭和异味。尽管某些无机离子和总溶解性固体的浓度较高会产生异味，水中溶解的某些无机气体会产生臭（如硫化氢），但引起水臭的产生主要是有机物的存在。凡通过嗅觉（直接嗅闻）和臭味（饮服时）能感觉出的臭味水，都称为异臭水。

饮用水发生异臭大多入由于水源水发生异臭而引起的。水源水异臭可分为 2 类：①自然发生的异臭，主要由水中生物如藻类引起的；②人为产生的异臭，由工业废水或生活污水直接排入水体引起。使饮用水产生异臭的物质，在水中的含量一般在 ppt 即 μg/L 级。对水中自然产生的异臭物，目前大多还不能直接定性或定量检测出。但随着色谱—质谱技术的发展，现已查明富营养化水体中产生臭味的物质有十余种，主要有 2-甲基异冰片或称为 2-甲基异莰醇（2-MIB）、1,10-二甲基-9—十氢萘醇或称为土臭素（Geosmin）、2-异丁基-3-甲氧基吡嗪（IBMP）、2-异丙基-3-甲氧基吡嗪（IPMJP）、2,4,6-三氯茴香醚（TCA）和三甲基胺。

在地表水源中，湖泊和水库发生异臭的原因主要是藻类和放线菌的生长。表 4-2 列出部分水生生物引起的各种异臭。放线菌产生异臭的原因是在其新陈代谢过程中分泌土臭素和 2-甲基异莰醇。藻类同样是由于新陈代谢过程中产生的发臭物使水体产生异臭。几乎水中所有的浮游性藻类都能产生异臭物，如蓝藻、硅藻、绿藻、金藻、涡鞭藻等。蓝藻是主要的发臭藻类之一，引起的异臭也较强烈，它在水体中极易大量繁殖。蓝藻培养中发现有土臭素和2-甲基异莰醇成分。硅藻引起的水体异臭中，以针杆硅藻出现的次数最多。对针杆硅藻的培养研究发现有多种发臭物质，但未发现土臭素和2-甲基异莰醇成分。附着性藻类（如附着生长在水中石子、芦苇杆上等）大多发生霉臭。

近年来由于对给水管网中由细菌生长引起的水质变化研究的深入，也发现由于给水管网中物理化学和生物化学的原因而使用户水中出现异味的问题。在给水管网中由于水中有机营养基质的存在使细菌在管网中再生长，并在管壁形成生物膜。由于水流速度的变化，水流对管壁生物膜的剪切力也相应变化，引起生物膜的脱落而使用户水色度和浊度上升。如果水中营养基质较多使细菌生长旺盛，管壁生物膜较多，老化的细菌膜和死亡的细菌分解也会使用户水发出异臭味。高层水箱由于二次污染和清洗不够，细菌和藻类微生物生长也会使饮用水出现异味。对于管网中水质变化引起的饮用水异味还有待进一步研究。

水生生物产生的异臭   表 4-2

生物种类	生物名称	产生臭味	生物种类	生物名称	产生臭味
放线菌	链放线菌	霉臭、土臭	绿藻类	新月藻	青草臭
	小单胞菌	霉臭、土臭		鼓藻	青草臭
	项圈藻	腐败臭、霉臭		胶球藻	鱼臭、青草臭
	蓝针藻	腐败臭、青草臭		空球藻	鱼臭
	筒胞澡	腐败臭、青草臭		盘藻	鱼臭
	顶孢藻	青草臭		实球藻	鱼臭
	蓝束藻	腐败臭、青草臭		盘星藻	青草臭
	念珠藻	腐败臭		栅列藻	青草臭
	颤藻	霉臭、腐败臭		水绵藻	青草臭
	胶鞘藻	霉臭、土臭		叉星鼓藻	青草臭
	星行硅藻	腐败臭		丝藻	青草臭
硅藻类	小环藻	鱼臭		团藻	鱼臭
	等片硅藻	芳香臭	褐色鞭毛藻类	隐藻	鱼臭
	脆杆硅藻	芳香臭	黄藻类	钟罩藻	鱼臭
	直链硅藻	芳香臭		鱼鳞藻	鱼臭、刺激臭
	扇形硅藻	腐败臭		合尾藻	鱼臭、刺激臭
	斜纹藻	鱼臭		拟辐尾藻	腐败臭、鱼臭
	冠盘硅藻	鱼臭、芳香臭	涡鞭藻类	角甲藻	腐败臭、鱼臭
	针杆硅藻	青草臭		薄甲藻	鱼臭
	平板硅藻	鱼臭、芳香臭		多甲藻	鱼臭、刺激臭
绿藻类	星行藻	青草臭	原生原物	眼虫藻	鱼臭
	衣藻	鱼臭、芳香臭			
	小球藻	藻臭			
	刚毛藻	腐败臭			

4.3 有机物分子量分析

水源水中有机物种类繁多，性质各异，物理、化学和生物化学行为各不相同。为了更好地研究有机物在水中的行为和对水质、水处理工艺的影响，研究者往往需要找出某一类有机物的共性。由于分析技术的原因，精确地对水中所有有机物进行分类，特别是根据有机物官能团进行分类往往比较困难，甚至不可能实现。实际上在给水处理中，有机物的分子量往往与其对水质和水处理工艺的影响密切相关，现代分析技术的发展也提供了多种分析有机物分子量的方法：空间排斥色谱（GPC）、X 射线衍射、凝胶层析、静态或动态光散射、分子过滤（超滤和纳滤）和电子显微镜观察等。空间排斥色谱（GPC）、X 射线衍射、凝胶层析等分析方法测定分子量时，首先利用不同分子量的标准物（如不同聚合度的富里酸）得到其标准曲线，再将待测水样的信号值与之比较，得到的是水中有机物分子量分布的连续曲线。这些技术具有分析快捷的特点，但一般难以分析不同分子量范围或某一分子量下有机物的含量，也难以同时进行其他目的的测定和研究［如 BDOC、UV_{254}、DBPFP（即消毒副产物生成势）］，样品制备复杂，制备样品过程可能改变水中有机物形态，影响测定结果。

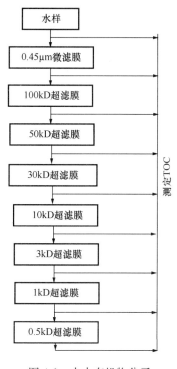

图 4-1 水中有机物分子量分布测定程序

膜过滤技术测定水中有机物分子量的方法是采用截留不同分子量的超滤膜和纳滤膜对水样进行过滤，测定透过水样的总有机碳（TOC），得到水中有机物分子量的区间分布。所采用分离膜系列一般有：$0.45\mu m$ 微滤膜，截留分子量 100000、50000、30000、10000、3000、1000、500 的超滤膜。微滤膜有国产型和进口型。使用前预处理方法为：先用超纯水将膜蒸煮三次（光滑面向下），每次 30min，然后用超纯水冲洗三次，放入冰箱内保存待用。在过滤样品前先过滤 250mL 超纯水，再过滤水样。超滤膜也有国产型和进口型。超滤膜的预处理方法为：用超纯水浸泡漂洗三次（光滑面向下），每次浸泡 1h，用超纯水冲洗后放在冰箱内保存待用。

膜过滤测定水中有机物分子量分布的过程可以图 4-1 表示。步骤如下：将 $0.45\mu m$ 微滤膜装入抽滤器，加入纯水 300mL，过滤 250mL 左右后将纯水液（包括滤过液和过滤器内剩余纯水）弃去，加入待测水样，弃去初滤液 150mL，然后将滤过液收集以作进一步过滤并取样测定 TOC，此时 TOC 测定结果为溶解性有机碳含量，即 DOC（Dissolved Organic Carbon）。再用不同分子量的超滤膜对滤过液进行过滤，每级分子量过滤，先过滤 100mL 超纯水再过滤水样，水样初滤液 50mL 弃去。超滤器中水样不能滤干以防影响超滤膜性能。收集滤过液并测定 TOC。TOC 测定误差控制在 2% 以内。

4.4　不同分子量有机物特性

4.4.1　不同水源水中有机物分子量分布特征

不同水源水由于有机物来源不同，有机物的分子量分布特征也表现出独自的特点。下面介绍四个不同的水源水有机物分布特征。淮河水属于受工业和生活废水污染的河水。绍兴青甸湖水由于受附近工业和生活污水污染有机物含量高，且水体富营养化程度较高。密云和怀柔水库水质相对较好，有机物含量低，水体基本不存在富营养化问题。4 个水源水质参数见表 4-3 所列。

水源水质比较　　　　　　　　　　　　　　　　表 4-3

	水温（℃）	氨氮（mg/L）	COD$_{Mn}$（mg/L）	色　度	浊度（NTU）	TOC（mg/L）	BOD$_5$（mg/L）
淮河水（蚌埠段）	2.0～28.7	0.3～13	5.64～9.37	36～71	28～91	—	—
青甸湖		0.75～2.4	3.64～6.80	26～35	10～30	—	—
怀柔水库	1～25	<0.02	1.9～4.27	4～8	<5	2.60～4.72	0.8～3.6
密云水库	7～14	<0.02	1.86～2.50	3～5	<2	2.44～2.92	0.3～2.0

水源水中不同分子量有机物占总 DOC 的百分比（%）　　　表 4-4

	<0.5k	0.5～1k	1～3k	3～10k	>10k	DOC（mg/L）	取样时间
淮河水（蚌埠段）	18.30	24.78	16.86	12.69	25.59	8.35	1995 年
青甸湖	30	15.60	26	12.4	16	5.57	1996 年
怀柔水库	53.79	14.62	19.84	0.52	11.22	3.83	1995 年
密云水库	40.09	45.69	13.68	1.89	1.41	2.12	1995 年

表 4-4 为四种水源水中不同分子量范围的有机物占总溶解性有机物的比例的比较。1995 年前由于淮河流域的工业发展较快而污水处理工程的建设相对滞后，淮河两岸的造纸、酿造、化肥、印染、电镀和皮革废水大量排入淮河，使淮河水有机物主要为工业污染物。其中造纸占 COD$_{Cr}$ 总量的 52.58%，酿造和化肥占 17.54% 和 11.24%。造纸废水中含大量的木质素和大分子碳水化合物；酿造废水含大量的蛋白质和淀粉等大分子有机物，制革废水同样含大分子的蛋白质和油脂，因此淮河水中有机物分子量＞3000 的部分占 38.28%，＜500 部分仅为 18.30%。青甸湖水中有机物的分子量构成以＜500 和 1000～3000 为主，＞3000 部分为 28.4%，比淮河水低 10% 左右；怀柔水库水中有机物分子量低于 500 部分占 53.79%，＞3000 部分仅为 11.74%，比淮河水和青甸湖水分别低 27% 和 17% 左右；密云水库在上述 4 个水源中受保护最好，水质也最好，水中有机物＜1000 的小分子有机物部分占绝对主体，为 86% 左右，＞3000 部分仅占 3.3%。因此水源水质的特性与有机物分子量的分布关系十分密切。

4.4.2　色度与分子量的关系

对水源水样中有机物分子量与色度的关系研究结果如图 4-2，5 种水样水质见表 4-5。不同水源水中色度与有机物分子量的关系呈现共性，形成色度的物质主要是分子量大于

1000 的有机物。青甸湖水、怀柔水库水和密云水库水主要是分子量大于 3000 且低于 10000 的部分，淮河水则颗粒态有机物对色度也有较大贡献。在过滤中发现过滤完水样后的分子量大于 3000 的超滤膜上有一层淡黄色的胶黏物，从一个方面说明形成色度的有机物主要是胶体有机物和尺寸更大的有机物，而一般大于 1000 的有机物主要是腐殖质类（腐殖酸和富里酸）有机物，富里酸分子量一般小于 2000，在水中呈真溶液，因此腐殖酸是主要的成色物质。

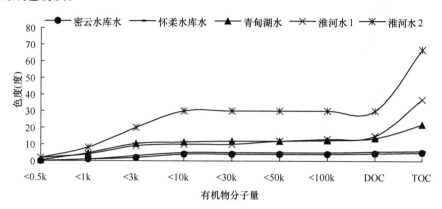

图 4-2　有机物分子量与水的色度关系

图 4-2 中 5 种水样水质特征				表 4-5
	密云水库水	怀柔水库水	青甸湖水	淮河水 1	淮河水 2
TOC（mg/L）	2.44	4.02	6.45	5.83	10.17
DOC（mg/L）	2.12	3.83	5.57	3.47	8.35
色度（度）	4	5	22	36	67

4.4.3　不同分子量有机物的紫外吸收特性

常见紫外光谱波长范围为 200～400nm，即近紫外区，也称为石英紫外区。一般的饱和有机物在近紫外区无吸收，含共轭双键或苯环的有机物在紫外区有明显的吸收或特征峰，含苯环的简单芳香族主要吸收波长在 250～260nm，多环芳烃吸收波长向紫外区长波方向偏移。紫外谱图提供的主要信息是有关该化合物的共轭体系或某些羰基等的存在。常见官能团的紫外吸收特点如下：

（1）化合物在 220～400nm 无紫外吸收，说明化合物是饱和脂肪烃、脂环烃或其衍生物（氯化物、醇、醚、羧酸等）；

（2）化合物在 220～250nm 显示强吸收，说明该化合物存在共轭双键（共轭二烯烃、不饱和醛、酮）；

（3）化合物在 250～290nm 显示中等强度的吸收，说明有苯环存在；

（4）化合物在 250～350nm 显示中低强度吸收，说明有羰基和共轭羰基存在；

（5）在 300nm 以上有高强度吸收，说明该化合物有较大的共轭体系。

水和废水中的一些有机物如木质素、丹宁、腐殖质和各种芳香族有机化合物都是苯的衍生物，而且是天然水体和污水二级处理出水中的主体有机物（占 DOC 的 40%～60%），因此常用 254nm 或 260nm 处的紫外吸收，即 UV_{254} 和 UV_{260} 作为它们在水中含量的替代参数。UV_{254} 不但与水中有机物含量（TOC 或 DOC）有关，而且与色度、消毒副产物（THMs 等）的前体物有较好的相关性。此外水中的致突变物质也有明显的紫外吸收，因此紫外吸收可成为了解水质特性的"窗口"，高的紫外吸收意味水质有问题。UV_{254}/DOC 即单位有机碳的紫外吸收值可以反映水中有机物的芳香构造化程度，简称芳香度。高的 UV_{254}/DOC 值意味着水中有机物来源于土壤腐殖质或已受到造纸废水的污染，其生态意义为水土流失或水体周围有森林存在，因为水土流失会造成土壤腐殖质的大量流失，而森林地带的腐殖质来源于木质素，木质素有很高的芳香度。来源于水体中的生物群体（水生植物、藻类和细菌）所产生的有机物 UV 吸收较弱，因此 UV_{254}/DOC 较低。对前述 4 种水源水的分析表明：分子量愈大其紫外吸收愈强，特别是分子量大于 3000 以上的有机物是水中紫外吸收的主体，而小于 500 的有机物紫外吸收很弱。密云和怀柔水库水全部分子量范围紫外吸收均较弱，青甸湖水在 500～3000 分子量范围紫外吸收较高，而淮河（蚌埠段）水所有分子量范围紫外吸收均很强，这与前面分析的有机物的不同来源有密切关系。

4.4.4   水中不同分子量有机物的可生化特性

可生物降解有机物是指饮用水中有机物能被细菌等微生物降解，作为微生物生长的物质和能量来源的部分，一般以 BDOC（Biodegradable Organic Carbon，生物可降解溶解性有机碳）表示，相应以 NBDOC 表示难生物降解有机物。水中可生物降解有机物的含量与饮用水的处理工艺的选择和处理后水质有很大关系：BDOC 作为细菌等微生物的营养基质会促进细菌在给水管网中生长，使水质下降；去除 BDOC 应该选用生物处理技术。因此研究饮用水的可生化性有十分重要的意义。

影响有机物可生化性的主要因素包括有机物的电荷特性（官能团特性）和空间结构。对单一基质，由于其电荷特性和空间结构较易表征，可建立生物降解速率常数与其电性参数和结构参数的定量或半定量关系，但对混合基质建立这种关系则十分困难，尤其是水源水中有机物多种多样，结构和性质差异很大，它们的电性参数很难一一描述或找到一个综合性的参数加以表征。反映有机物空间结构的参数很多，大体分成 2 类：①表示分子尺寸大小的体积参数（如分子量、摩尔体积、范德华半径、流体动力学直径等）；②表示其形象的形状参数（如取代基空间参数、拓扑结构参数和三维参数等）。对水这样复杂的体系应用形状参数显然是不现实的，应用体积参数（如分子量或表观尺寸）则可较粗略地表示其结构特征。下面以 3 种水源水实例来讨论有机物可生物降解性与其分子量的关系。

图 4-3～图 4-5 表明可生物降解有机碳（BDOC）主要是小分子量的有机物，其分子量在 1000 以下，大于 1000 的有机物可生化性很差。表 4-6 更清楚说明了 BDOC 和有机物分子量的关系。前面已经介绍小于 1000 的有机物尤其是小于 500 的有机物其芳香度较低，非腐殖酸类有机物占很大成分，而且亲水性强，这部分有机物由亲水酸、蛋白质、氨基酸、低分子糖类组成，因此水源水中可生物降解有机物主要是非腐殖酸类有机物。腐殖质本身是微生物分解形成的相对稳定的化合物，所以一般的生物处理由于接触时间较短，很难去除这部分有机物。此外由于 BDOC 主要是分子量低于 1000 的有机物，因此超滤技术难于去除可生物降解有机物，必须将超滤技术与生物处理技术联用，方可得到良好出水水质，这就是目前流行的生物—膜技术的理论依据之一。

水源	DOC (mg/L)	BDOC (mg/L)	BDOC/DOC (%)	小于某一分子量的 BDOC 占原水 BDOC 的比例(%)		
				<500	<1k	<3k
淮河水	8.35	3.37	40.35	14.97	100	100
怀柔水库	3.83	1.01	26.37	90.10	100	100
密云水库	2.85	0.4	14.04	65.00	87.50	100

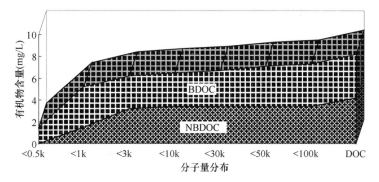

图 4-3　淮河水（蚌埠段）中有机物可生物降解特性与分子量分布关系

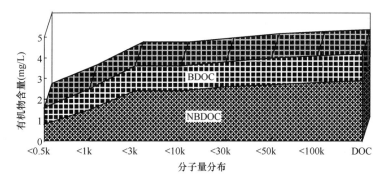

图 4-4　怀柔水库水中有机物可生物降解特性与分子量分布关系

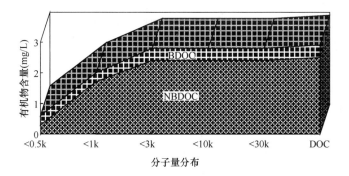

图 4-5　密云水库水中有机物可生物降解特性与分子量分布关系

4.5   有机物分子量分布特征与净水技术选择的关系

饮用水的处理已有百余年的历史。纵观净水技术的发展历史，净水技术的改进主要可分成 3 个阶段：20 世纪 50 年代以前，由于水源水质较好，给水处理主要是采用混凝、沉淀、过滤和加氯消毒技术，也即常规处理技术，此为第一阶段；从 20 世纪 50 年代初开始，西欧采用粒状活性炭处理一些地表水源水以去除臭、味。随着水源水污染的加剧，20 世纪 60 年代末开始，西欧各国普遍采用活性炭进行饮用水的深度处理以提高饮用水水质，此为第二阶段；自 20 世纪 70 年代末开始，为了更好地去除饮用水中的有机污染物，西欧、日本等开始重点研究和使用生物处理技术。目前研究生物处理技术在饮用水处理中应用已是世界范围内的热点。这可以称为第三阶段。伴随着这 3 个阶段，净水技术也可以大致分为 3 类：①常规处理技术，包括混凝、沉淀或气浮、过滤和加氯消毒；②深度处理技术：包括臭氧氧化和活性炭；③生物处理技术：包括各种形式的生物处理技术，目前主要是生物膜反应器。这些净水技术都有各自的特点，根据不同的水源水质和出水水质要求以及经济因素可以确定合适的净水处理工艺。由于有机物已是目前影响净水工艺选择和出水水质的主要因素，因此怎样根据水源水中有机物的性质来选择合适的净水工艺便成为关键问题。以有机物分子量的分布特点来决定净水工艺是较佳途径之一。

4.5.1   常规处理对不同分子量有机物的去除特点

常规处理工艺主要去除水源水中悬浮物和胶体物质，以出水的浊度、色度和细菌数为主要控制目标。随着水源水中有机物的不断增多，常规处理也担负着去除有机物的重任，而且其工艺过程在很大程度上也受有机物的影响。经典的混凝、沉淀、过滤理论这里不再介绍，主要介绍不同有机物对它的影响。

水中的天然有机物根据化学结构和其与树脂在不同的 pH 条件下的相对亲和性可分为酸性、碱性、中性的亲水性（hydrophilic）或憎水性（hydrophobic）有机物，见表 4-7 所列。Rebhum 等将与混凝有关的有机物进行了分类：

（1）溶解性大分子有机物。水中溶解性大分子有机物包括腐殖质、蛋白质和多糖类物质。大分子有机物在水中多呈胶体的性质，相对小分子有机物有较强的憎水性，较易于吸附在固液界面，在混凝中易被去除。腐殖质是天然水体中有机物特别是大分子有机物的主要组成部分，它来源于土壤腐殖质、水生植物和低等浮游生物的分解，约占水中溶解性有机碳（DOC）的 40%～60%，也是地表水和某些地下水的主要成色物质（黄褐色或淡黄褐色）。对未受污染的水体，一般蛋白质含量较少。多糖一般来自微生物的分解、溶解的植物组织及动植物的废弃物，它的含量与水中微生物和植物的生长繁殖状况有关。对受城市污水影响的水体，蛋白质和多糖物质相对含量较高。腐殖质、蛋白质和多糖等大分子有机物在水溶液中常呈线形结构，较易形成分子聚集体，有好的稳定性。

（2）被大分子有机物包裹的颗粒。颗粒作为一种水质成分和它在水环境中的重要作用，近来备受关注。在给水处理中，原水中无机类胶体和悬浮物有黏土、金属氧化物和氢化物、碳酸盐、石棉纤维等。有机类悬浮物和胶体包括细菌、病毒、原生生物胞囊、藻类及其大分子有机物。在地表水中不存在绝对的无机颗粒，都是无机颗粒与有机物或有机体的复合体。对未受有机污染的天然地表水，水体中有机物含量低，胶粒主要为无机胶粒，但它会与腐殖质结合；当水体受到有机物污染时，有机物与无机胶粒之间的作用比较复杂，包括离子交换、络合、憎水键合、表面水解和胶溶等。由于有机物的存在会导致胶粒 ζ 电位增加，使水中胶粒趋于稳定。

水中天然有机物分类 表 4-7

憎水	酸性	腐殖酸、富里酸、中等和高分子链的烷基羧酸和烷基二羧酸、芳香族酸、酚类、丹宁（鞣酸）
	碱性	蛋白质、苯胺类、高分子量的烷基胺
	中性	烃类、醛类、高分子量的甲基酮类、酯类、呋喃、吡咯
亲水	酸性	羟基酸、糖类、磺酸基类、低分子链的烷基羧酸和烷基二羧酸
	碱性	氨基酸、嘌呤、嘧啶、低分子量的烷基胺
	中性	多糖、低分子量的烷基醇、醛、酮

（3）生物态颗粒有机物和油的乳浊液。天然水体中生物态颗粒有机物主要是一些微生物（藻类、细菌）及其尸体（细胞碎片），也可能有原生动物和后生动物。此外，当水体受污染时水中也会出现油的乳浊液。水中的有机污染物与无机污染物一样，也存在零电荷点或等电荷点，藻类等电点为 pH3～5，细菌为 pH2～4，油滴为 pH2～5。水源水体 pH 一般为 6～8，因此这类有机颗粒带负电。

以淮河（蚌埠段）水为例，常规处理对水中不同分子量有机物的去除效果见表 4-8 和表 4-9 所列。表 4-8 中烧杯试验所加混凝剂为精制硫酸铝（含三氧化二铝 16％）140mg/L。混凝剂投加量以最佳有机物去除效果决定。淮河水由于受有机物污染，混凝剂投加量大大高于别的地区。混凝结果表明，对于分子量 10000 以上的有机物能通过混凝得到全部去除，对于分子量在 1000～10000 的有机物能去除 33％左右，分子量低于 1000 的有机物去除率为 27％，低于 500 的有机物反而增加。

实际的生产运行是以出水的浊度为工艺的控制目标，混凝剂投加量低于烧杯试验。滤后水浊度约 5NTU 以下。表 4-9 表明常规处理对非溶解性有机碳去除率为 94％左右，对分子量 10000 以上的溶解性有机碳去除 80％左右，对分子量 1000～10000 有机碳只去除 30％左右，低于 1000 的有机碳反而增加。结果同烧杯试验一致。因此常规处理对分子量大于 10000 的有机物是十分有效的，对低于 1000 的有机物没有去除效果，反而会引起增加。根据水源水中一般的有机物分子量特点，常规处理对 TOC 去除基本在 40％以下，一般为 30％。简而言之，常规处理去除的有机物主要为分子量大于 10000 的部分，对低分子量有机物去除作用很小。因此如果希望提高给水处理中对有机物的去除效率，单纯依靠常规处理是不可能实现的。

混凝对不同分子量有机物去除比较（烧杯试验） 表 4-8

有机物分子量区间	有机物含量（mg/L）		去除率（％）
	原水	混凝沉淀出水	
DOC	8.35	5.18	37.96
10k～DOC	1.24	0.08	93.55
1～10k	1.21	0.81	33.06

有机物分子量区间	有机物含量（mg/L）		去除率（%）
	原水	混凝沉淀出水	
<1k	5.90	4.29	27.29
<500	1.31	4.19	—
BDOC	3.37	2.78	17.51
NBDOC	4.98	2.53	49.20

常规处理对不同分子量有机物去除比较（生产试验）　　　　　表 4-9

有机物分子量区间	有机物含量（mg/L）		去除率（%）
	原水	砂滤出水	
TOC	13.2	6.9	47.72
DOC	9.6	6.7	30.20
DOC～TOC	3.6	0.2	94.44
10k～DOC	3.8	0.8	78.95
1～10k	3.4	2.4	29.41
<1k	4.9	5.2	—

混凝去除有机物的机理主要有3个方面：①带正电的金属离子与带负电的有机物胶体发生电中和而脱稳凝聚；②金属离子与溶解性有机物分子形成不溶性复合物而沉淀；③有机物在絮体（俗称矾花）表面物理化学吸附。有机物形态不同，其去除机理也不一样。对于分子量大于10000的有机物，其形态呈胶体状态，主要靠机理①和③的作用去除，分子量愈大，憎水性愈强，愈易被吸附在絮体表面，去除率越高。对于分子量在1000～10000的有机物，其形态可能处于胶体和真溶液之间，去除机理主要是脱稳凝聚、聚合沉淀和表面吸附的综合作用，去除不彻底。分子量小于1000的有机物亲水性强，只能靠机理②和③去除一小部分。试验中出现的分子量低于500或1000的有机物在混凝后反而增加的原因可能是部分被大分子有机物或其他无机胶体吸附的小分子有机物在混凝过程中由于这些大分子有机物或胶体与金属离子络合而释放出来所致。

4.5.2　活性炭对不同分子量有机物的去除作用

活性炭是具有弱极性的多孔性吸附剂，具有发达的细孔结构和巨大的比表面积，是目前微污染水源水深度处理最有效的手段，尤其去除水中农药、杀虫剂、除草剂等微污染物质和臭味、消毒副产物等，这是其他水处理单元工艺难以取代的。但活性炭对有机物的去除也受有机物特性的影响，主要是有机物的极性和分子大小的影响。同样大小的有机物，溶解度愈大，亲水性愈强，活性炭对其吸附性愈差，反之对溶解度小，亲水性差，极性弱的有机物如苯类化合物、酚类化合物、石油和石油产品等具有较强的吸附能力。对生化法和其他化学法难于去除的有机物如形成色度和异臭的物质，亚甲基蓝表面活性剂、除草剂、杀虫剂、农药、合成洗涤剂、合成染料、胺类物质及其他人工合成有机物有好的去除效果。

除了有机物极性以外，活性炭的孔径特点也决定了活性炭对不同分子大小的有机物的去除效果。活性炭的孔隙按大小一般分成微孔、过渡孔和大孔，但微孔占绝对数量。以国内常用的太原新华炭 ZJ-15 为例，孔隙分布见表 4-10 所列。

ZJ-15 型活性炭的孔隙特征　　　　　　　　　　　　　　表 4-10

孔隙类型	大　孔	过 渡 孔	微　孔
孔直径（Å）	＞1000	40～1000	＜40
孔容积（mL/g）	0.31	0.07	0.4
占总比表面积比例（%）	＜5%		＞95%
比表面积（m²/g）	0.5～2		1000～1500

不同分子量有机物的动力学直径　　　　　　　　　　　表 4-11

分子量	温度（℃）		
	1	20	41
	有机物分子动力学直径（Å）		
500～1000	13.20	17.78	22.20
1000～5000	19.04	23.80	27.60
5000～10000	—	28.00	—
10000～50000	29.80	35.40	38.6
50000～100000	36.80	42.00	44.60
100000～300000	—	50.00	—

　　活性炭中大孔主要分布在炭表面，对有机物的吸附作用很小，过渡孔是水中大分子有机物的吸附场所和小分子有机物进入微孔的通道，而占 95% 的微孔则是活性炭吸附有机物的主要区域。按照立体效应，活性炭所能吸附的分子直径大约是孔道直径的 $1/2\sim 1/10$，也有人认为活性炭起吸附作用的孔道直径（D）是吸附质分子直径（d）的 1.7～21 倍，最佳范围是 $D/d=1.7\sim 6$。张晓健提出有机物分子量与分子平均直径的关系为 $d=M^{1/3}$，式中分子直径 d 单位为埃（Å），M 为克分子量。由此计算出分子量 100、1000、5000、10000 和 100000 的有机物直径分别为 6Å、13Å、23Å、29Å、62Å。Stokes-Einstein 也提出了确定不同分子量有机物的动力学直径或有效扩散尺寸，见表 4-11 所列。按照活性炭微孔直径最大为 40Å 考虑，可吸附的分子量直径按活性炭孔道直径的 1/2 计，则活性炭微孔能吸附的最大分子量直径为 40/2=20（Å），据此算出活性炭可吸附有机物的最大分子量大约为 5000。大于 5000 的有机物由于空间位阻效应而难于进入活性炭的微孔，因而其吸附效率较低。

　　以下用 2 个水厂活性炭运行实例来比较活性炭对不同分子量有机物的去除效果，见表 4-12 所列。尽管 2 个水厂原水水质不一样，但活性炭对不同分子量有机物的去除却表现出共同的特征。活性炭对分子量 500～3000 的有机物有十分好的去除效果，对分子量小于 500 和大于 3000 的有机物没有去除。对于分子量小于 500 的有机物没有去除甚至增加的原因，是由于分子量小于 500 的有机物亲水性较强，易被分子量比其更大而憎水性较强的能进入活性炭微孔内的有机物所取代。

活性炭对不同分子量有机物去除比较　　　　　　　　　表 4-12

水厂	分子量范围	活性炭进水 TOC（mg/L）	活性炭出水 TOC（mg/L）	去除率（%）
蚌埠第二水厂	<0.5k	0.81	1.39	—
	0.5～1k	1.66	0.59	64.46
	1～3k	0.90	0.48	46.67
	3～10k	0.06	0.58	
北京第九水厂	<0.5k	0.49	0.49	—
	0.5～1k	0.5	0.15	70
	1～3k	1.36	1.15	15.44
	3～10k	0.25	0.23	8.00

综上所述，活性炭主要吸附小分子量有机物特别是分子量在 500～3000 的有机物。因此如果常规处理后这一分子量区间的有机物含量相对较多则可以选择活性炭处理，否则采用活性炭处理技术不能达到有效去除有机物的效果。

4.5.3　生物处理技术对不同分子量有机物的去除

本书相关章节已充分讨论了生物处理去除有机物的特点和影响因素，这里专门讨论有机物分子量分布对生物处理去除有机物的影响。表 4-13 是淮河（蚌埠段）水中有机物分子量分布与生物滤池对 DOC 的去除关系，表 4-14 是绍兴青甸湖生物滤池对混凝沉淀后出水中不同分子量有机物的去除效果。表 4-13 表明原水中小分子量有机物含量少时生物滤池对溶解性有机物去除率较低。表 4-14 进一步说明生物滤池对低分子量有机物的良好去除作用，对于分子量大于 10000 的有机物没有去除效果。

生物滤池对 DOC 的去除与原水中有机物分子量分布的关系（蚌埠）　　表 4-13

日期	DOC 去除率（%）	原水中有机物的分布（占 DOC 的百分比（%））					
		<0.5k	0.5～1k	1～3k	3～10k	10k～DOC	>3k
1994.12.28	12.84	29.36	0.92	6.42	32.11	32.11	64.22
1995.01.14	11.46	23.96	1.04	26.04	9.38	39.58	48.96

生物滤池对不同分子量有机物的去除比较（绍兴青甸湖）　　　　表 4-14

	10～100k	3～10k	1～3k	0.5～1k	<0.5k
原水（mg/L）	0.04	0.3	1.21	1.58	1.61
出水（mg/L）	0.46	0.12	1.01	1.11	0.67
去除率（%）	-	60	16.8	29.7	58.7

生物处理对有机物的去除机理主要有以下几个方面：①微生物对小分子有机物的降解。由于微生物生长代谢中物质和能量的需要，将部分低分子有机物分解成二氧化碳和水，同时也将降解中生成的部分中间产物合成微生物体。②微生物胞外酶对大分子有机物的分解作用。③生物吸附絮凝作用。生物膜的比表面积较大，能吸附部分有机物。微生物分泌物多聚糖等黏性物质有类似化学絮凝的作用，使部分大分子有机物在生物反应器中被

填料上生物膜吸附下来，在反冲洗时被带出反应器。

4.5.4 不同水处理单元对不同分子量的有机物去除特点研究实例

在绍兴青甸湖现场试验中采用原水→混凝沉淀→生物陶粒→活性炭吸附的小试工艺对各个水处理单元对有机物分子量的去除进行了研究，结果见表4-15。各单元工艺对不同分子量有机物的去除能力示于表4-16。

从表4-15、表4-16可以看到各分子量区间有机物在组合工艺中的去除情况及单元工艺去除不同分子量有机物的互补性：

（1）分子量为0～500的有机物主要在生物处理单元去除。生物处理对这部分有机物的去除率约有60%，活性炭（GAC）吸附对其去除能力很有限（去除率为16.2%）；从这部分有机物在总溶解性有机物中的比例来看，生物处理单元出水最低，也说明生物处理对其去除能力最强。

（2）分子量为500～1000的有机物主要经GAC吸附去除。GAC对这部分有机物的去除非常有效，去除率为86.7%。生物处理对这部分有机物也有一定的去除（去除率近30.0%），组合工艺的总去除率为83.1%。

（3）分子量在1000～3000的有机物主要在GAC单元去除，去除率近70%，混凝沉淀及生物处理对这部分有机物的去除能力较低（去除率约17%），组合工艺总去除率为78.2%。

（4）分子量在3000～10000的有机物主要在混凝沉淀及生物处理单元去除。

（5）分子量在10000～100000的有机物主要在混凝沉淀过程去除，去除率为86.2%。

原水及各单元工艺出水有机物分子量分布 表 4-15

分子量区间	原水 DOC		混凝沉淀出水 DOC		生物陶粒出水 DOC		活性炭出水 DOC	
	数值 (mg/L)	占总量的百分比 (%)	数值 (mg/L)	占总量的百分比 (%)	数值 (mg/L)	占总量的百分比 (%)	数值 (mg/L)	占总量的百分比 (%)
0～500	1.67	33.6	1.61	32.3	0.67	19.8	0.56	28.1
500～1000	0.87	17.5	1.58	33.3	1.11	33.0	0.15	7.4
1000～3000	1.45	29.2	1.21	25.5	1.01	30.0	0.32	16.0
3000～10000	0.69	13.9	0.30	6.3	0.12	3.6	0.71	35.9
10000～100000	0.29	5.8	0.04	0.8	0.46	13.6	0.23	11.6

各单元工艺对不同分子量区间有机物的去除 表 4-16

分子量区间	原水 DOC (mg/L)	混凝沉淀出水 DOC		生物陶粒出水 DOC		活性炭吸附出水 DOC		工艺总去除率 (%)
		(mg/L)	去除率 (%)	(mg/L)	去除率 (%)	(mg/L)	去除率 (%)	
0～500	1.67	1.61	3.6	0.665	58.7	0.557	16.2	66.6
500～1000	0.87	1.58	—	1.11	29.7	0.147	86.7	83.1
1000～3000	1.45	1.21	16.6	1.007	16.8	0.316	68.6	78.2
3000～10000	0.69	0.30	56.5	0.121	60.0	0.71	—	—
10000～100000	0.29	0.04	86.2	0.457	—	0.23	50.0	20.7

综上所述，可以用表 4-17 归纳常规处理、活性炭和生物处理对不同分子量有机物的去除能力。各单元工艺对溶解性有机物的去除具有明显的互补性，没有哪一种单元工艺对有机物具有广谱的去除能力。在选择净水工艺时，需根据水源水质特点和处理后水质要求将各种单元工艺组合起来，才能有效去除各种分子量的有机物，使工艺对有机物的整体去除率较高。

各单元工艺对不同分子量有机物的去除能力 表 4-17

有机物分子量区间	混凝沉淀	生物处理	活性炭吸附
10000～100000	有效去除	增　加	部分去除
3000～10000	有效去除	部分减少	增　加
1000～3000	部分去除	部分去除	有效去除
500～1000	增　加	部分去除	有效去除
＜500	基本无效	有效去除	部分去除

第5章 水处理常规工艺与其局限性

5.1 饮用水的常规处理工艺

给水处理的主要任务和目的是通过必要的处理方法去除水中杂质，以价格合理、水质优良安全的水供人们使用，并提供符合质量要求的水用于工业。

给水处理的方法应根据水源水质和用水对象对水质的要求而确定。在逐渐认识到饮用水存在水质危害的同时，人们也开始了长期不懈的饮用水净化技术的研究和应用。到 20 世纪初，饮用水净化技术已基本形成了现在被人们普遍称之为常规处理工艺的处理方法，即：混凝、沉淀或澄清、过滤和消毒。这种常规的处理工艺至今仍被世界大多数国家所采用，也是我国目前城市给水处理厂普遍采用的工艺。

饮用水常规处理工艺的主要去除对象是水源水中的悬浮物、胶体杂质和细菌。混凝是向原水中投加混凝剂，使水中难以自然沉淀分离的悬浮物和胶体颗粒相互聚合，形成大颗粒絮体。沉淀是将混凝后形成的大颗粒絮体通过重力分离。过滤则是利用颗粒状滤料（石英砂等）截流经沉淀后出水中残留的颗粒物，进一步去除水中杂质，降低水中浑浊度。过滤之后采用消毒方法来灭活水中的致病微生物，从而保证饮用水卫生安全性。

5.2 常规处理工艺的技术进展

5.2.1 混凝和絮凝

地面水源中含有溶解性有机物，会形成 TOC 和色度。有关研究指出，腐殖质对天然颗粒的稳定性有很大影响，并且会明显影响到混凝剂的选择。

混凝和絮凝的机理是：①双电层压缩；②因吸附作用使电荷中和；③拦截在沉淀物上；④因吸附形成颗粒间的架桥作用。铝盐或铁盐作为混凝剂时，主要机理是电荷中和、沉淀物拦截，后者称为沉淀絮凝。

混凝剂品种和投加量以及混合悬浮液 pH 等都影响电性中和或吸附脱稳和沉淀絮凝过程。通过确定除浊、除色、直接过滤时的混凝剂投加量和 pH 条件，可以选择快速混合装置。在规划、分析搅拌试验和进行半生产设备研究时，据此可以提供处理某种温度原水时的水厂最佳运行条件。

意大利在絮凝阶段使用微粒硅砂和浮石，粒径为 $30\sim130\mu m$。其优点是可稍微降低 TOC 值，并减少混凝剂和助凝剂的投加量。国外用于水处理的聚合电解质品种很多，如英国已有 150 种以上。为了减低药剂费用，减少沉淀中的污泥体积，并改善滤池出水，在某些国家，许多水厂应用价格低廉的淀粉作为高分子聚合物。巴西广泛研究天然高分子聚合物作为助凝剂。

在混凝过程中，加到水中的药剂和水流快速混合极为重要，可加快凝聚速度和减少药剂用量。研究表明：在不同条件下，如果脱稳机理为压缩双电层，只需最低限度的快速混合；如利用大量的絮凝体吸附时，则需叶轮强烈搅拌。应用管道的紊流使原水中的胶体脱稳和快速反应，是一种有效的技术。根据现有资料，管道混凝的反应时间可减小到2.0min，因而降低基建费用，并且节约用地。国外曾进行过出水量为 $10\sim63m^3/h$ 的管道混凝试验，已有若干管道反应器在运转。我国也有在管道上设置固定混合器使所加混凝剂与原水混合的工程实例，嘉兴市自来水公司石臼漾水厂和南门水厂均采用了管道混合器。

根据工程经验，当水量有变化时，应避免采用管道混合器，尽量设计采用机械混合的方式。

5.2.2 沉淀、澄清和气浮

增大颗粒尺寸或减小颗粒沉淀距离均可加速悬浮物的沉淀，前者取决于沉淀前的混凝效果，后者可用较浅的池来缩短沉降距离。平流沉淀池是常用的形式，由于其占地面积大，给水处理工作者研究了高效的沉淀池。

早先研究的高效率斜板斜管沉淀池，可以增加出水量和提高出水水质，已在新建水厂和老水厂挖潜改造中大量应用。近几年来斜板沉淀有了新的发展，开发出效率更高的迷宫式斜板、人字形斜板等新型沉淀池，这些池型在我国上海、青岛等城市的给水处理厂都有应用。法国开发的超脉冲澄清池，就是在脉冲澄清池内另装斜板，以提高其净水效果，青岛仙家寨水厂也有应用。

1. 迷宫式斜板沉淀池

侧向流迷宫斜板类似于普通侧向流斜板，只是在斜板上设置许多块一定高度间距相等的翼片（所以亦称为翼片斜板），水流与翼片方向垂直，翼片与斜板之间形成方形沉淀区。当含有颗粒的水流入翼片迷宫区后，水全部通过翼片与斜板之间的间隙，形成主流路，在主流区与翼片交界处形成涡流区，同时在方形沉淀区（即迷宫）内形成环流。在主流靠近翼片的边缘附近，颗粒杂质在水力状态作用下被挟带进入迷宫环流区内，这种输送是强制性的，不论颗粒大小都将被送入迷宫，涡流的这种强制输送动态分离作用是迷宫式斜板具有高效分离机能的主要原因之一。迷宫内缓慢的流速使环流区接近于层流状态，有利于颗粒的沉降，而且在环流离心作用力下，颗粒一边沉淀，一边被甩向迷宫周壁，所以一般颗粒只要进入迷宫便能沉淀下来，迷宫内的这种低速环流造成良好的沉淀环境，是迷宫斜板具有高效沉淀效果的另一主要原因。

2. 气浮

从 20 世纪 80 年代起，对沉淀效果差的低温低浊水和含藻水，古老的气浮法又重新引起了人们的注意，这种原水用气浮池处理可取得较好的效果，而且，停留时间比斜管沉淀池还要短。最早的气浮专利产生于 1864 年，以后的应用一直集中于冶金选矿。直到 20 世纪 60 年代美国开始使用溶解空气气浮处理污水。我国于 60 年代末建起了第一批气浮池用于处理含油污水。1975 年英国研究人员在美国给水协会第 95 届年会上介绍了小规模气浮除藻实验。1979 年 10 月英国在白雾桥水厂建成英国第一座用于给水处理的溶气气浮设施，我国也于 1979 年 4 月建起了溶气气浮池。从给水工艺上看溶气气浮是一种很有发展前途的处理工艺，它有许多优点：①在池中停留时间短，一般为 15～30min，因此池体小，占地面积小；②能有效地处理低温低浊水；③能有效地去除藻类；④能对被有机物污染的水体起曝气作用；⑤气浮法产生的污泥含水率（90%～95%）比沉淀池（95%～99.8%）低得多。

近年来我国在以水库、湖泊等地表水为原水的多个给水处理厂中应用了气浮工艺。例如成都市建起了处理规模达 20 万 m^3/d 的大型气浮池，以滇池水作为原水的昆明第五、六自来水厂，昆山泾河水厂五期扩建工程（15 万 m^3/d），山东潍坊眉村水厂（10 万 m^3/d），长沙市星沙供水公司二水厂，上海崇明县自来水公司新河水厂和堡镇水厂等采用了气浮除藻工艺。用气浮法除藻效果很好，但存在气浮产生的污泥藻渣的处置问题，还未找到适于我国国情的费用低廉的污泥处理工艺和设备。

5.2.3 过滤

为了提高滤池滤层的截污纳污能力和反冲洗效果，提高滤速，过滤技术得到不断发展。过滤技术的发展主要围绕 3 个方面：①滤料：从传统的粒状滤料发展到纤维束滤料；②滤层：从传统的单层滤料发展到多层滤料及均质滤料；③滤池形式：从普通快滤池发展了无阀滤池、虹吸滤池、移动罩滤池、V 形滤池和翻板滤池，反冲洗方式也从单纯水冲洗发展到气水反冲洗。传统的过滤工艺均采用粒状滤料，如石英砂、无烟煤、陶粒、磁铁矿或石榴石等。在沉淀水过滤时一般采用单层砂滤料，为了提高滤速和增加滤料截污能力，改用无烟煤、砂双层滤料，或用煤、砂、磁铁矿或石榴石三层滤料。也有用较粗的单层均匀滤料，滤层较厚。一些国家通过小型试验来正确选择合适的滤料品种及滤料级配。其决定因素除了进滤池的水质外还取决于滤池反冲洗系统的形式，滤料供应情况和费用，以及滤池运行维护的要求等。塑料珠、陶粒等滤料，目前在生产上也有应用。

关于滤池的形式，先后开发的有单阀、双阀、无阀、鸭舌阀等滤池，虹吸滤池以及 V 形滤池。

最近几年来，有些国家对下向流直接过滤进行了许多半生产和生产性的研究，该方法是在滤池内完成絮凝和过滤过程，适应于原水浊度较低的水库、湖泊水。我国南方有采用直接过滤处理水库水的水厂（如深圳、南宁）。直接过滤存在的问题是承受水量、浊度冲击负荷能力低。

5.2.4 消毒

英国 Packham R. F. 对目前消毒实践作出评论，氯和次氯酸钠是广泛使用的消毒剂，它具有低廉、便于应用、适用性强等优点，氯消毒的特点是可以保持一定浓度的余氯，能在配水管网中持续杀菌，并提供检测数据。氯的缺点是它能与水中的有机物起反应，形成氯代有机物，其中一些能引起不愉快的臭、味，一些具有"三致"作用。

在管网输送距离比较长的城市，可采用二氧化氯和氯胺作为消毒剂。二氧化氯和氯胺中一氯胺均是有效杀菌剂，能较好地保护配水管网免受污染。美国对饮用水中氯的限度为 4mg/L；二氧化氯及其消毒副产物的浓度限制为二氧化氯 0.8mg/L，亚氯酸盐 1.0mg/L；氯胺的容许浓度为 4mg/L。

臭氧是一种有效的消毒剂和不形成臭味物质的强氧化剂，而且能破坏原水中存在的许多臭味物质。不足之处是由于它的反应活性，必须在现场用电生产，耗能大，费用高，与氯相比缺少灵活性，不能保持剩余臭氧，为此要在出厂水中加少量氯，保持管网中余氯。

美国对臭氧消毒副产物限制为：溴酸盐 0.01mg/L。

紫外消毒技术是利用紫外线 C 波段（即杀菌波段，波长 180～380nm）破坏各种细菌、病毒及其他致病体中的 DNA 结构，使其无法自身繁殖，达到去除水或空气中致病体的目的。由于不投加任何化学物质，因此，可以大大减少消毒副产物的生成。由于费用和设备方面的问题，在国内给水处理厂中实际应用较少。

目前，饮用水常规处理技术还在继续研究发展之中，从历史的观点看，饮用水常规处理技术已为保护人类饮水安全，促进社会经济的进步和发展发挥了巨大作用。

5.3 常规处理工艺的局限性

饮用水的净化技术是人们在与污染做斗争的过程中出现的，并不断得到发展、提高和完善。第二次世界大战之前，工业尚未发达，天然水极少污染，水处理的主要对象是水中的泥沙和胶体类等杂质。采用常规的工艺便可得到透明、无色、无臭、味道可口的饮用水。直到 20 世纪 70 年代初期，对于饮用水处理工作者来说，饮用水的任务仍主要以除浊和保证饮用水免受水传播疾病的危害。

但是，自第二次世界大战之后，随着工业的迅速发展，给水体造成了污染，水中有害的物质逐年增多。尤其是 20 世纪 60 年代以来，不少地区饮用水水源水质日益恶化；同时，随着水质分析技术的改进，水源水和饮用水中能够测得的微量污染物质的种类不断增加，使人们在饮用水的水质净化中碰到了新的问题。

工业现代化在近几十年中迅速发展，城市化和人口增长尤其是化学工业的突飞猛进，每年有上千种新的人工化学物质被合成。这些化学物质中相当大一部分通过人类的活动进入水体，如生活污水和工业废水的排放，农业上使用的化肥、除草剂和杀虫剂的流失等，使接纳水体的物理、化学性质发生了显著变化。在繁多的化学物质中，有机污染物的数量和浓度占了绝对优势。不少有机化合物（尺寸范围约为 1～10nm，分子量约为几百至5000）对人体有急性或慢性、直接或间接的"三致"作用（致突变、致畸、致癌）。

目前，世界上一些国家对受有机污染的饮用水进行致突变试验，发现许多饮用水呈现阳性结果。我国的上海、武汉、哈尔滨，以及新疆的塔什库尔干、喀什等地的饮用水，在致突变活性试验中均呈阳性结果。饮用水水质污染使人类的健康正面临严重的威胁。

面对水源水质的变化，传统的常规处理工艺显得力不从心，该工艺主要去除水中浊度，对微污染水源水中有机污染物及氨氮、臭味的去除率低，传统混凝对有机物的去除率不高，即使增加混凝剂投加量也无法大量去除溶解性有机物及氨氮。国内外的试验研究和实际生产结果表明，受污染水源水经常规的混凝、沉淀及过滤工艺只能去除水中有机物的20%～30%，且由于溶解性有机物的存在，不利于破坏胶体的稳定性而使常规工艺对于原水浊度去除效果也明显下降（仅为 50%～60%）。用增加混凝剂投加量的方式来改善处理效果，不仅使水处理成本上升，而且能使水中金属离子浓度增加，也不利于饮用者的身体健康。

地面水源中普遍存在的氨氮问题常规处理也不能有效解决。常规给水处理对氨氮的去除效率低，而且在水温较高时可能造成亚硝酸盐的积累。目前国内大多数水厂都采用折点加氯的方法来控制出厂水中的氨氮浓度，以获得必要的活性余氯，但由此产生的大量的有机卤化物（三卤甲烷、卤乙酸）又导致水质毒理学安全性下降。

对常规工艺出水进行色谱和质谱（GC/MS）联机分析，发现有机污染物没有明显的去除效果，水中的有机物数量，尤其是毒性污染物的数量，在处理前后变化不大；预氯化产生的卤代物在混凝、沉淀及过滤处理中不能得到有效地去除；虽然常规处理工艺能部分地去除水中致突变物质，但对水中氯化致突变前体物不仅不能去除，反而因混凝剂的作用在处理过程中产生了部分移码前体物和碱基置换突变前体物，使出水氯化后的致突变活性有所增加；有预氯化的常规工艺不仅出水中卤代物增多，而且优先控制污染物及毒性污染物数量也有明显上升，出水的致突变活性较处理前增加了 $50\% \sim 60\%$。

由于常规处理不能有效去除有机物，在氯化消毒过程中，氯与水中的有机物反应产生三卤甲烷（THMs）和其他卤化副产物，如卤代乙酸（HAAs）、卤代乙腈、三氯丙酮、氯化酚类及其他特殊化合物和有机卤代物。这些卤化有机物中许多被推测是致癌物或是诱变剂，且在较高浓度时有毒性。另外，出水的可同化有机碳（AOC）含量高，给管网中微生物的生长创造了条件。使得微生物在配水管网中重新繁殖，管壁上生长的生物膜会对金属造成腐蚀，从而造成用户龙头出水浊度及色度升高。

常规工艺无法去除具有"三致"（致突变、致癌、致畸）作用的微量有机污染物，包括农药、杀虫剂、卤代烃、酞酸酯等。

常规处理对藻毒素的去除率较低，有研究发现，经砂滤后水中藻毒素有升高的趋势。

综上所述，在水源受到污染的情况下，由于常规净化工艺的局限性，处理后的生活饮用水水质安全难以保证。因此，传统工艺已不能满足微污染水源水处理的要求。

在公共给水条件优越的美国，因为水源受污染，常规的饮用水处理导致的饮用水不合格事件屡有发生。美国对 30 个城市 11590 个城镇的给水进行调查后指出：饮用水经氯化后的地表水可能对人体健康造成潜在的危险。人们对水质最普遍的抱怨是味和臭的问题，恶味迫使许多用户寻求别的饮用水水源，例如私人水井、蓄水池或者瓶装水。

近些年来，我国水源水质污染有加剧和恶化的趋势，据统计我国已有 1/3 以上河流受到污染，90% 以上的城市水域严重污染，近 50% 的重点城镇水源不符合饮用水标准，由于绝大多数水厂采用常规处理工艺，因此使处理后饮用水水质得不到有效保证。

水源水受污染程度日益严重，常规工艺不但去除水中溶解性有机物效率低，而且氯化过程本身还导致了水中对人体健康危害更大的有机卤化物的形成，因此，常规的饮用水处理工艺已不能与现有的水源和水质标准相适应，必须开发新的水处理技术，Sayer 于 1988 年指出：虽然饮用水生物学安全性是第一位的，但现在已经能得到保证。水处理工作者正向水处理技术和分析技术的能力提出挑战。

常规处理中，过滤是其把关技术，能去除 $5\mu m$ 以上的颗粒物，但是对于尺寸仅有几个纳米的小分子有机物（大多为人工合成有机物）无法去除。

人类在挑战面前不是束手无策。为了去除饮用水中污染物质，尤其是有机污染物质，从 20 世纪 70 年代开始，中国给水处理研究人员在维持常规处理构筑物的前体下，研究提出了许多提高常规处理工艺中各个技术的强化措施。

第6章 强化常规处理

6.1 强化常规处理的背景、目的和原理

在水源受到污染的情况下，对照日趋严格的水质标准，常规净水处理工艺越来越多地表现出某些不适应性，其中，带有普遍性的工艺和水质问题主要集中在以下几个方面：

（1）由于投氯量大和不能有效去除藻类，自来水有氯味和泥腥味，口感不好；

（2）由于混合效果不好，反应不完全，絮体偏细，密实性差，沉淀池跑絮体问题较普遍；

（3）铁、锰去除率较低，出厂水色度较高；

（4）出厂水生物稳定性较差，管网腐蚀；

（5）出厂水藻含量高，藻毒素对人体的潜在风险不容忽视；

（6）常规工艺去除氨氮、亚硝酸盐氮和COD_{Mn}的能力有限；

（7）不少水厂出厂水 Ames 试验呈阳性，水质安全性受到质疑。

常规净水工艺强化的目标就是围绕以上工艺和水质问题，在不增加新的单元工艺和构筑物的前提下，通过对混合、反应、沉淀、过滤、消毒等常规单元工艺的强化及优化，最大限度地发挥常规工艺的处理效果，或使其具有某种新的处理功效，以达到提高出水水质和降低后续深度处理负荷的目的。

与活性炭吸附和膜技术等深度处理技术相比，强化常规工艺不需大量资金与占地，工程实施的周期短、见效快，运行费用低，是一种经济实用，适合我国国情的改善饮用水水质的重要途径。

通常可以从以下几个方面着手，对常规净水工艺实施强化。

6.1.1 预氧化

预氧化分为化学预氧化和生物预氧化两种方式，由于生物预氧化往往需要增设预处理构筑物，这里不将其作为常规工艺强化的内容。

化学预氧化是常规工艺强化最常用的手段，主要方法是在混凝沉淀之前向原水中直接加入氯、高锰酸钾、臭氧、过氧化氢和二氧化氯等氧化剂，以杀灭部分藻类和细菌，氧化部分有机物、铁、锰，降低藻类和有机物对混凝沉淀的不利影响，提高混凝沉淀对藻类、铁、锰等污染物质的去除效果，以及防止藻类在沉淀池或滤池中滋生。

衡量一种氧化剂氧化能力的指标是它的氧化还原电位，从表 6-1 所列常见氧化剂的氧化还原电位来看，各种氧化剂的氧化能力由强到弱的排序为：臭氧＞过氧化氢＞高锰酸钾＞氯＞二氧化氯。氧化剂的氧化能力强并不一定其消毒能力就强，比如，过氧化氢和高锰酸钾都是比氯强的氧化剂，但消毒效果却不如氯；而臭氧则既是一种强氧化剂，又是一种强消毒剂；二氧化氯虽然是一种弱氧化剂，但却是一种与氯效果相当的强消毒剂。理论上讲，除氯

以外的其他氧化剂如臭氧、过氧化氢、高锰酸钾等均可以作为预氧化剂加以应用。

几种常见氧化剂的氧化还原电位 表 6-1

种类	分子式	氧化还原电位（V）
臭氧	O_3	2.07
过氧化氢	H_2O_2	1.76
高锰酸钾	$KMnO_4$	1.68
氯	Cl_2	1.36
二氧化氯	ClO_2	0.95

预氯化是目前国内外各自来水厂采用的最多的预氧化方式。表 6-2 是对德国、法国、瑞士等 24 家处理富营养化水库水和湖泊水的水厂除藻方法的调查结果。可以看出，预氯化仍然是最主要的预氧化方式，不过预臭氧也占有相当大的比例。由于未经任何处理的原水中有机物浓度相对较高，所以，预氯化比滤后加氯对水质的负面影响更大，受到了给水界人士的更大关注。有文献指出，原水 TOC 大于 1.5mg/L 的情况下，不宜采用预氯化，否则出厂水氯仿含量有可能超标。

德国埃森（Essen）有一座以微污染的鲁尔河为水源的自来水厂，在没有采用臭氧预氧化以前，3 层滤料滤池出水的悬浮固体（SS）去除率为 78%，浊度去除率为 77%。而采用臭氧预氧化以后，去除率分别提高到 89% 和 85%。

欧洲预氧化除藻方法调查 表 6-2

项目	微滤机	O_3	Cl_2	Cl_2/ClO_2	ClO_2
水厂（座）	5	4	12	2	1
比例（%）	21	17	50	8	4

6.1.2 强化混凝

强化混凝的重点是水中有机物，特别是消毒副产物前体物的去除。从 20 世纪 70 年代后期开始，国外就出现了通过混凝去除天然有机物和消毒副产物前体物的研究。美国在 20 世纪 80 年代颁布了 D/DBP 条例，推荐强化混凝是该条例实施第一阶段中控制消毒副产物的最佳实用技术（BAT）。在美国环保局（EPA）1998 年正式颁布实施的消毒与消毒副产物法案中，又对强化混凝进行了明确的定义和技术描述，提出了不同原水水质情况下，应该达到的 TOC 去除率（表 6-3）。

美国环保局对强化混凝 TOC 去除率的要求 表 6-3

原水 TOC (mg/L)	TOC 去除百分率（%）		
	原水碱度（$CaCO_3$ mg/L）		
	0~60（含 60）	60~120（含 120）	>120
≤2.0	不作要求	不作要求	不作要求
>2.0~4.0	40	30	20
>4.0~8.0	45	35	25
>8.0	50	40	30

国外所进行的强化混凝研究工作，主要采用较高的金属盐混凝剂投加量和调节原水的pH值等方式提高混凝沉淀工艺对天然有机物（NOM）的去除率。考虑到我国给水处理所面临的实际问题，强化混凝需赋予更多的目标与内容。强化混凝的目标除了有机物的去除外，还应包括对藻类及浊度去除效果的提高，具体方式不仅包括混凝剂投加量优化及pH调节，还应包括混合池及反应池结构设计优化、助凝剂的应用等内容。影响强化混凝效果的因素很多，包括：混凝剂的类型和投加量，颗粒的表面性质和NOM的类型，原水的化学性质（如pH值、藻类）和混凝水力条件等。微量有机污染物、藻类及NOM等物质的存在使混凝过程中的各种影响因素变得非常复杂，以藻类为例，藻类的种类、生长阶段、生态特性及藻浓度都会对混凝过程产生影响，有研究认为，藻浓度大于 $8 \times 10^6 \sim 10^7$ 个/L时对混凝过程产生干扰，浓度约 10^6 个/L时则对混凝过程产生促进作用。

6.1.3　强化过滤

理想的滤池不仅应具备物理截留作用，以有效地降低出水浊度，还应具备生物和吸附作用，以去除水中溶解性的有机和无机污染物（如TOC、COD、氨氮、亚硝酸盐氮、锰等），并降低自来水的臭味。所以，强化过滤应包括2个主要目标：一是滤池有机物污染物去除效果的提高，二是滤池浊度去除效果的提高。

颗粒活性炭不仅是理想的吸附剂，还是一种挂膜性能良好的生物填料。在给水处理教科书和设计手册中，通常是在常规滤池后设置专门的活性炭吸附池，进行给水深度处理，用于吸附水中的微量有机物。当与臭氧联用时，活性炭成为生物活性炭（BAC），兼有吸附和生化两种净水机理。对这种传统意义上用于深度处理的活性炭滤池，国外有时将其称为滤后吸附池（post-filter adsorber）。20世纪80年代后期，作为常规滤池的强化技术，美国、法国等国家陆续开展了有关活性炭过滤吸附池（filter-adsorber）和生物活性滤池（BAF）研究及应用。由于水源及水质标准上的差异，国外在此领域的研究均以去除水中有机物和改善水的臭味为目的，包括TOC、BDOC（可生物降解的溶解性有机碳）、AOC、THMFP、TOXFP（总有机卤生成势）及醛类的去除。从滤料组成上看，主要采用活性炭—石英砂双层滤料滤池及无烟煤—石英砂双层滤料滤池。空床停留时间（EBCT）在 $2.9 \sim 20 min$ 之间。

二次微絮凝强化过滤是指在过滤前二次投加无机或有机絮凝剂（也称之为助滤剂），使沉后水中残存的颗粒物、胶体及藻类等致浊物质脱稳，改变其亲水性质，使其易于与滤料表面接触，从而强化并提高滤池对这些致浊物质的去除效果。其机理上与微絮凝直接过滤相同，主要是通过接触絮凝作用，充分利用滤料表面的吸附能力来达到净水目的。

影响二次微絮凝强化过滤效果的主要因素有絮凝剂的种类、投加剂量、混合条件及待滤水水质（浊度、pH值、碱度等）。应根据原水及工艺特点，通过试验确定二次微絮凝强化过滤的最佳工艺条件及运行参数。

通常在一定的原水、滤料结构和混凝剂加注条件下，滤池的出水浊度大致和进水浊度成正比，而与滤速成反比。但加注聚合物后出水浊度和进水浊度、滤速基本上没有关系，较高的进水浊度和较高的滤速（ $15 \sim 30 m/h$ ）也能使出水浊度达到0.1或0.2NTU，当然滤层的含泥能力会制约允许的进水浊度和滤速。以一般混凝剂作为助滤剂也能改变过滤性能，但改变的程度低于聚合物。是否使用助滤剂是常规净水运行中值得比较选择的。

　　絮凝剂的类型和投加量是二次微絮凝过滤的重要影响因素。可供选择的絮凝剂包括铝盐、铁盐等无机絮凝剂及各种类型的 PAM 高分子絮凝剂。絮凝剂的投加量将直接影响水中胶体的脱稳效果及絮体的形成大小与数量。絮凝剂投量不足，则絮体过小，容易穿透滤层，影响滤后水质；投量过多，则会形成过大的絮体，造成滤池表面大量截污，不能充分利用滤床的深层截污能力，导致水头损失增长过快，过滤周期缩短，影响产水量。

6.1.4　优化消毒

　　优化消毒的目标是既充分保证对致病微生物的有效杀灭，又有效降低消毒剂本身和所形成的消毒副产物对水质的负面影响。

　　氯是目前国内外给水行业采用的最主要的消毒剂。表 6-4 是美国给水工程协会（AWWA）消毒分会分别于 1978 年和 1990 年，对全美自来水厂各种消毒剂使用情况进行的二次随机抽样调查统计。结果表明，尽管加氯消毒最大的问题就是可能产生"三致"性的氯化消毒副产物，但由于采用氯消毒具有杀菌效果好，使用便利，处理成本低和运行管理方便等优点，短时间内很难用其他消毒剂全面替代加氯消毒。所以对加氯消毒工艺进行优化及局部改善比寻求全面替代技术更切合实际。

美国自来水厂消毒剂使用情况

表 6-4

消毒剂种类	各消毒剂的使用比例（%）	
	1990 年	1978 年
Cl_2	87	
（不加氨）	(67)	91
（加氨）	(20)	
Cl_2＋次氯酸盐	4.5	5.0
Cl_2＋ClO_2	3.0	
Cl_2＋ClO_2＋NH_3	1.5	
次氯酸盐	1.5	1.0
Cl_2＋次氯酸盐＋NH_3	0.75	
Cl_2＋ClO_2＋次氯酸盐	0.37	1.0
臭氧	0.37	
其他	0.75	2.0
被调查水厂总数（座）	267	330

　　随着水源污染问题的日益突出，水厂常需要加大投氯量，投氯量的加大往往导致有机卤化物含量的上升，对人体构成潜在的健康危害。所以，除了科学、合理地控制加氯量以外，还应开展新型消毒剂的应用研究。

　　氯胺是氯与氨发生化学反应生成的产物，包括一氯胺、二氯胺和三氯胺。在 pH≥7 的情况下，主要是一氯胺；在 pH≤7 的情况下，主要是二氯胺。而对自来水消毒来讲，一般不可能产生三氯胺。氯胺是依靠其水解所产生的次氯酸起消毒作用的，据 Margerum 计算，大约需 10h 才能水解 50% 的一氯胺，所以 HOCl 是一个逐渐释放的过程。因此氯胺需长时间与水接触才能获得与氯相同的消毒效果，其接触时间应大于 2h。从氯胺消毒的这一特点来看，它更能保证管网末梢和慢流地区的余氯要求，而且会使氯臭味减轻一些，这是氯胺消毒的一个优点，另外，与氯相比，氯胺消毒还可以降低三氯甲烷等氯化消毒副产物的生成量。由于氯胺消毒作用缓慢，因此不能作为基本杀菌消毒剂（primary disinfectant），而应作为出厂水在管网系统中长时间维持水质卫生的辅助消毒剂（secondary disinfectant）。氯胺对人体健康也存在着潜在的影响，氯胺在管网中的水解会使管网中亚硝化反应和硝化反应加剧，使自来水亚硝酸盐、硝酸盐含量及细菌总数提高，有可能从另一方面影响自来水水质。因此，使用氯胺消毒也应慎重。对于供水管网较短，水在管网中停留时间小于 12h，且有机物卤化物含量较小的水厂，不宜采用氯胺消毒，反之则可予以考虑。而且，氯胺消毒容易形成二甲基亚硝胺，它是一种新型的消毒副产物，其危害性值得引起注意。

除以上化学药剂消毒方式之外，近年来，紫外线在市政给水消毒领域的应用已成为一个热点领域。作为一种光化学消毒方法，紫外消毒不仅对许多氯难以灭活的微生物如贾第鞭毛虫、隐孢子虫等具有良好的灭活效果，并且不产生消毒副产物，成为优化消毒的一项重要措施。

在优化消毒方面，除了消毒剂的选择与投量控制外，清水池设计也是影响消毒效果的重要因素。刘文君等人的研究成果表明，清水池的设计改进是减少消毒副产物的重要手段，消毒设计必须以 CT 值为设计依据，而且 T 必须用 T_{10}（T_{10} 为水池出水中含 10％消毒剂时所对应的停留时间），不能用水力停留时间。T_{10} 须通过示踪试验或根据清水池结构对水力停留时间乘以相应的系数。影响清水池消毒效果的影响因素包括水流廊道的总长宽比，水流转折数目和形式，池型，进水口和出水口布水堰设置等，其中水流廊道的总长宽比是最重要的因素。

6.2 氧化预处理

除预氯化外，臭氧、二氧化氯、过氧化氢、高锰酸盐（高锰酸盐复合药剂）预氧化是可供选择的其他预氧化方式。

6.2.1 臭氧预氧化

臭氧目前在欧洲应用最多，特别是法国。欧洲已有 1000 多个给水单位采用。美国用得相对较晚也较少，但却有日益推广的趋势，据 1991 年的调查，美国有 40 家水厂采用臭氧，大部分用其作原水的预处理，到 1995 年，美国采用臭氧的水厂至少已达 106 家。与氯和有机物间的取代反应不同，臭氧在水中的作用是氧化有机物，因此不可能产生有机卤化物。臭氧预氧化不但可迅速杀灭细菌，而且可杀死芽孢病毒，去除铁、锰，去除色、臭、味。另外，经臭氧氧化后，部分难降解的大分子有机物有可能生成易生物降解的小分子中间产物，提高了水中微污染有机物的可生化性，这不仅有利于充分发挥深度处理单元工艺中活性炭吸附的净水功能，还可以形成臭氧—生物活性炭，能起到延长活性炭的使用周期的作用。对于饮用水处理而言，推荐的预臭氧投加量在 0.2～1.5mg/L 之间。实际使用中，使臭氧接触池出口的臭氧浓度达到 0.1mg/L，便可以满足要求。由于臭氧氧化去除了部分有机物，所以补加氯的量一般很少，不致形成有机卤化物。最新研究表明，臭氧消毒会使出厂水的 AOC 值上升，降低管网水的生物稳定性，使管网中细菌生长的问题加剧,影响管网水水质。

臭氧是氧化能力最强的氧化剂,如果投加量足够高,则能将很多有机物和无机还原性物质进行彻底的氧化降解。如果投加量较低,则一般能使大分子有机物变为小分子有机物,起到预氧化的作用。

利用动态试验装置中的预臭氧反应柱及臭氧发生器,对深圳某水库水进行了原水预臭氧化的试验研究,进行了动态连续试验,试验结果见表6-5所列。

臭氧预氧化试验 表6-5

投加量（mg/L）	0（原水）	0.25	0.50	0.80	1.20
NH_4^+-N (mg/L)	1.87	1.85	1.95	1.95	2.09
NO_2^--N (mg/L)	0.26	0.12 (53.8%)	0 (100%)	0 (100%)	0 (100%)
色度（度）	42	38	36	34	28
耗氧量（mg/L）	2.77	2.77 (0%)	2.53 (7.8%)	1.79 (35.4%)	1.71 (38.3%)

由试验结果可知,臭氧对亚硝酸盐具有很强的氧化能力,只要投加量大于0.5mg/L,就可以将水中0.26mg/L的亚硝酸盐氮完全氧化。但值得注意的是,臭氧预氧化后,水中的氨氮浓度变化不大,当投加量大于0.25mg/L时,出水氨氮反而略有增加。这可能是由于一方面在低投加量的情况下,臭氧对氨氮的氧化能力有限,也有可能引入臭氧这种强氧化剂会将部分有机氮转化为氨氮。从耗氧量反映出的有机物的去除率来看,当投加量为0.25mg/L时,对有机物几乎没有去除作用;当投加量增加到0.5mg/L时,去除率仅为7.8%;而当投加量增至0.8mg/L时,去除率大幅度提高至35.4%。这说明,当臭氧投加量在低投量时,进入水中的臭氧的主要作用不是将有机物完全氧化,而是将水中的大分子有机物转化成小分子有机物;而当臭氧投加量进一步提高后,部分小分子有机物将被完全氧化,从而使出水耗氧量得以显著降低。

原水中含溴离子时,投加臭氧会产生溴酸盐(我国标准0.01mg/L),因此当原水中溴离子超过100μg/L时臭氧投量应控制,使出水溴酸盐不超标。

深圳水务集团东湖水厂是国内第一家大型臭氧预氧化市政水厂,由中国市政中南设计院设计,设计规模35万m³/d,最大臭氧投加量1.5mg/L,主要由气源、臭氧发生间、预臭氧接触池、尾气破坏系统及配电系统组成。东湖水厂预臭氧系统于2001年7月建成投产。臭氧发生间安装有3台型号为ZF06/60的臭氧发生器,每台产气量8kg/h。设备由瑞士OZONIA公司提供。预臭氧接触池采用钢筋混凝土池,分2格,接触时间4.7min。该水厂预臭氧处理系统运行以来,对有机物去除、消毒副产物控制、臭味去除等起到了较好的效果。

6.2.2　二氧化氯预氧化

二氧化氯最早于1944年用于美国的尼亚加拉瀑布(Niagara Falls)水厂。目前,西欧各国和美国多有采用。近年来,国内水厂,特别是中小型水厂采用二氧化氯进行原水预氧化和消毒的比例在增加,一是由于二氧化氯预氧化效果好,二是使用二氧化氯可以就地制备,安全隐患小,但与用氯消毒相比仍属少数。在特殊情况下,如水中存在酚及原水污染严重时,采用二氧化氯不会产生氯酚的臭味。二氧化氯不会与水中的氨氮发生反应,使用二氧化氯也不会产生氯化消毒副产物。它对饮用水中的 Fe^{2+}、Mn^{2+}、臭和色等均有很好的氧化处理效果。1983 年，美国环保局（EPS）提出饮用水中三氯甲烷含量必须小于 0.1mg/L，并推荐二氧化氯消毒作为控制自来水中三氯甲烷含量的有效方法之一。采用二氧化氯应注意的问题是，二氧化氯的副产物——亚氯酸根可能导致血液突变和溶血性贫血症。所以，美国环保局（EPA）对使用二氧化氯的水厂提出了出厂水浓度控制要求。1994 年经修订过的建议中规定，出水厂中 ClO_2 不得超过 0.8mg/L，ClO_2^- 不得超过 1.0mg/L。我国卫生部和建设部颁布执行的《生活饮用水卫生标准》和《城市供水水质标准》中对 ClO_2^- 的标准限值为 0.7mg/L。

ClO_2 中含氯 52.6%，因氯原子在氧化过程中产生 5 个电子的转变，故当量有效氯为 $52.6×5＝263\%$，这表明二氧化氯理论上的氧化势能是 Cl_2 的 2.5 倍左右。但实际应用中，二氧化氯的氧化势能只能用到一部分，因为大多数反应过程仅为相应于将二氧化氯转变成亚氯酸盐的一级还原反应，这等价于总有效氯的 1/5。如果是纯二氧化氯，即使水中存在有机物，也不会产生 THMs。不过许多二氧化氯产品在制备过程中用过量的氯作原料（如采用亚氯酸钠和液氯作原料制备二氧化氯的方法），所以使最终产生的二氧化氯产品中含有氯，用这种不纯的二氧化氯作消毒剂和预氧化剂，仍然会产生氯化消毒副产物。

利用稳定性二氧化氯进行预氧化试验，试验前用活化剂将稳定性二氧化氯活化。如表 6-6 所示，二氧化氯预氧化使水中的氨氮含量有所增加，这可能是将原水中部分有机氮氧化成氨氮所致。对亚硝酸盐氮，二氧化氯具有一定的氧化效果，而对 TOC 和色度，则去除率较低。

二氧化氯预氧化试验　　　　　　　　　表 6-6

投加量（mg/L）	0	2	3	4	5
NH_4^+-N（mg/L）	0.37	0.41	0.43	0.40	0.38
NO_2^--N（mg/L）	0.08	0.05（37.5%）	0.04（50%）	0.04（50%）	0.03（62.5%）
TOC（mg/L）	3.17	3.21（−1.3%）	3.09（2.5%）	3.15（0.6%）	2.93（7.6%）
色度（度）	20	20	20	20	18

深圳市宝安区茜坑水厂设计规模 3 万 m^3/d，采用常规给水处理工艺，1995 年建成投产。该水厂原水为茜坑水库水，由于水源污染，原水中有机物、铁、锰超标，给供水生产造成一定困扰。1997 年，该厂将次氯酸钠预氧化/消毒改为二氧化氯预氧化/消毒。根据原水水质情况，特别是锰含量较高时，季节性地投加二氧化氯。二氧化氯的投加点为混合池，与混凝剂同时投加，投加量根据原水水质状况进行调整，一般为原水锰含量的 3～4 倍。经二氧化氯预氧化，出厂水锰含量大多数情况下都能控制在 0.1mg/L 以下。2002 年茜坑水库锰含量突发性升高时，原水锰在 0.13～0.68mg/L，二氧化氯预氧化发挥了关键作用，出厂水锰含量均在检测限以下。

抚顺市自来水公司河北水厂是一个有 20 年历史的老水厂，几经改造，最大处理水量达 10 万 m^3/d。水厂采用常规净水工艺，2000 年以前，一直以氯预氧化和滤后消毒。为解决由于夏季原水藻类含量高而导致的各种工艺与水质问题，河北水厂于 2000 年 6 月开始使用二氧化氯进行预氧化,以达到除藻除臭及降低消毒副产物的目的。预氧化二氧化氯的投加点设在原水的进厂处,投加量为 0.09~2mg/L。对比二氧化氯预氧化和预氯化 2 种方式,随着二氧化氯投加量的增加,总三卤甲烷的生成量基本没有什么变化,而过去采用氯预氧化时,总三卤甲烷的浓度则随氯的投加量增加而上升。另外,生产试验结果表明,二氧化氯具有降低水臭味的能力,特别是能解决藻类繁殖季节由加氯而引起的出厂水嗅味问题。

6.2.3 过氧化氢预氧化

过氧化氢的标准氧化还原电位(1.77V)仅次于臭氧(2.07V),高于高锰酸钾、次氯酸和二氧化氯,能直接氧化水中有机污染物和构成微生物的有机物质。同时,其本身只含氢和氧两种元素,分解后成为水和氧气,使用中不会引入任何杂质;在饮用水处理中过氧化氢分解速度很慢,同有机物作用温和,可保证较长时间的残留消毒作用;又可作为脱氯剂(还原剂),不会产生有机卤代物。因此,过氧化氢是较为理想的饮用水预氧化剂和消毒剂。

另外,在亚铁催化(芬顿试剂法)或紫外线(UV)催化条件下,过氧化氢能产生氧化能力很强的羟基自由基·OH。周克钊等人所进行的试验研究表明,在原水高锰酸钾指数在 2.44~7.08mg/L 范围内,平均 4.21mg/L,原水 TOC 在 2.89~10.1mg/L 范围内,平均 6.83mg/L;投加过氧化氢量在 6.0~14.0mg/L 范围内,平均 9.63mg/L 的条件下,过氧化氢直接预氧化可平均去除 COD_{Mn}18.88%、TOC17.76%;采用炭、锰催化剂进行催化氧化后,平均去除 COD_{Mn}41.90%、TOC43.65%。

1999 年 11 月,成都自来水公司龙泉水一厂开展了过氧化氢预氧化生产性试验,历时 1 年,2000 年 12 月生产性试验全面完成。过氧化氢预氧化生产性试验总规模 1 万 m^3/d,其中一半按照原来预氯化方式或不预加氯的常规方式运行,另一半进行过氧化氢预氧化对比试验运行。

该水厂常规工艺为沉砂池—澄清池—砂滤池—清水池,过氧化氢投加量约 5mg/L。27% 的商品过氧化氢稀释成约 13g/L 的药液投入沉砂池出水,投加量约 12L/min。滤池改造以后发现,滤池中替换出的石英砂呈深褐色,经试验对过氧化氢具有强烈的催化作用,证明已经自然熟化成为性能良好的人工锰砂。氯化消毒副产物检测结果表明,过氧化氢预氧化滤后水氯仿含量明显低于预氯化流程,平均低 62%~91%。另外,过氧化氢预氧化工艺流程的滤池出水消毒后产生的氯仿也明显比预氯化工艺流程的少得多,平均低 57%~71%。

6.2.4 高锰酸盐预氧化

高锰酸钾是一种具有强氧化能力的化学物质,在给水处理中的应用已有多年历史。它不仅具有防止和除去自来水中异臭异味的作用,还能氧化铁、锰、藻类和有机物。

高锰酸钾主要通过氧化作用降解产生异臭异味的有机物;很多研究表明,高锰酸钾与溶解性有机物发生的反应具有广谱性,能够控制或减弱很多液氯无法消除的异臭异味。自然水体中,悬浮颗粒物或胶体表面被覆有机物膜后,不易混凝除去。加入高锰酸钾,有机物膜被氧化,悬浮颗粒物或胶体的表面性质发生有利于脱稳凝聚的变化,从而使除浊效率增加,有机物含量也随之降低,减轻了水体的异臭异味。高锰酸钾与水中的还原性物质发生反应，水体颜色由粉红或紫红色变为褐色，并生成不溶于水的中间产物二氧化锰，具有较强的吸附能力，二氧化锰也作为新生凝核促使悬浮颗粒物或胶体发生凝聚后沉降。此外，二氧化锰自身可吸附有机物，又通过助凝作用除去有机物，故而能够较为有效地降低待处理水的有机物含量。

国内学者李圭白、马军等人围绕用高锰酸钾处理饮用水的实验室和生产应用研究开展了比较系统、深入的工作。他们研制的高锰酸钾复合药剂在除去水中藻类、异臭异味和微量有机污染物，助凝，降浊等方面具有良好的表现。所进行的生产性实验表明，用高锰酸钾复合药剂预氧化能较好地除去微污染原水中的致突变物质，可强化悬浮颗粒物或胶体的脱稳，增大絮体尺寸并使之快速下沉。当水中存在天然有机物时，高锰酸钾的助凝作用更加显著。

一般要求将高锰酸钾尽早投入待处理水中，很多水厂的高锰酸钾投加点设在取水头部，这样能使氧化过程充分进行，最大限度地除去异臭异味、藻类等，并发挥二氧化锰的凝核作用，提高絮凝和沉淀效率。如果不能在取水口处投加，至少要保证在快速混合前投加。不要将高锰酸钾与絮凝剂同时投入水中，否则，两者之间发生反应，反而降低除异臭、异味和异色及混凝的效果。如果主要是为除去水的异臭、异味或异色，高锰酸钾宜在氯化处理前投加，这样有利于氧化降解各种前体物，降低消毒副产物的生成量。对铁、锰含量高的地下水，氧化处理则应安排在高锰酸钾投加之前，使氯气氧化除铁，而高锰酸钾主要与锰发生反应，这样既降低了生产成本，又可保证处理效果。0.5～2.5mg/L 高锰酸钾足以氧化大多数有机物。一般 0.6～1.2mg/L 高锰酸钾可使出水总有机氮（TON）降至不到 3mg/L 的水平。将高锰酸钾投入水中后，水体变为紫红至粉红色，氧化反应结束，颜色消失。根据水体颜色的变化，推断反应接触时间，并依此调节高锰酸钾投加量。国外投加经验是，允许粉红色扩展到沉淀池或澄清池 2/3 水面处，使二氧化锰能在后段沉淀除去。粉红色必须在滤前消失，否则，滤池易被堵塞。如果高锰酸钾投加严重过量，残余高锰酸钾会进入管网后继续反应，使用户龙头放出水呈黄褐色，带来衣料染色等一系列不良后果。

邯郸市铁西水厂以岳城水库水为水源，处理能力为 10 万 m^3/d，工艺流程：原水→静态混合器→机械反应池→平流沉淀池→V 形滤池→清水池→送水泵房→管网。该水源水质在每年 7 月至 8 月锰的含量严重超标（含量：0.134～0.503mg/L），其他指标均符合国家饮用水水源水质标准。该厂选用高锰酸钾作预氧化剂，按原水中 Mn^{2+} 含量的 2 倍投加。具体投加方法是，将高锰酸钾与混凝剂（聚合氯化铝）搅拌均匀，同时投加，不需改变水厂的其他处理工艺，其投加位置是静态混合器之前。当原水中锰的含量大于 0.2mg/L（甚至超过 0.5mg/L）时，经投加适量的高锰酸钾，出水中锰的含量及色度均符合国家饮用水标准。7 月至 8 月高锰酸钾的投加量为 0.25～0.8mg/L，高锰酸钾的市场价为 8000 元/t，制水成本仅增加 0.02～0.06 元/m^3。投加高锰酸钾后，虽然滤前水的色度略有增加，但经过滤后色度小于 5 度。

浙江长兴水务公司共有 2 座自来水厂，均采用当地包漾河河水，采用 2 根直径分别为 DN400、DN600 原水管分别输送至自来水一厂、二厂。一、二厂规模分别 3 万 t/d、6 万 t/d，采用常规净水工艺。由于水源污染，再加上水厂常规净水工艺及水厂设施存在的问题，造成出厂水、管网水相应指标超标，水质无法达到国家《生活饮用水卫生标准》(GB 5749—85) 的要求。2003～2004 年，自来水水质恶化的趋势进一步加剧，水质最差时，出厂水色度高达 28 度（超标 1.9 倍），耗氧量高达 7.36mg/L（超标 2.5 倍），铁高达 1.00mg/L（超标 3.3 倍），锰高达 1.40mg/L（超标 14 倍），异臭异味明显，管网水出现"黄水"、"臭水"现象。2005 年长兴水务委托深圳水务集团开展改善饮用水水质的技术攻关。经过反复试验，确定采用高锰酸盐复合药剂进行预氧化，以提高水厂常规工艺对铁、锰、耗氧量等污染物质的去除效率。高锰酸盐复合药剂投药及计量装置安装于包漾河取水口泵站，投药点设在水泵吸水管上方，利用吸水管的负压，将药液吸入管内，并通过水力搅拌达到混合目的，加药量利用转子流量计和阀门调节。高锰酸盐复合药剂的投量为 0.3～0.5mg/L。原水经高锰酸盐复合药剂预氧化及混凝沉淀后，铁、锰去除率分别在 75% 和 99% 以上，尽管 2005 年原水水质耗氧量、锰、色度等指标进一步恶化（以 6 月份为例，色度比去年同期上升 80.9%，耗氧量上升 25.6%，锰含量上升 112.5%），但由于高锰酸盐复合药剂预氧化发挥了不可替代的水质保障作用，出厂水铁、锰、色度、耗氧量度等关键水质指标发生了根本性的改善。委托杭州水司所进行的水质全分析结果表明：采用强化常规工艺后，出厂水及管网水的各项指标均达到国家及行业相关标准的要求。

各种氧化剂和消毒剂均有其自身的优点和不足，应根据水源水质、水厂的工艺特点和所面临的主要水质问题，有选择、有针对性地加以应用。

6.2.5 除臭除味

在氧化、消毒方面，1986 年 Lalezary 等人研究了各种氧化剂对 5 种土霉类异臭异味化合物去除的有效性。这 5 种化合物分别是土臭素、2，3，6-三氯苯甲醚（TCA）、2-异丙基-3-甲氧基对二氮杂苯（IPMP）、2-异丁基-3-甲氧基对二氮杂苯（IBMP）和 2-甲基异莰醇（MIB）。其研究结果概括如下：

(1) 氯虽然经济，但对以上物质的去除无效，特别是对 MIB。

(2) 二氧化氯在实际投药范围和反应接触时间内，对 IPMP、IBMP 和 TCA 的去降效率大于 50%，对土臭素和 MIB 的去除率在 30% 以下。

(3) 高锰酸盐对 TCA、IPMP、IBMP 有一定去除作用，对土臭素和 MIB 去除作用微弱；另外高锰酸盐并非靠氧化作用去除以上物质，而是通过二氧化锰对臭味物质的吸附。

(4) 在水厂常规投药量下，臭氧对 IPMP、IBMP 和 TCA 去除效果令人满意，但对土臭素和 MIB 效果略差。

另外，有研究表明，臭氧与过氧化氢联用对土臭素和 MIB 去除效果令人满意（表 6-7）。1990 年，Ferguson 等人在美国南加利福尼亚州大都会水厂所进行的研究表明，若单独使用臭氧，在臭氧投加量约 4mg/L 时，MIB 的去除率达 90%，而过氧化氢与臭氧投加比为 0.2∶1 时，达到相同的去除率，臭氧投量可以降至 2mg/L。

水处理过程中投加的氧化剂（如氯、臭氧）能够去除或减少臭味，但在某些情况下也能产生臭味。臭氧能将有机物氧化成醛，某些醛类物质具有水果味或芳香味。另外，臭氧还可以产生一些令人不快的异臭，尽管产生量较低。作为消毒剂的氯及化合物（如氯胺），在中等浓度条件下，其本身就是可以产生异臭。表 6-8 给出了几种氯系消毒剂的阈限值。

异臭异味处理方法的效果对比 表 6-7

异臭异味	化合物	处理工艺	
		有效	无效
土霉味	MIB、土臭素	臭氧、臭氧/过氧化氢、粉末炭和颗粒炭吸附、生物处理	曝气、氯、二氧化氯、高锰酸钾、一氯胺
	IPMP、IBMP	氯、二氧化氯、粉末炭和颗粒炭吸附	曝气、高锰酸钾
	TCA	二氧化氯、臭氧、粉末炭和颗粒炭吸附、生物处理	曝气、高锰酸钾和氯
鱼腥味	DMTS、DMDS	大多数氧化剂、粉末炭和颗粒炭吸附、生物处理	氯胺
草味	未知	大多数氧化剂、粉末炭和颗粒炭吸附	氯胺
氯味	次氯酸、二氯胺、三氯化氮、氯代有机物	粉末炭和颗粒炭吸附	生物处理
石油味	低分子脂肪烃和芳香烃	曝气、粉末炭和颗粒炭吸附、生物处理	氧化剂
药味	酚、氯酚	二氧化氯、臭氧、粉末炭和颗粒炭吸附、生物处理	氯、一氯胺、高锰酸钾
臭鸡蛋味	硫化氢	曝气、氧化剂	—

注：DMTS 为二甲基丙二酸酯；DMDS 为二甲基三硫化物。

几种氯系消毒剂的臭阈值 表 6-8

化合物	臭阈值（mg/L 氯气）
次氯酸	0.28
次氯酸离子	0.36
一氯胺	0.65
二氯胺	0.15

除氯系消毒剂本身的异臭味外，一些化合物经氯化后，异臭味大幅增加。对苯酚及其同系物而言，该问题尤为突出（表 6-9）。根据美国给水工程协会（AWWA）1987 年的研究结果，含碘三卤甲烷在极低的浓度范围内（0.001～001mg/L）就能产生明显的药味。

苯酚和氯酚臭阈值的对比 表 6-9

化合物	臭阈值（mg/L）
苯酚	1.0～5.9
4-氯酚	0.0005～1.2
2，4-氯酚	0.002～0.21

与氯不同，二氧化氯不会产生那样多的异臭异味，但它在个别情况下，会产生明显的鱼腥味。

6.3　强化混凝

从 20 世纪 70 年代后期开始，国外就出现了通过混凝去除天然有机物和消毒副产物前体物的研究。强化混凝采用较高的金属盐混凝剂投加量，调节原水的 pH 值，或两种办法同时实施，可以在去除悬浮颗粒的同时，提高对 NOM 的去除率。影响强化混凝效果的因素包括：混凝剂的类型和投加量、颗粒和 NOM 的性质、溶液的化学性质（如 pH 值、二价离子）和混凝水力条件等。

已有的研究表明，有利于 TOC 去除的最佳混凝 pH 值是 5～6，并且在 TOC 去除率得到提高的情况下，仍能实现对浊度的控制。许多研究还表明，通过强化混凝能够提高对消毒副产物前体物的去除率。然而，靠增加混凝剂的投加量而达到强化混凝目的水厂将不得不面对较高的处理费用，而且，混凝剂投加量的增加将相应地增加污泥的产量，这样，水厂将不得不增加污泥处置和脱水设备的处理能力。另外，还要加大化学药剂贮罐容量和投药设备能力。

许多研究表明，强化混凝对 UV_{254} 的去除率要高于对 TOC 和 DOC（溶解性有机碳）的去除率。表 6-10 是 Robert C. Cheng 等人对美国 SPW 河水进行强化混凝的试验结果。可以看出，在各种硫酸铝投加量及 pH 条件下，强化混凝对 UV_{254} 的去除率均高于相应的TOC 去除率。这说明，强化混凝能优先去除水中芳香类的天然有机物，即腐殖酸类NOM。另外，从该表也可以看出，增加混凝剂投加量、降低水的 pH 值都起到了提高有机物去除率的作用。

强化混凝对美国 SPW 原水 UV_{254} 和 TOC 的去除率　　　　　　　　　　　表 6-10

铝投加量	不调 pH		pH＝7.0		pH＝6.3		pH＝5.5	
（mg/L）	UV_{254}	TOC	UV_{254}	TOC	UV_{254}	TOC	UV_{254}	TOC
10	14％	5％	23％	10％	36％	13％	37％	22％
20	26％	9％	36％	14％	48％	25％	56％	36％
30	41％	25％	40％	23％	53％	29％	58％	37％
40	NT	NT	46％	25％	58％	37％	63％	46％

NT：未测试。

Reckhow 和 Singer 还发现，混凝对 UV_{254} 的去除率大于 THMFP（三卤甲烷生成势）的去除率，而对 THMFP 的去除率又大于对 TOC 的去除率。他们的研究表明，在 pH 值为 5.5，铝盐投加量为 50mg/L 的条件下，对 Chapel Hill 原水进行强化混凝，THMFP 的去除率可达 70％。Chadik 和 Amy 在 pH≈5 的条件下，用铝盐对 5 种原水进行强化混凝试验，THMFP 的去除率为 44％～65％。

Cheng 等人比较了常规混凝和利用增加铝盐投加量进行强化混凝后滤池出水中残余铝

的含量。结果表明，在各种 pH 条件下，实施强化混凝并没有明显地增加滤后水的铝含量。另外，对 SPW 和 CRW 两种不同原水的试验研究表明，在 pH＝6.3 的条件下，铝含量最低（表 6-11）。

Cheng 等人通过计算表明，提高铝盐的投加量会使污泥量增加。污泥的产生量与铝盐等无机混凝剂投加量、有机高分子絮凝剂投加量及去除的总 SS 有关。经估算，每公斤硫酸铝 $[Al_2(SO_4)_3 \cdot 14H_2O]$ 会产生 0.33kg 的干氢氧化铝 $[Al(OH)_3 \cdot 1.25H_2O]$ 污泥，而投入的有机高分子絮凝剂将全部产生污泥。对利用 SPW 原水的水厂进行计算，要达到强化混凝的要求，则每处理 1000m³ 水，理论上最少要产生 9.8kg 的干污泥，而目前处理 SPW 原水的水厂理论上只产生 4～4.6kg 的干污泥。对 CRW 原水，以上数据分别为 10.3kg 和 5kg。另外，通过降低 pH 值进行强化混凝也存在对设备和构筑物的腐蚀问题。

强化混凝对滤后水铝含量（mg/L）的影响   表 6-11

铝投加量 (mg/L)	pH（SPW 原水）				pH（CRW 原水）			
	不调	7.0	6.3	5.5	不调	7.0	6.3	5.5
5	0.121	NT	NT	NT	0.274	NT	NT	NT
10	0.181	0.060	0.024	0.152	NT	NT	NT	0.253
20	0.089	0.054	0.027	0.121	0.173	0.037	0.03	0.335
30	0.041	0.031	0.019	0.218	NT	NT	NT	NT
40	NT	0.034	0.026	0.112	NT	0.036	NT	0.269

NT：未测试。

1998 年，黄晓东等人针对微污染深圳水库水开展了系统性的强化混凝试验研究。表 6-12 和图 6-1 反映了改变聚合氯化铝投加量对强化混凝处理效果的影响。由图 6-1 可以看出，随着聚合氯化铝投加量的提高，3 种可以表征水中有机物含量的指标 TOC、COD_{Mn} 和 UV_{254} 的去除率均得以增加，特别是在聚合氯化铝投量为 1～2mg/L 时，有机物的去除率随聚合氯化铝投加量增加而提高的幅度最大。当投加量达到 2mg/L 后，去除率提高的幅度趋缓。在相同的聚合氯化铝投加量情况下，UV_{254} 的去除率大于 TOC 的去除率，而 TOC 的去除率又大于 COD_{Mn} 的去除率。TOC 能够反映水中所有有机物的含量，COD_{Mn} 主要反映中、小分子量有机物的含量，而 UV_{254} 则主要反映大、中分子量有机物的含量。3 种指标去除率的差异恰好说明了混凝沉淀对分子量较大的有机物去除能力较强。如果要仅通过增大聚合氯化铝的投加量而使混凝沉淀对 TOC 的去除率达到 40％，则投加量应大于 5mg/L。通过增加聚合氯化铝投加量不仅能提高对有机物的去除率，还使混凝沉淀对浊度的去除率提高，沉淀池出水的浊度降低，这对延长滤池的过滤周期显然是十分有利的。

从表 6-12 三氯甲烷的生成量可以看出，三氯甲烷的生成量明显与水中 TOC、COD_{Mn} 和 UV_{254} 的含量成较好的正相关关系，即水中有机物含量越低，加氯消毒后所产生的消毒副产物三氯甲烷浓度就越低。说明强化混凝确实能起到降低原水中消毒副产物前体物含量的作用。另外，虽然增加聚合氯化铝的投加量使水的 pH 值略有降低，但降低的幅度并不大。

聚合氯化铝投加量对处理效果的影响 表 6-12

聚合氯化铝加量（mg/L）	0.0	1.0	2.0	3.0	4.0	5.0
浊度（NTU）	12.5	3.8	1.2	0.8	0.8	0.5
pH 值	7.47	7.43	7.35	7.33	7.30	7.25
COD_{Mn}（mg/L）	3.82	3.66	2.78	2.76	2.68	2.57
UV_{254}（1/cm）	0.088	0.085	0.056	0.053	0.045	0.043
TOC（mg/L）	3.21	2.82	2.23	2.07	2.02	1.82
三氯甲烷*（μg/L）	28	26	17	14	13	9

*进行三氯甲烷测定的水样投氯量均为 4mg/L，加氯反应时间为 24h。

　　硫酸铝在给水处理中使用得非常广泛，一般情况下均可以采用，但投加量大时，对水的碱度降低的幅度很大，另外，与聚合氯化铝相比，残余铝离子问题相对要突出一些，还有硫酸根离子的问题。

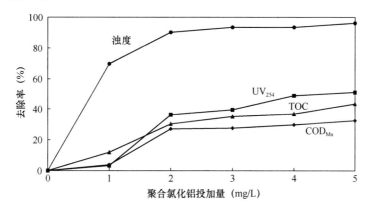

图 6-1　聚合氯化铝强化混凝试验

　　图 6-2 表明，随硫酸铝投加量的提高，有机物的去除率明显增加，出水浊度逐渐降低。但与聚合氯化铝强化混凝试验结果进行对比可以发现，在相同的 Al_2O_3 投加量情况下，无论是对有机物的去除，还是混凝沉淀出水的浊度，硫酸铝的效果均不如聚合氯化铝好。

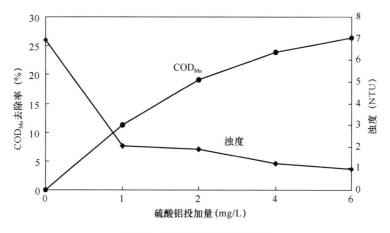

图 6-2　硫酸铝强化混凝试验
（原水浊度 6.93 NTU，COD_{Mn}3.99mg/L）

三氯化铁是铁盐混凝剂中最常用的一种。三氯化铁溶于水后所发生的水解、聚合反应和硫酸铝相似，但混凝特性与硫酸铝略有区别。试验过程中发现，三氯化铁的投加量明显高于各种铝系混凝剂。当投加量为 2.0mg/L 时，胶体脱稳不明显，几乎无絮体产生。如图 6-3 所示，随着投加量的增大，对有机物的去除率有大幅度的提高，当投加量为 20mg/L 时，对有机物的去除率可高达近 50%。增加投加量虽使有机物的去除率大幅度提高，但其负面效果是水的色度有所增加，对浊度的去除效果反而变差，特别是污泥量明显加大。

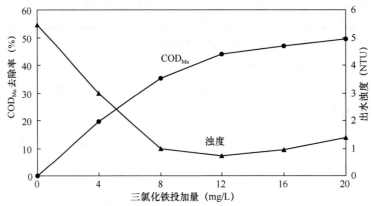

图 6-3 三氯化铁强化混凝试验

（原水浊度 5.47NTU，pH 7.52，COD_{Mn} 3.91mg/L）

图 6-4 是对深圳水库水进行 pH 值调节，实施强化混凝的试验结果。可以看出，在 pH＝6.54 的酸性条件下，有机物的去除率可比 pH＝8.55 的碱性条件提高 10% 以上，而且出水浊度也更低。

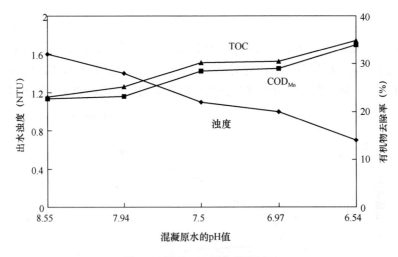

图 6-4 调节 pH 强化混凝试验

（原水 pH 7.21，浊度 12.5NTU，COD_{Mn} 3.82mg/L，TOC 为 3.21mg/L，聚合氯化铝投加量为 2mg/L）

混凝过程对 pH 的影响				表 6-13	
混凝前 pH	6.54	6.97	7.50	7.94	8.55
混凝后 pH	6.86	7.32	7.58	7.78	8.19

由表 6-13 聚合氯化铝强化混凝前后 pH 值的变化数据可以发现，调酸混凝反应后 pH 值回升。这对于出厂水 pH 值满足国家标准是有利的。另外，试验发现 pH 值降低到 5.50 以下时，混凝效果明显变差，浊度和有机物的去除率都出现了降低（图 6-5）。考虑到处理效果和经济性及腐蚀问题等各种因素，调酸对进行强化混凝时，pH 值不宜低于 6.0。

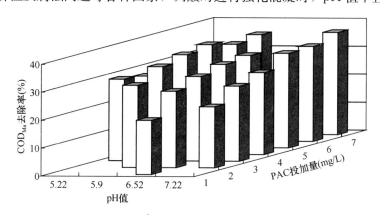

图 6-5　同时改变 pH 和聚合氯化铝投加量强化混凝试验

聚丙烯酰胺（PAM）是目前使用最广泛的高分子絮凝剂，在给水处理中已有多年的应用历史，可以作主混凝剂，也可作助凝剂或助滤剂。从 20 世纪 50 年代美国率先开发聚丙烯酰胺作净水处理絮凝剂以来，其生产和应用发展迅速，60 年代以来，欧美国家已普遍使用聚丙烯酰胺作净水处理絮凝剂。国内 60 年代起，在长江、黄河流域的饮用水厂广泛应用聚丙烯酰胺于高浊水的净化处理，和城市污水和工业废水处理；90 年代起某些水源受污染较严重的饮用水厂开始使用聚丙烯酰胺作净水处理助凝剂，如广州西村水厂、佛山石湾水厂、澳门青洲水厂、温州西山水厂等。据最新资料统计，在水质标准和水质管理非常完善的美国，已有近一半的水厂使用 PAM。根据广州西村水厂研究及应用经验，采用 PAM 作助凝剂能显著提高絮凝效果，节约矾耗，去除藻类，降低致突变性，提高水质，应付突发水质事故等方面取得明显的效果。据国外有关资料介绍，高分子絮凝剂絮凝过程存在以下规律：①当高分子絮凝剂投量足以覆盖固体颗粒全部表面部位时，效果最佳；②如果颗粒表面聚合物分子过饱和，则高分子的自由末端也可以吸附在同一表面上，PAM 之间的相互排斥力阻碍了颗粒间的接近碰撞，相邻颗粒间的架桥结合数量因而减少，聚集稳定性升高，甚至出现胶体再稳现象，从而导致絮凝效果恶化；③如果高分子絮凝剂投量少于最佳投量，则不足以将胶粒架桥联结起来，架桥键的结合力也较弱，助凝作用无法正常发挥，一旦发生较强烈的机械或水力搅拌就会发生絮体的破坏；④聚合物最佳投量和分散相颗粒表面上容许吸附的面积之间存在线性关系。有关专著介绍，一般要达到最佳絮凝所需要的聚合物浓度很小，往往小于 1mg/L，而且此最佳聚合物浓度会随着溶液中粒子的浓度而成正比例变化。除此之外，凡是影响到表面覆盖率的其他因素也会影响此最佳聚合物浓度，如粒子的带电性质，聚合物的种类，搅拌条件等。

黄晓东等人以深圳水库水为原水，对不同生产厂家的阳离子型 PAM 进行了投加量试验。在 6 个烧杯中投加不同量的 PAM，助凝剂投加量依次为：0.0mg/L、0.05mg/L、0.08mg/L、0.10mg/L、0.15mg/L、0.20mg/L。表 6-14 的水质分析结果表明，几种不同厂家的阳离子型 PAM 对去除浊度和有机物的助凝效果相似。当 3 种阳离子 PAM 的投量大于 0.08mg/L 时，沉后水浊度均能降至 1NTU 以下。投加量在 0.10mg/L 左右能达到对浊度和有机物的最佳去除效果，继续增加投量，对于有机物和浊度的去除反而不利。投加阳离子 PAM，最大可使混凝沉淀对有机物（COD_{Mn}）去除率提高 10% 左右。

在烧杯试验的基础上，于 2002 年 7 月和 9 月在大涌水厂进行了累计时间为 2 周的 PAM 强化混凝生产试验。试验结果的评价包括对絮体和沉淀效果的现场观察，中控室在线仪表的实时数据（包括浊度、絮体粒径、絮体个数、碱铝投量、滤池水头损失等），以及实验室化验数据（包括 COD_{Mn}、藻类、浊度、UV_{254}、铝含量、TOC、消毒副产物前体物等）。

阳离子型 PAM 投加量对混凝效果的影响　　　　　　　　表 6-14

加药量（mg/L）	厂家 1		厂家 2		厂家 3	
	浊度（NTU）	COD_{Mn}（mg/L）	浊度（NTU）	COD_{Mn}（mg/L）	浊度（NTU）	COD_{Mn}（mg/L）
原水	3.66	3.14	2.60	5.03	3.71	3.05
0.00	1.23	2.12	1.30	4.24	1.09	2.33
0.05	0.81	2.20	1.11	4.12	0.83	2.21
0.08	0.56	2.20	0.60	4.04	0.74	2.05
0.10	0.53	1.98	0.53	3.84	0.71	2.02
0.15	0.56	2.05	0.71	3.92	0.89	2.06
0.20	0.54	2.10	0.75	3.80	0.91	2.14

由图 6-6 可知，由于 PAM 的投加，东组沉淀池出水浊度不仅低于未加 PAM 的西组沉淀池，且均在 1NTU 以下。接纳东组沉淀池出水的北组滤池的滤后水浊度也低于接纳西组沉淀池出水的南组滤池。

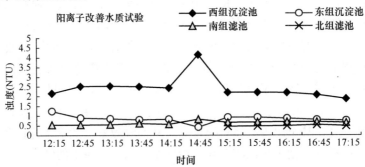

图 6-6　2 组沉淀池及对应滤池出水浊度的对比

图 6-7 是由 FCD 仪器获得的投药试验前后 24h 内东组反应池出水絮体粒径在线测定数据的变化情况。

由图 6-7 絮体粒径数据可知，在碱铝投加量不变的情况下，投加 0.1mg/L 阳离子 PAM 后，絮体粒径明显提高，与现场肉眼观测结果一致。经计算，在一天 24h 内，投入阳离子 PAM 的 7h 内絮体平均粒径为 0.44mm，而不加 PAM 的其余 17h 内絮体平均粒径为 0.40mm，投加 PAM 使絮体粒径增加了 9.2%。根据 Stockes 定律，絮体在沉淀池中的

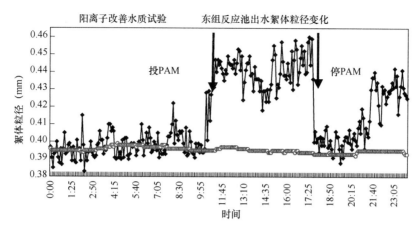

图 6-7 FCD 仪器在线测定絮体粒径数据曲线

沉速与粒径的平方成正比，所以理论上讲，投入阳离子 PAM 将使絮体在沉淀池中的沉速增加 19%。

表 6-15 是生产试验过程中部分水质指标的化验结果。

投加 PAM 部分水质指标的变化 表 **6-15**

考察内容		COD_{Mn} 去除率（%）		藻类去除率（%）	
		西组	东组	西组	东组
阳离子	水质改善	15.3	22.5	39	73.5

从表 6-15 化验数据可以看出，投入 PAM 后，东组 COD_{Mn} 和藻类的去除率比未加 PAM 的西组均有不同程度的提高。

除了通过提高混凝剂投加量，改变 pH 值，增加助凝剂等药剂措施外，对混合池和反应池设计优化或采用新型高效反应器，加强投药过程的自动化控制，加强浊度仪、颗粒计数仪等水质在线仪表的配置也是实现强化混凝的重要措施。

6.4 强化过滤

6.4.1 絮体强化过滤对微污染物的去除效果

1998 年加拿大安大略省水业协会曾作过一次该省自来水厂活性炭使用情况的书面调查。在接受调查的 40 家水厂中，有 12 家水厂使用颗粒活性炭。这 12 水家水厂中只有 1 个水厂采用滤后吸附池，其他 11 家水厂均采用过滤吸附池，过滤吸附池的平均空床停留时间为 5～10min，颗粒活性炭的使用年限平均约 3 年。1998～1999 年，清华大学与深圳市水务局率先在国内系统地开展了生物强化过滤的现场试验研究，所研究开发的生物活性滤池，在 10m/h 左右的滤速下，对氨氮、亚硝酸盐氮及耗氧量的去除率分别为 76%～87%、76.9%～90.6%和 17.3%～31.4%，出水的平均浊度均能保证在 1NTU 以下，经消毒后能满足卫生学指标的要求。另外，生物活性滤池强化过滤还能降低水的致突活性，提高水的生物稳定性。

深圳水务集团在东湖水厂所进行的生物活性滤池长期中试运行试验结果表明，若滤前水和反冲水含有较高浓度的余氯，则生物活性滤池的挂膜时间会延长。长期稳定运行过程中，3 个不同炭种的生物活性滤池对氨氮的平均去除率分别为 63.4%～67.3%，对亚硝酸盐氮的平均去除率分别为 89.9%～94.1%；对 COD_{Mn} 的平均去除率为 21.0%～28.1%，对浊度的去除率均在 80% 以上。总体上讲，生物活性滤池对常规指标的去除效果明显优于水厂砂滤池。另外，生物活性滤池出水 AOC 值低，生物稳定性好。降低 EBCT，氨氮和 COD_{Mn} 的去除率都有不同程度降低，其中对氨氮去除率的影响较大，而对 COD_{Mn} 的去除影响较小。EBCT 在 5.5～10min 之间变化对亚硝酸盐氮的去除影响很小。

杨开等人所开展的炭砂生物活性滤池试验表明，经过一个半月的培养挂膜，滤料生物膜呈黄褐色，上层生物膜较厚，并随滤层深度的增加渐渐变薄。生物活性滤池对有机物和氨氮的去除效果显著，COD_{Mn} 和 UV_{254} 的平均去除率分别为 40.4% 和 48.9%；当进水氨氮浓度在 2mg/L 以下时，平均去除率是 82.5%；浊度平均去除率约 82.4%，平均出水浊度为 0.51NTU。另外，生物活性滤池工艺能够去除部分消毒副产物。

2001 年 7 月，清华大学以活性炭作生物活性滤料，为浙江平湖自来水公司完成了 2.5万 m^3/d 水厂普通滤池的改造。改造后的滤池不仅对氨氮、亚硝酸盐氮及高锰酸盐指数的去除率明显上升，而且提高了对色度的去除效果。2001 年嘉兴水司和上海市政设计院合作，在南门水厂开展了为期一年的生物活性滤池的研究，并于 2002 年 5 月完成了 5 万m^3/d 南门水厂滤池改造。

清华大学与浙江省平湖市自来水公司于 2001 年在平湖地面水厂开展生物活性滤池工程改造及生产性试验研究。平湖地面水厂位于平湖市南郊，由于水环境污染，其主要水质问题表现在以下几个方面：①臭味大。原水全年大都在土臭味 3～4 级，滤后水为 1～2级，出厂水由于加氯量大而呈较强的氯味。②色度高。原水平均值为 26 度，最高达 45度。6～9 月份的出厂水色度经常超标。③氨氮高。原水平均值为 2.5mg/L 左右，最高值为 5.14mg/L，出厂水平均值在 1.5mg/L 左右。④COD_{Mn} 浓度高。平均值近 9mg/L，均超过地面水Ⅲ类标准，最高值为 29.95mg/L。出厂水在 5mg/L 左右。

经过约 1 年的试验及前期准备工作，水厂于 2001 年 7 月开始着手改造其中一个滤池。改造后滤池于 7 月 14 日正式开始运行。运行稳定后，生物活性滤池出水：①浊度均小于1NTU，去除率与水厂砂滤相差不大；②氨氮、亚硝酸盐氮的去除率达 80% 以上，水厂砂滤去除率在 30% 左右；③耗氧量去除率在 20% 左右，比水厂砂滤高 10% 左右；④TOC 去除率为 30% 左右，比水厂砂滤高 20% 左右；⑤溶解性有机碳去除率在 20% 左右，比水厂砂滤高约 15%；⑥对可生物降解溶解性有机碳去除率（50%）明显高于水厂砂滤（5%）；⑦UV_{254} 去除率为 20% 左右，比水厂砂滤高 15% 左右；⑧4 个月左右出水均无异味。反冲生物活性滤池过程中基本未发现跑料现象。生物活性滤池对浊度、色度、氨氮、耗氧量等的去除规律与模拟试验时基本一致，即随着运行时间的增加，浊度、氨氮的去除率是先低后高，色度、耗氧量的去除率是先高后低至稳定。

嘉兴水司南门水厂建成于 20 世纪 80 年代初，水源取自运河水系嘉兴段，供水规模为 5万 m^3/d。原水属于Ⅳ～Ⅴ类水体，氨氮、耗氧量、色度、铁、锰、挥发酚等多个项目超标。嘉兴水司与上海市政设计研究院在嘉兴市南门水厂开展了为期一年的生物滤池研究，结果表明：将净水流程工艺参数作适当调整，把常规滤池改造成生物活性滤池，对可生化有机物去除效果明显，具有较强的可操作性。嘉兴水司据此对南门水厂工艺进行了改造，方法是将原有的大阻力快滤池改为炭砂生物活性滤池，滤池上层为 70cm 的活性炭，下层为 30cm 石英砂。为提高生物活性滤池的运行效果，改造中还因地制宜地采取了以下措施：①降低运行负荷，以延长活性炭层接触时间。将滤速由原来的 8m/h 降至 5m/h，使 70cm 厚的滤层保持 8min 左右的接触时间。工艺参数的调整及相应工艺环节的优化，还使滤池进水浊度大都控制在 3NTU 以下，与原有工艺相比，降低了滤池去浊负荷。②增加滤池进水溶解氧。一是将沉淀池后进水槽加高 20cm，增加跌水高度；二是在沉淀池与滤池之间的水渠中，增加了微孔曝气头和部分弹性填料进行曝气。据监测，前者跌水增加溶解氧约 2.5mg/L，后者曝气增加约 0.3mg/L，从而使滤池进水溶解氧保持在 4～5.3mg/L。③取消预加氯。南门水厂构筑物为叠合式，水体流经预加氯点与生物滤池历时为 35min。因此，预加氯对生物滤池冲击较大，故以高锰酸钾取代预加氯，相应投加量为 0.2～0.5mg/L。④调整冲洗设施。经改造后的生物滤池，兼具了降浊和提高有机物、氨氮去除率的功效，因此，合理的反冲洗强度应既能保证砂层膨胀，活性炭生物膜更新，又不致活性炭流失。经现场测试，最后确定为反冲强度为 12L/（s·m²），反冲周期为 50h，反冲时间为 6min。为达到上述参数，将滤池配水槽加高 20cm，并对高位水箱出水阀门进行了改造。

改造后的生物滤池于 2002 年 5 月投入生产运行，运行 7d 后滤池对氨氮的去除率达 90% 以上，可以认为挂膜成熟，池挂膜启动期间，水温为 20～25℃。

改造后一年多的运行数据表明：当进水氨氮 <1mg/L 时，生物活性滤池对氨氮的去除率大于 90%；进水氨氮 1～2mg/L 时，去除率为 60% 左右；进水氨氮大于 2mg/L 时，去除率为 40% 左右。另外，生物活性滤池对亚硝酸盐氮的去除率达 90% 以上；对 COD_{Mn} 的平均去除率为 30% 左右；对浊度的去除效果优于普通砂滤池，且平均滤后水浊度为 0.3NTU。该改造工程总投资仅 50 万元左右。

6.4.2 强化过滤对浊度的去除效果

1993 年美国密尔沃基爆发了美国供水史上最大、最严重的一起水质事件，导致 40 多万人染病，1000 多人住院，近 100 人死亡，这一事件又称之为隐孢子虫卵囊事件，其直接原因是水厂滤池浊度过高，导致隐孢子虫卵囊穿透滤池进入供水管网。这次事件后，国际上对浊度的控制要求及浊度标准不断提高，以美国为例，1989 年以前，其滤后水浊度要求不大于 0.5NTU，1998 年降至 0.3NTU，2002 年又提出建议，滤后水浊度需降至 0.15NTU 或 0.1NTU。我国卫生部和建设部颁布的水质标准中，都提高了浊度控制标准，要求出厂水浊度小于 1.0NTU。

大量的实验研究表明对待滤水进行适当的预处理能有效地提高滤后水的水质。在过滤前投加少量的助滤剂或絮凝剂能改善滤后水水质，延长过滤周期，提高过滤性能。很多研究表明，对浊度较大的水源水，在滤前进行二次微絮凝能在减少药剂投量的情况下使水质达标。1968 年 Tuepker 等人研究发现在滤前水中增加阳离子聚合物（0.003mg/L），可有效消除滤速变化对滤后水水质的影响，维持稳定的出水水质。Kawamura 的研究表明，使用助滤剂的主要作用是为了防止水头损失较高时（如超过 1.8m）浊度穿透，保证出水水质。目前，助滤剂的种类非常多，但究竟哪种效果最好，用量多少为最佳，需要根据特定的水质和工艺，通过试验确定。

图 6-8 是一组在滤前水中投加聚合氯化铝进行二次微絮凝强化过滤的试验结果。试验在并行的 5 个试验滤柱中进行，每个滤柱内装粒径为 0.8～1.2mm 的均质石英砂滤料，试验中，在各滤柱进水中，投加不同量的聚合氯化铝，采用在线浊度仪测定过滤中浊度的变化情况并进行对比。试验结果表明，二次微絮凝强化过滤可以提高滤池对浊度，特别是初滤水浊度的去除效果，在本试验条件下，当聚合氯化铝加药量大于等于 0.1mg/L 时，可保证滤后水浊度低于 0.1NTU。

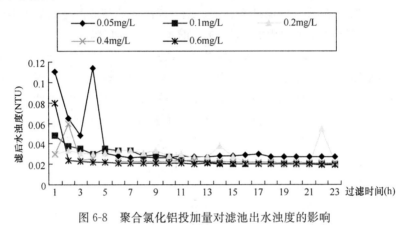

图 6-8 聚合氯化铝投加量对滤池出水浊度的影响

近年来美国设计的双层滤料或粗粒深层滤料的滤池在高滤速过滤时，都采用投加极少量助滤剂（高分子聚合物）来保证滤池的出水水质。经常被应用的助滤剂为非离子型的高分子聚合物，投加量为 15～25mg/L。日本福增水厂曾对助滤剂的应用进行较长时间的试验。助滤剂采用有机高分子、三氯化铁和聚合氯化铝，研究结果表明：①采用有机高分子作助滤剂（5～10mg/L）与聚合氯化铝作助滤剂（0.2～0.3mg/L），可以获得同样的理想效果。②有机高分子同时作助凝剂和助滤剂投加时，滤层水头损失增长过快。单独作为助滤剂投加时，投加量为 0.04～0.2mg/L，水头损失急剧上升。③用三氯化铁作助滤剂时，可以在一定程度上抑制浊度的泄出，但与有机高分子相比，效果较差。

滤池滤料的种类、粒径、级配也是影响除浊效果的重要因素。以往各水厂沉后水浊度普遍较高，所以在选择滤料的时候，为了保证滤池有足够长的运行周期，滤粒往往偏大，以 V 形滤池而言，一般将粒径定为 0.95～1.35mm。随着水厂混凝沉淀工艺效果的提高，沉后水浊度在逐渐降低，一些先进的自来水厂沉后水浊度可以稳定地控制在 1NTU 左右，在各种情况下，可以考虑减小滤料的粒径，以获得更低的滤后水浊度。深圳水务集团笔架山水厂作为国家 863 项目的示范水厂，为了保障滤后水浊度稳定地控制在 0.1NTU 以下，就成功地选用了粒径为 0.6～1.0mm 石英砂用于 V 形滤池。

6.5 优化消毒

6.5.1 优化消毒的必要性

消毒是给水处理工艺的重要组成部分。氯消毒是国内外最主要的消毒技术，美国自来水厂中约有 94.5% 采用氯消毒，中国据估计 99.5% 以上自来水厂采用氯消毒。但氯消毒近 20 年受到很大挑战，主要由于下面 3 个方面的原因：①消毒副产物问题。越来越多的消毒副产物如三卤甲烷、卤乙酸、卤代腈、卤代醛等在饮用水中被发现。三卤甲烷和卤乙酸由于其强致癌性已成为控制的主要目标，而且也分别代表了挥发性和非挥发性的 2 类消毒副产物。美国专门有消毒剂和消毒副产物法（D/DBPs RULE）对氯消毒剂和消毒副产物进行了规定，我国《生活饮用水卫生标准》（GB 5749—2006）和建设部的行业标准《城市供水水质标准》也都已将消毒副产物增列入水质标准中。因此氯消毒副产物的控制十分关键。②贾第鞭毛虫和隐孢子虫的问题。由于"两虫"有抗氯性，特别是隐孢子虫，氯消毒几乎不起作用，因此采用新的有效的消毒方式以保证饮用水安全性十分必要。③饮用水生物稳定性问题。由于饮用水中生物可同化有机碳的存在，细菌能在管网中生长并形成生物膜，即使管网中余氯量很高也很难完全控制细菌的再生长，并对水质和输水管造成不利影响。

为了保证饮用水的安全性，包括微生物指标和消毒副产物指标将越来越严格，因此有必要对消毒技术进行改进。

6.5.2 优化氯消毒

因为氯消毒是现阶段的主体消毒技术，而且可以预计在短期内不会有根本变化，因此对氯消毒进行技术优化十分必要。手段包括：①对清水池设计进行改进，以 CT 为设计和运行依据；②以氯和氯胺消毒有机组合的方式；③多点加氯；④采用统合式 IDDF 模型作为氯消毒设计框架（Integrated Disinfection Design Frameworks）。

6.5.3 采用紫外线消毒

紫外线是指电磁波波长处于 200～380nm 的光波，一般分为 3 个区，即 UVA（315～380nm）、UVB（315～280nm）、UVC（200～280nm）。低于 200nm 的远紫外线区域称为真空紫外线，极易被水吸收，因此不能用于消毒。用于消毒的紫外线是 UVC 区，即波长为 200～280nm 的区域，特别是 254nm 附近。紫外线消毒机理与前面的氧化剂不同，是利用波长 254nm 及其附近波长区域对微生物 DNA 的破坏，阻止蛋白质合成而使细菌不能繁殖。由于紫外线对隐孢子虫的高效杀灭作用和不产生副产物，紫外线消毒在给水处理中显示了很好的市场潜力。

紫外线的灭菌作用最早在 20 世纪初由英国学者贝纳德和莫加报道，真正开始应用为 20 世纪 60 年代。早期主要是低压汞灯（LP），90 年代中压汞灯（MP）和脉冲汞灯（P-UV）得到研究应用。

紫外线消毒技术在饮用水处理中的应用自 1993 在美国密尔沃基市爆发隐孢子虫卵囊病后备受青睐，因为氯消毒不能有效杀灭隐孢子虫卵囊，而研究发现紫外线对隐孢子虫卵囊有很好杀灭效果。而且在常规消毒剂量范围内（40mJ/cm²）紫外线消毒不产生有害副产物，因此在西方发达国家应用实例在近几年增加十分迅速，特别是在小型水厂。为此国际紫外线协会（IUVA）在 1999 年成立。

美国对新技术在饮用水处理中的应用历来比较迟缓、保守，但对紫外技术的应用则采取了出乎以外的快速行动。美国环保局（EPA）在实验室证实紫外消毒对隐孢子虫卵囊的灭活有效后仅仅 5 年就批准了紫外线消毒在饮用水中的应用。大型水厂如西雅图水厂

2004 年建成紫外消毒系统，纽约自来水厂 2006 年建成紫外线消毒系统。

紫外线消毒的优点有：①对致病微生物有广谱消毒效果，消毒效率高；②对隐孢子虫卵囊有特效消毒作用；③不产生有毒、有害副产物；④不增加 AOC、BDOC 等损害管网水质生物稳定性的副产物；⑤能降低臭、味和降解微量有机污染物；⑥占地面积小、消毒效果受水温、pH 影响小。

紫外线消毒的缺点主要有：①没有持续消毒效果，需与氯配合使用；②石英管壁易结垢，降低消毒效果；③消毒效果受水中 SS 和浊度影响较大；④被杀灭的细菌有可能复活；⑤国内使用经验较少。

我国天津开发区泰达水厂应用了紫外线消毒。

6.5.4 采用二氧化氯消毒

为了灭活"两虫"，减少氯代消毒副产物，采用二氧化氯消毒成为新的选择之一。二氧化氯消毒是很有应用前景的替代消毒技术。目前欧洲已有数千家水厂采用二氧化氯作为消毒剂，美国也有 400 余家水厂在消毒工艺中增加了二氧化氯。目前国内采用二氧化氯消毒的饮用水厂约为 1000 多座，其中大多为规模小于 5 万 m^3/d 的小规模水厂。

其杀菌作用主要是通过渗入细菌及其他微生物细胞内，与细菌及其他微生物蛋白质中的部分氨基酸发生氧化还原反应，使氨基酸分解破坏，进而控制微生物蛋白质合成，最终导致细菌死亡。同时，ClO_2 对细胞壁有较好吸附和透过性能，可有效地氧化细胞内含硫基的酶。除对一般细菌有杀死作用外，对芽孢、病毒、藻类、铁细菌、硫酸盐还原菌和真菌等均有很好的杀灭作用。作为消毒剂时，二氧化氯的投加量一般为 $1\sim2mg/L$，此时消毒副产物的量较少。

与含氯消毒剂比较，二氧化氯有以下几点优点：①杀菌效果好、用量少，作用快，消毒作用持续时间长，可以保持剩余消毒剂量；②氧化性强，能分解细胞结构，并能杀死孢子；③能同时控制水中铁、锰、色、味、臭；④受温度和 pH 影响小；⑤不产生三卤甲烷和卤乙酸等副产物，因此二氧化氯消毒在我国某些水厂已经开始得到应用。

二氧化氯在消毒过程中也存在一些问题：①二氧化氯消毒产生无机消毒副产物亚氯酸根离子（ClO_2^-）和氯酸根离子（ClO_3^-）；②二氧化氯本身也有害，特别是在高浓度时，因此美国环保局（EPA）消毒剂和消毒副产物法和我国新的《生活饮用水卫生标准》对此都有规定；③另外二氧化氯的制备、使用也还存在一些技术问题，二氧化氯发生过程操作复杂，试剂价格高或纯度底，二氧化氯的运输、储藏的安全性较差，因此国内尽管目前二氧化氯在小规模的给水厂有应用，但大型水厂还未见使用的报道。

目前，国家水专项等已设立课题专门针对中小规模水厂的二氧化氯消毒进行研究，包括高纯二氧化氯发生器性能优化与评估、消毒副产物前馈控制技术等。随着技术的进步，二氧化氯的应用会越来越广。

6.5.5 采用臭氧消毒

臭氧具有非常强的氧化作用，其对微生物的灭活作用，是由其强氧化性和生物膜扩散能力所决定的，其作用机制可归结为：①臭氧能氧化分解细菌内部氧化葡萄糖所必需的酶，使细菌灭活死亡；②直接与细菌、病毒作用，破坏它们的细胞壁、DNA 和 RNA，细菌的新陈代谢受到破坏，导致死亡；③渗透胞膜组织，侵入细胞膜内作用于外膜的脂蛋白和内部的脂多糖，使细菌发生透性畸变，溶解死亡。

臭氧可有效灭活多种致病微生物，对氯灭活效果较差的摇蚊幼虫、脊髓灰质炎病毒、f2 噬菌体达到 4log 去除率时所需的 CT 值分别为 6mg·min/L、3.2mg·min/L 和 1.7mg·min/L，大大缩短了消毒时间。

温度可影响臭氧对微生物灭活的效果。原水隐孢子虫卵囊数量为 10^5 个/mL 数量级时，随着温度的升高，灭活 4log 的隐孢子虫卵囊需要的 CT 值越小，5℃时灭活 4log 的隐孢子虫卵囊需要的 CT 值为 34mg·min/L，而 30℃时的 CT 值为 1.5mg·min/L。同样，对于对贾第鞭毛虫孢囊的灭活也适用于以上结论。

pH 对臭氧消毒效果的影响不大，仅在短时间影响臭氧消毒效果。当臭氧消毒时间延长时，pH 对其消毒效果影响甚微。因此 pH 对臭氧的实际应用影响不大。

在臭氧消毒过程中，颗粒物的存在对消毒效果有一定的影响。在温度为 22℃，pH 值为 7，臭氧浓度为 3mg/L 的情况下，当接触时间为 7min，浊度从 0.1NTU 增加到 20NTU 时，臭氧对隐孢子虫卵囊的灭活率从 99.2% 降至 86.2%。然而，当接触时间增加到 12min 时，虽然高浊度水的灭活率较低，但灭活率都在 99% 以上。可以认为，浊度对臭氧灭活隐孢子虫卵囊的影响较小，且影响仅在灭活初期。

臭氧消毒的缺点是：臭氧分子不稳定，易自行分解，在水中保留时间很短，小于 30min，因此不能维持管网持续的消毒效率，而且臭氧消毒产生溴酸盐、醛、酮和羧酸类副产物，其中溴酸盐在水质标准中有规定，醛、酮和羧酸类副产物部分是有害健康的化合物，部分使管网水生物稳定性下降，因此臭氧消毒在使用中受到一定的限制。对于大、中型管网系统，采用臭氧消毒时必须依靠氯来维持管网中持续的消毒效果。我国大水厂尚无臭氧消毒的例子。

6.5.6　采用联合消毒

为了弥补各单纯消毒工艺的缺陷，出现了联合消毒工艺，如臭氧/氯气，臭氧/氯胺等。这些联合消毒工艺都具有较好的协同作用，能够更有效地对微生物进行灭活，提高灭活效果，减少消毒剂用量。

紫外＋氯联合消毒：紫外线对原生动物和细菌的灭活效果最好，而个别病毒（如腺病毒）对紫外线有较强的抗性；氯消毒对大多数的病毒和细菌灭活效果很好，但是对隐孢子虫卵囊和蓝伯氏贾第鞭毛虫孢囊效果较差。因此，紫外线/氯联合消毒会扩大水厂消毒环节对微生物的控制范围，显著地提高供水安全性。目前国内使用此联合消毒的水厂处理规模约为 100 万～150 万 m^3/d。

经紫外线照射后，一些微生物会利用自身的酶修复紫外线对其 DNA 的损伤，修复的机制总体上分为光复活和暗修复。光复活在饮用水处理中可以忽略；对于微生物的暗修复，只要控制一定的紫外线剂量就会避免这种现象的发生。采用 40mJ/cm^2 的紫外线消毒标准剂量已经考虑了控制微生物暗修复因素。

工程中采用"紫外线＋氯"联合消毒技术，可满足对病原微生物指标控制的要求，也可为生活饮用水提供多级消毒的安全保障，同时提升水厂应急能力。设计时，通常利用紫外线对微生物灭活效率高的特点，在净水工艺流程中首先以紫外线消毒作为消毒主工艺，充分保证对微生物的灭活效果，随后仅以少量余氯就能抑制微生物的复活，可有效减少后续氯的投加量，进而降低消毒副产物的产生。对于水源水质较好的水厂这一效果尤为明显。

据工程经验，城市集中供水水厂采用低压紫外灯消毒运行费约为 0.006 元/m³，与氯消毒相当；而某些水厂如采用中压紫外灯，灯管消耗和运行费用则可上升到 0.02 元/m³，略低于臭氧消毒。

因此从发展的角度看，在氯、紫外线、二氧化氯和臭氧等主流消毒技术中，紫外线及其组合消毒技术由于其消毒效率高，不产生或少产生消毒副产物等优点，使其在给水处理中将有很好的前途。

第7章 生物预处理

7.1 概述及特点

生物预处理是指在常规净水工艺之前增设生物处理工艺，借助于微生物群体的新陈代谢活动，对水中的有机污染物、氨氮、亚硝酸盐及铁、锰等无机污染物进行初步去除，这样既改善了水的混凝沉淀性能，使后续的常规处理更好地发挥作用，也减轻了常规处理和后续深度处理过程的负荷，延长过滤或活性炭吸附等物化处理工艺的使用周期和使用容量，最大限度地发挥水处理工艺整体作用，降低水处理费用，更好地控制水的污染。另外，通过可生物降解有机物的去除，不仅减少了水中"三致"物前体物的含量，改善出水水质，也减少了细菌在配水管网中重新滋生的潜力。用生物预处理代替常规的预氯化工艺，不仅起到了与预氯化作用相同的效果，而且避免了由预氯化引起的卤代有机物的生成，这对降低水的致突变活性，控制三卤甲烷物质的生成是十分有利的。

生物预处理在饮用水处理中具有以下特点：

1. 能有效地去除原水中可生物降解有机物

水中有机物种类繁多，形态各不相同，它们在水处理过程中的物理、化学和生物化学性质也存在较大差异，并且与其可去除性存在一定的关系。从分子量上来说，生物可降解有机物主要是低分子量的有机物（分子量小于 1500）。常见的给水处理工艺，即混凝、沉淀和过滤，主要是去除分子量大于 10000 以上的有机物，对低分子量有机物去除率较低，特别是对分子量小于 500 的有机物，几乎没有去除能力。而这部分有机物可能是形成消毒副产物卤乙酸的主要前体，也是饮水管网中细菌生长的主要营养基质。这部分有机物在原水中占总有机物的比例根据不同原水水质将有所不同，研究表明在水质较好的水库水中占 40％～50％。而在受工业废水污染较严重的河流中则只占 20％左右。因此，生物预处理能有效去除这部分有机物，对提高整个给水处理工艺对有机物的去除效果有重要意义。

2. 使整个处理工艺出水更安全可靠

Bouwer 等人的研究指出，生物处理最好设置在物化处理工艺的前面作为预处理工艺，这样既可以充分发挥微生物的生物降解作用，应付各种水质变化所带来的不利冲击，保护后续的物化处理工艺，同时生物处理所产生的微生物代谢产物、脱落生物以及其他颗粒生物可以通过后续工艺加以控制，从而增加饮用水的卫生可靠性。

3. 多样性微生物对低浓度有机物良好的去除作用

目前在饮用水处理中采用的生物处理系统大多数是生物膜类型。微生物利用水中营养基质进行生长繁殖，在载体表面形成薄层结构的微生物聚合体，产生生物膜。在生物膜反应器中，填料上生物量的积累大于悬浮生物处理系统，有利于世代期较长的微生物生长。饮用水中微量污染物浓度（mg/L 数量级）有利于贫营养微生物的繁殖，如土壤杆菌、假单胞菌、嗜水气单胞菌、黄杆菌、芽孢杆菌和纤毛菌等。这些贫营养微生物具有较大的比表面积，对可利用基质有较大的亲和力，且呼吸速率低，有较小的最大增殖速度和 Monod 饱和常数（K_s）（约为 $1\sim10\ \mu g/L$），所以在天然水体条件下，其对营养物的竞争具有较大的优势。Namkung 和 Rittmann 的研究指出，几种微量基质生物降解的同时进行，与同样浓度的单个基质的生物降解相比，能导致更多的生物量积累和有更快的去除速率，这表明多种微量污染物的混合，可增加生物膜系统处理效果的稳定性，而受污染水源水中往往含有多种微量有机物。另外贫营养菌通过二级基质的利用能去除浓度极低的微量污染物，例如：贫营养菌在分解利用浓度为 $1.1mg/L$ 的富里酸时，对浓度为 $100\ \mu g/L$ 的酚和萘的去除率为 $90\%\sim92\%$，对土臭素和 2-MIB（2-甲基异莰醇）的去除率分别为 55% 和 44%，这表明利用水中天然有机物形成的生物膜处理系统可较好地去除微量污染物、臭味及色度物质。

4. 能去除无机类污染物包括氨氮、铁、锰等

生物膜固定生长的特点使生物具有较长的停留时间，一些生长较慢的微生物如硝化细菌等自养菌可在反应器内不断积累。反应器内载体应具备较大比表面积供微生物生长，较高的孔隙率以减少水力剪切损失和堵塞，同时反应器内应有足够的溶解氧，这样就能促进生物膜上好氧硝化细菌的生长和代谢活动。对硝化反应动力学的分析表明，即使在低温条件下，生物膜去除氨氮的作用也是十分有效的。

生物预处理去除有机污染物、氨氮、铁和锰等，与物化处理工艺相比，具有经济、有效且简单易行的特点。

7.2 生物预处理工艺分类和特点

生物膜是附着在固体表面的微生物体的层状聚积。在自然生态系统中，尤其在具有较大比表面积及较低营养浓度的环境中，生物膜占生物总量的 $99\%\sim99.9\%$。在自然界，河边、地下水层、湖泊岸边、水管、船壳、码头和水生植物与动物表面，都发现有生物膜生长。目前研究和使用的生物膜反应器主要有滴滤池、生物转盘、生物活性炭、淹没式生物滤池、生物流化床和土地处理系统等，这些生物处理技术也逐渐被应用于饮用水的生物处理中。

目前饮用水生物处理技术在欧洲较为普及，其中法国的研究和使用代表着当今世界生物处理的先进水平，最近几年，美国和日本等亚洲国家也相继开展了生物预处理的各种研究，并取得了较好的成果。根据国内研究和应用的情况，本章仅着重介绍生物预处理中的生物滤池、生物接触氧化两种生物预处理工艺。

7.2.1 生物预处理工艺类型

1. 生物过滤

生物滤池是目前生产上常用的生物处理方法，有淹没式生物滤池（曝气与不曝气）、煤/砂生物过滤及慢滤池等。滤池中装有比表面积较大的填料，通过固定生长技术在填料表面形成生物膜，水体与生物膜不断接触过程中，使有机物及氮等营养物质被生物膜吸收利用而去除，这种滤池在运行中有时需补充一定量的压缩空气，这不仅为生物生长提供足

够的溶解氧，而且有助于新老生物膜的更新换代，保证生物膜的高氧化能力。这种工艺的特点是运行费用低，处理效果稳定，管理方便，污染物去除效果高，污泥产量少，且受外界环境变化的影响较小，处理出水在有机物、臭味、氨氮、铁、锰、细菌、浊度等方面均有不同程度的降低，使后续常规工艺的混凝剂耗量与消毒用氯耗量减少。臭氧与生物活性炭联用有较为成功的运行经验，且由于臭氧具有可改善水的可生化性特点，所以近几年臭氧预处理与生物处理联用的工艺的研究也逐渐开始。表 7-1 和表 7-2 为国内外资料中所报道的生物过滤过程对有机物与氨氮的去除效果。

从表中可看出，各种生物膜类的生物过滤系统对有机物（TOC、DOC、COD_{Mn}、COD_{Cr} 等）的去除率为 7.1%～43.1%，对可生物降解有机物（BOD_5、AOC）的去除率为 3%～84%，由于所采用的生物载体与进水水质各不相同，不同的处理系统有差异较大的处理效果。

硝化反应的动力学过程已经研究得十分清楚，国内外生物处理控制氨氮浓度的运行经验说明，生物作用是非常有效的，和有机物去除一样，不同类型的反应器的除氨氮的作用也有所差别。

生物过滤处理对有机物的去除率   表 7-1

工　艺	填料（括号内为填料尺寸）	试验地点	进水有机物浓度	有机物去除率
臭氧—曝气生物滤池（生产性）	细卵石＋活性炭（直径×长度 2mm×3mm）	法国 Annet Sur Marne	3.2mg TOC/L	38%
臭氧—生物滤池（生产性）	砂（1～1.5mm）＋无烟煤（2～4mm）	德国 Mulheim	2.9mg TOC/L	10%
生物滤池（生产性）	砂＋无烟煤（0.6～1.2mm）	荷兰	23～500μg AOC/L	3%～84%
生物慢滤池（生产性）	砂（0.6～1.2mm）	荷兰	—	（出水浓度）TOC 3.1mg /L
臭氧—生物慢滤池（生产性）	砂（0.6～1.2mm）	德国不来梅（Bremen）	—	（出水浓度）TOC 0.9mg /L
生物慢滤池（生产性）	砂（0.6～1.2mm）	法国	（AOC）	<40%
曝气生物滤池（小试）	碎石（2.7～4.8mm）	韩国	BOD_5 3.2～59mg/L COD_{Mn} 14～20mg/L	35%～60% 27%～30%
曝气生物滤池（小试）	碎石	武汉	COD_{Mn} 3.7～5.6mg/L	10.4%～27.5%
曝气生物滤池（小试）	海蛎子壳	上海	（COD_{Mn}）	7.1%～9.8%
曝气生物滤池（小试）	陶粒（2～4mm）	北京	20～30mg COD_{Cr}/L	43.1%

韩国采用的生物过滤处理试验有较为详细的报道。釜山净水厂原有的净水系统为混凝沉淀、过滤及消毒，但主要去除浊度及胶体、悬浮物，对水源中日益增加的氨氮、BOD_5等没有较好去除效果，试验中用生物过滤预处理与原有净水工艺相结合，以弥补这方面的不足。生物反应器的特征及生物反应器进出水见表 7-3 和表 7-4，从处理结果可看出，生

物预处理基本达到了预期的目的。

生物过滤处理对氨氮的去除 表 7-2

处理工艺	填料	地点	进水氨氮 (mg/L)	氨氮去除效率 (%)
曝气生物滤池（中试）	细卵石	法国	>2.5	≈100
曝气生物滤池（生产性）	细卵石	法国 Annet Sur Marne	≤4 ≤1 0.3～0.5	97.5 79.5 78.3
曝气生物滤池（中试）	细卵石	英国（Medmenham）	3.0	82.5
生物滤池	细卵石（20～40mm）	英国（Tames）	2～3	70～80
曝气生物滤池	细卵石（20～40mm） 细卵石（20～50mm） 细卵石（10～20mm）	法国（Groissy） 法国（Vernoukllef） 法国（Anbergenville）	3.2 2.3 1.8	99.4 93.5 68.7
曝气生物滤池（中试） （生产性） （生产性） （生产性）	砂＋煤 砂＋煤 砂＋煤 砂＋煤	法国（Choisy-Le-Roi） 法国 Choisy-Le-Roi 法国 Mery-Sur-Oise 德国 Miilheim	0.08～0.68 0.5 0.34 1.0	66%（平均） ≈100 ≈100 ≈100
曝气生物滤池（小试）	碎石（2.7～4.8mm）	韩国	0.2～0.5	90～100
曝气生物滤池（小试）	碎石	武汉	0.41～1.16	81.0～98.8
曝气生物滤池（小试）	陶粒（2～5mm）	北京	1.4～2.0	99
曝气生物滤池（小试）	海蛎子壳	上海	—	21

釜山生物过滤反应器的运行特征 表 7-3

流量（m³/d）	0.82	气流量（NL/min）	1.8～2.3
填料尺寸（mm）	碎花岗石	气水比	3∶1～4∶1
填料高度（mm）	1300	反冲周期（周）	2
停留时间（min）	10.3	反冲条件（L/min）	气 3.5，水 4
滤速（m/d）	60～150		

釜山生物过滤反应器处理效果 表 7-4

参数	进水	出水	去除率（%）	参数	进水	出水	去除率（%）
温度（℃）	13～18	13～19		BOD_5（mg/L）	3.2～5.9	2.3～2.9	35～60
pH	6.9～7.5	7.1～7.6		COD_{Mn}（mg/L）	14～20	10～14	27～30
DO（mg/L）	7～9	8～10		NH_4^+-N	0.2～0.5	0.00～0.02	90～100
浊度（NTU）	5～10	3～6	35～50	Mn（mg/L）	0.04～0.06		≈100
SS（mg/L）	5～11	2～5	40～60	色度（度）	18～23	13～18	20～30

生物过滤工艺中有机物及氨氮的去除除了受原水水质影响外，反应器内生物膜总量是决定生物降解效果的重要因素，而决定生物量大小的又依靠生物载体的比表面积。另外生物氧化还需要一定的接触时间，在已有的报道中，大多数的研究所采用的接触停留时间为10~120min，对慢滤池而言，接触时间则更长。接触时间影响生物处理效果的规律性或者在较短的接触时间下能否有较强的生物氧化能力，这些方面的研究还未见有更多的报道。

2. 生物接触氧化

生物接触氧化法也叫作浸没式生物膜法，即是在池内设置人工合成填料，经过充氧的水以一定的速度流经填料，使填料上长满生物膜，水体与生物膜接触过程中，通过生物净化的作用使水中污染物质得到降解与去除，这种工艺是介于活性污泥法与生物过滤之间的处理方法，具有这两种处理方法的优点。接触氧化法的生物膜上生物相很丰富，除细菌外，球衣细菌等丝状菌也得以大量生长，并且还繁殖着多种种属的原生动物与后生动物。

生物接触氧化法的主要优点是处理能力大，对冲击负荷有较强的适应性，污泥生成量少，能保证出水水质，易于维护管理，但缺点是在填料间水流缓慢，水力冲刷少，生物膜只能自行脱落，更新速度慢，易引起堵塞，而且布水布气不易达到均匀，另外填料较贵，投资费用高。

生物接触氧化法作为水源水预处理的研究和应用在日本开展得较为普及，对不同水质条件下生物接触氧化法的处理效果以及载体表面积、混合条件（曝气参数）、水温及有机物负荷、反冲洗等对反应器工作性能的影响作了深入的研究，对实践中如何解决填料堵塞问题作了较为细致的探讨。

大阪府水厂以淀州河水作为水源。由于20世纪60年代以来水质不断下降，水中有机物及其他营养物含量不断增加，富营养化现象十分严重。水中强烈的土腥味给饮用水处理增加了很大困难，曾经研究过以粉末活性炭处理，但效果不佳。丰平等人采用蜂窝管系统的生物接触氧化，对淀州河水作为期2年的中试研究，处理水量为33~45m³/d，采用的工艺条件为：曝气速率2.5Nm³/h，循环速率3m/min，水力负荷220~350L/（m²·d），停留时间为70~100min。试验结果表明，该工艺对有机物及三卤甲烷前体物（THM-FP）、总有机卤化物前体物（TOXFP）以及Fe、Mn等有一定的处理效果（表7-5）。

生物接触氧化法对淀州河水的中试处理结果（平均统计） 表7-5

项目	原水	生物接触氧化工艺出水	去除率	项目	原水	生物接触氧化工艺出水	去除率（%）
TOC（mg/L）	2.8	2.4	14%	Mn（mg/L）	0.039	0.027	28
THMFP（mg/L）	0.047	0.042	12%	氨氮（mg/L）	0.9	0.18	80
TOXFP（mg/L）	0.282	0.234	17%	2-MIB（mg/L）	0.13	0.065	50
Fe（mg/L）	0.38	0.28	26%				

在研究中发现，氨氮的去除与温度影响有一定的关系，在高温季节去除率达90%，但在低温季节（水温小于5℃）时去除率降至70%，原水浊度的变化（高至400NTU时）对生物硝化作用影响不大，生物处理能去除50%的臭味化合物，主要是生物膜上假丝酵

母属能降解 2-甲基异莰醇（2-MIB）。

7.2.2　生物预处理工艺影响因素

生物接触氧化法预处理中生物的载体可以是不同的惰性介质（陶粒、砂、沸石）等、半软性（塑料片）或弹性填料（塑料丝），也可采用塑料制蜂窝。以下将着重讨论影响生物陶粒处理效果的有关因素。

1. 停留时间对生物陶粒去除污染物的影响

生物陶粒是利用微生物将水中的各种污染物加以代谢、分解，转化为 CO_2 和 H_2O 及一些中间代谢产物的处理单元，这需要通过一系列生化反应来完成，这些生化反应的完成需要一定的时间，停留时间越长，虽然生物氧化分解越完善，但构筑物的体积，基建投资势必增加很多，因此生物接触氧化时间将是生物陶粒运行的一个设计参数。图 7-1、图 7-2 分别表示生物陶粒对水中 TOC 及氨氮生物降解势的静态试验结果。

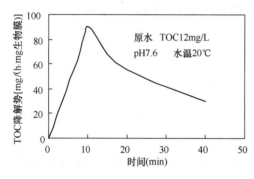

图 7-1　停留时间对 TOC 去除影响

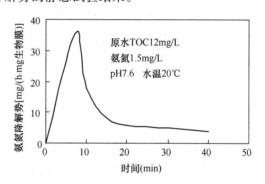

图 7-2　生物陶粒对氨氮的降解势

从图中可以看出，生物陶粒在原水 pH7.6，TOC12mg/L，水温 20℃时，对 TOC 的降解势在 10min 时达到最大，对氨氮的降解势在 8min 即到最大之后均开始下降，这是因为在静态试验中，水中有机物及氨氮的含量是一定的，微生物首先氧化和分解易于生物降解的有机物，而不易降解的有机物难于氧化，所以随着时间的延长微生物对污染物的降解势在达到最大后开始下降，如果能保持水中污染物的量恒定，微生物对其的降解势必然保持较高的能力。因此可以看出，生物陶粒在常温下，只需要较短的时间（10min 左右）就能对水中有机物达到较高的降解能力，对水中的氨氮在 5min 左右就得到较高的降解能力，这同 E. Namkung 认为生物氧化过程中所需时间不小于 10min 基本一致，从而进一步证实生物陶粒在处理水中有机污染物时能将实际停留时间缩短到 10min 左右。

2. 温度对生物陶粒反应器去除污染物的影响

生物陶粒反应器是利用生长在其表面上的微生物对污染物进行氧化分解，必然受到温度的影响。一般认为微生物在适当的温度范围内温度每提高 10℃，酶促反应速度将提高 1~2 倍，因而微生物的代谢速率和增长速率均可相应提高，这样对于微生物分解和氧化营养物的效率必然不同。从生物陶粒反应器的一些实际运用中，也发现这种情况，但也发现温度在一定条件下对生物陶粒去除作用影响不大。

图 7-3 和图 7-4 中进水 TOC 为 12mg/L，氨氮 1.5mg/L，pH 为 7.6。图 7-3 是生物陶粒对水中 TOC 在不同温度下的生物降解势，从图中可以看出，当水温为 30℃时，生物对

有机物的降解势(TOCDP)仅需要 2min 就达到最大,最大值为 83.1mgTOC/(h·mg 生物膜),在 12℃时接触时间为 10min 时,TOCDP 为 60mgTOC/(h·mg 生物膜),15min 后达到最大,其值为 80.1mgTOC/(h·mg 生物膜)。由此可以看出,温度越高,微生物降解有机物的活力也越高,但当水中有机物含量较低时,达到一定的时间后(10min),温度的影响并不十分明显,这是因为生物陶粒表面上有较强的降解有机物的生物体,这些生物体能在短时间内将水中可生物降解的有机物吸附、氧化和分解。

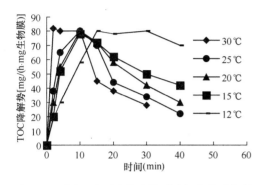 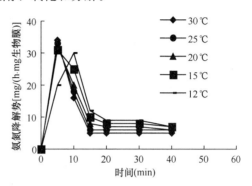

图 7-3 不同温度下生物陶粒对有机物的降解势 图 7-4 不同温度时生物陶粒对氨氮的降解势

图 7-4 为生物陶粒对水中氨氮的生物降解势,从图中可以看出,消化细菌对水中氨氮具有较强的生物降解能力,在接触时间达 5min 左右时,对氨氮的生物降解势就达到最大,且受温度影响不大,这是因为:

(1) 硝化细菌自身氧化率较小,利用较低的能量就能进行生长和繁殖,它们能在较广的温度范围内生存,对温度的适应性较强;

(2) 硝化细菌在一定温度范围内其饱和常数(K_s)随温度的降低而下降,而最大基质利用速率同样也下降,从莫诺特方程 $\mu = \mu_{max} S/(K_s + S)$ 可以看出,两者下降的结果仍能维持硝化细菌对基质的利用率保持在一定的水平上。

3. pH 值对生物陶粒生物降解势的影响

微生物生长最佳的 pH 值一般在 6~8 之间,pH 值超出这个范围将会对微生物的活力产生影响。图 7-5 为 pH 值对生物陶粒 TOC 降解势的影响,从图中可以看出,生物陶粒对水中有机物的降解势最高时的 pH 值在 7.0~8.5 之间,在 pH=7

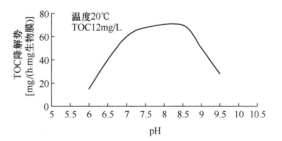

图 7-5 pH 对生物陶粒反应器 TOC 降解势的影响

以下和 8.5 以上时影响较大,因为细胞膜内呈弱碱性,多数微生物在中性或弱碱性的条件下生长良好。虽然微生物能通过降解水中的污染物,形成的 CO_2 能与 OH^- 中和,但在饮用水处理中,有机物浓度较低,所产生的 CO_2 量较小,不具备调节水的 pH 的能力,对于碱性水质条件微生物的适应性较差。pH 值为酸性时,就会减弱细胞膜内的碱性状态,使细胞膜内外两侧的 pH 梯度减小,破坏维持细菌正常生长的能量平衡,所以生物陶粒处理 pH 值 7~8.5 之间的水源水为最佳。

4. 溶解氧（DO）对生物陶粒去除效率的影响

氧是水和有机化合物的元素成分，是细胞的组成成分，好氧微生物在代谢活动中均需要氧的参与，氧对好氧微生物有2个作用：①在呼吸中以氧作为最终电子受体；②在卤醇类和不饱和脂肪酸的生物合成中需要氧，而且微生物只能利用溶解氧。所以即使水中矿物质元素和有机营养浓度能满足微生物的需要，但如果水中氧的溶解度非常低，也会使微生物的生长受到限制，从而影响到微生物对有机污染物质的去除效果。

溶解氧对生物陶粒去除有机物和氨氮的影响 表7-6

溶解氧值	2mg/L	2～4mg/L	4～6mg/L	6mg/L
TOC 平均去除率（%）	15	26.2	31.6	32.5
氨氮平均去除率（%）	62.5	89.9	98.5	99.0

注：TOC：15mg/L左右；氨氮：0.8mg/L左右；温度18℃；停留时间：15min。

表7-6为溶解氧影响生物陶粒反应器去除水中有机物及氨氮的试验结果。可以看出：在水中溶解氧低于2mg/L时，TOC的平均去除率为15%左右，氨氮的去除率为62.5%；当溶解氧为2～4mg/L时，TOC的去除率上升到26.2%，氨氮的去除率上升到89.9%，比DO<2mg/L时TOC和氨氮去除率分别提了10个和近30个百分点；当DO为4～6mg/L时，TOC的去除率为31.6%，氨氮的去除率为98.5%；当DO维持在6mg/L以上时，TOC的去除率为32.5%，氨氮的去除率为99.0%，同DO为4～6mg/L相比，TOC的去除率和氨氮的去除率变化并不大。可见溶解氧对生物陶粒有较大的影响。当溶解氧低于2mg/L时，好氧微生物生命活动受到限制，对有机物和氨氮的氧化分解不能正常进行。一般认为，当反应器中溶解氧少于按化学等量计算出的量时，溶解氧是硝化反应的限定因素。水中的有机污染物质种类繁多，很难确切地按其化学等量来进行计算，因此一般通过试验来确定一个临界氧的浓度，以保持细胞的正常呼吸，高于这一浓度，溶解氧对微生物的呼吸将不产生影响，对于溶解氧临界浓度，不同的研究者的结果都不一样。为了保持生物陶粒对有机物和氨氮的去除效率，则应保持水中溶解氧有较高的浓度，从试验的结果看，需维持出水溶解氧在4mg/L以上，若低于此值就应考虑采用效率良好的充气方式。

5. 水力负荷对生物陶粒去除污染物的影响

表7-7中列出了低负荷和高负荷条件下生物陶粒对COD_{Mn}、氨氮、UV_{254}和浊度的平均去除效果。

水力负荷对生物陶粒处理效果的影响 表7-7

水力负荷[$m^3/(m^2 \cdot h)$]	2～4	4～7	水力负荷[$m^3/(m^2 \cdot h)$]	2～4	4～7
停留时间（min）	54～27	27～15	氨氮去除率（%）	90	90
温度（℃）	5～15	5～15	UV_{254}去除率（%）	29.7	27.9
COD_{Mn}去除率（%）	20.8	19.20	浊度去除率（%）	75.14	77.55

注：进水平均浓度：COD_{Mn}6.1mg/L，氨氮0.32mg/L；UV_{254}0.20L/cm，浊度9NTU。

从表7-7可以看出，水力负荷变化对COD_{Mn}、氨氮、UV_{254}和浊度的去除无明显影响，这是因为生物陶粒反应器在水力负荷较低时，生物降解能力主要集中在上半部分800mm

内。而下半部分的作用并不很大，当增加水力负荷后，有机负荷也增加，微生物可利用的营养物也相应增加，微生物的生长就更加旺盛，生物陶粒反应器的生物量就会增加，整个滤层的利用率得到提高，从而保证了去除率的稳定。

7.3　颗粒填料生物滤池

颗粒填料生物滤池，即在生物反应器内装填惰性颗粒填料，池底装有布水管和布气管，其结构形式类似于气水反冲洗的砂滤池，因此也称为淹没式生物滤池，是目前研究较多、应用较广的生物预处理方式。颗粒填料均选择比表面积较大的多孔材料，以有利于细菌等微生物的附着生长，形成生物膜，从而使微生物种类及食物链达到较优组合，达到对水中微污染物质较好的去除效果。国内对颗粒填料生物滤池处理微污染水源水也进行了较多的研究，并且已有处理水量高达 50 万 m^3/d 的示范工程。

饮用水的生物处理在欧洲应用较普遍，我国目前正处在推广阶段。

淹没式生物滤池中装有比表面积较大的填料，水流与填料上的生物膜不断接触，有机物被生物膜吸附利用而去除。此种池子在运行时根据水源水质状况需要可送入压缩空气，以提供整个水流系统循环的动力和提供溶解氧。该工艺的特点是管理方便，污染物去除率较高，运行费用低，运行效果稳定，受外界环境变化影响小。经其处理后出水的有机物、臭味、NH_4^+-N、细菌、浊度等，均有不同程度的降低，使后续处理的药耗和氯耗减少。

7.3.1　颗粒填料特点

生物滤池所用填料的特性是影响其处理效果的关键因素之一，因此对填料的研究和选择引起人们的极大兴趣。颗粒活性炭尽管其吸附性能较佳，但作为微生物载体时其特点与惰性材料相似而价格较贵，其应用有一定的局限性。许多天然或烧结材料如陶粒、沸石、碎石等则因其比表面积大、孔隙率高、挂膜效果好而日受青睐。对采用惰性颗粒物质作为反应器内微生物生长繁殖的载体的生物滤池研究日受重视。

1. 比表面积大

颗粒填料一般选用比表面积大、开孔孔隙率高的多孔惰性载体，这种填料有利于微生物的接种挂膜和生长繁殖，保持较多的生物量；有利于微生物代谢过程中所需氧气和营养物质以及代谢产生的废物的传质过程。清华大学在实验室对不同的惰性填料（页岩陶粒、黏土陶粒、砂子、褐煤、沸石、炉渣、麦饭石、焦炭等）进行了筛选，并与生物活性炭进行了比较（其中褐煤因其机械强度差而被淘汰），认为陶粒、砂子、大同沸石和麦饭石优于其他几种材料。表 7-8 是几种颗粒填料的物理化学特性（粒径 1.75～2.25mm）。该表表明：不同的颗粒其物理化学特性有一定的区别，有的甚至相差较大。例如比表面积，活性炭的比表面积最高，达 $960m^2/g$，远远高于其他材料，除了活性炭以外，沸石的比表面积也远远高于其他材质颗粒，达 $30.48m^2/g$，其他的颗粒物质比表面积相差无几，在 $0.29～1.27m^2/g$ 之间；总孔体积也以活性炭为最高，达 $0.9cm^3/g$，黏土陶粒达 0.184 cm^3/g，页岩陶粒达 0.103 cm^3/g，其他几种颗粒的总孔体积则相对较小；颗粒的松散容重以砂子最大，为 $1393g/L$，除砂子、麦饭石和河北沸石外，其他颗粒松散容重均小于 $1000g/L$。各种颗粒化学组成均以 Al 和 Si 为主要成分，两者之和达 $60\%～80\%$，这些颗粒的碱性成分所构成的微环境可能有利于微生物的生长。总之，颗粒的物理化学特性是不同的，填料的选择应综合各种因素，例如既考虑颗粒的比表面积，又考虑其总孔容积，同时还要考虑微孔、过渡孔和大孔各自所占比率，因细菌生长主要依赖大孔，微孔过多对细菌生长并无作用。颗粒填料的选择当然还应该本着价格低廉和易于就地取材的原则。目前应用较多的填料主要是页岩陶粒，从使用结果看比较令人满意。

几种颗粒填料的物理化学特性比较 表7-8

名 称	产 地	物 理 性 质			主要化学元素组成*					
		比表面积 (m^2/g)	总孔体积 (cm^3/g)	松散容重 (g/L)	Na	Mg	Al	Si	Fe	其他
活性炭	太原	960	0.9	345	—	—	—	—	—	—
页岩陶粒	北京	3.99	0.103	976	—	1.5	21.5	63.5	6.5	7.0
砂子	北京	0.76	0.0165	1393	2.83	0.24	16.84	50.69	—	29.4
沸石	山西	0.46	0.0269	830	4.25	11.48	18.27	40.28	10.14	15.58
炉渣	太原	0.91	0.0488	975	0.79	1.13	31.4	53.58	4.13	8.97
麦饭石	蓟县	0.88	0.0084	1375	5.23	0.46	20.32	50.38	0.84	22.86
焦炭	北京	1.27	0.0630	587	—	—	25.75	40.23	—	34.02

﹡：使用 S-450 电镜能谱测定元素组成，因此 C、H、O、N 无法测得其含量。

页岩陶粒以页岩矿土为原料，经破碎后，在 1200℃ 左右的高温下熔烧，膨胀成 5～40mm 的球状陶粒，再经破碎后筛选而成。页岩陶粒外壳呈暗红色，表皮坚硬，内部为铅灰色，多孔质轻。陶粒表面较粗糙，不规则，有很多孔径较大的孔洞，相互之间不连通，由于这种陶粒表面主要是一些开孔大于 0.5 μm 以上的孔洞，而细菌直径为 0.5～1.0 μm，这对于微生物附着生长是有利的。

试验及示范工程所用页岩陶粒粒径为 2～5mm，这种陶粒颗粒的物理特性及详细的化学组成见表 7-9 所列。陶粒的化学组成表明不含对生物有害的重金属及其他有害物质，其化学组成主要是碱性成分。由于微生物在代谢过程中往往有有机酸的生成，因此陶粒孔隙的微环境对促进微生物的生长代谢是有利的。

页岩陶粒的物理化学组成 表7-9

物理性质			化学成分（%）					
比表面积(m^2/g)	堆积容重(g/L)	总孔隙率(%)	SiO_2	AL_2O_3	FeO	CaO	MgO	烧失量
3.99	890	75.6	61～66	19～24	4～9	0.5～1.0	1.0～2.0	5.0

2. 具有过滤作用

颗粒填料生物滤池（生物陶粒滤池）在采用上向流或下向流方式运行时均有一定的过滤作用。由于反应器作为预处理单元，前面没有混凝处理，因此其过滤机理与普通快滤池有所不同，过滤作用主要基于以下几个方面的原因：①机械截留作用。生物陶粒滤池所用陶粒填料颗粒粒径大小一般为 1～5mm，填料高度为 1.5～2.0m，比普通快滤池通常所用滤料 700cm 要深得多，根据过滤原理，进水中的颗粒粒径较大的悬浮状物质被截留；②颗粒滤料上生长有大量微生物，微生物新陈代谢作用中产生的黏性物质如多糖类、酯类等起吸附架桥作用，与悬浮颗粒及胶体粒子黏结在一起，形成细小絮体，通过接触絮凝作用而被去除；③生物陶粒滤池中由于微生物作用，能使进水中胶体颗粒的ζ电位降低，使部分胶粒脱稳形成较大颗粒而被去除。因此，生物陶粒滤池通过过滤作用即能去除部分污染物，与一般的软性填料或半软性填料的生物接触氧化反应器仅依靠微生物作用去除污染物相比，更具有其优越性。

3. 易于反冲洗

颗粒填料生物滤池结构与气水联合反冲洗的快滤池相似，所用陶粒滤料机械强度较好，对运行过程中截留的各种颗粒及胶体污染物以及填料表面老化的微生物膜可采用反冲洗的方式进行去除。目前一般采用气水联合反冲的方式，所需冲洗强度不高，但可以达到较好的冲洗效果，使生物滤池保持较理想的运行效果。而一般的软性填料则存在不易冲洗的问题，从而影响其长期运行效果。

从以上分析可以看出，生物陶粒滤池由于其填料本身的特点，利于微生物的附着生长，也利于污染物的去除，同时还利于填料的冲洗，因此是一种较好的生物预处理反应器。

7.3.2 构筑物结构与充氧方式

1. 生物滤池构筑物结构

生物陶粒反应器结构形式与普通快滤池类似，如图7-6所示。生物滤池主体可分为布水系统、布气系统、承托层、生物填料层、冲洗排水槽5个部分，其过滤进出水管及反冲洗进水管设计有其独特之处，以满足生物滤池既能进行上向流又能进行下向流运行之需要。下面对这几部分分别进行说明。

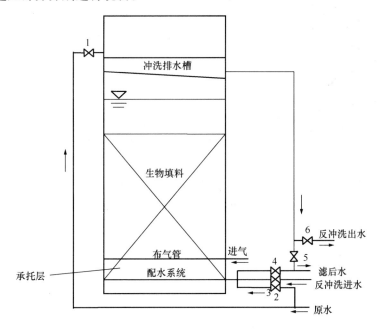

图7-6 生物滤池结构示意图

1) 布水系统

配水系统是指位于滤池底部，在滤池反冲洗时保证反冲洗水在整个滤池面积上均匀分布的设施。如果配水系统设计不合理或安装达不到要求，使反冲洗时配水不均匀，将产生下列不良后果：①整个生物滤池冲洗不均匀，部分区域冲洗强度大，部分区域冲洗强度小。生物滤池一般冲洗周期比较长，运行 7d 左右才冲洗 1 次，在运行时将截留部分悬浮的粒子，通过生物絮凝作用吸附部分胶体颗粒，同时微生物新陈代谢过程中老化的生物膜脱落后也将截留在生物填料层内。这些杂质的存在显著地增加了生物滤池的过滤阻力，使处理能力下降；同时也使水溶液主体的溶解氧和生物易降解的有机物与生物膜上微生物之间的传质效率下降，影响生物滤池对有机物的去除效率。反冲洗的目的就是将这些杂质通过反冲洗随冲洗水排掉，保证生物滤池正常稳定运行，如果反冲洗布水不均匀，使部分区域冲洗强度达不到要求，该区域的生物填料中杂质冲不干净，将影响生物滤池对污染物的去除效果。②在冲洗强度大的区域，由于水流速度过大，会冲动承托层，引起生物填料与承托层的混合，甚至引起生物填料的流失，有时也会引起布水系统和布气系统的松动，对生物滤池造成极大危害。

对配水系统详细的理论分析与设计研究可参考许保玖等著《给水处理的理论与设计》或《给水排水设计手册》。生物滤池一般采用管式大阻力配水方式，其形式如图 7-7 所示，由一根干管及若干支管组成，反冲洗水由干管均匀分布进入各支管。支管上有间距不等的布水孔，孔径及孔间距可由公式计算得出，支管开孔冲下，反冲洗水经承托层的填料进一步切割而均匀分散。管式大阻力配水系统设计参数一般可参照表 7-10 采用。

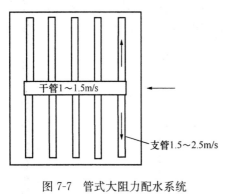

图 7-7　管式大阻力配水系统

管式大阻力配水系统设计参数	表 7-10
干管进口流速	1～1.5m/s
支管进口流速	1.5～2.5m/s
支管间距	0.2～0.3m
开孔比	0.2%～0.25%
配水孔径	9～12mm
配水孔间距	75～300mm

2）布气系统

生物滤池内设置布气系统主要有 2 个目的：一是正常运行时曝气所需，二是进行气水反冲洗布气所需。这里先着重讨论反冲洗布气系统，日常运行曝气系统将在下面充氧方式中加以详细讨论。

生物滤池采用气水联合反冲洗时气冲洗强度可取 10～14L/(m² · s)。反冲洗布气系统形式同布水系统相似，但气体比重小且具有可压缩性，因此布气管管径及开孔大小均比布水管要小，孔间距也短一些。

3）承托层

承托层主要是为了支撑生物填料，防止生物填料流失，同时还可以保持反冲洗稳定进行。承托层常用材料为卵石，或破碎的石块、重质矿石。为保证承托层的稳定，并对配水的均匀性充分起作用，要求材料具有良好的机械强度和化学稳定性，形状应尽量接近圆形。承托层接触配水及配气系统部分应选粒径较大卵石，其粒径至少应比孔径大 4 倍以上，由下而上粒径渐次减小，接触填料部分其粒径比填料大一倍，承托层高度一般为400～600mm。

4）生物填料

生物填料层高度一般为 1500～2000mm。

5）冲洗排水槽

冲洗排水槽的形式及特点与普通快滤池类似，反冲洗时填料层膨胀率可达 10％～20％，因此冲洗排水槽表面距填料表面的高度应保持在 1～1.5m。

6）管廊系统

生物滤池运行时既可以采取上向流也可以采取下向流方式，或者两种方式交替运行，以提高滤池的处理能力和对污染物的去除效率。为了达到这一目的，其管廊系统设计有其特点。如图 7-6 所示，运行过程中各阀门关启情况如下：

上向流：关阀 1、3、4、6，开阀 2、5。

下向流：关阀 2、3、5、6，开阀 1、4。

反冲洗：关阀 1、2、4、5，开阀 3、6。

通过上述阀门关启的配合，可实现不同进水方式的运行，缺点是阀门较多，增加投资和阀门安装困难性。如果设计时只考虑采用上向流或下向流中的一种形式，则阀门布置较为简单，因此管廊的布置可视具体情况而定。

2. 充氧方式

保持生物滤池中足够的溶解氧是维持生物滤池内生物膜高活性，对有机物和氨氮的高去除率的必备条件，因此选择合适的充氧方式对生物滤池的稳定运行十分重要。生物滤池一般采用鼓风曝气的形式，良好的充氧方式应有高的氧吸收率即单位时间内转移到水中的氧与供氧量之比值较高。

原水中氧的实际浓度与微生物对溶解氧的利用速率有关，水中可生化降解有机物及氨氮含量越高，微生物活性越强，微生物量越大，则溶解氧消耗速率越快，实际浓度也就越低，它与曝气器特性关系不大。氧在原水中的总转移系数与氧气泡同水体接触的面积呈正相关：接触面积越大，总转移系数值越大，因此这一项与曝气器性能有密切关系：从曝气器出来的气泡体积越小，相同体积的气体分裂而成的气泡数越多，气液接触面积越大，氧总转移系数值越大，氧传质效率越高。因此原则上应选择微孔曝气器，但微孔曝气存在阻力大、易堵塞的缺点。下面对当前应用较多的鼓泡装置作一简略介绍。

生物滤池最简单的鼓泡装置可采用穿孔管。穿孔管属大中气泡型，氧利用率低，仅为3％～4％，其优点是不易堵塞，造价低。实际应用中有采用充氧曝气同反冲洗曝气同一套布气管的形式，因为曝气一般采用气水比 0.5：1～2：1（常用 1：1），充氧曝气用量比反冲洗时气用量小很多，因此配气不易均匀。同一套布气管虽能减少投资，但运行时不能同时满足两者的需要。影响生物滤池的稳定运行，实践中发现此办法利少弊多，应该将两者分开，单独设立一套曝气用穿孔管，以保持稳定运行。

7.3.3 运行方式

1. 启动与挂膜

颗粒填料生物滤池按要求建设好构筑物和装好水、气管后，首先检查水路及气路是否畅通，布水及布气是否均匀正常，尤其是气路，检查是否能满足正常运行曝气及反冲曝气的需要，一切正常后可装填料，然后进行微生物的接种挂膜。

挂膜方法可分为2种：自然挂膜和接种挂膜。在夏天水温较高，进水水质中可生物降解成分（BDOC）较高时，可采用自然挂膜，即以小流量进水（停留时间以8 h开始），使微生物逐渐接种在颗粒填料上，附着生长，逐渐减少停留时间（即增加水力负荷），直至达到设计要求。如果水温较低或水源水中可生物降解成分（BDOC）较少，则应采用接种挂膜，以强化挂膜效果，减少挂膜时间。接种挂膜方法为：在水源水取水点附近取一定量的河流或湖泊底泥，经稀释后加入生物滤池中，同时向滤池内加入一定量的有机及无机营养物（营养物的投加按 C：N：P = 100：5：1）以保证微生物生长的需要，然后进行闷曝。闷曝期间，滤池不进水也不出水。24h后换水，然后重新投加营养物。闷曝3d后改成小流量进水（停留时间从8 h开始），使微生物逐渐适应进水水质，待出水变清澈后，逐渐减少停留时间（即增加水力负荷），直至达到设计要求为止。在挂膜期间每天对进出水的有机物浓度（一般以 COD_{Mn} 为指标）进行监测，当 COD_{Mn} 去除率达15％～20％时，可认为挂膜完成。挂膜一般需30d左右。

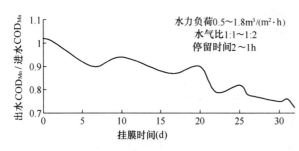

水力负荷0.5～1.8m³/(m²·h)
水气比1:1～1:2
停留时间2～1h

图7-8　生物陶粒滤池挂膜期间进出水 COD_{Mn}
监测结果（水温6～10℃）

典型的生物陶粒滤池挂膜期间进出水 COD_{Mn} 监测结果如图7-8所示。水温对生物陶粒的启动影响较大，低温条件下微生物活性受到抑制，生物膜形成较为缓慢，所以，挂膜最好在水温较高的夏季或秋季进行。有试验表明，自然挂膜形成的生物膜抗冲击负荷能力比接种挂膜要好，也有试验表明，自然挂膜有利于异养菌的接种生长，而接种挂膜则有利于硝化自养菌的接种生长。具体采用何种挂膜方式，应根据具体条件确定。

2. 正常运行方法

挂膜完成后，即进入正常运行阶段。反应器中微生物对环境因素的变化较为敏感，如果操作不当或管理不善，将影响生物滤池的运行效果。为保证生物滤池稳定运行，需对下列几个方面加以注意：

1）水流方向

生物陶粒滤池可以采用下向流或上向流两种水流方向（如图7-9所示）。试验表明：下向流与上向流生物陶粒滤池对有机物和氨氮的去除效率有差别：在运行时曝气充足条件下，上向流方式对有机物和氨氮去除效果略高于下向流方式。

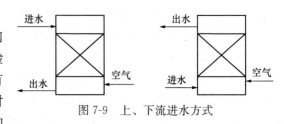

图7-9　上、下流进水方式

不同流态对滤速的影响不同：下向流由于气水逆流，阻力较大，当增大气量后，水流速度受限制，因此增大滤速有一定限度，而上向流由于气水同向流，因气流帮助疏松了陶粒填料。实际运行中,当水流流速增大到 6m/h 以后,下向流进水区水位增大到较高高度,再增加滤速则不能达到,而上向流则不受影响。但上向流进水中如带有较大脏物,则易堵塞配水系统孔洞,导致配水系统配水不均匀,会给运行管理带来严重后果。综上所述,下向流生物滤池在对有机物(COD$_{Mn}$)和色度的去除作用上与上向流基本一致,而在去除氨氮和浊度方面,则更好一些。但对滤速的增加,则上向流要优于下向流。综合评价,建议设计建造生物滤池时,对于原水浊度及悬浮物浓度高,原水水质污染较重的情况,最好采用下向流的形式。

2)曝气充氧

实际运行中,只要溶解氧不能满足要求,生物预处理对有机物和氨氮的处理效果立即受到影响。要达到较稳定的去除效果,应保持滤池出水溶解氧在 2~4mg/L。运行时应保持曝气强度的稳定和曝气时间的连续,如果经常出现曝气不足或停止曝气的情况,由于微生物长期缺氧而使其活性受到严重影响,将使整个滤池达不到应有的处理效率。

3)反冲洗强度和周期

运行时应按设计要求定期进行反冲洗。合适的反冲洗周期应根据水头损失和出水水质来选择。过滤周期过长,滤料中积留的污泥太多,水头损失大大增加,能耗增加,同时生物膜表面的老化的生物体得不到更新,出水水质变差。过滤周期太短,冲洗频繁,也会减少产水量,增加冲洗能耗,生物膜脱落加快,生物量减少,降低处理能力。因此合适的反冲洗强度和周期对生物预处理的运行效果有十分重要的意义。如果运行时水质变化很大,则应根据具体情况对过滤周期进行调整,建议一般情况下,当水头损失增至 1m 时,应立即反冲洗。

4)相对稳定的水质条件

生物陶粒滤池对冲击负荷(包括水力负荷和污染负荷)的适应性有一定的限度,当水质变化太大时,将影响其运行效果。应尽可能保证进水水质和水量的稳定。如果出现水质严重恶化时,应降低滤速,以保证污染物负荷的稳定。

总之,为了保证生物滤池能达到设计要求,以有效地去除水中有机物,氨氮及其他污染物,充分发挥生物预处理的作用,在运行管理中,应严格遵守操作规定。保持稳定的操作条件。

3. 反冲洗方式及强度的选择

生物陶粒滤池随运行时间的延长,由于滤料的机械截留和接触凝聚作用以及生物絮凝作用,使悬浮物及胶体颗粒不断地被截留在填料的空隙中间。另外生物膜不断吸收有机物质使生物体增殖,引起生物膜厚度的增加,从而导致填料空隙减小,水头损失增加。从一个运行实例来看,下向流陶粒滤池总水头损失随运行时间的变化曲线如图 7-10 所示。水头损失在运行 7d 后已达 1m 左右。因此,根据运行情况,为方便运行管理,确定一星期冲洗一次。根据小试、中试研究结果及生产性试验实际运行经验,确定采用气水反冲洗,反冲洗强度定为:气、水均 10~15L/(m² · s)。

反冲洗过程如下:

第一步:用气冲洗,使填料层松动,老化膜脱落,防止结块,时间为 3~5min。

第二步:关气,用水冲洗 5min 左右。

反冲洗周期为 7d。

反冲洗对生物滤池运行效果的影响可从反冲洗前后生物滤池内微生物耗氧速率的影响反映，图 7-11 为一生产性生物滤池反冲洗前后颗粒载体上微生物耗氧速率的变化，从图可以看出：冲洗后耗氧速率明显高于反冲洗前，反冲洗前溶解氧在 1h 内由 5.1mg/L 减至 3.2mg/L，而反冲洗后则由 4.8mg/L 降至 2mg/L。其原因在于反冲洗前，生物滤池较长时间运行，生物膜由于吸附作用，表面被悬浮颗粒或较大胶体颗粒所包裹，生物膜本身老化脱落后也黏附于表面，阻碍了营养基质和溶解氧与微生物的传递，使传质效率受到影响，进行适当反冲洗后，反冲洗水将这些悬浮粒子带出了生物滤池，使生物膜表面干净，生物膜也得到更新，填料间孔隙加大。从而使传质过程加快，生物代谢速率也加快。因此，正常的反冲洗对稳定生物陶粒去除效果是十分必要的。

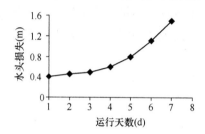

图 7-10　生物陶粒滤池总水头损失随时间变化曲线

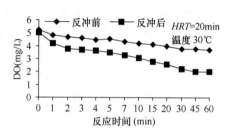

图 7-11　反冲前后生物耗氧速率变化曲线

7.3.4　运行效果分析

自 20 世纪 80 年代以来，清华大学环境工程系对颗粒填料生物接触氧化预处理进行了系统研究：1987 年在实验室对不同的惰性载体（陶粒、砂子、褐煤、沸石、炉渣、麦饭石、焦炭）进行了筛选，认为陶粒、砂子、沸石和麦饭石优于其他几种材料，并在国内率先采用颗粒填料生物接触氧化法对污水进行深度处理（太原化工集团），取得良好效果，然后应用于饮用水的预处理。采用生物陶粒接触氧化法先后在北京水源六厂（通惠河水）、北京团城湖水（为北京田村山水厂水源）、北京城子水厂（官厅水库水）、邯郸自来水公司（滏阳河水）、大同册田水库（大同矿务局自来水厂水源）、蚌埠自来水公司（淮河水源水）、绍兴自来水公司（青甸湖水）、深圳莲塘水厂（深圳水库水）、平顶山电厂进行了给水生物预处理研究，试验结果见表 7-11。试验水源水具有较广泛的代表性：从地域概念上讲既有北方地区的大同册田水库水，北京的团城湖水、官厅水库水、通惠河水，邯郸釜阳河水，又有南北交界的淮河水，还有南方地区的绍兴的青甸湖水、深圳水库水，从原水水质上看既有原水水质相对较好的团城湖水，也有原水水质较差的淮河水、通惠河水，还有富含藻类物质的绍兴青甸湖水。表 7-11 主要列举了各地试验中对有机物和氨氮的去除效果比较，详细的研究内容可参考有关文献。表 7-11 表明，各地试验对有机物的去除效率有一定的差别，COD_{Cr} 去除率最高可达 60%，最低只有 20%，COD_{Mn} 的去除率最高可达 45%，最低只有 2.52%（其中也有未曝气因素在内）；对氨氮的去除效果虽然也有差别，但除极个别试验结果外，大部分可达 80%～90%，表明生物陶粒预处理单元对水源水中氨氮的良好去除效果，因水中氨氮含量高将导致加氯量的上升，消毒副产物的增多，因此生物预处理对氨氮的去除有重要的现实意义。

陶粒颗粒填料生物接触氧化预处理研究现状　　　　表 7-11

试验地点	规模	接触时间	进水水质（mg/L）	去除率（％）
北京水源六厂	中试	30min	COD_{Cr} 15～50 氨氮 1.2～7.01	夏 50～60 冬 30～35 ＞90
北京团城湖	中试	60min	COD_{Cr} 8～30 氨氮 2	45～51 ≈100
北京城子水厂	中试	15min	COD_{Mn} 4～7 氨氮 0～1.4	20 ＞90
邯郸滏阳河水厂	中试	10～15min	COD_{Mn} 7～12 氨氮 1.22～2.02	18～40 ＞90
蚌埠二水厂	生产试验	20～33 min	COD_{Mn} 2.1～10.33 TOC 4.2～12.7 氨氮 0～18	2.52～35.8（18.04） 18.5～35.6（29.5） 70～90
大同册田水库	中试	20min	COD_{Mn} 3～8 氨氮 0.1～1.6	11.4～20 50～90
绍兴自来水厂	小试	25min	COD_{Mn} 3.64～6.80 氨氮 015～0.55	15.9～38.8（25） 66.7～99.9（84.7）
平顶山电厂	小试	14～21 min	COD_{Mn} 7.2～13.5 氨氮 13.4～27.5 0.5～2	16～45（36） 12 60～80
深圳莲塘水厂	小试	30 min	COD_{Mn} 2.3～4.5 氨氮 0.4～1.7	13～31.1（21.4） 94

注：括号内为平均值。

　　下面就试验中对有机物去除效率不一致的原因进行简略分析。首先分析原水水质的因素。众所周知，由于水源水中有机物的来源和成分的千差万别，要准确地分析测定水中有机物的各种组分是十分困难的，至少就目前的分析测试技术来看是不可能的。因此目前水处理中均以替代参数来表征水中有机物的总体含量，如 COD_{Cr}、COD_{Mn}、TOC、BOD_5、DOC 等等。这些参数的测定方法和表示的含义均是不同的，如 COD_{Cr} 包括了水中大部分有机物，而 COD_{Mn} 则只包括那些相对容易被氧化的有机物，因此不同的有机物替代参数之间其可比性往往十分有限。即使同一种有机物替代参数由于水中有机物成分的不同其可比性也不强。对于生物预处理而言其作用机理主要是利用微生物对水中可生物氧化的有机物进行氧化分解，因此水中有机物中可生化成分的多少便直接影响生物滤池的处理效率。许多研究证明就有机物的分子量而言，只有低分子量的有机物特别是分子量低于 500 的有机物才能被细菌氧化分解，因此水中有机物分子量分布特性便成为判别水中有机物可生物降解难易的重要判据。根据饮用水源水中有机物含量较低的特性，目前又发展了一种新的可生化有机物含量测定方法即 BDOC（可生化降解溶解性有机碳），BDOC 含量的高低反映了水中有机物可生化降解量的多少。对于不同的水质，即使 COD_{Cr}、COD_{Mn} 或者 TOC

相近，其 BDOC 值也可有较大差别，从而使生物处理对有机物的去除效果表现不同。研究表明：淮河蚌埠水源水中有机物分子量小于 500 部分只占总有机物（TOC）的 18.3%，而北京怀柔水库水和密云水库水相应为 51.24% 和 34.84%。因此淮河蚌埠生物预处理示范工程对有机物去除效率偏低便可以理解了，而且研究表明即使在 TOC 去除率只有 18.46% 时，BDOC 的去除率已达 73.91%，处理后出水中有机物中 BDOC 只占 TOC 的 11.5%，因此也证明生物预处理对水中可生化降解有机物的良好去除效果。除了原水水质的因素外，不同试验中操作条件的差异如水温、曝气量等因素对生物处理去除有机物的效率也有影响，可参考有关章节，这里不再讨论。

7.3.5 影响生物陶粒滤池运行效果的几个因素

生物陶粒滤池预处理技术是依靠在载体上固定生长的大量微生物体对有机物的分解和对氨氮的硝化从而去除水中污染物，因此，凡影响微生物生长代谢活性的因素都会影响生物陶粒滤池的运行效果，例如：温度、pH 值、溶解氧、辐射、营养物质及一些有毒的化学物质，但对于微污染的饮用水水源来说，主要有温度、溶解氧、污染物冲击负荷、水力停留时间等影响生物陶粒滤池的运行效果。

1. 温度对生物陶粒滤池运行效果的影响

任何微生物只能在一定的温度范围内生存，在适宜的温度范围内微生物能大量生长繁殖，根据微生物对温度的不同反应可分为 3 类（表 7-12），以细菌为例，在适宜的温度范围内温度每提高 10℃，酶促反应速度将提高 1～2 倍，因而微生物代谢速率可相应提高。

细菌适宜生长的温度范围　　　　　　　　　　　　　　　　　　表 7-12

	最低温度（℃）	最适温度（℃）	最高温度（℃）
嗜冷性细菌	−5～0	5～10	20～30
中温性细菌	5～10	25～40	45～50
高温性细菌	30	50～60	70～80

在生物陶粒反应器中，温度对有机物的去除效果有一定影响，夏天去除效率比冬天高 10%～20%，但对氨氮去除效果影响不大，氨氮去除效率能维持在 90% 以上。对饮用水低温微生物预处理机理进行研究表明，在陶粒生物膜中分离到 6 个优势菌属，其中假单胞菌属（Pseudomonas）占绝对优势，假单胞菌属中有几种适合在 4℃ 以下生存的菌种，这可能是反应器在低温条件下有效去除微量有机物的主要细菌，也是生物陶粒反应器在低温（3～5℃）条件下仍然保持一定去除效率的原因。并且认为低温条件生存的细菌主要不是嗜冷菌而是中温菌，在生产性试验中，温度对有机物及氨氮去除率的影响结果如下：

1) 对有机物（COD_{Mn}）去除效果的影响。

温度对生物陶粒滤池去除有机物的影响如图 7-12 所示（图上数据均为月平均值），图上清楚表明在 3～10 月水温较高（>10℃）时间段内对 COD_{Mn} 的去除率明显高于水温较低（<10℃）的 11～2 月份，去除率相差可达 5%～10%。因此运行时应注意这一问题，在水温较低时强化后续工艺的运行管理，保证出水水质。

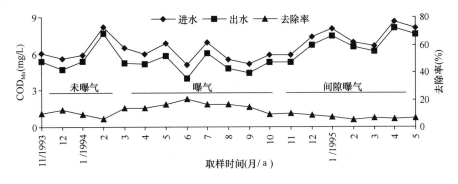

图 7-12　温度对有机物（COD_{Mn}）去除效果的影响

2）对氨氮去除效果的影响

温度对生物滤池预处理单元去除氨氮的影响如图 7-13 所示，图中 1994 年 3 月至 1994 年 10 月为生物滤池曝气正常情况，其余时间为未曝气运行，因进水氨氮浓度高，曝气量不能满足氧化氨氮所需，影响了氨氮去除效果。在正常运行时生物滤池对氨氮有较好去除率，温度对氨氮去除效果有一定影响，但影响程度不大，分析其原因，有下面几个方面：①化能自养硝化细菌中，亚硝化杆菌（Nitrosomonas）和亚硝化球菌（Nitrosococcus）均适合在 2～40℃ 范围内生长，硝化杆菌（Nitrobacter）也适合在 5～40℃ 范围内生长，因此对温度有一定适应性，而在低温条件下（<5℃）生物陶粒滤池中分离出来的优势菌种中，假单胞菌（Pseudomonas）占绝对优势，其中 29 种有详细描述的假单胞细菌中，发现有 5 种可以在 4℃ 或 4℃ 以下生长，也能在营养基质贫乏的环境中生长繁殖。因此保证了低温条件下微生物对氨氮的去除效果。②由莫诺德公式可见，在温度下降时，尽管硝化细菌对氨氮的最大基质降解速率随温度下降而减小，即公式中 μ_{max} 减小，但其饱和系数 K_s 也随温度下降而下降。因此，硝化细菌对氨氮的亲和能力得到了加强，硝化细菌对基质利用速率 μ 能保持一定水平。同时，硝化细菌的自身氧化分解速率随温度降低而变小，表明能在较低水温条件下利用较小的能量进行生长和繁殖。③根据 MeCarty 等人研究，要维持生物膜法的稳态运行，则必须保持出水中的有机物有一个最小浓度 S_{min}，根据计算，反应器在不同温度下可以达到的出水的 NH_4^+-N 最低浓度见表 7-13 所列。

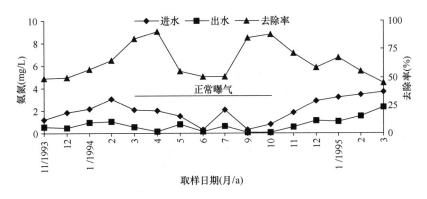

图 7-13　温度对生物滤池去除氨氮的影响

稳态生物膜不同温度下出水氨氮浓度　　　　　　　　表 **7-13**

温　　度	5℃	10℃	15℃	20℃	25℃
出水最低氨氮浓度(mg/L)	0.029	0.053	0.096	0.17	0.30

由上列数据可以看出，在温度最低时，出水 NH_4^+-N 最低浓度也较低，而在温度上升后，出水 NH_4^+-N 最低浓度也随之上升。因此，在低温条件下，反应器也能达到较高的去除率。图 7-13 中 1994 年 5～7 月尽管水温较高，但进水氨氮浓度较低，而出水氨氮浓度随温度升高而升高，因此去除率反而下降，正是基于这一原理。

2. 溶解氧浓度的影响

微生物对有机物的分解和使 NH_4^+-N 转化为 NO_3^--N 的过程中均需要氧的参与，氧对好氧微生物有 2 个作用：①在呼吸中氧作为最终电子受体；②在甾醇类和不饱和脂肪酸的生物合成中需要氧，并且只有溶于水的氧（溶解氧）才能被利用。氧在水中的溶解度本身不太高，当水温高时，水中溶解氧更少，水体受污染后，由于微生物的活动，也会减少水中溶解氧。为了保持微生物对有机物和 NH_4^+-N 的良好去除效果，就必须向生物陶粒反应器中供应充足的氧气。一般认为，当水溶解氧(DO)大于 2.0mg/L 时，反应器对有机物和 NH_4^+-N 的去除率基本保持不变，而低于此值时，去除率则有所下降。在生产试验中。溶解氧对生物陶粒去除效果的影响如下。

1）对 COD_{Mn} 去除效果的影响

溶解氧对生物预处理去除 COD_{Mn} 的影响见图 7-12，在生产性规模试验中，由于条件限制，不能达到稳定其他操作条件、只改变溶解氧水平的要求，因此，溶解氧的影响是在其他因素也在变动（原水水质及水温等）的条件下获得的。图中表明充足曝气可以提高生物预处理去除有机物（COD_{Mn}）的效率，因此为了保持对有机物有较高的去除效率，则应保证正常曝气，一般应保持出水溶解氧有较高浓度，但由此也会引起运行费用上升及管道腐蚀等问题，应综合分析。建议采用气水比 1：1，即可保持出水溶解氧在 2～4mg/L。

2）对 NH_4^+-N 去除效果的影响

溶解氧对 NH_4^+-N 去除效果的影响见图 7-14。在出水溶解氧低于 2mg/L，而进水 NH_4^+-N 浓度又较高时，NH_4^+-N 去除效率仅为 50%～70% 左右，平均约为 60%。当出水溶解氧上升到 2～4mg/L 后，NH_4^+-N 去除效率相应上升到 70%～85%，当出水溶解氧 >4mg/L 后，NH_4^+-N 去除率维持 90% 以上，平均为 93.5%，可见 NH_4^+-N 的去除与溶解氧密切相关。

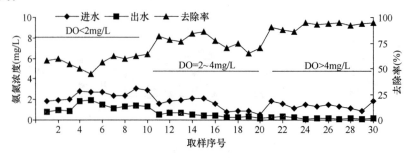

图 7-14　溶解氧对生物滤池去除氨氮的影响

硝化细菌对 NH_4^+ 的硝化作用与耗氧的关系可由下式说明：

$$2NH_4^+ + 3O_2 \longrightarrow 2NO_2^- + 2H_2O + 4H^+ \tag{7-1}$$

$$2NO_2^- + 3O_2 \longrightarrow 3NO_3^- \tag{7-2}$$

通过上列两化学当量计算可以得出，反应式（7-1）中每毫克氨（以 N 计）被氧化需溶解氧 3.34mg，反应式（7-2）中氧化每毫克亚硝酸盐（以 N 计）需 1.14mg/L 溶解氧，也就是说氧化 NH_4^+-N 成 NO_3^-，每毫克 NH_4^+-N（以 N 计）共需约 4.5mg/L 溶解氧。因此，根据原水中 NH_4^+-N 浓度的不同，可以计算出达到一定去除率所需最低溶解氧的量，一般认为，当反应器中溶解氧少于按化学当量计算出的量时，溶解氧是硝化反应的限定因素。但是，由于传质过程的限制，由氧在生物膜中的转移公式 $R_{O_2} = K_L (C_s - C)$（式中：R_{O_2} 为氧在生物膜中转移速率，K_L 为转移系数，C_s 为生物膜外水体中溶解氧实际浓度，C 为生物膜内溶解氧浓度），知溶解于水中 O_2 越多，传质速度越快，如果水中主体溶解氧浓度（DO）仅满足化学当量所需时，微生物对氧的利用将受到限制，主体浓度愈高，传质愈快，微生物对氧的利用率越高。因此，要保持反应器对氨氮的较高去除效率，则需维持出水溶解氧不低于 2~4mg/L。

3. 污染物浓度冲击负荷的影响

在进行生产规模生物陶粒滤池预处理研究的同时，在试验现场另设了一套小试装置，以便进行更深入的研究，小试采用 $\phi 238$ 无机玻璃反应柱，内装滤池内已培养好的生物陶粒，陶粒高 2m，为了研究氨氮浓度的变化对氨氮去除效果的影响，采用在原水中加入 NH_4HCO_3 以配制不同进水氨氮浓度的方法。同时测试进出水氨氮的变化（每换一浓度稳定 1d）。试验期间，滤速保持 4m/h（即 HRT 为 30min），出水 DO>4mg/L，温度为 15~20℃，试验结果如图 7-15 所示，在进水氨氮由 2.5mg/L 逐渐上升到 14.6mg/L 过程中，出水氨氮浓度基本保持低于 0.6mg/L 的水平，去除率稳定在 80% 以上，绝大多数稳定在 90% 以上，可见在足够溶解氧的情况下，生物陶粒预处理对氨氮的冲击负荷有良好的适应能力。

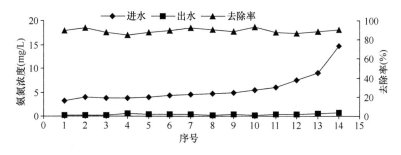

图 7-15 进水氨氮冲击负荷对氨氮去除率的影响

4. 水力负荷变化对生物陶粒滤池处理效果的影响

水力负荷的大小直接影响着工程基建投资，水力负荷越小，工程设施越大，投资费用也越大。若生物陶粒池的水力负荷能提高到目前的砂滤、活性炭池的滤速，推广运用就更有实际意义。在水力负荷较小时，生物陶粒滤池对水中污染物的去除基本集中在进水端，出水端部分的去除能力并未充分发挥出来，因此加大水力负荷，有利于充分利用生物陶粒滤池的去除能力。下面介绍中试研究中水力负荷的变化对生物陶粒滤池处理效果的影响。

1）水力负荷对生物陶粒滤池去除污染物的影响

表 7-14 中列出了低负荷和高负荷条件下生物陶粒滤池对 COD_{Mn}、NH_4^+-N、UV_{254} 和浊度的平均去除效果。

水力负荷对生物陶粒滤池处理效果的影响　　　　　　　　　　表 7-14

水力负荷[$m^3/(m^2 \cdot h)$]	2～4	4～7
停留时间(min)	54～27	27～15
温度(℃)	5～15	5～15
COD_{Mn}去除率(%)	20.8	19.20
NH_4^+-N去除率(%)	90	90
UV_{254}去除率(%)	29.7	27.9
浊度去除率(%)	75.14	77.55

注：进水水质：COD_{Mn}6.1mg/L，NH_4^+-N0.32mg/L，UV_{254}0.201/cm，浊度9.0NTU。

从表 7-14 可以看出，水力负荷变化对 COD_{Mn}、NH_4^+-N、UV_{254} 和浊度的去除无明显影响，这是因为生物陶粒滤池在水力负荷较低时，生物降解能力主要集中在上半部分 800mm 内。而下半部分的作用并不很大，当增加水力负荷后，有机负荷也增加，微生物可利用的营养物质也相应增加，微生物的生长就更加旺盛，生物陶粒滤池的生物量就会增加，整个滤层的利用率得到提高，从而保证了去除率的稳定。

2）水力负荷对生物陶粒滤池沿程去除污染物的影响

图 7-16～图 7-19 分别列出了生物滤池在水力负荷分别为 $4m^3/(m^2 \cdot h)$ 和 $7m^3/(m^2 \cdot h)$，水温为 14℃ 左右时沿程去有机物 COD_{Mn}、NH_4^+-N，UV_{254} 和浊度的变化曲线。

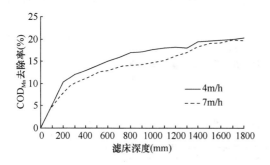

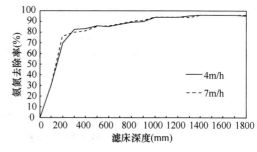

图 7-16　生物陶粒滤池沿床层　　　　　图 7-17　生物陶粒滤池沿床层对氨氮的去除

由图 7-16 可以看出，当水力负荷为 $4m^3/(m^2 \cdot h)$ 时，在床层深度 $H/2$ 时，上半部分对有机物的去除率达到 17.2%（占总去除率的 85%），下半部分对有机物的去除率为 3% 左右（占总去除率的 15%）。当水力负荷为 $7m^3/(m^2 \cdot h)$ 时，生物陶粒滤池对有机物的去除沿床层的分布有所变化，上半部分对有机物的去除率下降到 14.4%（占总去除率的 75%），下半部分则上升到 4.8%（占总去除率的 25%）。由此可知，水力负荷对生物陶粒滤池沿程去除率的分布有一定影响，但对总的去除率影响不大，这是因为在低水力负荷条件下，水中可被微生物利用的有机物沿水流方向不断被微生物分解、吸收和利用，到达下半部分后，由于水中营养物质大部分在上半部分被分解氧化，水中营养不足，满足不了微生物对营养的要求，从而不能形成对有机物有较强降解能力的菌胶团；当水力负荷提高后，在单位时间内进入生物陶粒滤池内的有机物量增加，停留时间缩短，水中更多的营养物质就能到达下半部分，使下半部分的微生物能在一定程度上增值，这样生物陶粒滤池内的生物量增加，利用率提高，因此尽管水力负荷增加，停留时间缩短，但去除效果并没有受到很大影响。

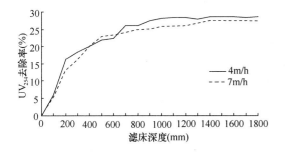

图 7-18   生物陶粒滤池沿床层对 UV_{254} 的去除

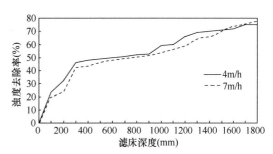

图 7-19   生物陶粒滤池沿床层对浊度的去除

从图 7-17 可以看出水力负荷对 NH_4^+-N 的去除率没有什么影响，沿程分布也没有多大变化，这是因为硝化细菌有较强的硝化能力，世代时间长，一旦形成稳定的硝化状态后，进入生物陶粒滤池的 NH_4^+-N 在短时间内能被硝化细菌吸附、分解和氧化，因此生物陶粒滤池仅以去除水中 NH_4^+-N 为主要目标时，水力负荷还可以进一步增大或使反应器高度进一步降低。

从图 7-18 可看出水力负荷对 UV_{254} 的沿程去除影响不大，其原因可能是吸收 UV_{254} 的有机物主要是含芳香环的有机物，这部分有机物大部分属于难生物降解的物质，主要靠被生物膜吸附而去除。吸附的过程在有机物进入生物滤池后很快被完成，所以在一定范围内，增加水力负荷并不影响生物接触氧化对 UV_{254} 的去除。

生物陶粒滤池沿程对浊度的去除规律受水力负荷的影响见图 7-19，在低水力负荷条件下，上半部分对浊度的去除率为 52.6%（占总去除率的 70%），下半部分去除率为 22.5%（占总去除率的 30%）；在高水力负荷条件下，上半部分对浊度的去除为 51.0%（占总去除率的 66%），下半部分对浊度的去除率为 26.4%（占总去除率的 34%），可见水力负荷较高时，生物陶粒滤池下半部分的截污能力有所提高，这是因为：①水力负荷的提高使进入反应器的有机物量增加，下半部分陶粒表面微生物增殖，微生物的吸附能力增强；②水力负荷的增加，加大了对陶粒表面的冲刷能力，导致生物膜的脱落量增大，这些脱落的生物膜和水中胶体等形成生物絮体在下半部分被截留，因此水力负荷的高低在一定范围内对浊度去除影响不大。

从对表 7-14 和图 7-16～图 7-19 的分析讨论可以得出：在高水力负荷条件下，生物陶粒滤池对水中污染物质的去除能保持理想状态，这对生物接触氧化应用于工程实际有较大意义，根据研究结果，在工程实际中可考虑采用水力负荷为 4～6m³/(m²·h)、空床停留时间为 30～20min 作为生物陶粒滤池的设计参数和运行参数。

7.3.6　生物预处理对后续处理工艺的影响

1. 对混凝沉淀中胶粒 ζ 电位的影响

一般水中黏土、高岭土颗粒带负电，有机物胶体也带负电。在通常情况下，胶体是比较稳定的体系，其稳定性可由双电层结构来说明，因双电层理论是苏联学者 Deryagin 和 Landau 于 1941 年，荷兰学者 Verwey 和 Overbeek 于 1948 年分别独立地提出来的。所以又称 DLVO 理论。这一理论认为带电胶粒之间存在着两种相互作用为：双电层重叠时的静电斥力和粒子间的长程范德华吸力，它们相互作用决定了胶体的稳定性，当吸引力占优势时，胶体发生聚沉，而当排斥力占优势，并大到足以阻碍胶粒由于布朗运动而发生碰撞聚沉时，则胶体处于稳定状态。一般把胶体的双电层分成表面层，stern 层和扩散层 3 个部分。当胶体颗粒和它的扩散层所带的一部分反离子与扩散层的反离子剩余部分间出现相对运动时，两者之间存在的电位称为 ζ 电位，或称动电位。

ζ 电位是胶体稳定性理论中十分重要的一个概念，其值可通过微电泳仪表来测量。一般认为 ζ 电位值与憎水胶体稳定性有较好的相关性。一种胶体的胶粒带电越多，其 ζ 电位就越大，胶体就越稳定，在胶体系统中加入电解质，可以降低 ζ 电位，使胶体脱稳而发生凝聚，这就是混凝过程的理论基础之一。据 Black 等人进行的一系列实验，研究表明胶体的 ζ 电位与混凝效果有密切的关系：对于特定原水，存在一个最佳混凝剂投加剂量，此时可以获得最佳的混凝效果，处理之后水的残余浊度也最低，与此同时，胶体颗粒的 ζ 电位也达到较低的水平。由于 ζ 电位能最直观地表征胶体表面带电性质，并与胶体稳定性有较好相关性，而且易于测定，因此国外在 20 世纪 60 年代开始把 ζ 电位法用于水厂控制投药量，目前使用较多是美国和法国研制的流动电流连续控制器（SCD），可用于对水厂混凝投药量进行自动控制。

ζ 电位的测定是通过胶粒在电场中运动的速度来计算出来的。胶粒在电场中的运动速度与电场强度的关系如下式所示：$V_s = \mu_e E$，其中 V_s 为运动速度，E 为电场强度，μ_e 则被定义为淌度，或称为电泳迁移率。ζ 电位的计算一般使用 Smoluchowski 方程，即 $\mu_e = \varepsilon \zeta / \eta$（$\zeta$ 为 ζ 电位，ε 为介电常数，η 为胶体黏度）。对于亲水胶体，其稳定性是由双电层的相互作用和溶剂化作用两者综合作用的结果，而且溶剂化作用更重要一些。只有当这 2 个稳定的因素被削弱到一定程度的时候，才会发生脱稳而沉淀。

当水体受到有机污染时，由于水体中有机物的增多，无机胶体颗粒表面对有机物吸附作用，无机胶体颗粒吸附有机物后，其带电特性将发生变化。ζ 电位与纯无机颗粒条件下

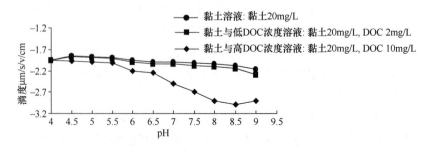

图 7-20　有机物对黏土胶粒电泳淌度的影响

不同，Edzwald 研究发现水中 DOC（溶解性有机碳）浓度的不同对胶体电泳淌度有较大影响（因淌度与 ζ 电位的关系可由 Smoluchowski 公式给出，因此也即对 ζ 电位有较大影响），如图 7-20 所示（Edzwald 试验中用富里酸配制 DOC 浓度），结果表明：纯黏土颗粒胶体（黏土浓度为 20mg/L）同黏土为主低 DOC 浓度的水溶液（黏土 20mg/L，DOC 2mg/L）中胶粒的电泳淌度随 pH 值的变化有相似的规律，在 pH 由 4 增加到 9 的过程中电泳淌度的绝对值略有增加，但较缓慢，而高 DOC 浓度的水溶液中胶粒电泳淌度的变化规律则与之不同：在 pH 由 4 增加到 9 时电泳淌度绝对值有较大增加，即 ζ 电位有较大增加，因此胶体稳定性大大提高了。Edzwald 同时指出：在水体中有机物含量较高时是有机物而不是浊度决定了混凝所需混凝剂量。

清华大学进行的试验也验证了上述观点，如图 7-21 所示，对纯高岭土配水和某受有机物污染河水的烧杯混凝试验。结果表明，高岭土配水中胶粒（纯无机胶粒）ζ 电位绝对值随混凝剂投加量的增加而显著降低，投加量为 30mg/L 即可使胶粒 ζ 电位接近 0，继续增加混凝剂投加量 ζ 电位由负值变为正值，符合胶体稳定性理论中胶粒电位逆转的情况。此时胶体又重新稳定，这种情况通常发生在水溶液中存在与胶体发生特性吸附作用的离子浓度特别高时。而受有机物污染的河水中胶粒的 ζ 电位随混凝剂投加量的变化则不同，需较大的混凝剂量（130mg/L）才能使胶粒的 ζ 电位的绝对值降低到接近 0，继续增加投药量时胶粒 ζ 值重新增加，但仍带负电，投药量增加到 150mg/L 后再继续增加投药量时胶粒 ζ 电位重新下降，接近电中和。

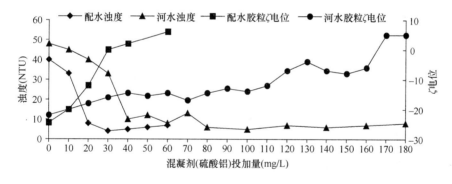

图 7-21　混凝效果比较

试验结果还表明：浊度的变化与 ζ 电位的变化有类似的规律：在原水浊度接近条件下，经混凝沉淀后达到较低的浊度（约为 5NTU 左右）时受有机污染河水混凝剂需要量比纯高岭土配水大为增加（分别为 80mg/L 和 30mg/L）。因此有机物对水体中无机胶粒的 ζ 电位和混凝沉淀效果有较大影响：有机物被无机胶粒吸附后增加了胶粒带电量和稳定性，使胶体更难于脱稳凝聚。

水溶液中有机物与无机颗粒之间的相互作用和影响是十分复杂的，因为水中有机物种类繁多，成分复杂，分子结构和大小也千差万别，而无机颗粒的特性也有所差别，同时水溶液 pH 值大小、离子强度等均会影响它们之间的作用特点。但单就溶解性有机物对无机胶粒带电特性及混凝投药量的影响来分析，其主要原因可能是如下几条：

（1）无机胶粒具有较大的比表面积，对水中溶解性有机物有一定的吸附作用。Karickhoff 认为：对憎水性有机污染物，天然水体中颗粒对其吸附主要是由有机物的憎水特性决定的，并与有机物对水的亲和力及固相吸附剂中碳的含量有关；颗粒对亲水有机物的吸附，有机物的非憎水部位对吸附的贡献很重要，无机表面如黏土、金属氧化物可能是重要的吸附剂，而且吸附过程在动力学上是很快的。被吸附的有机物一般含有多种可电离的基团（如-COOH、-OH、-NH$_2$等），这些基团的电离使得胶粒周围的电荷增加，双电层变厚，胶粒间距增大，长程范德华力减小，使胶粒更趋于稳定；

（2）有机物吸附于水和胶粒的界面上，降低了界面自由能，减弱了凝聚的热力学过程；

（3）离子交换能力的增强。据文献报道：无机黏土颗粒在水中，其离子交换能力为 0.1～1μeq/mg 黏土，而富里酸由于其羧基和芳环的特点，交换能力可达 10～15μeq/mg-DOC。若黏土离子交换能力以 0.5μeq/mg 计，当水中黏土浓度为 10mg/L 时，则有 5μeq/L 的负离子需混凝剂来中和，而在中性 pH 条件下，富里酸离子交换能力以 10μeq/mg-DOC 计，当水中含 3mg/L DOC 时，则有 30μeq/L 的负电荷需混凝剂中和，是黏土颗粒的 6 倍，大大增加了混凝剂的需要量。

生物预处理通过微生物新陈代谢作用对有机物有一定的去除和降解作用，对水中胶粒的带电特性也有影响。表 7-15 表明了生产规模生物预处理单元进出水中胶粒 ζ 电位变化实测值。生物滤池进出水胶粒 ζ 电位值下降了 14.4%～37.17%，研究还发现生物滤池中胶粒 ζ 电位的变化主要集中在填料上部 50cm 以内，但整个填料层深度均有变化，这与反应器内微生物分布特点有相似规律，可以认为对胶粒 ζ 电位的影响主要是微生物作用引起的。

生物滤池进出水胶粒 ζ 电位值比较 表 7-15

项　　目	ζ电位值（mV）			
原水	−14.39	−21.7	−15.87	−17.53
出水	−9.28	−17.71	−9.97	−13.36
变化率（%）	35.5	14.4	37.7	23.78

生物预处理引起受有机污染原水胶粒 ζ 电位变化的原因可能主要有下列几个方面：

（1）生物预处理单元中微生物对原水有机物的降解作用。生物预处理单元中，陶粒载体上附着生长了大量异养菌及自养硝化菌，这些异养菌以有机物为营养基质，进行新陈代谢活动。微生物对有机物的降解有两种情况：①有机物被微生物完全利用合成微生物体或氧化分解成二氧化碳，例如分解纤维素的好气微生物水解纤维素产生的葡萄糖一部分用于合成细胞物质，另一部分被氧化，其最终产物即为二氧化碳。这样水中有机物的总量就得到减少。②分子量较大的有机物，这类有机物经过微生物分解成分子量较小的有机物，有机物总量以 TOC 或 DOC 衡量可能没有变化，但其性质已发生了改变，例如苯酚被降解过程中首先被氧化成邻—苯二酚，然后氧化成己二烯二酸，最后变成琥珀酸和乙酸。在此过程中，含碳量未变化，但有机物性质则变化较大。由于无机胶体颗粒有较大的比表面积，吸附能力较强，因此在胶粒表面会吸附大量的有机物分子，这些有机物分子由于其官能团在水溶液中的离解而带电，使胶粒表面所带电荷增加，双电层加厚，被吸附的有机物量与溶解在水中的有机物量将达到动态平衡，当微生物对水中溶解性有机物分解以后，溶解性有机物量减少了，平衡条件受到破坏，因此被吸附的有机物将解吸，重新进入水溶液中，使胶粒上吸附的有机物量减少，带电量也减少，双电层厚度减薄，从而使胶粒 ζ 电位变低。

亲水有机物中的一部分，如蛋白质、一部分碳氢化合物和富里酸等，能与水分子形成水化膜，这类胶体的稳定性是由水化膜和双电层共同作用的结果，要破坏其双电层，就要先破坏其水化膜。对于这类亲水胶体，加入少量电解质没有凝聚作用，而好气细菌，如枯草芽孢杆菌，则能对蛋白质进行分解，使蛋白质在各种微生物酶作用下分解成氨基酸，氨基酸在酶作用下脱氨基，得到羧酸，羧酸再被分解。这样这类亲水胶体被破坏，从而也使胶粒总体 ζ 电位降低（因 ζ 电位仪分析结果为胶体所带 ζ 电位的平均值，以 250nm 粒径计算出 ζ 电位）。

（2）微生物微絮凝作用。由于微生物在新陈代谢过程中产生的一些黏性分泌物，使水中一些悬浮物和胶体颗粒黏结在一起，起吸附架桥作用，形成细小絮体，被生物滤池载体所截留，从而使部分胶体脱稳，出水所测胶粒平均 ζ 电位降低。

（3）生物预处理对原水 pH 的影响。前已述及 pH 值对含有机物水体中胶粒的 ζ 电位有较大的影响。研究表明：在 pH7.0 附近，ζ 电位随 pH 值增加而略有增加。而原水经过生物预处理后由于微生物对许多有机物分解的中间产物或最终产物为有机酸，如苯酚等芳香族化合物在分枝杆菌和假单胞菌属中一些细菌作用下产生的己二烯二酸、β-酮基己二酸、琥珀酸、乙酸，NH_4^+-N 被硝化细菌氧化成 NO_3^--N 过程中也产酸，从而使出水 pH 值比原水 pH 值略有下降，因此使胶粒 ζ 电位值降低。

2. 对后续常规处理药耗和氯耗的影响

1）对药耗的影响

水中有机物的存在将增加胶粒 ζ 电位值，使胶体更趋于稳定，增加水处理混凝时药剂投加量。经生物预处理后，胶粒 ζ 电位值降低，易于脱稳，因此可以减少后续混凝单元的药剂投加量，实际的烧杯试验及生产性试验均验证了这一点，结果见表 7-16 所列，小试采用精制硫酸铝作混凝剂，烧杯试验，结果表明可以节约 26.6%～40% 混凝剂。然后在生产性工艺中进行试验，流程分别为：①原水→混凝沉淀池→过滤池；②原水→生物滤池→澄清池→过滤池。

生物预处理对混凝剂投加量影响 表 7-16

药剂名称		硫酸铝	碱式氯化铝
试验规模		烧杯试验	生产试验
投加量（mg/L）	有生物预处理	40～100	40
	无生物预处理	60～140	50
节约百分率（%）		26.6～40	20

注：硫酸铝固体含 Al_2O_3 16%，液体浓度为 10%，碱式氯化铝含 Al_2O_3 13.05%，盐基度为 64.94%。

采用碱式氯化铝作混凝剂，可节省混凝剂 20%。对不同水质的原水混凝剂的节约量将是不同的，需具体情况具体分析，进行试验研究，但可以肯定的是，有生物预处理的工艺所需混凝剂投加量比常规工艺要少。药剂费在水厂运行成本中占一定比例，节约投药量将有很好经济效益。

生物滤池可以减少后续常规工艺混凝剂投加量的原因在于：一方面生物预处理单元本身对原水的浊度和胶体物质有一定的去除作用。生物陶粒滤池通过接触凝聚和微生物的微絮凝作用，使原水胶体的一部分脱稳，形成细小絮凝体而被去除，同时通过机械截留作用，也能去除一部分悬浮物，生物预处理对原水浊度平均有 37％左右的去除效果，其出水浊度比原水下降，使后续常规工艺所需投药量减少。另一方面，生物预处理可以降低原水胶粒 ζ 电位，使出水胶粒更易于脱稳而凝聚，也能减少后续常规处理对混凝剂投加量的需求。

2）对氯耗的影响

水厂氯耗与水中有机物和氨氮的含量密切相关。生物预处理对有机物和氨氮均有较好去除，因此也将影响耗氯量，有试验表明生物预处理与常规工艺的组合其耗氯量比单一常规工艺氯耗节约 10％～15％（常规工艺加氯量为 2.5～2.7mg/L）。氯耗的减少既可以节约水厂运行成本，又能降低氯代有机消毒副产物的生成量，改善出水水质，保障饮用者身体健康。

组合工艺能减少氯耗的原因主要有下列几点：

（1）原水中存在大量有机物，其中许多有机物如烷烃类，不饱和烃、醛、酮、羧酸及醇类，以及芳香族化合物，杂环化合物等均易被氯氧化，形成卤代有机物。Philip C. Singer 等人试验表明：饮用水经传统工艺处理，经加氯消毒后出水中所含氯代有机物的量及三卤甲烷量与原水的 UV_{254} 值有较好的相关性。因此，当原水经生物预处理后，水中一部分有机物得以去除，从而使出水中与氯发生反应的有机物量减少了，整个工艺出水氯耗减少，生成的卤代有机物量也减少。在团城湖进行的试验证实：生物陶粒预处理能去除微污染水源水 25％的三卤甲烷前体物。因此，生物预处理对有机物的去除是组合工艺氯耗减少的一个重要原因。

（2）生物预处理对原水氨氮的去除。常规工艺对水中氨氮去除能力很低，在氨氮浓度大于 1mg/L 以上时，去除率只有 10％左右，而生物预处理则能去除原水 90％以上的氨氮。砂滤后出水中存在的氨氮在加氯消毒过程能与氯反应，生成氯胺，使氯耗增加。因此，组合工艺由于其出水大大低于常规工艺出水，氯耗也比常规工艺减少。

7.3.7 运行与维护

生物接触氧化滤池是依靠填料上生长的微生物的新陈代谢对有机物的分解来去除有机物，因此对这种滤池的运行管理需重视其本身的特点。凡对填料上微生物生长有影响的因素均会影响滤池运行效果。具体说来，其运行与维护需注意以下几点：

1. 启动与挂膜

水温对生物陶粒的启动影响较大，低温条件下微生物活性受到抑制，生物膜形成较为缓慢，所以，挂膜最好在水温较高的夏季或秋季进行。

2. 正常运行及维护

挂膜完成后，即进入正常运行阶段。颗粒填料生物接触氧化主要依靠载体上的微生物的新陈代谢作用对有机物进行分解和对氨氮进行氧化，微生物对环境因素的变化较为敏感，如果操作不当或管理不善，将影响生物滤池的运行效果。为保证生物滤池稳定运行，需对下列几个方面加以注意：①稳定运行。虽然生物接触氧化滤池能抗一定的冲击负荷，如长期运行不稳定或负荷变动较大，将影响微生物活性。因此应尽量保持滤池负荷稳定，即使变动负荷也应缓慢进行。特别不能使滤池处于无水状态，使填料干枯。②保持稳定的供气。足够的溶解氧是维持细菌生长的必备条件。不能经常处于停气状态。如果经常出现曝气不足或停止曝气的情况，由于微生物长期缺氧而使其活性受到严重影响，将使整个滤池达不到应有的处理效率。③严格按要求进行反冲洗。运行中应按设计要求定期进行反冲洗。过滤周期过长，滤料中积留的污泥太多，水头损失大大增加，能耗增加，同时生物膜表面老化的生物体得不到更新，发生局部厌氧，出水水质变差。过滤周期太短，冲洗频繁，也会减少总产水量，增加冲洗能耗，生物膜脱落加快，生物量减少，降低处理能力。因此合适的反冲洗强度和周期对生物预处理的运行效果有十分重要的意义。如果运行时水质变化很大，则应根据具体情况对过滤周期进行调整，建议一般情况下，当水头损失增至1m时，应进行反冲洗。

7.3.8 应用

广州有水厂采用大规模的生物滤池池进行预处理，可有效去除氨氮等污染物，但是由于进水方式的原因，导致滤池底部设备容易堵塞。

嘉兴地区乍浦港的水厂采用污水回用中的砾石填料对原水中的氨氮进行预处理，填料粒径 2～4cm，填料高度 6m。大粒径填料可采用较高的反冲强度，滤池采用上向流运行方式，底部曝气系统采用 T 形分布块，安装简单，铺装后相互间有 5～6mm 的缝隙，整池曝气均匀，可有效控制进水设备被生物堵塞的问题。工艺运行近 10 年，情况良好。

7.4 生物接触氧化池

7.4.1 概述

生物接触氧化池的主要特点为在曝气池中悬挂或填充载体，利用生长附着在载体表面上的微生物群体对水中污染物吸附、氧化而达到去除的目的。这是一种兼有活性污泥和生物膜法特点的水处理方式，所以兼有两种处理法的特点。

此水处理方法的特点是：①水力条件好，填料表面全部为生物膜覆盖，有利于维护生物膜的净化功能；②对冲击负荷具有较强的适应能力，污泥量少，不产生污泥膨胀的危害；③维护简单，管理方便，我国多个水厂均有应用。

我国中南市政设计研究总院在东湖去除藻类的研究中，开展了中心导流筒曝气循环式生物接触氧化池的研究工作。同济大学在总结国家"八五"科技攻关项目的基础上，对生物接触氧化法在生产应用技术上进行了全面研究，探讨生物接触池的设计、运行参数和适用条件等，并首次在生产上提出采用弹性填料和微孔曝气相结合的生物接触氧化工艺，成功应用于多个工程案例。

7.4.2 原理

生物接触氧化池主要有池体、填料、布水装置和曝气系统组成。在池内设置人工填料，经过曝气充氧的水，以一定流速流经填料。自养型的硝化细菌和异养微生物以生物膜的形式附着于填料。对于微污染的原水，在流经填料时，通过填料上形成的生物膜的新陈代谢作用和生物吸附、絮凝、氧化、硝化、合成和摄食等综合作用，使原水中的氨氮、铁、锰和有机物等被氧化和分解，达到净化水质的目的。生物膜上的细菌主要是好氧贫营养型微生物，其生物相丰富，其中包含细菌、真菌、丝状菌、原生动物、后生动物等，组成了稳定的生态系统。研究表明，饮用水处理中的生物膜的厚度很薄，仅为污水处理中生物膜厚度的 1/10 左右，膜内溶解氧充足，无厌氧层。由于填料上生物膜厚度小，水中溶解氧充足，因此生物膜上的好氧菌具有良好的生长繁殖条件。由于氨氮和有机物的负荷较低，当原水水质稳定时，一般条件下生物膜保持零增长的状态，始终维持一定的膜厚度。生物接触氧化处理饮用水是一个高度综合、好氧的生物作用过程。

7.4.3　填料

填料的采用经历了逐渐改进的过程，开始时采用软性填料（纤维丝），运行一段时间后，出现了纤维丝被污泥凝结成团的现象，不易清洗。后改成半软性材料、组合填料和悬浮填料等，以解决填料被污泥凝结成团的问题。目前，大多采用悬浮填料与弹性填料。

弹性填料上微生物生长，成为生物膜，可降解水中的氨氮与有机物，但在使用时发现小型动物黏附其上并逐渐生长的问题。

悬浮填料（塑料球）也有其发展过程。悬浮填料中容易生长螺蛳和蛤蜊等，它们成长后会使填料增重而下沉。因此，选择填料时应采用不易附着微型动物的悬浮填料。

7.4.4　应用

生物接触氧化池在浙江嘉兴地区得到广泛应用。在深圳水库中设置了 400 万 m^3/d 的生物接触氧化池，可有效去除氨氮至 0.5mg/L 以下，出水供香港使用。

采用悬浮填料的生物接触氧化池在设计中应考虑池体的长宽比，可采用分格设置的方式，控制每一格的长宽比，使填料可回流至池体上游。同时应考虑采用辅助设备冲洗填料。

第8章 深 度 处 理

8.1 深度处理基本原理

深度处理就是通过物理、化学、生物等作用去除常规处理工艺不能有效去除的污染物（包括消毒副产物前体物、内分泌干扰物、农药及杀虫剂等有毒有害物质和氨氮等无机物），以减少消毒副产物的生成，提高和保证饮用水水质，提高管网水的生物稳定性。对于 COD_{Mn} 及氨氮含量较高的微污染水源水来说，经常规混凝沉淀与过滤处理后，水中的污染物质主要为有机物和氨氮。

深度处理的效果可以从三个方面来反映：一是出水的水质指标，应满足有关的饮用水水质标准；二是出水的致突变活性低，致突变试验应为阴性；三是水在管网中的生物稳定性要高，防止管网中细菌的繁殖。

深度处理最主要的目的是去除溶解性有机物。按有机物（以溶解性有机碳 DOC 计）能否被活性炭吸附，可将水中有机物分成可吸附有机物（DOC_A，adsorbable DOC）、不可吸附有机物（DOC_{NA}，non-adsorbable DOC）；按有机物能否被生物降解，可将水中有机物分成可生物降解有机物（BDOC，biodegradable DOC）、难生物降解有机物（DOC_{NB}，non-biodegradable DOC）；这几类有机物互相交叉，因此又可将水中的有机物综合分成四类：

（1）可生物降解同时可被吸附的有机物（用 $DOC_{D\&A}$ 表示）；

（2）可生物降解、不可吸附有机物（用 $DOC_{D\&NA}$ 表示）；

（3）难生物降解、可吸附有机物（用 $DOC_{NB\&A}$ 表示）；

（4）难生物降解、不可吸附有机物（用 $DOC_{NB\&NA}$ 表示）。

其中可降解有机物可通过生物作用去除，难降解有机物（包括农药、杀虫剂及其他内分泌干扰物）可通过化学氧化作用将其转化成易生物降解有机物再通过生物作用去除，也可通过活性炭吸附作用将其去除。

水中的氨氮可通过生物作用将其转化为硝酸盐，或通过加氯将其去除，但氯化法的氯气消耗量大。

常用的化学氧化方法有臭氧氧化、高级氧化，目前在工程中应用最多的是臭氧氧化。活性炭具有很强的吸附作用，可有效去除水中有机物，生物膜成熟后成为生物炭，可去除水中易降解有机物及氨氮，延长活性炭的使用寿命。传统工艺对水源水中的病原原生动物（蓝伯氏贾第鞭毛虫孢囊、隐孢子虫卵囊）去除率较低，生物炭滤池（粒状炭）过滤对蓝伯氏贾第鞭毛虫孢囊和隐孢子虫卵囊的去除效果与砂滤池基本相同，其中，隐孢子虫卵囊比蓝伯氏贾第鞭毛虫孢囊更易穿透活性炭池，通用的消毒剂氯和氯胺对隐孢子虫卵囊的灭活效率较低。很多研究证明，膜过滤对隐孢子虫卵囊具有非常高的去除率，经膜过滤的水中很少发现隐孢子虫卵囊，其去除机理被认为是膜的截留作用。

臭氧—活性炭联合工艺是一种较成熟的深度处理工艺，两者的有机结合使其成为有效去除有机物的工艺。臭氧氧化可以有效去除农药及其他内分泌干扰物，并将难生物降解有机物氧化分解成可生物降解有机物，这一部分有机物可在生物活性炭池中通过生物降解被去除；同时，一些不能被活性炭吸附的大分子有机物可被臭氧分解成能被吸附的较小分子有机物，从而通过活性炭吸附去除。臭氧氧化产物中的醛类对人体有害，但由于这些物质容易生物降解，因此，生物活性炭可以将其有效去除。同时，一部分易被吸附的难降解有机物被氧化成易生物降解有机物，在活性炭池中通过生物作用被去除，从而延长了活性炭的使用寿命。

深度处理的内涵是在常规处理的基础上提高水质，因此，深度处理并不是单纯地在常规处理工艺后增加臭氧—活性炭工艺，而是还包括常规处理前的各种预处理工艺、对常规处理工艺单元的改进以及膜过滤技术。预处理包括了化学氧化及生物处理工艺，为提高混凝对有机物的去除效率而采取的各种强化措施和为提高过滤单元对污染物的去除效果采用活性炭或改性滤料代替石英砂滤料。

8.2 我国给水深度处理状况

我国在饮用水深度处理技术的研究与应用方面开展较晚，1985 年建成了我国第一个采用臭氧—活性炭工艺的城市自来水厂——北京田村山水厂。1995 年，建成了大庆石化总厂所属的 2 个生活水深度处理水厂，采用了原水→混凝→沉淀→砂滤→臭氧接触池→活性炭过滤，水量为 36000m³/d。之后，昆明自来水公司在水厂建设中也采用了臭氧—活性炭工艺。随着水源水污染的加剧及卫生部《生活饮用水卫生标准》的实施，国内深度水处理技术的研究得到广泛开展，在试验基础上相继新建或改建了上海周家渡水厂、常州自来公司第二水厂、桐乡果园桥水厂、广州南州水厂、嘉兴石臼漾水厂等，这些水厂采用的工艺流程在预处理工艺上有差异，其共同点是均增加了臭氧—生物活性炭工艺。

通过调节 pH 的强化混凝工艺，可以提高对溶解性有机物的去除效果，但由于投加酸、碱，运行成本增加，又在原水中增加了无机离子，在我国自来水厂中还未见应用的报道。高锰酸盐及其复合药剂预氧化技术已在饮用水生产工艺流程中得到应用。

水源水质不同，所采用的预处理及深度处理工艺也不同。我国 2 个典型深度处理工艺见图 8-1 和图 8-2。浙江桐乡市果园桥水厂以河道水为水源水，原水 COD_{Mn} 在 3.2～8.9mg/L、氨氮在 0.5～5.0mg/L，因此，采用了生物预处理工艺，以去除氨氮及有机物。深圳梅林水厂以水库为水源，属低浊多藻富营养化水体，因此，采用臭氧预氧化工

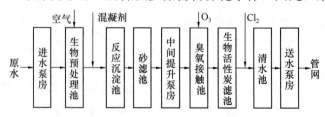

图 8-1 桐乡市果园桥水厂工艺流程

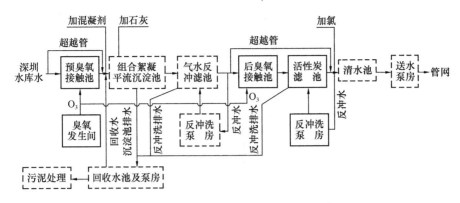

图 8-2　深圳梅林水厂净水工艺流程示意

艺，以提高混凝对藻类的去除效果。

到目前为止，我国已建成多个深度处理水厂，主要工艺如下：

（1）常州自来水厂工艺为 O_3—沸石—GAC 处理运河微污染水源水。

（2）广州市南州水厂工艺为取水泵站→配水池→预臭氧接触池→混合器→絮凝沉淀池→V 形滤池 →提升泵房→主臭氧接触池→活性炭池→清水池。

（3）嘉兴石臼漾水厂工艺为原水→生物接触氧化→预臭氧氧化→混合器→折板反应池→平流式沉淀池→砂滤池→后臭氧接触池→生物活性炭池→清水池。

（4）上海周家渡水厂于 2001 年完成了深度处理改造工程，制水能力为 $1 \times 10^4 \, m^3/d$，深度处理工艺采用了臭氧—活性炭工艺。臭氧发生器以液氧为气源。

与深度处理有关的臭氧发生装置在我国已经可以生产，目前我国自来水厂所用的大型臭氧发生器主要为国内产品。

国内针对水处理而开发生产的活性炭在性能方面有了提高，活性炭内部的孔隙结构向次微孔发展。

8.3　臭氧处理技术

臭氧自 1840 年发现以来，即作为氧化剂使用。20 世纪初，法国的尼斯市 Veyage 水厂率先将臭氧应用于饮水消毒。臭氧是一种很强的氧化剂和消毒剂，其标准氧化还原电位在碱性环境中仅次于氟，远远高于水厂常用的消毒剂液氯。O_3 不仅有优异的消毒作用，而且作为一种强氧化剂，在水处理中同时具有去除水中的色、臭、味和铁、锰、氰化物、硫化物和亚硝酸盐等作用，且消毒后饮水中的三卤甲烷等副产物少。因此 O_3 作为饮水消毒剂越来越引起人们的关注。目前世界上已有许多国家，特别是欧洲国家在水厂处理中均采用 O_3。

研究发现，臭氧与有机物的反应具有较强的选择性，但它对水中已形成的三卤甲烷几乎没有去除作用。

8.3.1　臭氧的主要物理化学性质

臭氧的分子式为 O_3，是氧的一种同素异形体。臭氧与氧有显著不同的特性，氧气是无色、无臭、无味、无毒的，而臭氧却是淡蓝色，且具有特殊的"新鲜"气味。在低浓度下嗅了使人感到清爽，当浓度稍高时，具有特殊的臭味，而且是有害的。

1. 臭氧在水中的溶解度

臭氧的相对密度是氧的 1.5 倍，在水中的溶解度比氧气大 10 倍，比空气大 25 倍。臭氧和气态气体一样，在水中的溶解度符合亨利定律，见式 (8-1)：

$$C = K_H P \tag{8-1}$$

式中　C——臭氧在水中的溶解度，mg/L；

　　　P——臭氧化空气中臭氧的分压力；

　　　K_H——亨利常数，mg/ (L·kPa)。

由上式知，当实际生产中，采用空气为臭氧发生器的氧源时，臭氧化空气（含有臭氧的空气）中臭氧的分压很小，故臭氧在水中的溶解度也很小，例如，用空气为原料的臭氧发生器生产的臭氧化空气，臭氧只占 0.6%～1.2%（体积比）。根据气态方程和道尔顿分压定律知，臭氧的分压也只有臭氧化空气的 0.6%～1.2%。因此，当水温为 25℃时，将这种臭氧化空气加入到水中，臭氧的溶解度只有 3～7mg/L。若以氧气为氧源时，臭氧的分压可占到臭氧气的 10% 左右，因此，臭氧在水中的溶解度可大大提高。

2. 臭氧的分解

常温下，臭氧在空气中会自行分解成氧气并放出大量热量，其反应式为：

$$O_3 \longrightarrow \frac{3}{2}O_2 + 144.45kJ$$

臭氧在空气中的分解速度与臭氧浓度和温度有关，当浓度在 1.0% 以下时，臭氧在常温常压的空气中分解的半衰期为 16h 左右，浓度越高，分解越快。随着温度升高，分解速度加快，温度超过 100℃时，分解非常剧烈；达到 270℃高温时，可立即转化为氧气。

臭氧在水中的分解速度比在空气中快得多。蒸馏水中臭氧浓度为 3mg/L 时，常温下其半衰期仅 5～30min。臭氧在天然水中的分解速度与水的污染物含量、pH 值有关，污染物含量越高，pH 值越高，臭氧的分解速度越快。

所以臭氧不易储存，需现场制备和使用。

8.3.2 臭氧的制备

氧气在电子、原子能射线、等离子体和紫外线等射流的轰击下将分解成氧原子。这种氧原子极不稳定，具有高活化能，能很快和氧气结合成 3 个氧原子的臭氧。电解稀硫酸和过氯酸时，含氧基团向阳极聚集、分解、合成，也能产生臭氧。因此，生产臭氧的方法大致有以下几种：无声放电法，放射法，紫外线法，等离子射流法和电解法。

工业上最常见的是无声放电法（或成为电晕放电法），下面主要介绍这种方法。

1. 无声放电法合成臭氧的原理

无声放电法生产臭氧的原理如图 8-3 所示。在一对高压电流之间（间隙 1～3mm）形

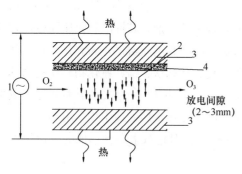

图 8-3　无声放电法示意图

1—交流电源；2—脉冲电子流；3—电极；

4—介电体（如玻璃）

成放电电场，由于介电体的阻碍，只有极小的电流通过电场，即在介电体表面的凸点上发生局部放电，因此不能形成电弧，故称之为无声放电。当氧气或空气通过此间隙时，在高速电子流的轰击下，一部分氧原子转变为臭氧，其反应如下：

$$O_2 + e^- \longrightarrow 2O + e^-$$

$$3O \longrightarrow O_3$$

$$O_2 + O \longrightarrow O_3$$

上述可逆反应表示生成的臭氧又会分解为氧气，分解反应也可能按下式进行：

$$O_3 + O \longrightarrow 2O_2$$

分解速度随臭氧浓度增大和温度升高而加快。在一定浓度和温度下，生成的臭氧只占空气的 $0.6\% \sim 1.2\%$（体积），若以纯氧气通过放电区域，其产生量可增加数倍。因此，所生产出来的臭氧，通常称为臭氧化空气，并非纯臭氧气。

用无声放电法制备臭氧，放电间隙将产生大量的热量，它必促使臭氧加速分解，加剧了生产率的下降。因此，采用适当的冷却方式，及时排除这些热量，是提高臭氧浓度、降低电耗的有效措施。

2. 无声放电式臭氧发生器

无声放电臭氧发生器的种类繁多，按其构造可分为管式、板式和金属格网式 3 种。管式臭氧发生器中，又有单管、多管、卧式和立式等多种发生器。

国内使用的较普遍的是卧管式臭氧发生器（图 8-4），器内有水平装设的不锈钢管多根，两端固定在 2 块管板上。管板将容器分为 3 部分，右端进入原料气，左端排出臭氧化气，中间管件外通以冷却水，每根金属管构成一个低压极（接地），管内装一根同轴的玻璃管作为介电体，玻璃管内侧面喷镀一层银和铝，与高压电源相连。玻璃管一端封死，管壁与金属之间留 $2 \sim 3$mm 的空隙，供气体通过之用。经过净化干燥处理后的空隙从环状间隙流过，在高压电作用下（$10000 \sim 15000$V）将部分氧气转变为臭氧。用此法生产的臭氧浓度在 $1\% \sim 3\%$。由于制备臭氧过程中产生的大量热量，$85\% \sim 95\%$ 的电能转变为热能，因此臭氧发生器的电能利用效率很低，运营费用较高。

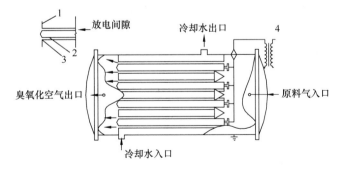

图 8-4 卧管式臭氧发生器

1—管板；2—玻璃管；3—不锈钢管；4—升压变压器

3. 臭氧发生系统

随着电流频率的增高臭氧发生器的能耗将增大，放电管的使用寿命将缩短。实践表明，小型臭氧发生器可采用高频（＞1000Hz）放电，大、中型臭氧发生器宜采用中频（600～1000Hz）放电。臭氧发生器的臭氧产量与浓度会随着供气压力的增高而降低，其最佳工作压力一般为 120～130kPa。臭氧发生过程中消耗的能量仅有 22％用于合成臭氧，其余均转化为热量而使气体温度升高，这将导致臭氧产量降低。因此，臭氧发生器应配备完善的冷却系统。对于氯离子含量小于 50mg/L 的冷却水，一般采用开环冷却系统，对于氯离子含量大于 50mg/L 的冷却水则可采用闭环冷却系统。对臭氧发生系统而言，臭氧浓度低则臭氧发生器的能耗也低，但臭氧发生所消耗的氧气量大，臭氧浓度高则臭氧发生器的能耗也高，但臭氧发生所消耗的氧气量低。因此，究竟选用多大的臭氧浓度，应根据当地的电价和氧气价格，在进行总能耗比较后才能确定。

4. 气源

臭氧发生器的气源有空气、液态氧、气态氧。空气制臭氧设备投资高，臭氧浓度一般在 3％～4％，耗电量为 23～25(kW·h)/kgO₃。液态氧制臭氧：设备投资低，臭氧发生浓度可达 18％甚至更高，耗电量为 10～13(kW·h)/kgO₃。因为液态氧一般需外购，故臭氧发生总成本随着液态氧价格的变化而变化。试验表明，当氧气含量为 97.7％时臭氧产率最高。气态氧制臭氧设备投资比空气制臭氧低，但比液态氧制臭氧要高，臭氧发生浓度可达到 18％甚至更高，耗电量为 11～14(kW·h)/kgO₃。气态氧一般是现场制取，氧气纯度为 90％～93％，能耗为 0.3～0.4(kW·h)/kgO₂。对于不同的地区，究竟采用何种气源应根据当地的电价和氧气价格经成本分析后再确定。

5. 臭氧尾气破坏系统

由于受水质与扩散装置的影响，进入接触池的臭氧很难 100％地被吸收，因此必须对接触池排出的尾气进行处理。常用的尾气处理方法有高温加热法和催化剂法。高温加热法是将臭氧加热到 350℃后迅速完全分解（1.5～2s 内便可使其 100％分解）。该法安全可靠，维护简单，并可回收热能，但增加了设备投资和运行能耗。催化剂法是利用催化剂对臭氧尾气进行分解破坏。目前，使用的催化剂是以 MnO_2 为基质的填料。该法的设备投资和运行能耗均比高温加热法低，但处理效果受尾气的含水率、催化剂的使用年限等因素影响，安全及稳定性比高温加热法差，且催化剂需要定期更换。为保证安全生产，应使臭氧尾气破坏系统的设备备用率大于等于 30％。

8.3.3 臭氧的氧化作用

臭氧在水中与有机物的反应有 2 个途径：分子臭氧的直接反应和·OH 自由基的间接反应。由分子态臭氧直接参与的反应，反应速度慢且具有较强的选择性，易与芳香族化合物、不饱和的脂肪族有机物以及特殊的功能基团反应；由臭氧氧化过程中臭氧分解形成的·OH 自由基参与的反应，反应速度快且不具选择性，可与大部分有机物快速反应。

水中存在着·OH 自由基链反应的激发剂（能从 O_3 分子诱导形成超氧离子 O_2^- 的物质，包括 OH^-、HO_2^-、某些阳离子、乙醛酸、甲酸、腐殖质、紫外线）、促进剂（能从·OH 自由基再生·O_2^- 的有机和无机物，包括芳香族有机物、甲酸、乙醛酸、伯醇、腐殖酸、磷酸盐）和抑制剂（能消耗·OH 自由基但不能再生超氧离子 O_2^- 的化合物，包括 CO_3^{2-}、HCO_3^-、烷基化基团、叔醇、腐殖质）。臭氧化过程中哪一个氧化途径占优势，与水中有机物的性质、水的 pH、碱度、臭氧投加量等因素有关。

在饮用水处理中所用的臭氧剂量下，有机物一般不能被臭氧完全氧化成 CO_2 等无机物，因此，水中 TOC 在臭氧化前后的变化很小，主要表现为大分子量部分减少，小分子量部分增加。试验发现，臭氧氧化可以降低具有紫外光吸收性质的有机物浓度（UV_{254}），这一部分物质是主要的 DBPs 前体物，在臭氧剂量为 $0 \sim 2.5 mgO_3/mgDOC$ 的范围内，DOC 浓度基本没有变化。Takeuchi 等人的研究结果与其相似，试验发现，在臭氧氧化过程中，水中有机物的部分 C-C 链断裂，DOC 没有明显降低。Kerc 等人试验发现，经臭氧氧化水中有机物分子量发生变化，分子量范围从 $500 \sim 450k$ 转化为 $500 \sim 100k$。另外有研究者发现，随臭氧剂量的提高，对 TOC 的去除有所增加。

臭氧氧化可提高水中有机物的可生物降解性。试验发现，臭氧剂量的提高，可增加水中有机物 BDOC/TOC 比值及 AOC 的浓度，即水的可生物降解性提高。在臭氧氧化中，分子臭氧和·OH 自由基反应可以将大分子打断，使有机物羧基官能团增加，使水中疏水性有机物减少而亲水性有机物增加，主要产物为醛类（甲醛、乙醛、脂肪醛等）、酮、酮酸、羧酸（甲酸、乙酸、饱和脂肪酸、二元酸）等极性强的更具亲水性的化合物。

臭氧氧化可有效去除痕量有害有机物。臭氧氧化可去除土臭素（Geosmin）和 2-甲基异莰醇（2-MIB），臭氧对藻毒素可完全氧化分解，在一定臭氧浓度下，所有藻毒素在 5min 内可被 100% 分解，臭氧的直接反应对分解起主要作用，其中微囊藻毒素（LR、LA）对臭氧最敏感。

臭氧氧化能减少 DBPs 前体物的浓度，如果臭氧与生物处理联用，则会进一步降低 DBPs 浓度，因为 TOC 被氧化成了 BDOC。

当水中含有 Br^- 时，臭氧化可生成溴代有机物如溴仿、DBAA 等，还可生成溴酸盐（BrO_3^-），这些副产物可能对人体产生致癌作用。von Gunten 的研究表明，水中有机物的性质显著影响臭氧化卤代有机物的生成，芳香环含量高、紫外吸收强的疏水性有机物比亲水性有机物形成更高浓度的溴代有机物，其中由腐殖酸形成的溴仿、二溴乙酸等浓度最高，可见，在臭氧氧化前去除水中疏水性有机物如腐殖酸是控制臭氧化溴代有机物生成的有效措施。试验发现，臭氧直接反应和·OH 自由基反应途径均能生成溴酸盐。影响溴酸盐生成的因素主要有水中初始 Br^- 浓度、NOM 浓度、氨、pH、臭氧剂量、温度、碱度等，Song 等人研究发现，与臭氧剂量相比，pH 是影响 BrO_3^- 形成更加重要的参数。Legube 等人研究了 BrO_3^- 生成量与各种因素的关系，发现 BrO_3^- 的生成量随温度、pH 及溴离子的增加而增加，随氨氮、DOC、碱度的增加而减小。Westerhoff 等人研究了水中 NOM 对臭氧化 BrO_3^- 形成的影响，得出了相似的结论。可见，当水中含有 Br^- 时，可通过降低水的 pH 和向水中加氨的方法，减少臭氧化过程中 BrO_3^- 的生成量。BrO_3^- 可通过生物活性炭（BAC）吸附去除。

可见，臭氧氧化是去除水中微量有害有机物，降低 DBPs 前体物，提高可生物降解性的有效工艺。为了适应美国环保局（EPA）的第二阶段 D/DBP 规范，在美国臭氧装置的数量逐年增加，1997 年，大约 200 个水厂应用臭氧氧化工艺，2001 年，数量增加到大约 350 家。由于臭氧氧化的副产物如甲醛、乙二醛和乙醛酸具有致突变作用，因此臭氧氧化工艺不宜单独使用，一般应与生物处理联用以去除水中的臭氧化副产物。

1. 臭氧对无机物的氧化

臭氧是一种优良的强氧化剂，在水处理中可以用于氧化水中的各种杂质，以达到净水效果。臭氧的净水作用大体表现为以下几个方面。

臭氧将水中的二价铁、锰氧化成三价铁及高价锰，使溶解性的铁、锰变成固体物质，以便通过沉淀和过滤除去。由于水中二价铁、锰极易氧化，通常采用最廉价的空气即可将其氧化成三价铁和高价锰。因此，只有为了去除其他杂质需要采用臭氧时，才附带将铁、锰去除。

氨氮可以被氧化成硝酸盐，氧化速率与水的 pH 有关。在中性 pH 条件下，氨氮的氧化速率很慢，在 pH>9 时，具有较快的氧化速率。亚硝酸盐可以被臭氧快速氧化成硝酸盐。

当水中含有 Br^- 时，被氧化成次溴酸，次溴酸继续被氧化成溴酸盐和 Br^-，反应式如下：

$$O_3 + Br^- \longrightarrow O_2 + BrO^-$$

$$2BrO^- + 3O_3 \longrightarrow BrO_3^- + Br^- + 4O_2$$

从反应式看出，由于 Br^- 在系统中被再生，实际上起到了臭氧分解催化剂的作用。由于溴酸盐具有致癌性，当原水中含有 Br^- 时，应慎重选择采用臭氧氧化或臭氧消毒工艺。

当氨氮与 Br^- 同时存在时，会参与 Br^- 的氧化反应过程，从而减少溴酸盐的生成，反应式如下：

$$BrO^- + H^+ \longrightarrow HBrO$$

$$HBrO + NH_3 \longrightarrow NH_2Br + H_2O$$

$$NH_2Br + 3O_3 \longrightarrow NO_3^- + Br^- + 2H^+ + 3O_2$$

臭氧对某些无机物的氧化反应速率常数见表 8-1。从表中可以看出，羟基自由基与无机物的反应速率一般大于分子臭氧的直接反应，臭氧直接氧化对 NH_3 及溴离子的反应活性较低，基本不与 NH_4^+ 发生反应，而羟基自由基能与这两种无机物迅速反应。

臭氧对某些无机物的氧化反应速率常数　　　　　　　　　　表 8-1

化合物	$k_{O_3}(L/(mol \cdot s))$	$k_{OH}(L/(mol \cdot s))$	化合物	$k_{O_3}(L/(mol \cdot s))$	$k_{OH}(L/(mol \cdot s))$
NO_2^-	3.7×10^5	6×10^9	硫化物		
NH_3/NH_4^+	20/0	9.7×10^7	H_2S	$\approx 3 \times 10^4$	1.56×10^{10}
CN^-	$10^3 \sim 10^5$	8×10^9	S^{2-}	3×10^9	9×10^9
$H_2AsO_3^-$	>7	8.5×10^9	Mn（Ⅱ）	1.5×10^3	2.6×10^7
Br^-	160	1.1×10^9	Fe（Ⅱ）	8.2×10^5	3.5×10^8

来源：von Gunten U. Ozonation of drinking water: Part I. Oxidation kinetics and product formation [J]. Water Research, 2003, 37 (7): 1443-1467.

2. 臭氧对有机物的氧化

臭氧能够氧化许多有机物，如腐殖质、蛋白质、有机胺、链型不饱和化合物、芳香族、木质素等，目前在饮用水处理中，一般采用高锰酸盐指数 COD_{Mn} 或 DOC 作为测定这些有机物的指标，臭氧在氧化这些有机物的过程中，将生成一系列中间产物，使得水中有机物的 BDOC 提高。在有限的臭氧剂量下，很难将有机物彻底氧化，因此，对 DOC 的去除率较低，单纯采用臭氧来氧化有机物以降低 COD_{Mn} 或 DOC 是不经济的，但将臭氧与活性炭的有机结合，可大大提高工艺对有机物的去除能力。

臭氧投入水中后，与有机物的反应分为直接反应和间接反应。直接反应是臭氧直接氧化水中有机物，它是有选择性的，它的反应速度较慢；间接反应是臭氧通过水中形成的·OH氧化有机物，它是没有选择性的且反应速度很快。分子臭氧及羟基自由基与某些有机物的反应速率常数见表 8-2，可以看出，羟基自由基与有机物的反应速率大大高于分子臭氧的直接反应速率。

臭氧与某些有机物的反应速率常数　　　　　　　　　　表 8-2

化合物	k_{O_3} (L/(mol·s))	k_{OH} (L/(mol·s))
土臭素	<10	8.2×10^9
2-甲基异莰醇（2-MIB）	<10	$\approx3\times10^9$
Mycrocystin-LR	3.4×10^4	
莠去津	6	3×10^9
草不绿	3.8	7×10^9
呋喃丹	620	7×10^9
地乐酚	1.5×10^5	4×10^9
异狄氏剂	<0.02	1×10^9
甲氧滴滴涕	270	2×10^{10}
氯乙烯	1.4×10^4	1.2×10^{10}
顺式-1，2-二氯乙烷	540	3.8×10^9
三氯乙烯	17	2.9×10^9
四氯乙烷	<0.1	2×10^9
氯苯	0.75	5.6×10^9
p-二氯苯	$\ll3$	5.4×10^9
苯	2	7.9×10^9
甲苯	14	5.1×10^9
二甲苯	90	6.7×10^9
MTBE	0.14	1.9×10^9
t-异丁醇	$\sim3\times10^{-3}$	6×10^8
乙醇	0.37	1.9×10^9
氯仿	$\leqslant0.1$	5×10^7
溴仿	$\leqslant0.2$	1.8×10^8
碘仿	<2	7×10^9
三氯乙酸	$<3\times10^{-5}$	6×10^7
医药品		
Diclofenac	$\sim1\times10^6$	7.5×10^9
氨甲酰氮䓬	$\sim3\times10^5$	8.8×10^9
Sulfamethoxaxole	$\sim2.5\times10^6$	5.5×10^9
Ethinylestradiol	$\sim7\times10^9$	9.8×10^9

来源：von Gunten U. Ozonation of drinking water：Part I. Oxidation kinetics and product formation [J]. Water Research，2003，37（7）：1443-1467.

当水源水中同时含有 Br⁻、氨氮时，臭氧化产物除了醛类、羧酸类等有机物外，还产生溴胺、有机溴化物、溴酸盐等物质，反应途径见图 8-5。其中各类副产物的生成量与 Br⁻ 浓度、氨氮浓度、有机物种类及浓度、pH、臭氧投加量等有关。

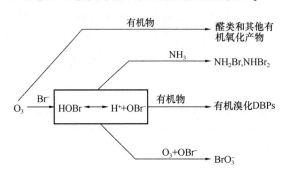

图 8-5　臭氧与污染物质的反应途径示意

8.3.4　臭氧投加方式与接触池

臭氧在饮用水处理流程中的主要应用有预氧化和后氧化。预氧化主要用途为改善感观指标，铁、锰以及其他重金属、藻类，助凝，将大分子有机物氧化为小分子有机物，氧化无机物质如氰化物、硝化物等。臭氧后氧化主要与生物活性炭联用，即臭氧—生物活性炭法。进水先经臭氧氧化，使水中大分子有机物分解为小分子状态，这就提高了有机物进入活性炭微孔内部的可能性。活性炭能吸附臭氧氧化过程中产生的大量中间产物，包括解决了臭氧无法去除的三卤甲烷及其前体物，并且微生物附着其上，可以发挥生化和物化处理的协同作用，从而延长活性炭的工作周期，保证了最后出水的生物稳定性。目前对臭氧氧化机理研究和如何利用臭氧更有效去除饮用水中有机物的研究成为给水处理中关注的重点。

1. 前（预）臭氧接触氧化系统

一般设在生物预处理、混凝之前（每个流程设一个投加点），臭氧的作用主要有：去除臭和味、色度、重金属（铁、锰等），使水中胶体微粒脱稳，改善絮凝效果，减少混凝剂的投加量，去除藻类和 THM 等"三致"物质的前体物（减少水中"三致"物质的含量），将大分子有机物氧化为小分子有机物；氧化无机物质和氰化物、碳化物、硝化物。该阶段的臭氧投量一般为 0.5～1.5mg/L，反应时间为 2～4min，预臭氧接触池出水中的臭氧剩余浓度一般为零或很少。接触池的有效水深一般为 6.0m，超高不小于 0.75m。

由于被处理水一般为原水，为防止臭氧扩散装置被杂质堵塞，可采用静态混合器或射流扩散器。静态混合器的水头损失一般为 4.9～9.8kPa，射流扩散器水头损失较大，但只需少量的原水与臭氧混合形成臭氧水后，然后再与全部原水进行混合反应。

2. 后臭氧接触氧化系统

后臭氧接触氧化系统一般设在过滤工艺之后，与生物活性炭联用，或作为消毒工艺。臭氧的作用主要有：杀死细菌和病毒，氧化有机物，如杀虫剂、清洁剂、苯酚等，提高有机物的生物降解性，减少氯的投加量。由于被处理水较清，因此扩散装置一般均采用微孔曝气头（一般采用耐腐蚀的陶瓷材料或金属钛板制成）。它阻力小，臭氧转移效率高。后臭氧接触氧化的反应时间一般大于等于 10min，臭氧投量为 2～4mg/L，水中臭氧余值一般控制为 0.1mg/L 左右。接触池的有效水深一般也为 6.0m，超高不小于 0.75m。

后臭氧接触氧化池一般分成多格形成串联折板流，在下向流的格内设置微孔曝气装置，一般设 2～3 个投加点。当采用 2 点投加时，各点的臭氧投加比例（顺水流方向）依次为总投加量的 50%～80%、50%～20%，每个投加点的臭氧接触时间分别为总时间的

50%。当采用3点投加时，各点的臭氧投加比例（顺水流方向）依次为总投加量的40%～80%、30%～10%、30%～10%，3个投加点的臭氧接触时间依次为总时间的30%、30%、40%。

8.3.5　小结

（1）臭氧氧化对TOC、COD_{Mn}的去除率较低，对UV_{254}的去除率较高。在试验水质为$COD_{Mn}=5.71mg/L$，$TOC=8.2mg/L$，$UV_{254}=0.1538cm^{-1}$，臭氧投加量为4mg/L和6mg/L的条件下，对TOC、COD_{Mn}、UV_{254}的去除率分别为11.3%、16.9%、37.2%和13%、18.3%、42.1%。

（2）臭氧氧化可提高有机物的可生物降解性。臭氧投加量大于$0.49mgO_3/mgDOC$时，BDOC增加较明显，与氧化前相比，BDOC可提高100%以上，BDOC/DOC可由氧化前的0.12提高到0.34。从经济因素考虑，臭氧投加量宜为$0.5～0.6mgO_3/mgDOC$。

（3）经臭氧氧化，有机物分子量分布发生变化，大分子量有机物减少，小于1000的有机物增加。在臭氧投加量较高的条件下，有机物的可吸附性降低，不能被吸附的DOC增加。臭氧氧化提高了可吸附有机物中可生物降解部分的比例。

（4）NO_2^-是影响臭氧氧化的主要因素之一。当水中NO_2^--N在0.6mg/L以上时，氧化NO_2^-消耗的臭氧占臭氧投加量的40%～50%。水中NO_2^--N因消耗臭氧而降低了臭氧对UV_{254}的去除效率和BDOC的提高幅度。因此，当含有较高的NO_2^-时，臭氧投加量应增加。NO_2^--N对臭氧氧化的影响与水中UV_{254}有关，在臭氧投加量、NO_2^--N一定的条件下，UV_{254}越低，NO_2^-对臭氧的消耗量越大。

（5）碱度在180mg/L以上时，对臭氧氧化去除有机物有影响，碱度增加有利于NO_2^-对臭氧的竞争利用。在75～120mgL范围内，碱度变化对臭氧氧化去除有机物没有影响。

8.4　活性炭处理技术

活性炭是国际上用于去除水中有机污染物的一个成熟有效方法，现阶段为去除NOM的良好技术，在欧美发达国家的使用很广泛。目前粉末活性炭和颗粒活性炭在我国饮用水处理方面已得到广泛应用。

8.4.1　活性炭的分类

活性炭是用含炭为主的物质作原料，经高温炭化和活化制得的疏水性吸附剂，活性炭是一种多孔炭素材料，根据其原料、炭化及活化方法不同而呈不同特性，其吸附性能因活性炭种类不同而有所差别。活性炭一般是多孔、有巨大比表面积、吸附性能高的固体。活性炭吸附是去处水中溶解性有机物的最有效方法之一，可以明显改善自来水的色度、臭味和各项有机物指标。

1. 按原料分类

根据生产所用的材质，目前国内主要的活性炭品种有木质活性炭、煤质活性炭、果壳活性炭和活性炭纤维等。

任何碳质原料几乎都可以用来制造活性炭。用于活性炭生产的主要原料可分为以下5大类：①植物性原料，如木材、锯末、果壳、棉花秸、糠醛渣、蔗糖渣等；②矿物原料，如各种煤和石油残渣等;③各种废弃物,如动物的骨头和血、工业上废旧塑料、各种橡胶废品等;④合成纤维材料,如聚丙烯等;⑤有机纤维材料,如聚丙烯纤维、黏胶丝、沥青纤维等。原料中的灰分含量是关系原料品位的重要因素,一般灰分含量越少越好。

2. 按形状分类

活性炭按形状分类分为粉状活性炭、颗粒粒状炭和纤维活性炭 3 种。粒状炭又分为不定形炭和成形炭 2 种。不定形炭又叫破碎炭,其代表为椰壳炭,粒径一般在 2.36~0.50mm 之间;成形炭又有各种形状和规格,主要为柱状炭和球形炭。

3. 按制造方法分类

按制造方法分类分为药品活化炭和气体活化炭。药品活化法是把化学药品加入活性炭中,然后在惰性气体介质中加热,同时进行炭化和活化的一种方法。工业上主要使用的活化药剂有氯化锌、磷酸和硫化钾,粉状炭多用 $ZnCl_2$ 活化法制得。气体活化法一般以水蒸气、CO_2 为活化气,制造粒状炭时多采用这种方法。

活性炭的制造主要分成炭化及活化两步。炭化也称热解,是在隔绝空气条件下对原料加热,一般温度在 600℃ 以下。炭化可以使原材料分解放出水蒸气、一氧化碳、二氧化碳及氢气等气体,还可以使原材料分解成碎片,并重新集合成稳定结构。原材料经炭化后形成一种由碳原子微晶体构成的孔隙结构,其表面积达 $200\sim400m^2/g$。活化是指对炭化物进行部分氧化使其产生大量细孔构造的操作过程,当氧化过程的温度为 800~900℃ 时,一般用水蒸气或 CO_2 为氧化剂;当氧化温度低于 600℃ 时,一般用空气作氧化剂。目前对活化过程所起的作用只有大致的理解,一般认为对炭化后的原料起 3 个作用:①生成新的微孔或将原来闭塞的微孔打通;②扩大原有的细孔尺寸;③将相邻细孔合并成更大的孔。经活化后产生了更完善的孔隙结构,同时把活性炭表面的化学结构固定下来。

4. 活性炭生产新进展

活性炭生产近年来得到了迅速发展,不仅质量越来越好、品种越来越多,而且其应用范围也不断扩大,活性炭的生产原料已不仅限于木材、煤、果壳,而竹子、废纸、茶叶残渣、橄榄油废料、稻壳、酚醛树脂、糠醛渣、农作物秸秆、炭黑等,都可以用来生产活性炭。比如用椰树皮纤维为原料,通过化学法得到的活性炭,能有效除去工业废水中的有毒重金属;用粒状酚醛树脂生产的活性炭具有独特的微细孔,通过表面处理,可用于电池电极材料、净水器、氮气发生装置用炭分子筛等方面;以下水污泥为原料制得的活性炭,虽然吸附能力略差,但其成本只有普通炭的 1/3。

活性炭产品除了粉状炭、破碎炭、柱状炭以外,现在又出现了直径只有 $0.01\sim10\mu m$ 的超细活性炭粉末、蜂窝状活性炭、板状活性炭、活性炭丸等。另外,在许多方面都出现了专用的活性炭品种,比如吸附有毒工业物质(硫化氢和硫醇)的活性炭,滤毒罐用高性能活化炭,适合于除去气体或废气中烷基硫化物的涂镍活性炭、柠檬酸专用活性炭等。

8.4.2 活性炭的性质

活性炭是用含炭为主的物质作原料,经高温炭化和活化制得的疏水性吸附剂,因此它具有良好的吸附性能及稳定的化学性能,可以耐强酸及强碱,能经受水浸、高温、高压的作用,不易破碎,便于在工业上使用。

1. 活性炭的孔隙构造和分布

活性炭的突出特征是它具有发达的孔隙结构和巨大的比表面积，因而造就了它对各种物质的吸附能力。活性炭的细孔是在原料进行活化过程中，含碳有机物去除后使基本晶格间生成孔隙，形成很多的各种形状和大小的细孔。孔壁的总面积即为表面积，每克活性炭具有的表面积通常称为比表面积，活性炭的比表面积高达 $700 \sim 1600 m^2/g$。由于这样大的表面积和大小各异的孔径，使活性炭具有较强的吸附能力，可以吸附分子量大小不同的多种物质。但是表面积相同的活性炭其吸附量不一定相同，这是细孔构造和分布不同所致。

活性炭的细孔构造随原料、活化方法及活化条件不同而异，这些孔隙形状多样，孔径分布范围很广，最小孔径只有几个埃，最大的在 10 万 Å 以上。可根据细孔的半径大小分为 3 种：大孔（半径 $1000 \sim 100000 Å$）；中孔（又称过渡孔，半径 $20 \sim 1000 Å$）；微孔（半径小于 20Å）。大孔主要分布在活性炭表面，对有机物的吸附作用甚微，过渡孔是水中大分子有机物的吸附场所和小分子有机物进入微孔的通道，微孔则是活性炭吸附有机物的主要区域。试验结果表明，活性炭对分子量在 $500 \sim 3000$ 的有机物去除效果十分明显，去除率一般为 $70\% \sim 86.7\%$，而对分子量小于 500 和大于 3000 的有机物则达不到有效去除效果。

用于水处理吸附时，主要是 10nm 以下的中孔和微孔起作用。粉末活性炭直径 $1 \sim 20nm$ 的细孔多，粒状活性炭 10nm 以下的微孔多。粒状活性炭之中，椰壳炭 3nm 以下的细孔多，大的细孔少，故其内表面积大而孔容和直径小；而煤质炭的细孔从 3nm 到相当大的细孔都有，故表面积稍小，但孔容大，更适合在水处理中应用。

2. 活性炭的表面化学性质

活性炭的吸附特性不仅受小孔构造的影响，而且受其表面化学性质的影响。

活性炭除碳元素外，还含有 2 种混合物。一种是灰分，其灰分随活性炭种类不同而异，椰壳炭灰分小于 3%，而煤质活性炭灰分高达 $20\% \sim 30\%$ 左右。活性炭中含硫是比较低的，质量好的活性炭不应检出硫化物，另一种则是以化学键结合的元素，如氧和氢。

氧和氢的存在对活性炭的性质有很大的影响，因为这些元素与碳以化学键结合，而使活性炭表面带有很多表面氧化物和有机官能团（如羧基、羰基、羟基、内脂等）。这些表面化合物使活性炭与吸附质分子发生作用，显示出活性炭在吸附过程中的选择吸附特性。即使是同类原料制造的活性炭，所含的表面氧化物官能团的种类和数量也是不同的；而同样的活性炭，经过浸泡等处理过程后，表面官能团也会发生变化。

活性炭表面氧化物的成分主要受活化过程的影响。一般在 $300 \sim 500 ℃$ 以下用湿空气制造的活性炭中，酸性氧化物占优势；而在 $800 \sim 900 ℃$，用空气、蒸汽或二氧化碳为活化氧化剂所制造的活性炭中，则为碱性氧化合物占优势；在 $500 \sim 800 ℃$ 之间活化的活性炭，则具有两性性质。

有机物分子与活性炭表面的化学相互作用可能相当显著，甚至超过物理相互作用。对活性炭性质产生重要影响的化学基团主要是含氧官能团和含氮官能团。

1) 含氧官能团

活性炭表面可能存在的 8 种官能团见图 8-6。并排的羧酸（a）有可能脱水形成酸酐（b）；如与羧酸或羧基相邻，羰基有可能形成内酯基（c）或乳醇基（d）；单独位于"芳香"层边缘的单个羟基（e）具有酚的特性；羰基（f）有可能单独存在或形成醌基（g）；

氧原子有可能简单地替换边缘的碳原子而形成醚基（h）。利用重氮甲烷的交换反应，同甲醇的酯化反应以及其他反应，已成功地测定了这些官能团的化学结构。

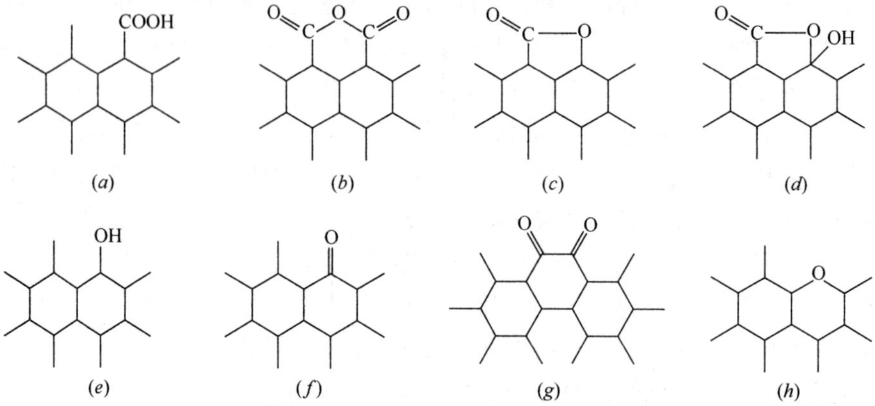

图 8-6 活性炭表面的含氧官能团

（a）羧基；（b）酸酐基；（c）内酯基；（d）乳醇基；（e）羟基；（f）羰基；（g）醌基；（h）醚基

官能团（a）～（e）表现出不同的酸性。一般来说，活性炭的氧含量越高，其酸性也就越强。具有酸性表面基团的活性炭具有阳离子的交换特性，氧含量低的活性炭表现出碱性特征以及阴离子交换特性。

2）含氮官能团

活性炭表面可能存在的含氮基团有：酰胺基、酰亚胺基、乳胺基和吡啶基等，如图 8-7 所示，使活性炭表面表现出碱性特征以及阴离子的交换特性。

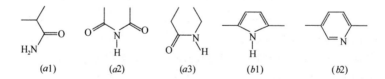

图 8-7 活性炭表面的含氮官能团

（a1）酰胺基；（a2）酰亚胺基；（a3）乳胺基；（b1）吡咯基；（b2）吡啶基

3. 活性炭的吸附特性

活性炭是非极性的吸附剂，可以在极性溶液中吸附非极性或极性小的溶质。

引起物质在两相界面上浓度自动发生变化的原因是吸附剂和吸附物质之间存在着 3 种不同的作用力，即分子间力、化学键力和静电引力，这 3 种不同作用力形成 3 种不同类型的吸附：

1）物理吸附

由分子力产生的吸附称为物理吸附，它的特点是被吸附的分子不是附着在吸附剂表面固定点上，而稍能在界面上作自由移动，这是一个放热过程，吸附热较小，一般为 21～41.8kJ/mol，不需要活化能，在低温条件下即可进行。这一过程可逆，即在吸附的同时，被吸附的分子由于热运动还会离开固体表面，这种现象称为解吸。物理吸附可以形成单分子吸附，又可以形成多分子吸附。由于分子力的普遍存在，一种吸附剂可以吸附多种物质，但由于吸附物质不同，吸附量也有所差别。这种吸附现象与吸附剂的表面积、细孔分布有着密切关系，也和吸附剂表面力有关。

2）化学吸附

活性炭在制造过程中炭表面能生成一些功能团，如羧基、羰基、羟基等，所以活性炭也能进行化学吸附。

吸附剂和吸附质之间靠化学键的作用，发生化学反应，使吸附剂和吸附质之间牢靠地联系在一起，这种过程是放热过程。由于化学反应需大量的活化能，一般需要在较高的温度下进行，吸附热较大，吸附热在 $41.8\sim418kJ/mol$ 范围内为选择性吸附，即一种吸附剂只能对某种或特定几种物质有吸附作用，因此化学吸附只能是单分子层吸附，吸附是较稳定的，不易解吸。这种吸附与吸附剂的表面化学性质有关，也与吸附质的化学性质有关。

活性炭在制造过程中，由于制造工艺不一样，活性炭表面若有碱性氧化物则易吸附溶液中的酸性物质，若活性炭表面有酸性氧化物则易吸附溶液中的碱性物质。

3）交换吸附

一种物质的离子由于静电引力聚集在吸附剂表面的带电点上，在吸附过程中，伴随着等量离子的交换。离子的电荷是交换吸附的决定因素。被吸附的物质往往发生了化学变化，改变了原来被吸附物质的化学性质。这种吸附是不可逆的，因此仍属于化学吸附，若活性炭经再生也很难恢复到原来的性质。

在水处理过程中，活性炭吸附过程多为以上几种吸附现象的综合作用。

8.4.3 活性炭吸附水中污染物的影响因素

活性炭具有发达的微小孔隙和巨大的比表面积，因此具有较好的吸附性。活性炭吸附是去除水中 NOM、降低氯化 DBPs 前体物的有效方法，活性炭的吸附性能直接影响活性炭池的吸附运行效果。活性炭对污染物质的吸附性能受多种因素的影响：

（1）活性炭的孔径分布对吸附性能有影响。Newcombe 用 10 种活性炭对分子量大于 3000 的 NOM 进行吸附，发现吸附容量与活性炭的过渡孔（孔径 20～500Å）的累计容积呈正相关性。Al-Degs 利用具有发达的初级微孔和二级微孔的活性炭吸附染料，试验发现，吸附性能与活性炭的比表面积相关性较差，与孔容积具有更好的相关性，二级微孔（孔径 8～20Å）容积对染料吸附至关重要。可见，过渡孔的数量对分子量较大的有机物的吸附影响较大，二级微孔对分子量较小的有机物的吸附起较大作用。可见，活性炭厂应改进生产工艺，增加二级微孔和过渡孔的累计容积，以提高对有机物的吸附性能。

（2）有机物分子量及分子结构对吸附的影响。活性炭对芳香族化合物吸附优于对非芳香族化合物的吸附，如对苯的吸附优于对环乙烷的吸附；对苯的吸附要高于对吡啶的吸附；对带有支链烃类的吸附，优于对直链烃类的吸附；对分子量大的沸点高的有机化合物的吸附总量总是高于分子量小沸点低的有机化合物的吸附等。

（3）活性炭对有机物的吸附性能除了受有机物分子量、活性炭孔径分布影响外，还受活性炭表面化学特性、有机物的官能团、水的 pH 等因素影响。活性炭在高温活化过程中形成大量含氧官能团，主要以碱性官能团为主。这些官能团在水溶液中发生离解，使活性炭表面具有某些离子特性，极性增强。活性炭表面基团的离解受 pH 影响，因此 pH 影响活性炭的吸附容量。另外，pH 值控制某些化合物的离解度，因此不同溶质吸附的最佳

pH 值应通过试验来确定。

吸附单位质量的吸附质放出的总热量称为吸附热，吸附热越大，则温度对吸附的影响越大。在水处理时主要为物理吸附，吸附热较小，温度变化对吸附容量影响较小。

（4）多组分溶质的共存。在微污染水源水中，往往是多种污染物同时存在于水中，活性炭通常不是吸附单一品种污染物，由于这些污染物的性质不同，它们可以互相促进、干扰或互不干扰。对于目标污染物来说，活性炭对混合溶质的吸附较纯溶质的吸附为差，当溶液中存在其他溶质时，会导致该溶质的吸附很快穿透。

8.4.4 饮用水处理用活性炭的选择

1. 活性炭选择的一般原则

活性炭因能有效地去除色、臭味、有机物、杀虫剂、除草剂、酚、铁、汞等多种污染物而成为最有效和最通用的除污染净水剂。1910 年，英国建立了第一座应用活性炭处理饮用水的水厂，用"超氯化"法来氧化有机物，然后再用活性炭脱氯。20 世纪后期开始应用粉末活性炭消除饮用水中的臭味，在消除水中臭味的实践中，活性炭是最有效的吸附材料，它以发达的微孔结构和巨大的表面积，非常有效地吸附产生臭味的有机物。

活性炭的选型对水处理效果非常重要。活性炭的性质与活性炭制造时使用的原料、加工方法及活化条件有关，其物理及化学性质决定其吸附效果，因此，活性炭在生产过程中采用的原料及工艺流程不同，各种活性炭产品的性能差别很大，其碘值、亚甲蓝值、机械强度、比表面积、总孔容积、中孔容积、堆积容重等性能指标存在差异。

水处理用的活性炭的选择应满足 3 项要求：吸附容量大、吸附速度快及机械强度好。活性炭的吸附容量是最重要的指标，主要与活性炭的比表面积及孔径、孔容积的分布有关，比表面积大，说明细孔数量多，可吸附在细孔壁上的吸附质就多，对于水处理用活性炭，要求中孔（过渡孔）较为发达，有利于吸附质向细孔中扩散；吸附速度主要与细孔分布及活性炭粒度有关。活性炭的机械强度直接影响活性炭的使用寿命和运行费用，也影响活性炭再生后的回收率，因此，应选择机械强度高的活性炭。

活性炭粒度也是选炭时应考虑的指标。粒度越细，吸附速度越快，但活性炭池水头损失要增加，一般在 8～30 目范围内为宜。

活性炭除具有较好的吸附有机物性能外，还应具有较好的再生性能，使其吸附性能经再生后得到较好的恢复；

由于生物炭滤池主要靠生物作用对有机物进行去除，因此，应选择易挂膜且生物膜量较大的活性炭，由于用于吸附的细孔中一般不能生长细菌，微生物只能附着在活性炭的颗粒表面及大的孔洞处，因此，在相同的进水条件下，粒度越小、颗粒外表面大孔越多，单位体积滤料提供的附着面积越大，能升长生物膜越多。

活性炭的产品技术性能参数是选择活性炭的依据之一，但目前国内参数指标中的碘值及亚甲蓝值并不能很好地反映活性炭对水中有机物的吸附性能。国外多采用糖蜜值这个吸附指标，该指标能较好地反映活性炭对有机物的吸附性能。

最后要对活性炭进行吸附容量测定、吸附等温线测定、柱子试验以及再生试验等，通过试验确定适合该水源水处理的活性炭。

2. 活性炭吸附容量的测定

活性炭吸附容量可通过吸附等温线的测定，得到吸附容量的近似范围。温度一定时，当活性炭和水接触达到平衡浓度时，吸附容量（q_0）和平衡浓度（C_i）之间的关系线为吸附等温线，以普通坐标图或对数坐标图表示。

吸附容量是指单位质量活性炭所能吸附的溶质的量。平衡吸附容量是指吸附达到平衡时，单位质量活性炭所能吸附的污染物的质量，可以用它表示活性炭对该污染物的吸附能力，用 q_0 表示，单位为 mg 污染物/g 活性炭（mg/g）。

平衡吸附容量公式见式（8-2）：

$$q_0 = \frac{V(C_0 - C_i)}{W} \tag{8-2}$$

式中　V——达到平衡时的积累通水体积，L；

　　　C_0——吸附开始时水中污染物的浓度，mg/L；

　　　C_i——吸附达到平衡时水污染物的浓度，mg/L；

　　　W——活性炭用量，g。

平衡吸附容量随溶液的 pH 值、浓度、温度、活性炭的性质及污染物性质等不同而异。吸附容量越大，吸附周期越长，活性炭吸附使用寿命越长，运转管理费用少。

吸附等温试验是测定活性炭吸附性能和筛选活性炭的常用方法。常见的吸附等温线有 3 种，每种类型相应于一种吸附公式，即 Langmuir、BET 和 Freundrich 公式，其中 Langmuir 和 BET 公式都是理论公式，Freundrich 公式属于经验公式，水处理中常采用该公式。Freundrich 公式如式（8-3）所示：

$$q = V(C_0 - C_e)/m = KC_e^{1/n}$$

式中　q——吸附容量，mg/g；

　　　V——水样体积，L；

　　　C_0——水样初始浓度，mg/L；

　　　C_e——水样吸附平衡浓度，mg/L；

　　　m——吸附剂用量，g；

　K，n——常数。

一般用图解法求 Freundrich 公式中的 2 个常数 K 及 $1/n$。对 Freundrich 公式两边取对数得下式：

$$\lg q = \frac{1}{n}\lg C_e + \lg K$$

根据上式，以 $\lg C_e$ 为横坐标，$\lg q$ 为纵坐标作直线，斜率为 $1/n$，截距为 $\lg K$。K 值越大，活性炭的吸附容量越大。$1/n$ 表示随着浓度的增加吸附容量增加的速度，$1/n$ 在 0.1～0.5 时，吸附效果最显著。$1/n > 2$ 时，随被吸附物质的浓度降低，吸附量显著降低，即便增加活性炭用量时，效果也不明显。在评估活性炭的吸附特性时，要将 K 与 $1/n$ 2 个常数同时分析，综合考虑选择适当的活性炭。

实际处理水中均是多成分，不可能测定各个成分的吸附平衡式。一般把 COD_{Mn} 或 TOC 等综合指标看作单一成分来求吸附平衡式。

8.4.5　活性炭再生

颗粒炭均以固定床的形式应用。当吸附床的吸附能力丧失后，可通过再生方法恢复炭的吸附能力，活性炭再生后可以重新使用，一般再生费为炭的 1/3～1/4，碘值可达到新炭的 80% 左右。

常用的是热再生方法，再生温度从 540～960℃。但加热的温度随使用条件与具体活性炭可能有不同的最适宜温度。再生步骤为：

吸出滤池→装入再生炉→干燥(100℃)→炭化(700℃)→活化(800～1000℃，通入水蒸气)→冷却→出炉。

一般再生 1kg 活性炭需要热量为 12.5～29.2kJ。采用电炉时，一般平均再生 1t 活性炭需用电量为 1000～2000kW·h。每次再生的损耗率约为 7%～10%，相当于经过 10～14 次再生后，即需换新炭床。

要正确评价再生对于活性炭吸附机理和吸附容量的影响，必须根据活性炭再生达 10 次的研究成果。用于处理废水的活性炭，所吸附的有机物量可达 40% 的炭重，常用的再生温度为 960℃。但用于给水处理的活性炭，吸附的有机物量只有炭重的 7.6%～8.2%，用 960℃ 则太高。这个温度可能使吸附挥发性有机物所需的微孔受到严重破坏，同时削弱大孔的结构，从而产生较大的损耗。540℃ 再生虽然无 960℃ 再生的这些缺点，但由于温度低，有机物中固定碳可能遗留在活性炭内，从而阻塞了吸附部位。因此，850℃ 的再生温度可能是一个较好的折中再生温度。

8.4.6　某水源水的活性炭吸附试验

1. 活性炭吸附试验

1）试验方法

将颗粒活性炭研磨至能通过 200 目细筛，放入 105℃ 烘箱内烘至恒重，在干燥器中冷却备用。取一定体积原水，用孔径 2μm 的玻璃纤维滤膜过滤后（去除悬浮物）作为试验水样备用。分别称取粉末炭 6mg、12mg、24mg、40mg、60mg，依次放入 5 个 250mL 的具塞锥形瓶中，分别向各瓶中加入 200mL 滤后水样，另取一锥形瓶加入 200mL 水样（不加活性炭）作为空白样，将 6 个锥形瓶加塞后放入恒温摇床中，25℃ 下振荡 1h，用 0.45μm 滤膜过滤，弃去初滤液 30mL，测定滤液高锰酸盐指数等指标。

2）吸附试验

选 4 种颗粒活性炭进行等温吸附试验，4 种活性炭的碘值及亚甲蓝值相差不大，其技术参数见表 8-3。试验用水样水质：高锰酸盐指数＝5.81mg/L。

活性炭的技术参数

表 8-3

序号	规格	强度（%）	碘值（mg/g）	亚甲蓝（mg/g）
1	柱状 $\phi1.5$		1043	210
2	柱状 $\phi3.0$	96	950	200
3	柱状 $\phi1.5$	97	1002	210
4	不规则 8～20 目	95	1000	210

根据取对数后的 Freundrich 公式将吸附试验数据作图，得出吸附常数 K 与 $1/n$ 值，见表 8-4。

4 种活性炭的吸附等温试验常数 表 8-4

参数 \ 序号	1	2	3	4
lg$K$	0.91	0.78	0.90	1.09
K	8.13	6.09	8.04	12.30
$1/n$	1.03	0.93	0.75	0.91

K 值越大，说明在平衡浓度较低时活性炭具有较大的吸附容量，适于处理有机物浓度低的水，或要求出水有机物低的水；$1/n$ 值越大，说明吸附容量随平衡浓度的变化大，适合于处理浓度高的水，且适合于固定滤床的运行方式。

从表 10-4 看出，4 号活性炭的 K 值最大，且 $1/n$ 适中，因此吸附性能最好；1 号与 3 号活性炭的 K 值相差不多，1 号活性炭的 $1/n$ 值较大，适合于固定滤床运行方式；2 号活性炭吸附性能较差。根据试验结果，采用 4 号活性炭作为中试流程中生物活性炭（BAC）池的滤料。

可见，虽然 4 种活性炭的碘值与亚甲蓝值相差不大，但对于该水源水的有机物吸附性能差距较大，说明，碘值与亚甲蓝值并不能真正反映活性炭对水中有机物的吸附能力，芮旻等的试验也证明，活性炭的碘值、亚甲蓝值与活性炭对原水中有机物吸附能力之间的相关性不好。亚甲蓝虽然为有机物，但其分子量较小（分子量 373），而水中易被吸附的有机物的分子量一般大于 500，另外，水源水中有机物所带基团与亚甲基蓝不同，因此，使两者的吸附性能产生差距。因此，必须通过吸附等温试验及过滤柱吸附试验才能合理的选择活性炭。

2. 原水有机物的可吸附性

加入过量活性炭充分吸附，测定吸附前后水样的高锰酸盐指数，主要用来分析原水中有机物的可吸附性能，吸附后水中残存有机物越少，则吸附性能越好。

试验方法如下：取 1L 经滤膜过滤（孔径为 2μm 的玻璃纤维滤膜）的原水水样，放入搅拌杯中，加入 12g 粉末活性炭（200 目），在 200rpm 的转速下搅拌吸附，在吸附过程中每隔 30min 取水样经过滤后测定高锰酸盐指数，发现吸附 30min 后，水样高锰酸盐指数随时间的变化很小，120min 时不再变化，因此，可以认为经 120min 吸附后，水中残存的有机物为不可吸附的有机物。试验结果见表 8-5。

原水有机物的可吸附性 表 8-5

	COD_{Mn}(mg/L)	UV_{254}(cm^{-1})	DOC(mg/L)	氯仿生成潜能(μg/L)
吸附前	5.26	0.131	6.44	150.2
吸附后	1.07	0.002	0.8	5.1
去除率(%)	79.7	98.5	89.1	96.6

从表 8-5 中看出，活性炭吸附对有机物具有较高的去除效率，但不能将有机物全部去除，水中残存的有机物可能是大分子的和亲水性的小分子有机物。从试验结果看出，活性炭吸附对 UV_{254} 的去除效果很好，吸附后水中 UV_{254} 小于 0.002cm^{-1}，去除率在 98% 以

上，氯仿生成潜能降低了 96.6％，可见活性炭吸附对该水源水中 DBPs 前体物（主要为腐殖质）具有极高的去除效率，从活性炭吸附试验结果看出，对该水源水来说，活性炭吸附是去除水中有机物、降低 DBPs 生成量、提高供水安全性的有效工艺。

8.4.7 活性炭池的运行试验研究

对南方某水源水常规处理出水进行活性炭处理研究，该水源水污染较严重，具有较高的 COD_{Mn} 和氨氮，活性炭滤柱由有机玻璃制作，直径 400mm，柱高 4m，内装炭层 2.0m，柱壁上设多个取样孔，滤池底部设置气、水反冲洗装置，采取上进下出运行方式，正常滤速 8m/h。活性炭为不规则煤质破碎炭，规格为 8×16 目。

1. BAC 对 COD_{Mn} 的去除效果

BAC 运行初期对 COD_{Mn} 的去除效果见图 8-8，长期运行对 COD_{Mn} 的去除效果（2002 年 11 月至 2003 年 12 月，水温范围 2～34℃）见图 8-9。

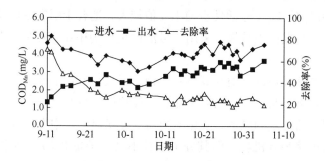

图 8-8　BAC 运行初期对 COD_{Mn} 的去除效果

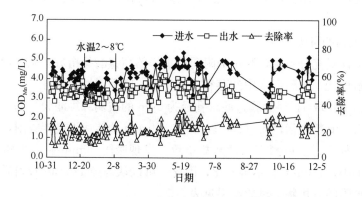

图 8-9　长期运行 BAC 对 COD_{Mn} 的去除效果

从图 8-8 中可以看出，BAC 运行初期对 COD_{Mn} 去除率在初始几天大于 60％，随运行时间增加去除率下降很快，20d 左右已降至 30％。运行 40d 左右，去除率降至 20％～25％。

以出水 COD_{Mn}＝3mg/L 为泄漏点，BAC 的吸附期约为 40d。主要原因是进水 COD_{Mn} 的浓度较高，同时，砂滤池出水直接进入 BAC，水中有机物的生物降解性差，从而造成 BAC 对该水源水的吸附周期短。

从图 8-9 中看出，进水 COD_{Mn} 为 3～5.66mg/L，BAC 出水 COD_{Mn} 大部分在 3mg/L 以上。在 12℃ 以上运行时，BAC 对 COD_{Mn} 的去除率在 18％～30％ 范围，其中，在 5、10 月

份有较高的去除率，这主要与进水中 NO_2^--N 浓度较高有关。在冬季水温为 $6\sim10℃$ 的条件下，去除率为 $15\%\sim20\%$，在进水温度为 $2℃$ 左右的几天，去除率仅为 12%。可见，低温对 BAC 的运行效果影响较大。

2. 高氨氮条件下 BAC 的硝化作用

1)不同温度下 BAC 对氨氮的去除效果

BAC 中硝化菌的挂膜期在 12d 左右。将稳定运行阶段(2002 年 10 月至 2003 年 4 月)(滤速为 8m/h)不同温度下 BAC 对氨氮的去除量用单位体积滤料的去除负荷表示，汇总成不同温度下去除负荷与进水负荷的关系，见图 8-10～图 8-12。

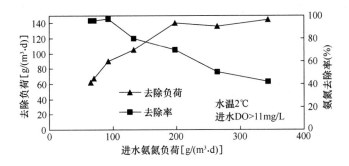

图 8-10 水温 2℃时 BAC 对氨氮的去除

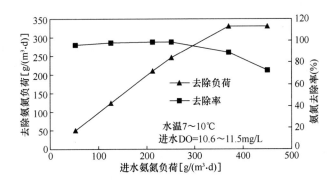

图 8-11 水温 7～10℃时 BAC 对氨氮的去除

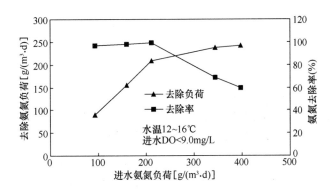

图 8-12 水温 12～16℃时 BAC 对氨氮的去除

从图 8-10～图 8-12 看出，氨氮去除负荷随进水负荷的增加而增加，在到达某一值时不再增加，去除率随进水负荷的增加而下降。可以看出，在某一温度范围内对应一个最大去除负荷，各温度区间的最大去除负荷不同。

在水温 2℃的条件下，BAC 去除氨氮最大负荷为 140g/(m³滤料·d)（对应去除量为 1.1mg/L）。试验进水溶解氧（DO）大于 11.0mg/L，出水 DO 大于 4.0mg/L，说明水中 DO 充足，不是硝化的限制因子。

在水温为 7～10℃的条件下，进水氨氮负荷较小时，对氨氮的去除率大于 96%，出水氨氮低于最低检出值，最大去除负荷为 316g/(m³滤料·d)（对应的去除浓度为 2.4mg/L）。所测进水 DO 大于 8.6mg/L，出水 DO 小于 0.3mg/L，说明温度升高 BAC 生物活性增强，水中 DO 成为硝化的限制因子。

在 12～16℃时，BAC 对氨氮的最大去除负荷为 263g/(m³滤料·d)（对应去除量为 2.0mg/L），所测进水 DO 小于 9.0mg/L，出水 DO 小于 0.2mg/L。温度升高后 BAC 对氨氮去除负荷反而降低，是由于进水 DO 降低所造成。

从试验看出，BAC 的硝化作用受温度和 DO 的影响，在低温时温度是决定性因素；在温度较高时，DO 是决定性限制因子。

2）不同温度下 BAC 炭层中氨氮的去除与 DO 变化规律

从 BAC 不同深度的取样口（以炭层上表面为基准）取样，测定氨氮与 DO，将不同进水温度下的测定结果汇总于表 8-6。

从表 8-6 中可看出，水温在 11℃以上时，与进水氨氮浓度无关，BAC 对氨氮的去除主要在 0～0.4m 的炭层中完成，相应的 EBCT＜3min，氨氮较高时，DO 在该层内已基本被消耗殆尽。以氨氮去除量为 1.5mg/L 计算，该段炭层对氨氮的去除负荷为 720g/(m³·d)。

在水温 5℃时，滤池的全部炭层均参与了生化作用，0～0.4m 炭层对氨氮的去除负荷为 389g/(m³·d)。

不同水温下炭层中的氨氮及 DO 变化比较 表 8-6

炭层深度 (m)	5℃		11℃		17℃		24℃	
	氨氮 (mg/L)	DO (mg/L)	氨氮 (mg/L)	DO (mg/L)	氨氮 (mg/L)	DO (mg/L)	氨氮 (mg/L)	DO (mg/L)
进水	3.08	8.9	1.56	9	3.04	8.4	2.61	6.2
0.40	2.27		0.02	1.38	1.42	0.3	1.49	0.2
0.80	1.76				1.37	0.2	1.42	0.15
1.20	1.45				1.35	0.14	1.42	0.14
1.60	1.27	1.8						

从试验可以看出，在水温较高、氨氮较高的条件下，由于进水中 DO 在进水端 0.4m 深度的炭层中基本消耗殆尽，因此，0.4m 处可看作是分界点或转折点，此点以上的炭层为好氧区，此点以下的炭层为缺氧或厌氧区。由于进水 DO 的限制，使得大部分炭层并没有发挥去除氨氮的作用，因此，活性炭池具有较大的去除氨氮的潜力。

3）BAC 对 $NO_2^- $-N 的去除

在温度较高的运行期，BAC 对 NO_2^--N 的去除效果见图 8-13。BAC 对 NO_2^--N 具有较高的去除效率，出水无 NO_2^--N 积累。炭层中的硝酸细菌不但去除了进水中的 NO_2^--N，还将亚硝酸菌氧化氨氮生成的 NO_2^--N 转化为硝酸盐，因此，炭层中硝酸细菌对氮的转化量略大于亚硝酸菌对氮的转化量，在炭层中，二者处于平衡状态。

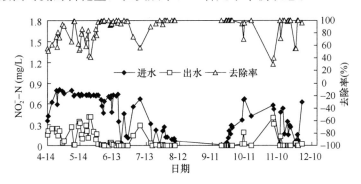

图 8-13 BAC 对亚硝酸盐的去除

由 BAC 进水 NO_2^--N 可以看出，在原水氨氮较高的情况下，流程中砂滤池出水 NO_2^- 积累较严重。

3. 温度对 BAC 炭层活性的影响

为了考察温度对活性炭池生物活性的影响，取炭层上部的生物炭测定了不同水温下比耗氧速率（SOUR）的值。BAC 进水温度为 15℃，测定 SOUR 时分别控制反应温度为 6℃、15℃ 和 30℃，结果见表 8-7。

不同温度下生物炭的 SOUR   表 8-7

水温(℃)	6	15	30
SOUR[$mgO_2/(g$ 滤料 $\cdot h)$]	0.222	0.576	0.984

从表 8-7 看出，生物炭生物活性受水温的影响较大，6℃ 时的 SOUR 值是 15℃ 时的 38.5%、是 30℃ 时的 22%，可见在低温情况下，生物炭上生物膜的生物活性比常温时低得多。

4. BAC 炭层中硝化菌与异养菌对 DO 的竞争利用

通过前面的试验结果和分析可以看出，在进水氨氮浓度较高时，水中 DO 在 BAC 上部炭层被快速消耗，因此在 BAC 上部炭层中存在硝化菌与异养菌对 DO 的竞争利用，而下部炭层 DO 基本为 0，从而影响异养菌对 COD_{Mn} 的去除。

1）炭层中硝化菌与异养菌对 DO 的竞争关系

硝化菌与异养菌对 DO 的竞争利用关系，可通过测定的硝化菌与异养菌的 SOUR 得到验证。在 BAC 中上部炭层硝化菌的 SOUR 约为异养菌的 5 倍，因此，在生物膜中硝化菌对 DO 的竞争占明显优势，在进水氨氮较高的条件下，影响异养菌对有机物的降解。

根据氨氮完全硝化所需消耗 DO 的计量关系，在炭层消耗的 DO 中减去氨氮和亚硝酸盐氧化所消耗的 DO，得到 COD_{Mn} 去除量（进出水浓度差，用 ΔCOD_{Mn} 表示）与其对 DO 消耗量（用 ΔDO 表示）的比值，多次取样的计算结果见表 8-8。从表 8-8 看出，ΔCOD_{Mn}

与 ΔDO 的计量关系约为 $2\sim3mgO_2/mg\Delta COD_{Mn}$，取其平均值为 $2.35mgO_2/mg\Delta COD_{Mn}$。

生物炭层去除 COD_{Mn} 与 DO 的消耗关系表 表 8-8

取样次数	1	2	3	4	5	6	7	8
ΔCOD_{Mn}（mg/L）	1.1	0.8	0.7	0.8	1.01	0.92	1.12	0.71
ΔDO（mg/L）	1.9	1.6	1.75	1.84	2.22	2.12	3.13	2.1
$\Delta DO/\Delta COD_{Mn}$	1.73	2	2.5	2.3	2.2	2.3	2.8	3.0

若 BAC 的出水 DO 按 $0.5mg/L$ 计，假设氨氮完全氧化为 NO_3^-，可用下式估算滤池允许的最高进水氨氮浓度与 DO、COD_{Mn} 的去除量之间的定量关系：

$$S_N = (进水\ DO - 2.35\Delta COD_{Mn} - 0.5)/4.3$$

式中 S_N——进水氨氮浓度，mg/L；

ΔCOD_{Mn}——炭层需去除的 COD_{Mn}；

4.3——完全氧化 1mg 氨氮消耗的 DO。

例如，进水 COD_{Mn} 在 $4.0mg/L$ 左右，要求出水 COD_{Mn} 小于 $3.0mg/L$，则 ΔCOD_{Mn} 为 $1.0mg/L$。根据式（6-4）可估算出不同进水 DO 条件下基本不影响 COD_{Mn} 去除效率的允许进水氨氮浓度，见表 8-9。

不同进水 DO 条件下 BAC 池允许进水氨氮浓度（水温大于 6℃） 表 8-9

炭层进水 DO（mg/L）	5.0	8.5	10	12
允许进水最高氨氮（mg/L）	0.4	1.3	1.5	2.0

虽然在 2℃时 DO 不是限制因素，但由于对氨氮去除率较低，为了保证出水氨氮小于 $0.5mg/L$，应控制进水氨氮在 $1.5mg/L$ 以内。

由上面的分析可以看出，当原水氨氮较高时，应采取生物预处理去除氨氮，并采取措施增加活性炭池的进水 DO。

2）温度对 2 类细菌竞争 DO 的影响

从前面的分析看出，在 2℃的低温时，由于 DO 高、细菌活性低，DO 不是限制因子，硝化菌与异养菌对 DO 的利用不是竞争的关系；温度较高时，细菌的活性增强，而水中的 DO 随温度增高而降低，硝化菌与异养菌的竞争利用 DO 的关系明显，硝化菌消耗大量的 DO，使异养菌受到抑制。

5. 小结

（1）进水 COD_{Mn} 为 $3\sim5.66mg/L$ 的条件下，无臭氧氧化的 BAC 出水的 COD_{Mn} 大部分在 3mg/L 以上，主要与进水氨氮较高及有机物生物降解性差有关。由于没有臭氧氧化工艺，BAC 的吸附期为 40d 左右，比臭氧-BAC 的吸附期大大缩短。

（2）温度影响活性炭池的生物活性。6℃时炭层的 SOUR 是 15℃时的 38.5%、是 30℃时的 22%。在 11℃以上时，硝化反应只发生在进水端 0.4m 高度的炭层内（相应的 EBCT 小于 3min），与进水氨氮浓度无关；在小于 5℃时，由于生物活性降低，发生硝化作用的炭层深度随之增加（相应的 EBCT 增加）。

（3）在进水氨氮较高时，水中 DO 是生物炭滤池运行的决定性限制因子。DO 的限制性作用与温度有关，低温时由于生物活性降低，使 DO 变成非限制因子；在温度较高时，进水 DO 决定了氨氮的最大去除量。

（4）高氨氮进水条件下，硝化菌与异养菌之间存在对 DO 的竞争利用关系。在 BAC 中，上部滤料生物膜中硝化菌的 SOUR 是异养菌的 5 倍左右，因此，硝化菌对 DO 的竞争利用占有优势。在进水氨氮浓度较高时，硝化菌消耗大量 DO，从而影响异养菌对有机物的降解，因此，应控制生物炭滤池的进水氨氮浓度。

8.5 臭氧和活性炭联用技术

8.5.1 概述

臭氧—活性炭联合工艺首先于 1961 年在德国使用，20 世纪 70 年代开始了大规模研究和应用，其中具有代表性的是瑞士的 Lengg 水厂和法国的 Rouen La Chapella 水厂。水中的有机物经臭氧氧化后，提高了可生物降解性，从而有利于后续活性炭处理对有机物的去除，延长了活性炭的使用周期，活性炭的使用周期可达 2 年以上。O_3-BAC 的发展较为成熟，现已广泛用于欧洲国家如法、德、意、荷等的上千座水厂中，在欧洲，臭氧—活性炭技术已被公认为处理污染原水、减少饮用水中有机物浓度的最有效技术。该项技术在我国正在逐步推广应用。

臭氧-BAC 工艺可有效提高水的生物稳定性、去除 DBPs 前体物。臭氧氧化与生物处理工艺组合的目的，不但是通过臭氧化直接破坏 DBPs 前体物，而且将前体物转化成更易生物降解的物质并在后续的生物处理中去除。

一些学者对臭氧剂量与生物降解性的关系进行了研究，试验发现，在对水温为 $2\sim14℃$ 的湖水进行臭氧氧化后（投加量为 $0.4\sim0.5mgO_3/mgTOC$），AOC-P17 增加到原水的 3 倍，AOC-NOX 达到了原水的 10 倍以上。Yavich 的试验表明，水中有机物的生物降解性随臭氧投加量的增加提高。Somiya 等人用臭氧氧化腐殖酸样品，发现 BOD 随臭氧投加量的增加而增加，一直到臭氧投加量为 $2mgO_3/mgTOC$ 后才逐渐平稳。另外的研究者发现了相同的趋势，但当臭氧剂量达到 $1mgO_3/mgDOC$ 后，生物降解性不再有明显提高，Siddiqui 等人对 DOC 为 $3\sim6mg/L$ 的 Silver 湖水进行臭氧氧化，在臭氧量为 $1.0mgO_3/mgDOC$ 时，BDOC 达到最大。这可能是由于不同的水源中 NOM 的组成不同而造成。Hozalski 等人的试验显示，在臭氧投加量为 $1mgO_3/mgDOC$ 的条件下，臭氧化水的 BOD_5 增加了 500%（从臭氧化前的 $2.3mg/L$ 增加到 $11.8mg/L$），Volk 等人也得出了相似的结果，而且当臭氧投加量超过 $1.0mgO_3/mgDOC$ 的比值时，DOC 浓度没有明显降低。Takahashi 等研究者试验发现，当臭氧投加量从 0 增加到 $3.5mgO_3/mgDOC$，BOD_5/COD 的比值从 $0.02\sim0.03$ 增加到 0.25。可见，由于水源水成分复杂，各种水源的最佳臭氧投加量差异较大，臭氧投加量应根据原水水质经臭氧氧化试验确定。

臭氧-BAC 工艺可有效控制氯化 DBPs 的生成，有效去除水中致突变物质，使原水的致突变活性由阳性转变为阴性。试验结果显示，臭氧化对 THMs 和 HAAs 前体物均具有很好的去除效果，在臭氧量为 $2mg/L$ 时，对 THMs 前体物去除率为 52.2%，绝对去除量为 $157\mu g/L$，对 HAA 前体物的去除率为 42.4%，绝对去除量为 $89\mu g/L$；生物活性炭对 HAAs 前体物去除效果较好，对 THMs 前体物的去除效果有限，说明 HAAs 前体物有一部分是可生物降解的。臭氧—生物过滤组合工艺可去除 50％ 的 THMs 前体物和 70％ 的 HAAs 前体物。李绍峰以臭氧—BAC 与超滤膜工艺对某地自来水进行深度处理，结果表明，Ames 试验 TA98＋S9 和 TA98-S9 的 MR 值由原水的 8.45 和 8.06 降为出厂水的 1.60 和 1.55，说明该工艺具有良好的去除有机物和 Ames 致突变物的能力。

臭氧—生物处理组合工艺可以通过生物降解降低 DOC 浓度而使 DBPs 形成潜力明显降低。Siddiqui 研究发现，在臭氧剂量为 $1.5mgO_3/mgDOC$ 的条件下，臭氧—生物过滤可使 THMs、HAAs、水合三氯乙醛的生成潜能减小 70％～80％，DOC 降低 40％～50％，醛类去除 90％～100％，其他研究者也观察到了相似的甲醛去除效率。Richardson 等人研究了生物过滤对臭氧化副产物的去除效果，发现生物过滤可以去除 45％～90％ 的羧酸、约 50％ 的 AOC 和 35～95％ 的醛类。

臭氧-BAC 是去除除草剂、杀虫剂及臭味的有效方法。在英国伦敦和牛津地区处理泰晤士河水的主要水厂均在常规处理工艺后采用了臭氧-BAC 工艺，以去除水中的杀虫与除草剂，在臭氧投加量为 2.5mg/L 的条件下，可去除敌草隆（diuron）75％。试验显示，臭氧能破坏 2-MIB 和 Geosmin 的结构，提高有机物的可生物降解性，从而增加了生物滤池中生物膜量，强化了生物滤池降解臭味生成物的能力。

Bao 等人研究表明，臭氧氧化产生的 BrO_3^- 可通过 BAC 过滤去除，BAC 滤柱在 EBCT（Empty-bed contact time，空床接触时间）为 20min 的条件下运行，对 BrO_3^- 的去除率为 57％～92％，BAC 通过活性炭还原和生物的作用，将 BrO_3^- 转化为 Br^-。

臭氧—活性炭是一种先进的饮用水深度净化技术，该工艺在国外，特别是欧美发达国家，已经有越来越多的工程实践应用。国内已有常州、桐乡自来水厂采用了这一工艺，运行结果表明，臭氧—活性炭工艺对 COD_{Mn}、挥发酚、氨氮、UV_{254} 等指标均有较好的去除效果，出水水质大大提高。该工艺投资较低，能被我国供水企业所接受。

随着饮用水水源污染的日益加剧，以及饮用水水质标准的提高，臭氧—活性炭技术将成为我国饮用水厂普遍采用的一种方法。

8.5.2 臭氧—生物活性炭工艺的运行试验研究

臭氧—生物活性炭深度处理工艺是受污染水源水处理和提高供水水质的最有效技术之一。在高氨氮水源水处理工艺中，生物预处理可以有效地去除氨氮，从而避免氨氮对活性炭池运行的影响，保证工艺出水达标；若无生物预处理，进水中较高浓度的氨氮对活性炭池运行势必造成不利影响，同时，也不能保证出水氨氮达标。本章主要研究讨论设置生物预处理和无生物预处理单元的生物活性炭池的运行特性。

臭氧接触池采用不锈钢制成，底部设钛板微孔曝气头。活性炭池由有机玻璃制作，直径 400mm，柱高 4m，内装炭层 2.0m，柱壁上设多个取样孔，滤池底部设置气、水反冲洗装置，采取上进下出运行方式，正常滤速 8m/h。活性炭为不规则煤质破碎炭，规格为 8×16 目。

试验时间为 2002 年 9 月至 2004 年 1 月，通过对试验流程中各处理单元的水温测定发现，冬季活性炭池进水水温比原水低 2℃，1 月份的进水水温最低为 2℃，试验期间水温范围为 2～34℃。臭氧-BAC 工艺的臭氧投加量为 3mg/L，BAC 的反冲洗周期为 4 周。

1. 臭氧-BAC 对有机物的去除

1) 臭氧-BAC 对 COD_{Mn} 的去除作用

自 2002 年 9 月 8 日开始进水，9～11 月的水温范围为 14～26℃。BAC 运行初期对 COD_{Mn} 的去除效果见图 8-14。图中仅显示 BAC 的运行数据，BAC 的进水是臭氧接触池的出水，主要是为了分析在运行初期 BAC 对 COD_{Mn} 的去除规律。

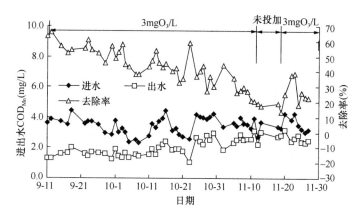

图 8-14　BAC 吸附期对 COD_{Mn} 的去除效果

从图 8-14 中看出，在运行初期，活性炭池以吸附为主，在进水 COD_{Mn} 为 3.5～5mg/L 范围内，出水 COD_{Mn} 小于 2mg/L。随运行时间的增加，去除率呈逐渐下降的趋势，出水 COD_{Mn} 从初始的 1.3mg/L 增加到 2mg/L 以上，在运行到 2 个月时，出水 COD_{Mn} 接近 3mg/L，去除率趋于平稳，而且在不投加臭氧的条件下，对 COD_{Mn} 的去除率明显下降，说明活性炭吸附作用逐渐减弱，吸附接近相对饱和。从试验数据可知，BAC 的吸附使用周期为 60d 左右。

在挂膜期，BAC 的进水氨氮较高，但由于活性炭以吸附作用为主，因此，氨氮并未影响 BAC 对 COD_{Mn} 的去除效果。

在 11 月 10 日～20 日，由于未投加臭氧，BAC 对 COD_{Mn} 的去除率下降到 20％左右。

活性炭相对吸附饱和后，臭氧-BAC 对 COD_{Mn} 的去除效果（时间为 2002 年 12 月至 2003 年 12 月）见图 8-15。

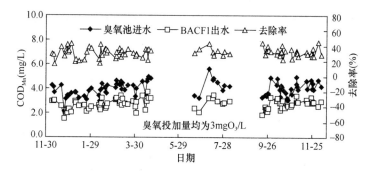

图 8-15　臭氧-BAC 对 COD_{Mn} 的去除

从图 8-15 看出，在温度适宜（8℃以上）、臭氧投加量为 3mg/L 的条件下，在进水 COD_{Mn}＜4.5mg/L 时，臭氧-BAC 出水 COD_{Mn}＜3.0mg/L；当进水 COD_{Mn}＞4.5mg/L 时，

出水 $COD_{Mn}>3mg/L$。经长期运行臭氧-BAC工艺对 COD_{Mn} 的去除率在 $25\%\sim40\%$ 范围（平均为 32%），对 COD_{Mn} 的净去除量一般在 $0.8\sim1.5mg/L$ 范围，经测定，对 TOC 的去除率在 25% 左右。试验发现，在 2003 年 1 月 1 日～11 日水温降至 $4\,℃$ 以下时，去除率降至 20% 左右，但由于在混凝单元增加了投药量，提高了常规单元对 COD_{Mn} 的去除率，进入臭氧-BAC 的 $COD_{Mn}<4mg/L$，因此，BAC 出水能达标。

在 2002 年 12 月 20 日～29 日和 2003 年 2 月 10 日～18 日期间，臭氧接触池进水 NO_2^--N 较高，但从图中看，对 COD_{Mn} 的去除率影响不大。主要是因为臭氧氧化去除了较高浓度的 NO_2^--N，从而在表面上看起来没有影响对 COD_{Mn} 的去除。但臭氧—活性炭对 TOC 的去除受到较大影响，最低去除率仅为 8%，说明 NO_2^--N 消耗臭氧而影响了对 BDOC 的提高。

经测定，臭氧接触柱进水的 TOC 在 $4.5\sim5.6mg/L$ 范围，按臭氧投加量 $3mg/L$ 计算，则 O_3/TOC 在 $0.54\sim0.67mgO_3/mgC$ 范围。若要获得更好的处理效果，则应增大臭氧投加量。有资料显示，当臭氧量达到 $1mgO_3/mgTOC$ 时，臭氧氧化后水的可生化性最好。

从 BAC 炭层不同深度（以炭层上表面为 0.0）取样，测定 COD_{Mn}，观察 COD_{Mn} 在炭层中的去除规律，结果见表 8-10。

COD_{Mn} 在 BAC 中沿炭层深度的变化　　　　　　　　表 8-10

次数	水温（℃）	取样位置（m）					
		进水	0.4	0.8	1.2	1.6	2.0
1	24	3.45	2.86	2.47	2.66		2.23
2	23	4.08		3.13	2.68	2.53	2.41
3	23	3.82	2.96	2.48	2.12		2.04

从表 8-10 中可看出，在进水端 0.4m 深度以内的炭层中对 COD_{Mn} 去除量约占到整个炭层去除量的 50%，相应的 EBCT＝3min（滤速为 8m/h）。炭层中的这种去除规律可以从对 BDOC 的分类来进行解释，Yavich 等研究者将水中的 BDOC 分为快速生物降解和慢速生物降解两部分，前者可以在短时间内被去除，后者需要较长的时间，可见，在炭层高度为 2m 的条件下，8m/h 的滤速是合理的。

试验测定，由于臭氧接触池内的充氧作用，正常运行时，BAC 进水 DO 一般在 $7.5mg/L$ 以上，出水 DO 不低于 $3mg/L$，因此，DO 不是 BAC 运行的限制因素。

2）BAC 对 UV_{254} 的去除

在不同时期 BAC 对 UV_{254} 的去除作用见图 8-16。

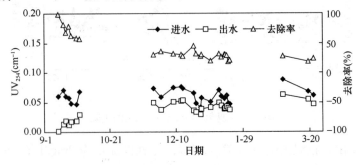

图 8-16　BAC 对 UV_{254} 的去除效果

从图 8-16 中看出，装入新炭后运行的前 6d，BAC 对 UV_{254} 的去除率很高，在 80％以上，随运行时间的延长，对 UV_{254} 的去除率快速下降，运行 20d 左右去除率下降到 50％，70d 以后下降到 31％，在以后的运行时间缓慢下降，去除率维持在 20％～30％。

在 2003 年 9 月～11 月期间测定的 BAC 对 UV_{254} 的去除率在 18％～25％。

在活性炭池运行初期，由于存在大量的吸附位点，且水中大分子有机物极少，水中所有可吸附性的有机物均被活性炭吸附，因此表现为对 UV_{254} 高效率去除。由于进水中有机物 COD_{Mn} 较高，随运行时间的延长，活性炭上的吸附位快速减少，因此，去除率快速下降。BAC 对 UV_{254} 的去除规律与对 COD_{Mn} 的去除是一致的。

在 70～120d 的运行阶段，去除率仍呈缓慢下降趋势，说明该阶段仍有微弱的吸附作用，存在以生物降解为主和微弱吸附的双重作用。

在长期运行中，BAC 对 UV_{254} 去除率在 18％以上。炭层对 UV_{254} 的去除可能有 3 个途径：①主要是炭层的生物作用的结果，一部分 UV_{254} 是可生物降解的，属于有机物分类测定中的 $DOC_{D\&A}$ 部分；②经过长期运行，生物膜中可能逐渐生长了能降解复杂有机物的微生物，例如，在对生物膜生物相的电镜观察中，发现了丝状真菌，从而对难降解的有机物有一定去除能力；③虽然活性炭基本吸附饱和，但对 UV_{254} 仍有微弱的吸附作用，这种吸附可能与生物膜对已吸附的有机物的降解从而对吸附位点再生有关。

UV_{254} 主要为难生物降解有机物，生物炭在长期运行中对 UV_{254} 物质去除率较低，要大幅度提高生物炭滤池去除 UV_{254} 的效率，只有通过活性炭的再生过程使其全面恢复吸附能力。

3）BAC 去除有机物的阶段划分

（1）活性炭吸附周期的估算

根据活性炭吸附容量公式和求出的 Freundrich 常数可估算 BAC 中活性炭的吸附周期。BAC 中活性炭重量为 100480g，处理水流量为 $24m^3/d$。根据活性炭吸附等温线试验得出的参数：$K=12.3$、$1/n=0.91$，进水 COD_{Mn} 按 4mg/L 计，出水 COD_{Mn} 按 3mg/L 计，可得 $m/V=0.03g/L$，计算得出处理水量 $V=3349m^3$，则通过吸附等温线试验参数计算得出吸附使用周期为 130d。

通过以上计算可以看出，计算的吸附使用周期与活性炭池实际吸附周期（约 60d）有较大差异，实际吸附周期大大低于计算使用周期。造成这种差异可能有以下原因：①活性炭等温吸附试验是利用磨成 200 目的粉末炭，由于颗粒炭内部的密闭孔可能成为开放孔，增加了活性炭的比表面积，同时，炭颗粒外表面积增加，使吸附质向内部扩散的通道增加，且孔洞深度大大减小，粉末炭吸附容量可能大于颗粒炭；②在吸附等温试验中，是一种序批式的吸附反应，一次性投加，测定最后平衡浓度，其吸附容量是利用吸附前后的浓度差进行计算，根据吸附等温参数计算活性炭池中活性炭的使用周期时，也是按出水 COD_{Mn} 为 3mg/L（进出水浓度差为 1mg/L）进行计算的，而在活性炭池运行中，采用的是固定床连续流方式，出水浓度由 1.3mg/L 逐渐增加到 3mg/L，在进水浓度基本不变的条件下，进出水浓度差大于 1mg/L，也就是说，虽然处理水量未达到计算水量（运行周期小于根据吸附等温线计算的使用周期），但是活性炭的吸附量已基本达到该平衡浓度下的吸附容量，因此，实际运行吸附周期减小。

通过以上分析可以看出，活性炭池的实际吸附周期（以 3mg/L 为泄漏浓度）大大低于利用吸附等温试验计算出的吸附周期。

（2）对生物活性炭池运行阶段的划分

通过对 BAC 去除 COD_{Mn} 和 UV_{254} 的规律分析，可将活性炭池去除有机物的运行分成 2 个阶段。

第 1 阶段：活性炭吸附期，将该阶段分成前、中、后 3 个时期。

前期：活性炭快速吸附去除有机物，是去除效率最高的阶段。该阶段处于生物挂膜前期，生物作用可忽略。约为运行的前 10d（在预处理的 BAF 中硝化菌与异养菌的挂膜期基本相等，约为 10d）。

中期：活性炭吸附为主、生物降解为辅。活性炭的吸附能力随时间逐渐下降，随着颗粒炭表面生物膜逐渐生长，生物降解开始发挥作用，但吸附去除作用仍大于生物降解，炭层对 COD_{Mn} 去除率逐渐下降。约为第 10 天到第 40 天。

后期：吸附与生物降解作用的主导作用发生转换。随运行时间的延长，生物降解对有机物的净去除量逐渐增加，生物作用趋于稳定，吸附作用逐渐减弱，生物降解对有机物的去除作用逐渐大于吸附，由初期的以吸附为主逐渐转变为以生物降解为主，COD_{Mn} 去除率逐渐趋于平稳。约为第 40 天至第 60 天。

第 2 阶段：生物降解阶段：主要靠生物降解去除 COD_{Mn}。活性炭的吸附作用虽然存在，但可忽略，主要起生物载体的作用。

从严格意义上来讲，活性炭的吸附作用在 BAC 池的运行中自始至终都是存在的，而且随进水水质的变化，吸附与解吸是一个动态的过程，只是在长期运行中吸附对 COD_{Mn} 的去除量与生物降解的去除量相比可忽略。

4）臭氧氧化与生物降解延长活性炭吸附周期的机理

通过前文对原水有机物的分类分析，臭氧氧化与生物降解延长活性炭使用周期的机理如下：

（1）活性炭吸附期的延长

水中的 DOC_A（可吸附有机物）包括 $DOC_{D\&A}$ 和 $DOC_{ND\&A}$，生物膜生长后通过生物降解去除 $DOC_{D\&A}$，减轻了活性炭吸附有机物的负荷，从而延长了活性炭的吸附周期。从这一点来说，炭颗粒表面生物挂膜越快越好，进水 $DOC_{D\&A}/DOC_A$ 比值越高越好。臭氧氧化能增加可吸附有机物中可生物降解部分的比例，在臭氧投加量为 3mg/L 的条件下，$DOC_{D\&A}/DOC_A$ 由氧化前的 0.20 提高到氧化后的 0.34，这是臭氧能延长活性炭吸附周期的原因。

由于臭氧能杀灭水中的细菌，因此，进水的最初阶段可不投加臭氧，以利细菌在活性炭上的快速挂膜生长。

（2）活性炭长期运行

若以某一 COD_{Mn} 值为出水目标，活性炭在该浓度下相对吸附饱和后，若生物膜的生物降解作用仍可使出水达标，则活性炭作为生物载体可长期使用。

在长期运行中，生物活性炭池出水水质能否达标，关键是控制进水中 DOC_{ND}。从混凝对有机物的去除来看，原水中 DOC_D/DOC 为 0.21，经过混凝、强化混凝后分别为 0.24、0.27，可见，不可生物降解的有机物（DOC_{ND}）仍占较大的比例，在试验进水的条件下，若混凝后的水直接进入活性炭池进行处理，生物降解无法使出水水质达标。

在臭氧投加量为 3mg/L 的条件下，混凝出水经臭氧氧化后，DOC_D/DOC 上升为 0.41，提高了有机物的可生物降解性，同时，DOC_{ND} 降低，因此，臭氧—活性炭工艺出水能达标，活性炭作为生物载体可以长期使用。可见，对于受污染水源水处理来说，臭氧氧化是必需的工艺。

可以看出，由于臭氧氧化后水中 DOC_{ND}/DOC 为 0.59，因此，臭氧—生物活性炭工艺的进水有机物浓度应低于一定值，才能保证工艺出水水质达标。

5）BAC 对甲醛的去除

臭氧氧化副产物以醛类、羧酸类为主，水中有机物可生物降解性的提高正是这部分小分子量物质产生的结果。经中试工艺的长期检测，臭氧接触池出水的甲醛含量一般不超过 0.1mg/L，生物活性炭池出水中甲醛低于检测限。

为了研究活性炭池对甲醛冲击负荷的去除能力，采用向进水中投加甲醛的方式以提高活性炭池进水中的甲醛浓度（在进水中连续投加，每次改变投加量运行 1d。分别在开始投加 5h 后取样测定）。生物活性炭池对甲醛的去除作用见表 8-11。

生物活性炭池对甲醛的去除　　　　　　　　　　　　表 8-11

试验次数	1	2	3	4
进水（mg/L）	0.10	1.13	2.01	2.7
出水（mg/L）	未检出	0.17	0.36	0.52
去除率（%）	100	85	82.1	80.7

从表 8-11 中看出，当进水中甲醛浓度突然增加到 1mg/L 以上时，在设计滤速下甲醛不能被完全去除，但去除率较高，即使在进水甲醛浓度达到 2.7mg/L 时，BAC 仍保证出水甲醛符合饮用水规范的规定。

虽然甲醛是易降解有机物，由于炭层长期在贫营养的状态下运行，炭层中异养菌与水中底物水平相平衡，当突然向水中投加甲醛，使水中有机物营养水平增加，进水有机物负荷超过了炭层的去除能力，因此，甲醛不能被全部去除。由于臭氧化出水甲醛的浓度一般较低，因此，从去除量来看，生物活性炭池（活性炭层高 2m）对甲醛具有较强的抗冲击能力。

2. BAC 对锰的去除效果

2002 年 10 月至 2003 年 6 月，BAC 对锰的去除效果见图 8-17。

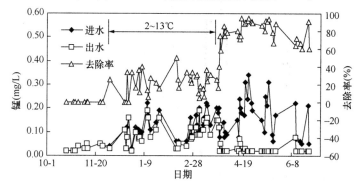

图 8-17　生物活性炭池对锰的去除效果

从图 8-17 中看出，活性炭池运行 5 个月后，除锰效果才达到 60％ 以上并稳定。主要有几个原因：开始时进水中锰的含量低，除锰细菌无法生长，当进水锰浓度较高时，水温又降到 10℃ 以下，说明挂膜期低温严重影响除锰菌的生长，当水温回升到 15℃ 以上时，除锰菌得以快速繁殖，活性炭池的除锰效果稳定在 60％ 以上，出水锰一般小于 0.02mg/L（最低检出限），满足饮用水水质标准。试验说明，生物活性炭池在挂膜成功后，具有较高的除锰能力。

3. BAC 对浊度的去除效果

在进水浊度为 0.05～1.45NTU 的范围，BAC 出水浊度一般低于 0.5NTU（图 8-18），符合生活饮用水卫生标准（小于 1NTU）。从图 8-18 中看出，出水浊度有时高于进水浊度，可能是炭层中细菌脱落造成的。

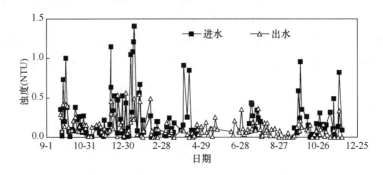

图 8-18　BAC 进、出水浊度

4. 活性炭池生物膜生物相特性

通过电镜观察发现，活性炭表面生物膜厚度一般不超过 $10\mu m$。活性炭表面的生物膜是不连续的，在孔洞附近的凹陷处有较密的菌胶团，平滑处裸露，仅分散附着极少量的细菌个体。生物膜中主要有球菌、杆菌与丝状菌，未发现原生动物及后生动物，细菌形状很不规则、个体大小差别很大，可能与生物长期处于贫营养的"饥饿"状态有关。在细胞表面有较多呈细丝状的分泌物，这有利于细胞对营养基质的摄取。生物膜主要生长在活性炭表面的孔洞处，在孔洞深处有分散的菌体（进入洞内约 $50\mu m$），在更深的地方未发现细菌。图 8-19（a）是从活性炭颗粒表面观察的生物相，丝状菌深入到孔洞内部。图 8-19（b）是在颗粒炭孔洞处的剖切面，孔洞宽度约为 $10\mu m$，可以看到孔洞洞口处较密集的生

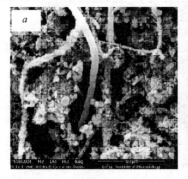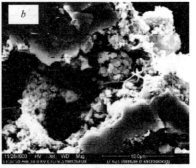

图 8-19　生物活性炭滤料电镜照片（×5000）

物群落。

5. 小结

臭氧—生物活性炭池工艺对有机物、浊度、锰等均有较好的去除作用。BAC 在吸附初期对 UV_{254}、COD_{Mn} 的去除率分别为 70%、60% 以上。在吸附饱和后的生物降解期，长期运行表明：在进水 COD_{Mn} 为 3～5.6mg/L、臭氧投加量为 3mg/L、水温在 8℃ 以上的条件下，臭氧-BAC 对 COD_{Mn} 的平均去除率为 32%，当进水 COD_{Mn} 小于 4.5mg/L 时，出水 COD_{Mn} 小于 3mg/L；当水温为 2～4℃ 时，对 COD_{Mn} 的去除率下降至 20% 左右，应控制臭氧—活性炭工艺的进水 COD_{Mn} 小于 4.0mg/L 才能使出水达标；BAC 对 UV_{254} 的去除率为 18%～25%，出水浊度一般低于 0.5NTU，对锰的去除率在 60% 以上，出水锰符合饮用水标准；BAC 的吸附期约为 60d；在不投加臭氧的条件下，BAC 对 COD_{Mn} 的去除率降至 20% 左右，臭氧投加量宜在 $0.5mgO_3/mgTOC$ 以上；在进水甲醛浓度为 1.13～2.7mg/L 的冲击负荷下，BAC 对甲醛的去除率在 80% 以上。

8.6 深度处理对污染物的去除特性

8.6.1 组合工艺中试试验结果

采用组合工艺对某水源水处理进行了中试研究，工艺流程为：原水→BAF→混凝沉淀→砂滤→臭氧氧化→生物活性炭工艺，其中，臭氧投加量为 3mg/L，试验期间原水水质范围见表 8-12。

试验期间原水水质 表 8-12

项目	COD_{Mn}（mg/L）	氨氮（mg/L）	锰（mg/L）	pH
范围	5～7.5	0.5～6.5	<0.6	6.9～7.1

工艺流程各单元对污染物的去除特性：

1. 对 DOC、UV_{254} 的去除

在较高温度下，工艺流程对 DOC、UV_{254} 的累计去除率见图 8-20。

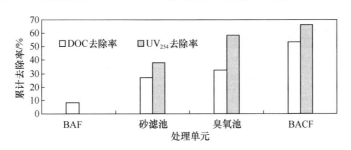

图 8-20 工艺流程对 DOC、UV_{254} 的累计去除率

从图 8-20 看出，混凝沉淀和臭氧氧化是去除 UV_{254} 的主要单元，混凝沉淀和生物活性炭池是去除 DOC 的主要单元。可以说，混凝沉淀在工艺流程中对有机物的去除起着重要作用。非溶解性有机物经过混凝沉淀与砂滤池过滤后基本被全部去除。

2. 流程各单元对 AOC 的去除

2003 年 11 月对流程取样测定 AOC，去除效果见表 8-13。

中试流程中 AOC 测定结果（2003 年 11 月）　　　　　　表 8-13

取样点	原水	BAF	臭氧池	BAC 池	BAC 池出水经氯消毒
AOC（μg/L）	339	161	367	102	128

从表 8-13 中看出，原水经 BAF 处理后，AOC 大大降低，是滤层生物降解的结果；经臭氧氧化后，水中 AOC 升高，主要是臭氧将较大分子有机物分解成小分子易生物降解有机物的结果；经 BAC 池过滤后，易生物降解有机物被去除，因此，AOC 降低；经加氯消毒后，有机物被氧化，水中的 AOC 有所升高。

3. 各工艺单元出水中有机物的分子量分布变化

对工艺流程各单元出水有机物分子量分布进行了分析测定（2003 年 7 月），见图 8-21。可以看出，对于溶解性有机物，较大分子量的主要在混凝段被去除（图中分子量大于 10k 的有机物中不包括非溶解性的有机物），经臭氧氧化，小分子量的有机物增加，小分子量的有机物在生物预处理与生物活性炭段被去除。

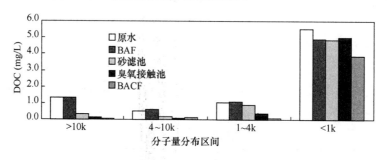

图 8-21　各单元出水有机物分子量的变化

4. 流程各单元对 HAAs 前质的去除

通过测定流程各单元出水的 HAAs 生成潜能来反映流程对 HAAs 前体物的去除情况。经测定，原水中未检出 HAAs，流程各单元出水中 HAAs 生成潜能的测定结果见表 8-14。

中试流程各单元出水 HAAs 潜能（单位：μg/L）（2003-11-10）　　　表 8-14

取样点	MCAA	MBAA	DCAA	TCAA	DBAA	HAAs
原水潜能	未检出	未检出	76.1	42.2	3.2	121.5
砂滤出水潜能	未检出	未检出	59.3	30.4	1.8	91.5
BAC 出水潜能	未检出	未检出	12.7	8.7	0.9	22.3
BAC 出水消毒[a]	未检出	未检出	1.04	1.6	0	2.64

a：BAC 出水消毒是指在出水中加氯 2.5mg/L，接触 1h，模拟消毒过程。

从表 8-14 试验结果看出，对 HAA 前物体的总去除率为 81%，BAC 出水经加氯消毒后的 HAAs 很低，说明，流程 Ⅰ 对 HAA 前物体具有较好的去除效果。其中，常规处理对 HAAs 前物体的去除率为 25%，占流程总去除量的 30%；臭氧氧化—生物活性炭的去除率为 75.6%，占流程总去除量的 70%。可见，臭氧氧化—生物活性炭工艺是去除水中

HAAs 前物体的有效工艺。

王丽花试验发现，水中疏水性有机碱和疏水性中性物质的 HAAs 生成能力最强，亲水性有机碱和亲水性中性物质的 HAAs 生成能力次之，疏水性有机酸（主要是腐殖酸和富里酸）和亲水性有机酸的 HAAs 生成能力较弱，但由于原水中疏水性有机酸占 DOC 的比例最大，因此，疏水性有机酸仍是 HAAs 的主要前体物。本试验对 HAAs 前体物的去除率较高，说明对疏水性有机物去除较好。

5. 流程各单元出水致突变活性的变化

以 Ames 试验检测水的致突变活性，流程 I 各单元出水 Ames 试验结果见表 8-15。

从表 8-15 看出，沿工艺流程，各单元出水的 MR 值总体呈降低趋势，在试验的计量下 MR 值均未超过 2，显示致突变活性为阴性（一般 $MR > 2$ 才认为 Ames 试验阳性），说明虽然该水源水有机物含量较高，但致突性物质含量少，表现为致突活性较低。

中试流程 I 出水 Ames 试验结果（突变率 MR）（2003-11-10）　　　表 8-15

菌株	TA98					TA100				
剂量（L/皿）	0.5	1	2	3	4	0.5	1	2	3	4
原水	0.87	1.13	1.03	1.24	1.87	1.03	1.15	0.96	1.54	1.67
砂滤池出水	0.78	0.69	1.24	1.53	1.45	0.98	0.87	1.13	1.27	1.31
BAC 出水	1.03	0.98	1.08	1.14	1.23	0.92	0.94	1.04	1.07	1.12
BAC 出水消毒[a]	1.17	0.89	1.25	1.38	1.36	1.02	0.97	1.15	1.09	1.24

a：BAC 出水消毒是指在出水中加氯 2.5mg/L，接触 1h，模拟消毒过程。

BAC 出水经加氯消毒后，MR 值略有上升，但仍小于 2，说明经深度处理后，DBPs 前体物得到有效去除，经加氯反应后，产生较少的 DBPs。

原水在 4L/皿的剂量下，移码型致突变物（TA98）和碱基置换型致突变物（TA100）的 MR 分别是 1.87 和 1.67，未显阳性，说明虽然原水受到一定污染，在未预加氯的情况下，水源水中本底含有的致突变性物质较少或对 TA98、TA100 的致突变作用较弱。例如唐非对武汉东湖原水及自来水进行 Ames 试验，无论投加体外代谢活化系统（S9）与否，自来水中非挥发性有机物对 TA98 与 TA100 菌株均具明显的致突变性，原水为阴性结果，但 GC/MS 分析鉴定出原水及自来水的非挥发性有机物中含有邻苯二甲酸酯（酞酸酯）等 20 余种化合物，说明这些物质的浓度不足以使菌株发生突变，加氯形成的 DBPs 是致突变的根源，张青碧采用 Ames 试验和彗星试验分别对 A 市南郊水厂的水源水、出厂水的有机浓集物的诱变性进行检测，结果出厂水的 Ames 试验在 3.0L/皿时才表现为阳性结果，而肝细胞的彗星试验在水样量为 0.1 L/皿时就出现明显的阳性结果，水源水的 Ames 试验在 6.0 L/皿时仍表现为阴性结果，而原代肝细胞的彗星试验在 0.5L/皿时就出现明确的阳性结果，Ames 试验只检测出了氯化消毒后饮用水的致突变阳性，而彗星试验同时检测出水源水和氯化消毒后饮用水均具有致突变性，说明 Ames 试验的灵敏性有时较低。

8.6.2 生产规模深度处理工程对污染物的去除

目前，国内已建成多个饮用水深度处理工程，运行效果良好，出水水质满足有关水质标准。

1. 浙江桐乡果园桥水厂深度处理工程

该水厂以康泾塘河水位水源水，由于河水受到污染，常规处理工艺不能使出水达标，因此，对水厂进行了改造，增加了生物预处理和臭氧—活性炭工艺，新工艺于 2003 年投入运行。工艺流程如下：

河水→生物预处理→混凝→沉淀→砂滤池→臭氧接触池→生物活性炭→清水池→出水。

处理后的出水水质情况见表 8-16。

深度处理工艺出水水质 表 8-16

	COD$_{Mn}$ （mg/L）	氨氮 （mg/L）	NO$_2^-$-N （mg/L）	总铁 （mg/L）	锰 （mg/L）	浊度 （NTU）	色度 （度）
原水	3.28～8.90	0.5～5.0		0.23～2.8	0.14～0.47	25～272	6～40
常规出水	3.66	0.19	0.013	0.06	0.14	0.30	7
深度处理出水	2.04	0.05	0.001	<0.05	0.06	0.20	<5

注：原水为多年数据范围，出水水质为某月的平均值。

从各单元的运行效果看，浊度、总铁主要由常规处理去除，锰主要靠生物预处理和常规处理去除，氨氮、NO$_2^-$-N 主要由生物作用去除，臭氧—活性炭主要去除溶解性有机物，是 COD$_{Mn}$ 达标的关键，常规处理主要去除非溶解性的有机物。

2. 嘉兴石臼漾水厂深度处理工程

嘉兴石臼漾水厂水源为新塍塘河水，水源污染严重，水质属Ⅳ～Ⅴ类，个别指标超过了Ⅴ类标准。原工艺为生物接触氧化—常规处理，处理出水不能满足《生活饮用水卫生规范》（2001）的要求，出水色度较高、饮用时有异味。2003 年对水厂进行了改造，增加了臭氧—活性炭工艺，并在混凝中投加高锰酸盐。2004 年初开始运行，深度处理工艺的运行效果见表 8-17。

石臼漾水厂深度处理运行效果（2004-1～2004-7） 表 8-17

	COD$_{Mn}$ （mg/L）	TOC （mg/L）	氨氮 （mg/L）	浊度 （NTU）	色度 （度）	锰 （mg/L）
原水	6.44	7.27	1.47	75	22	0.31
砂滤出水	3.71	4.42	0.36	0.37	7	<0.05
活性炭滤出水	1.92	2.48	0.12	0.19	<5	<0.05

运行结果显示，生物预处理对氨氮具有较高的去除率，对 COD$_{Mn}$ 基本没有去除作用。投加在混凝中的高锰酸盐对低价铁、锰有较强的氧化作用，能显著提高常规处理对铁、锰的去除率。在原水 pH 值在 7.5 左右，总铁、锰含量分别为 4.12mg/L 和 0.42mg/L 时，投加 1mg/L 的高锰酸盐，砂滤池出水中的铁、锰均低于检测限。臭氧—活性炭对有机物具有较高的去除率，主要是活性炭未吸附饱和，在活性炭池运行的最初 10d 内，去除率在 60% 以上（最高 75%），随后稳定在 50% 左右，以后去除率由缓慢下降至 42%。从活性炭出水水质随时间的变化来看，出水 COD$_{Mn}$ 呈缓慢上升趋势。

3. 广州南州水厂中试与深度处理工程

南州水厂原水取自顺德北滘西海取水点，原水水质属《地面水环境质量标准》（GB

3838—2002）中的Ⅱ～Ⅲ类。水厂的最初工艺为常规处理，为了提高供水水质，对水厂工艺进行了改造，增加了预臭氧氧化及臭氧—活性炭工艺。首先进行了中试研究，在此基础上对工程进行了改造。中试试验各单元的出水水质见表8-18，深度处理工程各单元的出水水质见表8-19。

南州水厂中试试验各单元的出水水质　　　　　　　　　　　　　　　表 8-18

	COD$_{Mn}$ (mg/L)	TOC (mg/L)	氨氮 (mg/L)	浊度 (NTU)
原水	4.00	3.25	1.509	51.7
砂滤出水	2.25	1.86	1.266	0.24
炭滤出水	1.88	1.23	0.417	0.22

南州水厂深度处理工程出水水质　　　　　　　　　　　　　　　表 8-19

	COD$_{Mn}$ (mg/L)	TOC (mg/L)	浊度 (NTU)
砂滤出水	1.70	2.30	0.6
炭滤出水	0.90	1.30	0.4

中试试验结果表明，在预臭氧投加量为0.9～1.2mg/L时，过滤后藻类去除率在90%以上，常规处理对氨氮的去除率较低。臭氧—活性炭进一步降低了有机物浓度，同时，活性炭池通过生物作用有效地去除了氨氮。

生物预处理对有机物、铁、锰等有一定的去除作用，对氨氮的去除率较高，在水源水氨氮较高的条件下，生物处理的最大贡献是对氨氮的有效去除，是保证出水氨氮达标的关键。生物预处理虽然对铁的去除率不高，但经过处理后提高了后续混凝沉淀对铁的去除效果，使铁在进入臭氧接触池之前基本被全部去除。

臭氧氧化-BAC工艺是去除水中溶解性有机物的有效工艺，可以大大降低DBPs前体物，氧化分解人工合成有害有机物（杀虫剂、除草剂及其他内分泌干扰物等），提高供水的安全性和生物稳定性。无论水源水的污染程度如何，该单元都是提高供水水质的必需工艺。

臭氧氧化工艺对深度处理非常重要。若无臭氧氧化工艺，由于水源水中有机物的可生物降解性差，吸附饱和后的生物活性炭对有机物的去除率较低，无法使出水达标，则活性炭不能长期使用。经过臭氧氧化，可生物降解性有机物大大增加，生物活性炭对有机物的去除增加，出水能达标，同时，活性炭可作为生物载体长期使用。

8.7 深度处理的工程实践和技术经济分析

目前，我国已有多家自来水厂采用了臭氧—活性炭深度处理工艺，运行效果较好，供水水质得到较大提高。从投资和运行费用来看，比较适合我国的国情。

8.7.1 深圳梅林水厂臭氧—活性炭深度处理工程

1. 工程概况

预臭氧投加量设计采用0.5～1.5mg/L，一般运行在1mg/L，高藻时投加1.5mg/L。

预臭氧接触时间，根据试验设计采用 4min，主要考虑使絮凝剂的投加与藻类的去除效果最佳。预臭氧接触池采用 2 座，每座分 2 格，每格处理水量为 15 万 m^3/d。单格池宽为 6m，池长为 15.6m，有效水深为 6m，超高为 0.75m。每格预臭氧采用前端投加，竖向廊道混合，混合流速采用 $0.12 \sim 0.2 m/s$，混合水头控制在 0.1m 以内。臭氧投加设备采用水射器与多孔扩散管，每台水射器流量为 $56 m^3/h$，水射器前水压为 0.35MPa（相对压力）。压力水采用专用水泵提供，每台水射器配 1 台水泵。

后臭氧投加量设计采用 $1.5 \sim 2.5 mg/L$，接触时间采用 10min。设计的主要控制指标为 CT 值，一般 $CT \geqslant 16 mg \cdot min/L$。每格臭氧池采用 3 点投加，各投加点臭氧投加比例顺水流方向依次为该格总投加量的 55%、25%、20%；3 个投加点臭氧接触时间，顺水流方向依次为总时间的 30%、30%、40%。后臭氧扩散装置采用陶瓷微孔曝气头。后臭氧接触池有效水深为 6m，超高为 0.75m。

2. 经济分析

梅林水厂臭氧生物活性炭深度处理规模为 60 万 m^3/d。根据深圳的氧气价格（1.2 元/kgO_2）与电价（0.8 元/$(kW \cdot h)$），以及设备价格，臭氧发生器的能耗为 $7.0 \sim 10 kW \cdot h/kgO_3$（冷却水温度 $20 \sim 32 ℃$），计算经济指标如下：①单位水量投资 278 元/m^3；②单位水量制水总成本为 0.18 元/m^3，其中，折旧与大修理基金为 0.08 元/m^3，臭氧系统运行电耗为 0.03 元/m^3，氧气消耗费用为 0.03 元/m^3；③单位制水固定成本 0.10 元/m^3；④单位制水可变成本 0.08 元/m^3。

8.7.2 浙江桐乡市果园桥水厂深度处理工程

1. 工程概况

近期采用以液氧为生产原料制造臭氧，远期增加制氧设备，采用现场制氧为生产原料。臭氧投加点在活性炭池前，平均投加量为 2mg/L，最大为 $3 \sim 5 mg/L$，投加量可根据实际水质进行调整。水厂设计配置臭氧产量 10kg/h 的臭氧发生器（臭氧浓度质量分数 6%，冷却水温度 25℃）2 台。为节约液氧用量，实际臭氧浓度控制在 10%，单台臭氧产量 6kg/h，2 台同时运行能够满足生产需要。在 1 台臭氧发生器检修时，另一台臭氧发生器臭氧浓度降低至 6%，单台臭氧产量 10kg/h，基本满足生产需要。

生物活性炭池规模 8 万 m^3/d，滤速为 7.5m/h，活性炭层高度为 1.8m，滤池总高为 4.4m。使用周期按 2 年考虑。滤池采用单水反冲洗，利用原有水塔水重力反冲洗。

2. 预处理和深度处理运行成本分析

深度处理工程规模为 8 万 m^3/d。单位水量投资约 399 元/m^3，包括生物预处理和臭氧—活性炭工艺。

工资福利费：水厂预处理和深度处理增加人员 12 人，工资福利费按每人每月 1500 元计，全年为 18 万元，单位水量工资福利费为 0.008 元/m^3。

折旧提成费：水厂生物预处理和深度处理工程的第一部分费用为 3199.42 万元，综合折旧提成率按 3.6% 计，折旧提成费为 115.18 万元/a，包括基本折旧和大修费，单位水量折旧提成费为 0.051 元/m^3。

检修维护费：检修维护费率按 1% 计，检修维护费为 31.99 万元/a，单位水量检修维护费为 0.014 元/m^3。

预处理运行费：生物接触预处理池的运行费主要是曝气电费，电费单价 0.688 元/(kW·h)，电费为 59 万元/a，单位水量运行费为 0.026 元/m^3。

深度处理运行费：深度处理池的运行费主要是二次提升电费和臭氧发生、投加及破坏的运行费，提升电费为 118.3 万元/a，臭氧发生、投加及破坏的运行费 148 万元/a，总运行费为 266.3 万元/a，单位水量运行费为 0.119 元/m^3。

活性炭费：活性炭总量 440t，使用寿命按 2 年计，单价为 0.8 万元/t，则活性炭费为 176 万元/a，单位水量活性炭费为 0.078 元/m^3。

总运行费：其他费用（包括税款、行政管理费、辅助材料等）暂不计。臭氧—活性炭工艺的运行费用为 0.197 元/m^3。

本工程总运行费为 666.5 万元/a，单位水量运行成本费为 0.297 元/m^3。

8.7.3　周家渡水厂深度处理工程

1. 工程概况

后臭氧通过管道至接触池中的微孔曝气盘以微气泡形式与水充分接触，接触时间 10min。微孔曝气盘直径 120mm，每池按 6∶4∶4 比例分 3 段安装。传质系数可达到 90% 以上。臭氧投加量根据水质情况而定。控制臭氧投加量为 1～2mg/L，余臭氧为 0.01～0.11mg/L。

2. 经济分析

周家渡工程中臭氧设备、臭氧接触池、臭氧车间的工程总造价约为 459.5 万元，预臭氧按占 1/3，后臭氧按占 2/3 计算，预臭氧 153.5，后臭氧 306，单位工程造价约为 306 元/m^3。

运行费用测算中，水量按 1 万 m^3/d 计，臭氧投加量均按 2mg/L 计算，平均电价按 0.6 元/(kW·h) 计，平均气费按 1.14 元/kgO_2（包括氮气）。折旧费和气站租费与水量有关，若只算变动生产成本，测算结果表明，臭氧处理所需费用均为 0.05 元/m^3。若考虑气站租费和折旧，预臭氧为 0.07 元/m^3，后臭氧为 0.10 元/m^3，合计为 0.17 元/m^3。活性炭池的工程总造价约为 194 万元。两年运行表明，生物活性炭可以长期稳定运行，不需要再生更换。周家渡初期运行时，增加总生产变动成本为 0.24 元/m^3，后采用经济运行后，降低运行成本约 20%。经济运行具体措施：①降低臭氧加注量，后臭氧原加注量为 2mg/L，降低为 1.2mg/L。②减少了加药量，由于预臭氧具有助凝作用，可以减少加药量 25% 左右。

8.7.4　嘉兴石臼漾水厂深度处理工程

1. 概况

采用液态纯氧为臭氧氧源，臭氧发生器臭氧浓度为 10%，臭氧接触池内设微孔曝气头，臭氧接触时间为 10min，投加量根据进水水质控制在 2～3mg/L。活性炭池滤速为 11.6m/h，活性炭层厚度为 2.2m，活性炭为 8×30 目的煤质破碎炭。活性炭池采用气水反冲洗，分 3 个阶段：气冲洗时间为 10min，气水混合冲洗 3min，水冲洗 6min，反冲洗周期为 10d 左右，反冲洗用水为砂滤池出水。

2. 运行成本

在原有常规处理运行成本上，臭氧—活性炭工艺增加运行成本为 0.27 元/m^3，其中折旧费为 0.10 元/m^3，直接运行费（包括运行电费、氧气费、人工及设备维修费等）为

0.17 元/m³。

从国内已运行的深度处理工艺可见，臭氧—活性炭工艺的运行成本在 0.18～0.27 元/m³之间，较大规模水厂的运行费用可控制在 0.2 元/m³以内。费用的差异与电价、氧气及设备租用费、工程材料价格等有关。

8.8 适合微污染水源饮用水处理的组合工艺选择

由于微污染水源水中污染物质成分复杂，单靠某种方法不能有效去除所有污染物，因此，深度处理实际上是多种方法与工艺的协同作用，流程中各种处理方法、单元之间相辅相成，对污染物的去除作用各有侧重点。前面已叙述，深度处理对水中溶解性有机物（如腐殖质等消毒副产物前体物）等具有较好的去除效果，从而大大降低消毒副产物的生成。对于微污染水源水来说，应根据原水水质特点进行不同工艺的优化组合，有针对性的加强预处理、强化常规处理和深度处理等工艺。

8.8.1 组合工艺各单元的作用及优化

1. BAF 的作用

1）对有机物的去除

BAF 对有机物的去除主要是通过滤层的生物接触絮凝和生物降解作用。通过试验可知，BAF 在通过絮凝作用去除浊度的同时去除非溶解性的有机物及大分子有机物，通过生物降解去除小分子可降解性有机物。经 BAF 处理后，与原水直接混凝相比，在去除率相同的情况下，可减少混凝剂用量约 30%。BAF 去除的非溶解性 COD_{Mn} 可通过混凝有效去除，BAF 对溶解性有机物的去除作用，与原水中有机物的可降解性有关，可降解性越高，BAF 所起的作用越大。在本研究的试验进水条件下，组合工艺中 BAF 对有机物的去除作用不大。

2）对氨氮的去除

从组合工艺流程的运行来看，在水源水氨氮较高的条件下，BAF 的最大贡献是对氨氮的有效去除，BAF 是保证出水氨氮达标的关键，也是保证臭氧—活性炭深度处理工艺对有机物的去除效果的关键。因此，对于高氨氮受污染水源水的处理来说，BAF 生物预处理是非常必要的。当以去除氨氮为主要目的时，BAF 可在较高的滤速下运行。

对于氨氮含量较低、可生物降解性较差的水源水，可以不设置生物预处理工艺。

3）对铁、锰等无机物的去除

原水中的铁、锰等无机物可被臭氧氧化，是消耗臭氧的物质，特别是锰，若在臭氧氧化中被氧化成高价的 MnO_4^+，会使水的色度增加，而且很难在活性炭池中被去除，因此，在进入臭氧—活性炭深度处理工艺之前，将铁、锰去除对整体工艺的运行是非常有利的。BAF 可以去除大部分锰，剩余部分可在后续的过滤单元去除，BAF 虽然对铁的去除率不高，但经过处理后提高了后续混凝沉淀对铁的去除效果，使铁在进入臭氧接触池之前基本被全部去除。

2. 混凝单元的强化

该单元在一般情况下对 COD_{Mn} 的去除率为 20% 左右。通过调节 pH 值和提高混凝剂投药量的强化措施，可以提高对有机物的去除效率。强化混凝对 COD_{Mn} 去除率可提高到 40％以上，是去除氯化 DBP 前体物的有效方法。

混凝沉淀对 COD_{Mn} 的去除效果直接影响到整体工艺流程对有机物的去除与达标，在试验所用臭氧投加量及生物炭滤池的运行条件下，臭氧—活性炭工艺在吸附期过后的生物炭阶段对 COD_{Mn} 的去除率在 35％左右，净去除量（进水与出水浓度之差）最大约为 1.5mg/L，因此，进水 COD_{Mn} 浓度直接影响到深度处理工艺出水 COD_{Mn} 能否达标 （≤3mg/L）。特别是冬季，由于生物活性降低，臭氧—活性炭对 COD_{Mn} 的去除率下降，需要混凝单元有更高的去除率，强化混凝的作用更加突出。

3. 快滤池的生物作用强化

在受污染水源水的处理组合工艺流程中，由于混凝剂投加量的增加及絮凝沉淀工艺的改进，沉淀池出水的浊度很低，传统的砂滤池在工艺流程中所起的作用极其微小。用活性滤池替代砂滤池，在增加费用极低的情况下，大大强化了过滤单元的吸附及生物作用，提高了对有机物和氨氮的去除效率，减轻了深度处理单元的压力，因在活性滤池中去除了部分以生物降解的小分子量有机物、同时避免了砂滤池出水的亚硝酸盐积累，可以提高臭氧的效用，使深度处理出水水质得以提高。对于含有一定浓度氨氮的水源水（氨氮小于 3mg/L），采用活性滤池工艺，可以取消生物预处理工艺，使建设费用大大降低。同样，对于含 BDOC 较高的水源水，采用活性滤池可以发挥其对有机物的生物去除作用。为了提高 DO，可增加辅助曝气设备。

4. 臭氧氧化-BAC 工艺

该单元是去除水中有机物和氨氮的有效工艺，可以大大降低 DBPs 前体物，氧化分解人工合成有害有机物，提高供水的安全性和生物稳定性。无论水源水的污染程度如何，该单元都是提高供水水质的必需工艺。

试验表明，臭氧-BAC 工艺对 COD_{Mn} 去除是有限度的，在臭氧投加量为 3mg/L 的条件下，在较高温度时应保证该单元进水 COD_{Mn} 小于 4.5mg/L，在低温时，应保证该单元进水 COD_{Mn} 小于 4.0mg/L，才能保证出水 COD_{Mn}<3mg/L。

臭氧氧化工艺对深度处理非常重要。若无臭氧氧化工艺，由于水源水中有机物的可生物降解性差，吸附饱和后的生物活性炭对有机物的去除率较低，无法使出水达标，则活性炭不能长期使用。经过臭氧氧化，可生物降解性有机物大大增加，生物活性炭对有机物的去除增加，出水能达标，同时，活性炭可作为生物载体长期使用。

对于高氨氮水源水，去除氨氮的任务应主要由 BAF 和活性滤池承担。应尽量减小进入 BAC 池的氨氮浓度，否则，硝化菌与异养菌竞争利用有限的 DO，影响 BAC 池对有机物的去除。

5. 对有机物冲击负荷的应急措施

由于该水源水中有机物具有较强的可吸附性，活性炭吸附可去除大部分 DBPs 前体物，因此，当遇到原水有机物突然升高的冲击负荷时，投加粉末炭可有效去除有机物，降低 DBPs 前体物的浓度，减少氯化 DBPs 的生成，保证流程出水 COD_{Mn} 等达标。

6. 膜过滤

在单纯膜过滤工艺中，只有反渗透和纳滤膜可以有效地去除水中溶解性有机物，超滤膜只对大分子量的有机物有去除作用，而微滤膜由于孔径较大，对溶解性有机物基本没有去除作用。微滤膜和超滤膜与粉末活性炭或颗粒活性炭联用可以有效地去除溶解性有机物。根据原水水质选择不同的膜组合工艺，除了能有效去除有机物外，其显著特点是对水中微粒的高效去除，可有效去除水中隐孢子虫卵囊、蓝伯氏贾第鞭毛虫孢囊等，这些病原虫在砂滤池和活性炭池中不能有效去除，而且氯消毒剂对其灭活作用较差。

7. 冬季低温时提高整体工艺去除效率的措施

在低温下，生物作用较弱，采取调低 pH 的强化混凝措施可提高整体工艺对 COD_{Mn} 的去除效率，是保证冬季运行效果的重要技术措施。

8.8.2 微污染水源饮用水深度处理组合工艺选择

根据原水水质选择不同的组合工艺，微污染水源水处理基本流程为：原水→预处理→常规（强化常规）处理工艺→臭氧→活性炭。

其中，预处理包括：生物预处理、预臭氧氧化、高锰酸盐氧化；强化常规处理工艺包括：强化混凝、活性滤池；臭氧氧化工艺包括：单纯臭氧氧化以及根据水质情况采取高级氧化工艺；在某些情况下，可考虑在活性炭后接膜滤工艺或采用两级臭氧—活性炭工艺。

结合国内的经济水平，根据水源水的水质条件，主要针对氨氮与 COD_{Mn} 指标，可参考以下组合工艺流程进行选择。

1. 藻类含量较高的水库水

一般 SS、氨氮、COD_{Mn} 均较低，可采取以下工艺：臭氧预氧化→混凝气浮→臭氧→活性炭工艺。

预臭氧氧化与气浮结合可有效去除藻类和藻毒素。

2. 一般水源水（氨氮<1.0mg/L，COD_{Mn}<6.0mg/L）（Ⅲ类地表水）

原水→混凝→沉淀→砂滤→臭氧→活性炭。

3. 氨氮浓度较高、COD_{Mn} 较低的水源水（氨氮>3.0mg/L，COD_{Mn}<6.0mg/L）

原水→BAF→混凝→沉淀→活性滤料过滤→臭氧→活性炭。

BAF 与活性滤池（以活性炭或其他改性滤料替代石英砂）主要去除水中氨氮，特别是冬季水温较低时，多级生化作用可以保证工艺对氨氮的去除率。

4. 氨氮浓度较低、COD_{Mn} 较高的水源水（氨氮<3.0mg/L，COD_{Mn}≈8.0mg/L）

原水→强化混凝→沉淀→活性滤料过滤→单级（或两级）臭氧＋活性炭。

强化混凝主要在水温较低（生物降解作用减弱）时采用，保证冬季工艺对有机物的去处效果。臭氧—活性炭工艺的级数根据实际情况而定。

5. 氨氮、COD_{Mn} 浓度均较高的水源水（氨氮>3.0mg/L，COD_{Mn}≈8.0mg/L）

原水→BAF→强化混凝→沉淀→活性滤池→单级（或两级）臭氧＋活性炭。

其中活性炭在两级滤池中轮流使用，将一级活性炭池中的活性炭拿去再生，二级池中的活性炭移到一级池中继续利用，再生后的活性炭（或新炭）用于二级活性炭池，强化混凝主要在水温较低（生物降解作用减弱）时采用。

为去除"两虫"和降低过滤后颗粒物数量，对于经济发达、对水质要求较高的地方，可在以上工艺基础上增加膜处理工艺。

第9章 藻和藻毒素及其控制技术

9.1 藻生长和湖泊水源富营养化

富营养化是指湖泊等水体接纳过多的 N、P 等营养物，使藻类以及其他水生生物过量繁殖，水体透明度下降，溶解氧降低，造成湖泊水质恶化，从而使湖泊生态功能受到损害和破坏。严重的甚至发生"水华"，给水资源利用带来巨大损失。我国湖泊、水库的总贮水量约为 6210 亿 m³，占水资源总量的 23%，在国民经济中占有重要地位。然而，近年来工农业的迅速发展大大增加了 N、P 等营养物向水体中的排放量，加速了湖泊富营养化进程，藻类快速繁殖生长，对饮用水生产带来了诸多问题。

9.1.1 藻类对水厂运行的不利影响

1. 藻类堵塞滤池

淡水藻类通常可分为如下几个门类：蓝藻门、绿藻门、红藻门、隐藻门、硅藻门、金藻门、裸藻门、甲藻门、黄藻门和褐藻门。藻类尺寸变化很大，通常在几微米到几百微米。一般说来，饮用水生产方面关心的多是微小藻类（几微米到几十微米）。由于水中微小藻类的密度小，因而不易在混凝沉淀过程中去除。大量在混凝沉淀过程中未被去除的藻类进入滤池时，常常会造成滤池较早堵塞，使滤池运行周期缩短，反冲水量增加，严重时可能引起水厂被迫停产。武汉东湖水厂在工艺改造前，高藻期滤池运行周期只有 2~3h；1987 年夏季，合肥第四水厂因藻类影响被迫停产，使全市工业产值损失近 1 亿元。据镜检观察，常见的引起滤池堵塞的藻类主要包括：硅藻门的直链藻、舟形藻、小环藻、星杆藻、针杆藻、脆杆藻、桥穹藻、等片藻、平板藻等，绿藻门的小球藻、水绵藻、胶群藻等，蓝藻门的颤藻、项圈藻、蓝束藻等。

Palmer 指出，尽管人们还不清楚为什么某些藻类比其他藻类更容易引起滤池堵塞，但可以肯定增殖能力强是最重要的原因，硅藻的繁殖速度快，因而最容易引起滤池堵塞。

2. 药耗增加

水中大量藻类、有机物和氨氮的存在，使得混凝剂和消毒剂用量大大增加：有机物是影响胶体稳定和混凝的控制性因素，天然有机物所含羧基和酚基使得有机物所具有的负电荷（10~15μeq/mgDOC）是黏土矿物颗粒阳离子交换容量（0.1~1μeq/mg 黏土）的几十倍，因而使混凝剂消耗大量增加；同时，有机物和氨氮与氯反应，使得为了维持管网中余氯含量所投加的氯量增加，不仅使制水成本提高，更增加了水中消毒副产物的含量，降低了饮水安全性。

9.1.2 藻类对水质的不利影响

藻类对水质的不利影响主要表现在水的感观性状和饮水安全性两个方面。

1. 藻类致臭

许多富营养化的湖泊都存在着不同程度的臭味。水中产生臭味的微生物主要是放线菌、藻类和真菌。在藻类大量繁殖的水体中，藻类一般是主要的致臭微生物。不同的藻类引起不同的臭味，见表9-1。

各种藻类所产生的臭味

表9-1

藻类名称	产生臭味		藻类名称	产生臭味	
	中等浓度	大量繁殖		中等浓度	大量繁殖
鱼腥藻	草味、霉味	腐烂味	栅藻	—	草味
组囊藻	草味、霉味	腐烂味	水绵藻	—	草味
束丝藻	草味	腐烂味	黄群藻	黄瓜味、香味	鱼腥味
星杆藻	香味	鱼腥味	平板藻	—	鱼腥味
角藻	鱼腥味	腐烂味	丝藻	—	草味
锥囊藻	紫罗兰味	鱼腥味	团藻	鱼腥味	鱼腥味
颤藻	草味	霉味、香味			

藻类产生的臭味用常规净水工艺很难去除，常使城市供水中出现不愉快气味，引起用户对水质感官上的不满，这已成为世界各国给水处理中普遍存在的一个问题。中国、美国是对饮用水臭味抱怨最多的国家。

近年来，色谱—质谱技术的发展使微量生物臭的检测成为可能。现已查明富营养化水体中产生臭气的物质有10余种，其中主要致臭物质有：土臭素（Geosmin）、2-甲基异莰醇（2-MIB）、2-异丁基-3-甲氧基吡嗪（IBMP）、2-异丙基-3-甲氧基吡嗪（IPMJP）、2,4,6-三氯茴香醚（TCA）及三甲基胺等。这些物质本身对健康并无危害，但其臭气浓度往往很低（每升几个纳克），水中只要有很少的致臭物质，就足以破坏水的正常气味。

2. 藻类产生毒素

某些藻类在一定的环境下会产生毒素，这些毒素对健康有害。能产生毒素的藻类多为蓝藻，最主要的是铜绿微囊藻、水华鱼腥藻和水华束丝藻。

动物饮用含有藻毒素的水可能死亡。国外关于鸟类、牛、羊、马、鸭、鱼等藻类毒素中毒的报道已有几十起，海洋赤潮中甲藻所产生的毒素已引起人类的严重中毒事件。尽管淡水水华尚未发现引起人类急性中毒事件，但其潜在危险不容忽视。目前淡水水华毒素已引起科学家越来越多的重视。有人认为饮用有藻毒素的自来水会引起肠道疾病；动物学试验发现藻类毒素可能有致畸、致突变作用。对武汉东湖蓝藻水华毒性的研究也表明8~10月的蓝藻水华对小白鼠有毒性，毒素属肝毒素类型。

微囊藻毒素（Microcystins，简称MCYST）是分布最广、最复杂的一种毒素，对其研究也最为深入。近几年发现MCYST由于抑制生物体内蛋白磷酸酶1和2A而成为一种具有大田软海绵酸途径的促肿瘤剂，而且是迄今已发现的最强的肝肿瘤促进剂。

关于饮用水中藻毒素含量，澳大利亚学者建议$1\mu g/L$为安全饮用水的上限，这一值是根据小鼠毒性的试验结果计算而来。小鼠接受剂量为$0.5\mu g/g$（体重）的微囊藻毒素后，一年内没有发生显著性伤害，给定安全系数10^{-4}，那么对体重为60kg的人来说，按每天饮水 2L 计算，则得到可接受的藻毒素浓度为：$0.5\mu g/g \times 60 \times 10^3 g \times 10^{-4}/2L = 1.5\mu g/L$。

芬兰学者 Himberg 等人研究发现：传统水处理工艺对藻毒素的去除效率较低，而活性炭过滤或臭氧处理则几乎可以完全去除水中藻毒素。所研究的几种处理工艺对藻毒素的去除效果见表 9-2。

水处理工艺对藻毒素的去除作用 表 9-2

处 理 工 艺	对藻毒素的去除率（%）	
	微囊藻毒素	鱼腥藻毒素
$Al_2(SO_4)_3$混凝→砂滤→氯消毒	13.5	30.5
$FeCl_3$混凝→砂滤→氯消毒	8.0	~4.5
$Al_2(SO_4)_3$混凝→砂滤→GAC 过滤→氯消毒	~100.0	~100.0
臭氧（1mg/L）→$Al_2(SO_4)_3$混凝→砂滤→氯消毒	~100.0	~100.0

3. 藻类和有机物是消毒副产物的前体物

有关消毒副产物的研究是当今给水领域的一个热点。水中有机物是产生消毒副产物的母体物质，在氯消毒过程中不但会产生挥发性较强的三卤甲烷（THMs），而且会产生危害更大、沸点较高的卤乙酸（HAAs）等"三致"性更强的卤代有机物，使饮水致突变性提高，饮水安全性下降。有报道表明：加氯前 Ames 试验呈阴性的藻类培养物在加氯后呈阳性，氯化后离心上清液的致突变强度高于细胞培养物的致突变强度。这表明藻类及其可溶性代谢产物是 Ames 试验氯化致突前体物，且其可溶性代谢产物是更重要的氯化致突前体物。另有报道指出藻类有机物可与氯反应生成三氯甲烷。

随着现代分析技术和污染毒理学的发展，人们对饮水中消毒副产物的含量制定了越来越严格的标准，只采用常规水处理工艺已很难达到这些要求，必须寻找新的净水工艺才能生产安全可靠的饮水。

9.1.3 藻类对管网和管网水质的不利影响

尽管净水厂出水都保持一定的余氯，对细菌总数有严格的控制，但在配水管网中仍经常出现细菌再生长现象，这与出水中残留的异养菌的营养基质（有机物）及硝化细菌的营养基质（氨等）密切相关。细菌的再繁殖会造成管网水质恶化（如水的浊度、色度上升、细菌总数增加等），并加速了配水系统的腐蚀和结垢，使管网服务年限缩短。

穿透滤池进入管网的藻类以及残留在水中的生物可同化有机物（AOC）成为微生物繁殖的基质，促进了细菌生长，甚至可能在管网中生长较大的有机体，如线虫和海绵动物等，这些浮游动物是很难消除的，严重时可堵塞水表、水龙头，Sanchez 对这方面的情况作过较详细的描述。

此外，水中腐殖酸和富里酸具有与水中的无机离子及金属氧化物发生离子交换和络合的特性，所以往往和水中的无机颗粒结合在一起，出厂水中会含有这种细微颗粒，它们在管道流速较小的地方沉积下来形成管垢，在沉积较厚的地方因厌氧而发生腐殖质的腐化和垢下腐蚀，影响管网水质并增加动力消耗。

可见，出厂水残留的藻类和营养物会影响管网水质、缩短管网服务年限、增加配水的动力费用等。因此，对能被微生物利用的营养物的控制已成为当今水处理工艺选择和设计应考虑的又一重要因素。

综上所述，水体富营养化给饮水生产带来的问题主要表现在水厂运行、饮水水质、管网与管网水质三个方面。在选择针对富营养化水源的净水工艺时，必须从这三个方面进行综合考虑。

9.2　藻类及其分泌物对混凝过程的影响

水体富营养化给常规净水工艺造成的主要影响是藻类及其胞外分泌物干扰混凝过程，使沉淀效果不理想，进而堵塞或穿透滤池。清华大学初步探索了几种纯藻类培养液对一种天然水体的混凝过程产生的影响；在国外，德国 Bernhardt 及其同事研究了藻类胞外分泌物对混凝过滤产生的影响，他们在试验中采用不含藻类细胞的藻类有机物提取液，用纯水及石英粉或高岭土配制试验水样。下面将对这两部分研究成果作一简单介绍。

9.2.1　纯藻类培养液对混凝过程的影响

1. 试验水样与藻种

为了接近实际水源状况，采用湖水过滤除藻的办法制备试验水样。制备过程见图9-1，浊度用高岭土配制。试验水样的溶解性有机物的种类与含量与湖水基本相同，所用湖水取自绍兴市水源地青甸湖（该湖属中等程度富营养化，优势藻为绿藻和硅藻）。

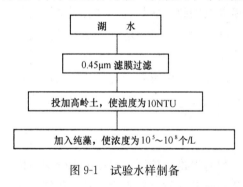

图 9-1　试验水样制备

为防止不同藻种之间的干扰，采用纯藻进行试验。试验中使用 3 种藻类：硅藻门中的菱形藻（*Nitzschia Hantzschiana*）、绿藻门中的小球藻（*Chlorella Vulgari*）及月牙藻（*Selenastrum Capricornutum*）。

2. 试验方法

采用混凝烧杯实验研究藻类及其分泌物对混凝过程的影响。试验在 DBJ-621 型六联定时变速搅拌机上进行。试验条件如下：转速 150r/min 快速搅拌，时间 1min；转速 40r/min 慢速搅拌，时间 20min；沉淀时间 0.5h，混凝剂为精制硫酸铝。

采用浊度和剩余铝含量 2 个指标衡量混凝效果。沉淀后的上清液浊度越高，混凝效果越差；同样，上清液中铝浓度高，混凝效果不好，反之，铝浓度低，说明混凝效果好。

3. 试验结果

按照上述试验方法进行不同藻种在不同生长期时对混凝的影响试验，并重复多次。3 种藻混凝试验结果见图 9-2～图 9-4，混凝剂投加量为 30mg/L。

从图 9-2～图 9-4 看到，混凝试验上清液的浊度与残余铝含量的变化较为相似，从这 2 个指标的变化趋势可以对不同藻种在不同生长阶段对混凝的影响作出判断：藻类对混凝过程的影响与藻的种类、生长阶段及藻浓度有关。试验中两种绿藻（小球藻和月牙藻）在对数生长期对混凝无显著影响；处于稳定生长期和衰亡期时，低浓度促进混凝，高浓度对混

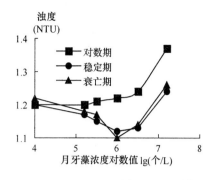

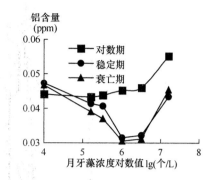

图 9-2　月牙藻不同生长阶段的混凝试验结果

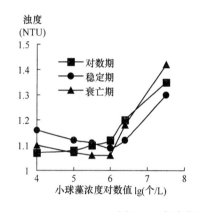

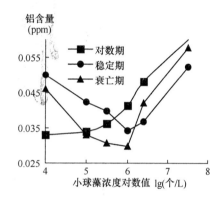

图 9-3　小球藻不同生长阶段混凝试验结果

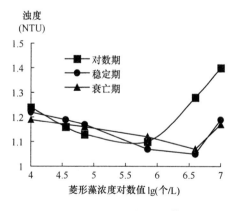

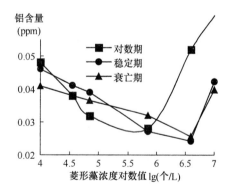

图 9-4　菱形藻不同生长阶段混凝试验结果

凝过程产生明显干扰。硅藻（菱形藻）处在各个生长期时，低浓度时均促进混凝，高浓度时干扰混凝。总的说来，各种藻在浓度大于 $8 \times 10^6 \sim 8 \times 10^7$ 个/L 时，对混凝过程产生干扰；浓度约 10^6 个/L 时促凝效果最好。

试验过程中观察到：当藻浓度在约 $5 \times 10^5 \sim 5 \times 10^6$ 个/L 之间时，絮体形成最早，且絮片较多、较大，沉降速度最快；而当藻浓度低于此区间时，絮体数量较少（未加藻的空白水样的絮片数量最少）；当藻浓度高于此区间时，絮体形成较慢，虽然数量很多，但絮片很小，不易沉降。这同样说明，在适宜的浓度下，藻类能促进混凝过程，而当藻浓度过高时，则会干扰正常的混凝过程。

考虑到烧杯试验与生产工艺的差别、纯藻与实际水体中藻种繁多的差别，以及检测误差，对试验结果给予一定的安全系数，可以认为：在净水厂运行管理过程中，如果水源水中藻类浓度低于 $5 \times 10^6 \sim 8 \times 10^6$ 个/L，对混凝不致带来不利影响；而当其浓度超过此范围时，则要考虑采取必要的技术措施（如：增加混凝剂量、适当的预处理），以减缓藻类可能给水厂运行带来的不利影响。

9.2.2 藻类有机物对混凝过滤过程的影响

Bernhardt 及其同事进行了大量混凝试验研究藻类有机物对混凝过滤过程产生的干扰作用，所得主要结论如下：

（1）中性和酸性多糖类物质是藻类新陈代谢和藻类细胞分解过程的最终产物，是富集于湖水中很难降解的物质。酸性多糖类物质的分子链上含有-COOH 和-OH 官能团。

（2）不同种类的藻类以及同一种藻类在不同生长期所释放的有机物对水处理效果的影响不同。同一种藻类有机物中的大分子（分子量＞2000）组分和小分子（分子量＜2000）组分对混凝过程的影响也有差别。但总的来说，低浓度的藻类有机物（＜2mg/LDOC）对混凝过程不产生干扰或有改善混凝过程的作用，而高浓度的藻类有机物（大于 2mg/LDOC）则会干扰水处理过程，使出水水质变坏。试验还证明，在羧基（-COOH）邻位有羟基（-OH）的羧酸类化合物以及有类似结构的有机化合物对混凝过程有很大的干扰作用。

（3）藻类有机物对混凝过程的干扰可以通过一些技术措施得到削减：增加混凝剂铁盐投加量，使 $Fe^{3+}/DOC > 3$；在体系中加入 2mmol/L 左右 Ca 离子或调节体系 pH 使其在等电点以下；加入氧化剂（如臭氧、氯），改变藻类有机物的结构。

9.3 藻类控制技术

目前，针对富营养化水体的 2 种主要污染物——藻类和臭味，产生了多种控制技术，本节将这些控制技术予以概述。

9.3.1 藻类控制主要技术

从文献报道来看，目前水处理中除藻单元工艺主要有化学药剂法、微滤机、气浮、直接过滤和生物处理 5 种。

1. 化学药剂法

化学药剂法控制藻类既可在水源地进行，也可在水处理厂进行，美国、澳大利亚等国常采用此法控制藻类在湖泊、水库中的生长。常用的除藻剂有硫酸铜、氯、二氧化氯等，二氧化氯除藻效果较好，但成本较高；控制藻类生长的硫酸铜浓度一般须大于 1.0mg/L，这使得水中铜盐浓度上升，因而须谨慎使用；预氯化常用于水处理工艺中，以杀死藻类，使其易于在后续水处理工艺中去除，但预氯化使水中消毒副产物增加，也是一种不得已而为之的方法。化学药剂法应用较为灵活，但使水中增加了新的对健康不利的化学物质。

2. 微滤机除藻

微滤机主要用以去除水中浮游动物和藻类。1980～1981 年，湖南大学与抚顺自来水公司对大伙房水库水进行微滤机除藻试验，使用国产 II 号网，藻类去除率平均为 61%，浮游动物去除率可达 99.7%；上海自来水公司进行的一项试验表明滤网对藻类的去除率为 51%～57.5%，效果优于混凝沉淀，但对浊度、色度、COD_{Mn} 的去除率都很低，远不及混凝沉淀。

3. 气浮除藻

藻类密度一般较小，因而其絮体不易沉淀，采用气浮则可以取得较好的除藻效果。武汉东湖水厂 1975 年将失效的平流式沉淀池改为气浮池，除藻效率在 60%～70%，1980 年该厂将另一组沉淀池改造成 4 万 m^3/d 气浮－移动罩滤池，除藻效率在 90% 左右，1982 年该厂又新建一座 4 万 m^3/d 气浮－移动罩滤池。美国沃楚西特（Wachusett）水库的试验表明，pH＝6.5，铝盐投加量为 10mg/L 时，气浮池的除藻效率达 90% 以上；我国昆明、苏州、无锡等城市均采用气浮除藻。气浮法的主要问题是藻渣难以处理，气浮池附近臭味重，操作环境差。

表 9-3 给出东湖水厂 3 组气浮池的主要设计参数，供读者参考。

武汉东湖水厂三组气浮池的主要设计参数　　　　　　　　表 9-3

	项　　目	1 号改建气浮池	2 号改建气浮－移动罩滤池	3 号新建气浮－移动罩池
气浮池	表面负荷率[$m^3/(h \cdot m^2)$]	6.8	6.4	5.6
	起始水平流速(mm/s)	11.7	20	19
	接触室上升流速(mm/s)	40	80	50
	溶气压力(MPa)	0.35～0.45	0.35～0.45	0.35～0.45
	回流比(%)	5～10	6～7	6～7
	刮渣周期(h)	8	8	8
滤池	滤速(m/h)	10	9.3	8
	冲洗周期(h)	8～16	8	8
	石英砂滤料层(mm)	d=0.5～1.0，厚600	d=0.55～1.1，厚600	d=0.55～1.2，厚700
	配水系统	大阻力穿孔管	II 型滤头，60 个/m^2	多孔板，开孔比 1.42%
	反冲强度[$L/(m^2 \cdot s)$]	10～16	12～14	15～20
	单格滤池尺寸(m)		1.86×1.90	2.7×2.7
	滤池分格数	8	4×8=32	3×7=21
	池总高度(含气浮池)(m)	3.8	4.2	4.5

4. 直接过滤除藻

由于湖泊水浊度较低，因而有时采用直接过滤处理。中南设计院在进行气浮除藻试验的同时，进行了直接过滤除藻的试验研究，结果表明，在预加氯、不加药、滤速为 9.4m/h 时，直接过滤除藻效率只有 31.5%，浓度、浊度、色度、COD_{Mn} 的去除率也较低；而德国 Wahnback 除磷厂采用独特的 3 层滤料设计，其直接过滤除藻率达 99.9%。

可见，直接过滤条件不同，除藻效率大不一样。由于直接过滤没有常规流程中的沉淀所提供的缓冲作用，因而容易出现水质事故，应用时必须特别小心。

5. 强化混凝沉淀除藻

混凝沉淀通常对藻类的去除效率较低，但如果对常规的混凝沉淀加以强化，则可以大大提高除藻效率。常用的强化混凝方法有：在使用常规混凝剂（如硫酸铝）的同时，调节 pH 或再加入一定量的活性硅酸、藻朊酸钠及有机高分子助凝剂（如聚丙烯酰胺等）。有研究表明：采用强化混凝的方法可以将混凝沉淀的除藻效率提高到 90％以上。

6. 生物处理除藻

近年来，国内外对生物处理在给水净化中的应用进行了广泛深入的研究，但侧重点主要在于对有机物、氨氮的去除以及操作条件的确定。1989～1991 年武汉东湖水厂进行生物接触氧化预处理试验表明，该法对藻类的去除率在 70％～90％，对氨氮、浊度、色度和 COD_{Mn} 的去除率分别为 80％～95％，48％～80％，30％～60％和 18％～26％；日本仙台进行的生物处理试验，结果为（停留时间 1h）：对绿藻的去除率为 40％左右，对硅藻的去除率为 80％左右。

实际上，在水处理厂中除藻并不是由某一个单元工艺单独完成的，而是贯穿于整个净水工艺。北京第九水厂采用净水工艺为：原水→预加氯→常规处理→GAC 过滤→加氯→出水，该工艺对藻类的去除率为 91.97％～96.38％；瑞士苏黎世 Lengg 水厂净水工艺为：原水→预氯化→微絮凝→中和→双层滤料滤池→O_3→GAC 过滤→慢滤→二氧化氯→出水，该工艺平均除藻率为 91.0％。可见，即使采用如此复杂的工艺，也很难全部去除水中藻类。

9.3.2 臭味控制主要技术

常规水处理工艺很难去除霉臭，通常需要结合使用化学氧化法、活性炭吸附法或生物处理法才能取得较为满意的除臭效果。

1. 化学氧化法

用于除臭的氧化剂主要有高锰酸钾、自由氯、二氧化氯和臭氧。比较起来，臭氧是一种较为有效的除臭剂。但有报道指出臭氧在去除由土臭素和 2-MIB 等致臭物质产生的霉臭的同时，会生成新的引起异味的化合物，产生果味、甜味等异味，还有些未知的非极性物质。部分试验证明，富里酸是臭氧化水中产生这些异味的前体物。

过氧化氢-臭氧高级氧化工艺（peroxone）可以提高氧化能力，节省臭氧投加量。美国南加利福尼亚某城市用此工艺控制水臭，试验表明，在对土臭素和 2-MIB 的去除率要求为 80％～90％时，若单纯用臭氧处理，臭氧投加量为 4mg/L；而当采用 O_3/H_2O_2 工艺、H_2O_2 与 O_3 的比值为 0.2 时，臭氧投加量仅需 2mg/L，节省了 50％。

2. 活性炭吸附法

活性炭是去除水臭最有效的吸附剂，粉末活性炭和粒状活性炭均可用于去除水臭。粉末活性炭的建设与管理费用较低，但作业条件差、操作麻烦、不能再生重用，一般宜用于短期的间歇除臭处理且投加量不高时。英国目前有 100 个水厂备有粉末活性炭的投加装置，在水质恶化时用投加粉末活性炭的办法改善水的臭味问题；日本以琵琶湖水为水源水的 5 个水厂，美国芝加哥水厂也备有粉末活性炭投加装置。

粒状活性炭装置通常置于砂滤池之后，以减轻活性炭滤池的负荷。1930年第一个使用活性炭滤池除臭的水厂建于美国费城，目前世界上已有成百个用粒状活性炭过滤的水厂正在运行。日本渡利水厂用粒状活性炭除臭，炭层厚2.5m，滤速15m/h，当进水臭阈值为20时，滤后水降为0~3，除臭效率较高。有时单纯用粒状活性炭过滤不能充分除臭，可与其他方法联合使用，如：臭氧—活性炭、生物处理—活性炭。

3. 生物处理法

臭氧氧化和活性炭吸附具有较好的除臭效果，但运行费用较高。而生物处理在这方面具有一定的优势。近年来，生物处理在除臭方面的研究和应用日益增多。日本以陶粒作介质的生物滤池的除臭试验表明（滤速为5m/h）：生物处理对2-MIB的降解能力受pH和水温影响较大，温度越高降解能力越大，降解的最佳pH为7~9，pH<7时降解能力下降很快。

4. 联合处理技术

臭氧—活性炭联合使用可以克服单独使用臭氧或颗粒活性炭除臭的不足，提高除臭效率，延长活性炭的使用周期；生物处理与活性炭吸附并用亦可节省投药量，延长活性炭的使用周期，提高除臭效果。据日本霞浦水厂的运行经验，采用此法比单用活性炭吸附可节省投氯量30%~50%，活性炭过滤周期由24h增加至48h，且除臭效果显著，除臭率接近100%。

9.3.3　组合工艺对含藻原水的处理效能比较

在实践应用中，多数情况采用组合工艺形式，以下介绍几种组合工艺对含藻原水的净化作用。

1. 组合工艺流程

（1）生物陶粒与常规工艺的组合（工艺1）：

原水→生物陶粒→混凝沉淀→砂滤→出水。

（2）生物陶粒与常规工艺、活性炭的组合（工艺2）：

原水→生物陶粒→混凝沉淀→砂滤→活性炭→出水。

（3）预臭氧氧化、生物陶粒、常规工艺的组合（工艺3）：

原水→预臭氧→生物陶粒→混凝沉淀→砂滤→出水。

（4）预臭氧氧化、生物陶粒、常规工艺、活性炭的组合（工艺4）：

原水→预臭氧→生物陶粒→混凝沉淀→砂滤→活性炭→出水。

（5）生物陶粒在混凝沉淀后的工艺（工艺5）：

原水→混凝沉淀→生物陶粒→砂滤→出水。

2. 组合工艺净水效果对比

各组合工艺（小试）对COD_{Mn}、色度、浊度、叶绿素a（Chla）的去除效果见表9-4，并与生产性规模的净水工艺6（原水→预氯化→澄清→过滤→加氯→出水）的运行效果进行了对比。

对比组合工艺试验结果可以看出：

（1）各组合工艺净水效果均优于工艺6。将臭氧、生物陶粒、传统工艺、GAC吸附组合在一起的工艺4的净水效果最好。该工艺对COD_{Mn}、浊度、色度、Chla的去除率分别达到 48.7%～60.4%、82.4%～95.1%、84.3% 及近 100%；与工艺 4 相比，工艺 2 对 Chla、色度的去除效果不如工艺 4，对有机物、浊度的去除与工艺 4 差别不明显；与工艺 6 相比，工艺 2 对 COD_{Mn} 的去除率提高了 20%～30%，对色度的去除率提高了近 10%，对氨氮的改善效果更为显著（常规工艺主要靠加氯去除氨氮，不加氯时对氨氮几乎无去除效果）。工艺 1 和工艺 5 对氨氮的去除率远高于工艺 6，对 COD_{Mn} 的去除率约高 6%～10%，但对色度的去除效果与工艺 6 相差不大。

组合工艺净水效果对比　　　　　　　　　　　　　　　　表 9-4

	去　除　率（%）					备　注
	COD_{Mn}	色度	浊度	Chla	氨氮	
工艺 1	35.8～44.6	49.6～67.4	72.0～90.9	48.0～84.3	78.0～98.3	10℃～20℃
工艺 2[1]	50.6～66.7	56.2～78.3	75.1～94.9	86.7	优于工艺 1	
工艺 3	41.2～52.7	81.8	81.3～93.9	～100	优于工艺 1	O_3：0.5mg/L O_3：1.5mg/L
工艺 4	48.7～60.4	83.4	82.4～95.1	～100	优于工艺 1	O_3：0.5mg/L O_3：1.5mg/L
工艺 5[2]	32.0～45.4	47.4～63.8	68.7～87.2	56.5～78.4	与工艺 1 相似	3.8℃～8℃
工艺 6[3]	23.0～39.2	51.4～68.4			43.5～91.3	

注：1. 活性炭型号：宁夏太西活性炭厂产 ZJ15 活性炭。

2. 工艺 1～4 混凝剂投加量为 20mg/L；工艺 5 混凝剂投加量为 30mg/L。

3. 预加氯 1～2mg/L，消毒加氯量 4mg/L。

（2）对比工艺 1 与工艺 5 可以发现：同样温度下将生物陶粒置于混凝沉淀后的工艺 5 对有机物的去除率略高（但应注意到工艺 5 的混凝剂投加量较工艺 1 高 10mg/L），对浊度、色度、Chla 的去除率没有明显差别。考虑到生物处理可以去除部分藻类，减少藻类对混凝过程的影响，节省混凝剂投加量，对于富营养化水源，建议将生物处理置于混凝沉淀之前。如主要去除氨氮为目的，则易采用工艺 5，以充分发挥混凝沉淀的作用。

（3）单元工艺活性炭吸附的处理效果与活性炭的种类有很大关系，研究中采用了两种活性炭：杭州木材总厂生产的 8818 型活性炭和宁夏太西活性炭厂生产的 ZJ15 活性炭。试验证明，ZJ15 炭对有机物的吸附效果优于杭州 8818 型活性炭，对 COD_{Mn} 的去除率高 12.1%～25.0%。

9.4　藻毒素基本性质

9.4.1　藻毒素概述

藻毒素是藻类分泌产生的毒素化合物。2000 多种蓝藻中有 60 余种可产生毒素，主要产毒藻有微囊藻属（*MicrocystisKütz*）、鱼腥藻属（*Anabaena Bory*）、颤藻属（*Osicilla-toria Vauch*）及束丝藻属（*Aphanizomenon Morr.*）等十余种。不同藻株可产生相同的毒素，而同一藻株也可产生不同毒素，其中微囊藻毒素最为常见。微囊藻毒素分子较小（分子量 1000 左右），具有环状结构，一般认为它不是在核糖体合成，而是由细胞质中肽合成酶复合体合成的生物活性小肽，这类似于在一些杆菌和真菌中小肽的合成。

微囊藻毒素是胞内毒素，细胞破裂后释放出来并表现出毒性。虽然微囊藻毒素的研究历史已近百年，而且也取得了很多有价值的研究成果，但在微囊藻毒素产生－释放机理、毒素功能以及毒理学等方面尚有很多值得深入探讨的问题，尤其是微囊藻毒素产生机理是目前的研究热点，微囊藻毒素产生、释放是受遗传控制还是受环境因子左右。

微囊藻毒素的发现在水源水、自来水中检出引起了国际环境化学和给水处理界众多学者的广泛关注，目前各国学者正致力于研究藻毒素检测方法、毒性和致癌性及其可能机制、流行性学调查以及高效安全的净化技术等等。Lambert 等认为水处理工艺可能引起藻细胞破裂，释放出藻毒素；而 Chow 等人的实验室研究表明，混凝沉淀、机械搅拌、过滤不会引起藻细胞的破裂；朱光灿等人研究认为，当混凝剂达到一定量之后，会引起藻细胞的破裂，加氯消毒也会使部分细胞破裂，释放藻毒素；刘伟等人利用电子显微镜和紫外分光光度计检测发现，高铁酸盐对水中藻类细胞的表面结构有很大影响，破坏了细胞的表面鞘套，高铁酸盐的氧化作用导致藻类细胞的鞘套破裂使其向水中释放胞内物质，这些生物高聚物能够在混凝过程中起到助凝剂作用。胡文容等人探讨了臭氧和二氧化氯的杀藻机理，研究中借助电子显微镜等手段对氧化处理前后藻细胞的数目及形态、结构变化特征进行了分析，提出了臭氧和二氧化氯的杀藻模式，并认为二者具有不同的杀藻作用机理，作用过程与效能受多种因素的制约。

总起来看，国内外对微囊藻毒素的测定方法、结构鉴定、毒理学评价及脱毒机理研究较多，而水处理工艺对藻毒素的去除研究则相对较少。国际上对富营养化水中蓝藻和微囊藻毒素的净化消除研究始于 18 世纪 80～90 年代，国外藻毒素的水处理研究主要集中在水源水中藻毒素迁移转化与控制、生物预处理方面，水中藻毒素的物化处理、深度处理机理研究方面不够深入，尤其缺乏水厂生产规模的藻毒素处理研究成果。国外文献报道大多考虑总藻毒素的去除，很少关注胞内、胞外藻毒素的转化及去除机理。

我国卫生部、建设部和国家环保总局等政府部门分别制定了藻毒素控制标准，国内城市供水企业与卫生监督部门开展了相应的检测、控制工作，各地也相继开展了微囊藻毒素的水处理技术研究和实践。

9.4.2 藻毒素分子结构

微囊藻毒素（MC）是七肽单环肝毒素，由 1 位置的 D-丙氨酸，2 和 4 位置的 2 个不同 L-氨基酸，6 位置的 D-谷氨酸，另外 3 个不寻常氨基酸即 3 位置的 D-赤-β-甲基天冬氨酸（MASP），5 位置的（2S，3S，8S，9S）-3-氨基-β-甲氧基-2，6，8-三甲基-10-苯十基-4，6-二烯酸（ADDA），7 位置是 N-脱氢丙氨酸（MDHA）。由于位置 2 和 4 的 2 个 L-氨基酸的不同及 MASP 和 ADDA 的甲基化/去甲基化产生的差异，可以形成多种不同的异构体。目前已从不同微囊藻菌株中分离、鉴定了近 60 种微囊藻毒素结构，但只有 MC-LR、MC-YR 和 MC-RR 等 3 种异构体有商品化标准品供应。探寻新的微囊藻毒素类型，并研究其结构与毒性的关系，特别是侧链 ADDA 构型改变对毒性的影响，是微囊藻毒素研究的一个重要方面。从微囊藻毒素的分子结构可看出（图 9-5），由于存在环状结构和间隔双键，所以具有相当的稳定性。

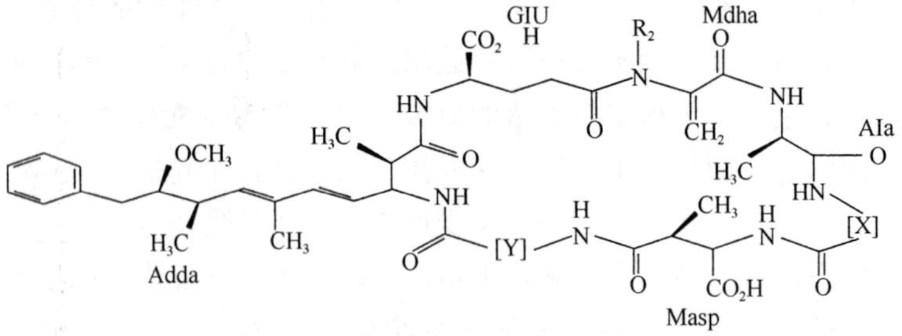

图 9-5　微囊藻毒素的分子结构

9.4.3　藻毒素毒性

自 1978 年 Francis 首次发现泡沫节球藻（*Nodularia spumingena Mert.*）水华能引起家畜和禽类中毒死亡以来，已证实有 10 多种蓝藻能引起动物中毒甚至死亡。在所有的淡水藻类中，毒性最强、污染范围最广的为蓝藻门。目前可以肯定的有毒蓝藻包括：铜绿微囊藻（*Microcystis aeruginosa* Kütz）、水华鱼腥藻（*Anabaena flos-aquae* Breb.）、水华束丝藻（*Aphanizomenon flos-aquae* Ralfs）、阿氏颤藻（*Oscillatoria agardhii* Gom.）、泡沫节球藻（*Nodularia spumigena* Mert.）等。这些藻类在夏秋季形成的水华中大量存在，对人类的健康构成了威胁。Linda 等认为微囊藻毒素是一种肝毒素，因为它们专一的、不可逆的阻止蛋白磷酸酶 1 和 2A 的形成；它们还有促癌作用，因此即使它们未达到急性浓度时，也能对人体健康产生影响。另外据报道，微囊藻毒素还具有遗传毒性、胚胎毒性和致畸性。表 9-5 列举了近 40 年来文献报道的一些蓝藻毒素引起人类中毒的事件。

近 30 年来微囊藻毒素引起的人类中毒事件　　　　　　　　　　　表 9-5

接触方式	时间	地点	受影响人群	毒素种类
饮水	1975	美国	约 5000 人患急性胃肠炎	—
	1979	澳大利亚	149 人出现类似肝炎的症状	cylindros permospsin
	1972~1995	中国江苏和广西部分地区	原发肝癌发病率高	微囊藻毒素
	1988	巴西	2000 人患胃肠炎，其中 88 人死亡	—
直接接触	1992	澳大利亚	许多人患 "Barcoo fever"，看到食物就恶心、呕吐	肝毒素
	1989	英国	2 人患肺炎，16 人患咽喉溃疡、头痛、腹痛、呕吐、腹泻	微囊藻毒素
	1995	澳大利亚	777 人患胃肠炎，发烧，眼、耳受刺激，嘴唇起疱	肝毒素
	1996	英国	11 人发烧、发皮疹	微囊藻毒素
血透析	1974	美国	23 人肌痛、呕吐、寒战、发皮疹	脂多糖内毒素
	1996	巴西	116 人视物模糊、恶心、呕吐、肝损伤，其中 63 人死亡	微囊藻毒素

注：—未鉴定。

1997 年董传辉对泰兴等 4 个肝癌高发区进行危险度评估，发现长期饮用有微囊藻毒素污染的沟塘河浜及浅井水是肝癌最主要的诱因之一，时间越长，罹患肝癌的危险性就越大。流行病学研究发现，我国一些肝癌高发区（如广西扶绥）的肝癌高发与当地水源中有藻毒素有关，饮水中藻毒素在我国南方是导致肝癌的三大危险因素之一。陈家长等通过血凝实验证明太湖的微囊藻具有蓝藻毒素，在此基础上进行鱼类染毒实验，采用全细胞藻体和经冻解的藻液给鱼类染毒，结果发现全细胞灌胃染毒对鱼类的毒性较小，以冻解藻液腹腔注射染毒对鱼类毒性较大，说明太湖微囊藻属于毒藻，毒性级别可定为中等。

目前淡水藻类产生的毒素已检测到的主要有 3 种化学结构：环肽、生物碱和脂多糖。环肽毒素主要包括七肽的微囊藻毒素和五肽的球藻毒素（nodularins），生物碱主要包括鱼腥藻毒素-a（anatoxin-a）、贝类毒素（saxitoxin）等，除以上 2 类毒素外，还有叶蝶啶类、脂多糖类毒素。

国内外很多地区的水源水和饮用水中均发现含有微囊藻毒素，对人体健康形成威胁。鉴于有毒蓝藻和微囊藻毒素的毒性，许多国家和世界卫生组织（WHO）均设立了饮用水微囊藻毒素的限制标准，最高允许量为 $1.0\mu g/L$，我国 2006 年颁布实施的《生活饮用水卫生标准》（GB 5749—2006）中规定微囊藻毒素（MC-LR）的最高浓度为 $1\mu g/L$。

9.5 藻毒素检测方法

9.5.1 藻毒素检测方法概述

藻毒素的测定方法主要有生物分析法、化学分析法和生化分析法三大类。而其中的高压液相色谱法、酶联免疫法和蛋白磷酸酶禁阻法是发展最快、研究最活跃的 3 种方法，目前这 3 种方法各有优缺点，均得到广泛应用。

传统的生物分析法通常用小鼠腹腔注射或口腔灌喂评价微囊藻毒素的毒性，由纯化的微囊藻毒素或水华蓝藻中粗提藻毒素进行测试，根据其生理病变及半致死量可初步确定其毒性。化学分析方法中应用最多的是高效液相色谱法，这一方面取决于微囊藻毒素本身的物理和化学性质，另一方面也因为该法有良好的灵敏度和选择性。其步骤是先将水华蓝藻的毒素提取液或实际水样通过固相萃取富集纯化，再用溶剂淋洗液将吸附的微囊藻毒素洗脱下来，最后进行定性定量分析，同时还可与质谱或核磁共振联用来确定其分子式和结构。生化分析法有酶联免疫法和蛋白磷酸酶禁阻法，酶联免疫法由于具有灵敏、快速、简单、易用、适于现场分析等特点，显示出良好的发展趋势。蛋白磷酸酶禁阻法则是利用微囊藻毒素对荧光物质蛋白磷酸酶 1（PP1）和 2A（PP2A）的禁阻效应进行定量分析。

从有毒蓝藻中提取肝毒素的早期方法是基于液液萃取、沉降、分子排阻和离子交换等技术，Bishop 等在 20 世纪 50 年代就开始这方面的研究。Gregson 在 1983 年首次将高压液相色谱分析技术用于藻毒素的分离，目前主要的色谱鉴定方法包括气相色谱电子捕获鉴定法和质谱鉴定法，液相色谱紫外法及质谱法，毛细管电泳法、毛细管电色谱法和薄层色谱鉴定法等。Meriluoto 等研究了液相色谱电化学鉴定方法，可用于 MC-LR、MC-YR 和 MC-RR 的分析，他们开发了一种对表面进行电化学修饰的反相柱，氧化电位设置为

1.2V（参比电极为 Ag/AgCl，工作电极为玻璃电极），流动相用乙酸和磷酸改性；Lee 等开发了在线痕量富集－液相色谱-二极管阵列检测方法（HPLC-DAD），水样不经过预处理，即可在线同时测定 MC-LR、MC-YR 和 MC-RR，该技术的关键步骤是水样先以 3mL/min 的流速流过 ZorbaxCN 预柱，然后通过阀切换，以反冲洗模式将待测组分洗脱，进入 LunaC18 反相柱分离，所用样品量为 100mL，检测限为 0.02μg/mL；Zweigenbaum 等通过微孔液相色谱－电喷雾离子捕获质谱鉴定技术直接测定环境样品中的微囊藻毒素，能够检测到 250pg 的藻毒素。

酶联免疫测试法（ELISA）是目前被广泛认同的一种快速测试技术，可用于测试总藻毒素，虽然灵敏度高、便于操作，但选择性差，目前发展起来的 ELISA 专一性强，灵敏度高，通常能够测定 1ng/L～1μg/L 的低含量藻毒素，已广泛用于实验室培养液、自然水体及各种水样的毒素测定，而且商业化的 ELISA 试剂盒也投放市场。Metcalf 报道了一种新的多克隆结合抗体，能够用于 ELISA 法测定微囊藻毒素和球藻毒素，该法和 HPLC-DAD 比较，相关性非常好，相关系数（R^2）高达 0.96；Ramanan 成功地将 MC-LR 和 MC-LA 从藻细胞中提取出来，并分别通过液相色谱法和酶联免疫法测定，其藻毒素提取步骤是先用甲醇粗提，再用固相萃取分离，最后用反相液相色谱纯化。Zeck 建立了一种高灵敏度的免疫测试方法，主要基于专用于 4-arginine microcystin 结合的单克隆抗体，通过 ELISA 法可将 MC-LR 的检测限达到 6ng/L。

蛋白磷酸酶禁阻法是利用微囊藻毒素对蛋白磷酸酶（PP1 和 PP2A）活性专一性的抑制，依据活性抑制和毒素含量相关关系来测定藻毒素，常用的有同位素标记法和微量比色法，目前常与色谱法（如 HPLC）结合使用，该法灵敏度高，一般可达纳克级，极限匹克级。近年来，蛋白磷酸酶禁阻法的研究十分活跃，发展非常迅速，操作简便快速，灵敏度高且测试成本较低，而且也有商品化试剂盒投放市场，因此该法有望成为继液相色谱法、酶联免疫法之后，又一极具竞争力的藻毒素测试方法。Rivasseau 比较和评价了 96 样位的蛋白磷酸酶专用试剂盒，研究表明该方法经济、快速，和液相色谱法相比具有很好的相关性（相关系数 $R^2 = 0.96$），可准确定量 0.2～0.8μg/L 浓度范围的藻毒素，如果采用 C18 固相萃取痕量富集，还将检测限降至 0.2μg/L 以下；Xu 认为蛋白磷酸酶禁阻法具有较高的准确度和重现性，可能是迄今为止灵敏度最高的微囊藻毒素测试方法，1995～1996 年采用该方法对武汉东湖和鱼塘水中藻毒素进行了一个年度的调查，发现微囊藻毒素浓度和水体中产毒蓝藻有相关性。Heresztyn 采用蛋白磷酸酶 2A 和磷酸对硝基苯作为底物测试水体中的微囊藻毒素，而且不经过预处理直接进行测定，定量范围为 0.2～1μg/L，该方法不受水样中杂质，尤其是蓝藻藻体内提取物的干扰，另外法国学者 Bouaicha 也报道了一种直接测定水样的蛋白磷酸酶禁阻法，分别通过比色和荧光光度两种测试机理，检测限分别达到 0.25μg/L 和 0.1μg/L，其中荧光酶法的检测限可以和酶联免疫法相比较。

有关微囊藻毒素测试方法方面的另外一研究热点是样品处理技术。样品处理的目的有 2 个：①对藻毒素进行痕量富集，提高检测灵敏度，同时也提高低含量藻毒素的测试准确度；②对样品进行纯化，减少污染物对待测藻毒素的干扰。

水样是一个成分复杂的混合物，不同的样品中溶解性有机碳、矿物质、pH、残余氯（水厂消毒剂）含量均不一样，很难推荐一个通用的样品处理步骤，Lawton 推荐了一个胞外藻毒素的纯化步骤，其中包括：①加入硫代硫酸钠去除余氯；②加入四氟乙酸酸化；③C18固相萃取柱富集，并倡导将 MC-LR 的回收率作为标准，但受到 Moollan 等人的反对，因为不同亚型微囊藻毒素的回收率范围变化比较大，Tsuji 等人又提出了胞外藻毒素的纯化新方法，即用硅胶柱纯化。

蓝藻富含蛋白质，高蛋白质含量会干扰藻毒素的测定。Harada 认为 5％的乙酸萃取液可以很好地去除蛋白质，另外一个优点是乙酸萃取液经稀释后可直接用 C18 柱纯化。当前免疫亲合提取法（IAC）是样品处理的另外一个重要的研究前沿和发展方向，IAC 纯化法是将抗体修饰到固相萃取吸附剂上，能够做到高效、专一性地纯化微囊藻毒素，但目前商品化的 IAC 固相萃取柱尚没有投放市场，影响了该技术的应用。图 9-6 是世界卫生组织（WHO）公布的有关免疫亲和柱和 C18 柱纯化分离微囊藻毒素后的液相色谱图。

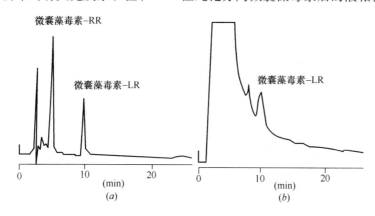

图 9-6　两种纯化方式的比较

(a) IAC 柱纯化后 HPLC 图；(b) C18 柱纯化后 HPLC 图

当需要准确鉴定微囊藻毒素的类型时，高效液相色谱法具有其他方法无法比拟的优点，它可对不同类型的微囊藻毒素分别进行定性定量测定，加上色谱质谱联用技术，还可对藻毒素新的亚型进行鉴定，但此法的前处理步骤较烦琐，而且需要大量水样和标准品。酶联免疫法和蛋白磷酸酶禁阻法更适用于对水中的微囊藻毒素类物质进行快速筛选，同时也为高效液相色谱法进一步鉴定水中微囊藻毒素提供重要信息。虽然微囊藻毒素的分析方法很多，但由于微囊藻毒素异构体众多，且性质相近，缺少相应标准，成为微囊藻毒素研究、分析的限制因素。

9.5.2　固相萃取—液相色谱质谱法

固相萃取—液相色谱质谱法和固相萃取—酶联免疫法两种较为成熟的测试方法。张昱等研究评价了测定水中微囊藻毒素的固相萃取—液相色谱质谱法。该法通过固相萃取（SPE）富集微囊藻毒素（MC），并采用液相色谱—电喷雾电离质谱（HPLC/ESI－MS）测定水库水源水中的 MC－RR，YR 和 LR。分别在 m/z 为 520、1046 和 996 时，采用选择离子扫描方式进行检测，仪器检出限绝对量分别为 10、20 和 10pg（S/N＝3），线性定量范围为 $1.5\sim1000\mu g/L$。固相萃取回收率在 85％以上，固相萃取—HPLC-MS 法的线性检测限为 $0.75\sim500ng/L$。

通过液相色谱质谱条件和样品前处理条件研究，获得了如下优化分析条件，而且线性范围和检测限均符合痕量分析的要求，并成功地用于 B 市和 S 市水源水和水厂出水的藻毒素检测。

1. 仪器和试剂

Alliance 高效液相色谱/质谱联用仪（美国 waters 公司），包括 2690HT 分离单元，PDA 二极管矩阵检测器及 ZQ4000 质谱检测器，MasslynxV3.5 工作站；0ASIS HLB（50mg）固相萃取柱（美国 waters 公司）。甲醇、乙腈为 HPLC 级（Fisher 公司），水为超纯水，甲酸为分析纯（AR，北京化工厂）；MC-RR（分子式：$C_{49}H_{75}N_{13}O_{12}$，$MW=1038.21$）、YR（分子式：$C_{54}H_{72}N_8O_{12}$，$MW=1045.19$）（和光纯药株式会社，日本），LR（分子式：$C_{49}H_{74}N_{10}O_{12}$，$MW=995.17$，Alexis 公司，瑞士）。

2. 样品前处理

取水样 2000ml，当天进行前处理，经 $1\mu m$ 的玻璃纤维滤膜过滤后，通过已活化好的 HLB 固相萃取柱富集 MC。待样品全部吸附，以 40% 的甲醇水溶液冲洗固相萃取柱后，用 6mL 甲醇洗脱柱上 MC，洗脱液用微弱氮气吹干，用 50% 甲醇定容至 1ml，上机测定。

3. 液相色谱条件

色谱柱：SymmetryC18，$2.1 \times 150mm$，$5\mu m$（美国 waters 公司）。流动相：A，0.1% 甲酸水溶液；B，乙腈。梯度淋洗条件：A 从起始 75% 线性降低到 70%，B 从 25% 线性增加到 30%，从 15min 起 B 变为 100%，17min A 变为 75%，B 变为 25% 保持 8min 到下次进样。柱温：$30\pm5℃$。流速：0.2mL/min。进样体积：$20\mu L$。

4. 质谱条件

电离方式：ESI（positive）；电离电压：3.5kV；锥孔电压：40V（RR），70V（YR 和 LR）；扫描范围：$m/z=400\sim1200$；离子源温度：105℃；去溶剂气温度：170℃；质谱条件依据采集的 [M+H]+ 或 [M+2H]2+ 信号强度的稳定性进行优化。

5. 线性范围和检出限

将 MC 混标逐级稀释成梯度，在上述检测条件下测定。以峰面积对应标样浓度进行线性回归，回归方程、线性范围及相关系数列于表 9-6。在信噪比＞3 的条件下，如图 9-7 所示，MC-RR、YR 和 LR 的绝对量检出限分别达到 10、20 和 10Pg，而使用紫外检测器只能达到 1ng。在 $1.5\sim1000\mu g/L$ 的浓度范围内，RR、YR 和 LR 的线性回归方程的相关系数分别为 0.997、0.9998 和 0.9996，定量范围达 3 个数量级以上。

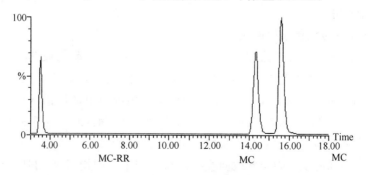

图 9-7　混合标样的选择离子总离子流色谱图（$100\mu g/L$）

	标准曲线回归方程及其参数		表 9-6
MC 类型	浓度范围（$\mu g/L$）	标准曲线	相关系数
RR	1.5～1000	$Y=1645X+2036.6$	0.997
YR	1.5～1000	$Y=308.39X-864.5$	0.9998
LR	1.5～1000	$Y=415.43X-1692.8$	0.9996

9.5.3 固相萃取/酶联免疫法

由于藻毒素大部分存在于细胞内部，只有在藻细胞衰亡或大面积水华发生时才释放到水中，为此，有必要将胞外藻毒素（extracellular microcystin，简称 T）和胞内藻毒素（intracellular microcystin，简称 IMC）分别测定。

贾瑞宝等在总结国内外藻毒素测定方法的基础上，开发出了固相萃取/酶标免疫法，该方法采用滤膜截留、冻融酸解、两级固相萃取纯化分离等样品前处理之后，再通过酶联免疫法测定，消除了假阳性干扰，并实现了胞内、胞外藻毒素的分别测定。

1. 试验方法

1）试验设备

（1）酶联免疫检测仪：DG5031 型，华东电子集团有限责任公司。

（2）固相萃取装置：PLEC-A1 型，12 样位，济南普利环境工程科技发展中心。

（3）超纯水器：Millq-Plus185，美国 Millipore 公司。

（4）液氮生物器：YDS-10B 型，成都金风液氮容器有限公司。

（5）杯式过滤器：Phenomen，天津赛恩斯公司。

（6）离心机：TDL-50B，上海安亨科学仪器厂。

2）试剂与材料

（1）EnviroGard 微囊藻毒素试剂盒：适用于酶联免疫法测试，96 样位，购于美国 Diagnostics Technologies 公司。

（2）固相萃取柱。

Oasis 柱：3mL，500mg，HLB 高分子聚合物填料，购于美国 Waters 公司。

C18 柱：3mL，500mg，C18 键合相填料，购于中科院大连化物所。

硅胶柱：3mL，500mg，硅胶填料，购于中科院大连化物所。

GCB 柱：3mL，500mg，石墨化炭黑填料，购于美国 Supelco 公司。

（3）微囊藻毒素标准品：MC-LR，标准浓度为 0.5mg/L，美国 Sigma 公司。

（4）甲醇：HPLC 级，美国 Fisher 公司。

其他试剂，均为色谱纯或分析纯

3）ELISA 测试原理与步骤

EnviroGard 微囊藻毒素试剂盒采用一种无毒的 LR 型微囊藻毒素代替等量水平的 $0.1\mu g/L$、$0.4\mu g/L$ 和 $1.6\mu g/L$ 的 LR 型微囊藻毒素用于校准。该试剂盒将多克隆（polyclonal）抗体固定在检测池壁上，抗体能与微囊藻毒素分子或一种微囊藻毒素酶结合液（microsystin-enzymeconjugate）发生反应。每个样品检测池上的抗体捆绑位点（antibodies binding sites）数量相同，即每一个检测池接受同样多的微囊藻毒素酶分子，样品中的微囊藻毒素与微囊藻毒素酶分子竞争抗体捆绑位点，并发生结合反应，一个含有低浓度微囊藻毒素的样品使抗体结合大量微囊藻酶分子，结果变为深蓝色。相反，高浓度的微囊藻毒素使抗体结合少量微囊藻酶分子，实验结果则呈现浅蓝色。

4）水样和藻样

本研究所用地表水样分别采自济南市玉清湖水库（SW），自来水样（DW）采自济南玉清水厂，采样时水库及水厂出水水质指标见表9-7。铜绿微囊藻藻样由实验室按照表9-8配方培养，纯藻种购于中科院武汉水生研究所，接种好的水样置于体积为 10L 玻璃瓶放置于光照生化培养箱中培养 1 周左右，叶绿素 a 达到 $20\mu g/L$ 时方可使用。

水样	pH	色度（度）	浊度（NTU）	高锰酸盐指数（mg/L）	氨氮（mg/L）
					表 9-7
SW	8.30	20	3.9	4.8	0.41
DW	7.65	5	0.8	2.9	0.14

水样的水质指标

2. 固相萃取—酶联免疫法（SPE/ELISA）测定微囊藻毒素的方法优化

本研究在对文献进行调研分析的基础上，采用价格更为低廉、易得的 C18 柱和硅胶柱，对样品进行两级固相萃取纯化处理，建立了用于测定含藻水样中微囊藻毒素的固相萃取—酶联免疫法（SPE/ELISA）。

铜绿微囊藻实验室培养配方 表 9-8

药剂名称	所需剂量（mg）	药剂名称	所需剂量（mg）
$NaNO_3$	49.6	$Na_2SiO_3 \cdot 9H_2O$	5.8
K_2HPO_4	3.9	PIV 金属溶液	0.3
$MgSO_4 \cdot 7H_2O$	7.5	土壤萃取液	0.3
$CaCl_2 \cdot 2H_2O$	3.6	去离子水	99.4

备注：1. pH 为 8～8.5；

2. $CaCl_2 \cdot 2H_2O$ 和 $Na_2SiO_3 \cdot 9H_2O$ 分别进行高压灭菌处理；

3. PIV 金属溶液包括如下配方：$FeCl_3 \cdot 6H_2O$ 9.7mg，$MnCl_2 \cdot 4H_2O$ 4.1mg，$ZnCl_2$ 0.5mg，$CoCl_2 \cdot 6H_2O$ 0.2mg，$NaMoO_4 \cdot 2H_2O$ 0.4mg，Na_2-EDTA 75mg，蒸馏水 100mL。

1）测定方法的改进

本方法主要改进之处为：

（1）通过膜过滤分离水相和藻渣，使胞内藻毒素和胞外藻毒素测定更加方便、灵活。

本方法将水样通过 $0.45\mu m$ 的微孔滤膜过滤，胞外藻毒素留在水相，胞内藻毒素随藻渣被截留在滤膜上。这样，如果分别处理水相和藻渣，并分别进行 ELISA 测定，就实现了胞内、胞外藻毒素的分别测定，如果需要测定总藻毒素，就将水相和藻渣的乙酸溶解液合并在一起，再进行纯化和 ELISA 测定。

（2）两级固相萃取纯化处理。

两级固相萃取纯化处理是指：利用藻毒素在 C18 反相柱和硅胶正相柱上都能进行保

留的特点，先通过 C18 反相固相萃取，柱上保留藻毒素和非极性杂质，去掉极性成分，再进行硅胶正相纯化分离，保留微囊藻毒素，去掉样品中的非极性杂质。这样一方面提高了 $0.1\mu g/L$ 以下的低浓度藻毒素定量准确性，再就是使样品得到充分纯化，降低假阳性的干扰。

2）固相萃取纯化处理程序

本文研究的固相萃取纯化步骤为：

（1）滤膜过滤：取一定体积的水样（根据水质污染情况确定取样体积），置于杯式滤器中经 $0.45\mu m$ 的微孔滤膜减压过滤。

（2）藻细胞冻融酸解：将截留藻类的滤膜剪碎，用纱布包好，置入液氮罐中保持 1min，然后放入离心试管，加以 5%乙酸 10mL，在 3500r/min 下离心萃取 10min，重复萃取 3 次，合并上清液。

（3）提取液合并：步骤（1）水样滤液和步骤（2）乙酸提取液混合在一起。如果分别测定胞内、胞外藻毒素，则不必合并，步骤（1）水样滤液和步骤（2）乙酸提取液可分别进行下面的步骤。

（4）C18 反相柱准备：先用 10mL 甲醇清洗并活化 C18 柱，再加 20mLMilliq 超纯水将活化好的 C18 柱条件化。

（5）C18 反相柱一级纯化：步骤（3）混合提取液以 $4\sim5$mL/min 的滤速通过 C18 柱，过滤完成后，用 10mL 的甲醇水混合液（φ 甲醇＝20%）清洗 C18 柱，抽干 5min 后，用 2ml 甲醇洗脱。

（6）硅胶正相柱准备：用 10mL 甲醇清洗并活化柱床，再用 10mL 的甲醇水混合液（φ 甲醇＝20%）将活化好的硅胶柱条件化。

（7）硅胶柱二级纯化：将步骤（5）的甲醇洗脱液稀释成甲醇水混合液（φ 甲醇＝20%），以 $4-5$mL/min 的流速通过硅胶柱，抽干 5min 后，用 2mL 甲醇洗脱并定容至 2mL。

3）几个样品处理关键参数的探讨

（1）细胞壁破坏方式的选择。

胞内藻毒素（IMC）存在于藻细胞内部，需要采取必要的细胞壁破坏方式确保 IMC 释放出来。破坏细胞壁的方法有很多，其中超声破碎法是一种最常用的方法，但最近研究表明，虽然超声波能够通过使细胞壁破裂而促进藻毒素的释放，但同时也会引起藻毒素多肽结构的断裂而损失部分毒素，并最终导致测定结果偏低。因此本文采用冻融酸解法，关键步骤为液氮冻融、乙酸酸解、离心萃取等。

按本章介绍方法，在实验室培养铜绿微囊藻，并将冻融酸解法和超声破碎法进行对比，超声破碎法的操作步骤：首先将水样经 20MHz 的超声波间歇振荡 2h，破碎藻细胞；然后，用 $0.45\mu m$ 滤膜将藻渣滤去，滤液备用。

将以上 2 种细胞壁破碎方法获得的粗提液按本文研究的方法进行含量测定，3 个平行样的检测结果见表 9-9。

从表 9-9 可以看出，冻融酸解法的粗提效率和粗提精密度均比超声破碎法要好，因此本文将冻融酸解法用于胞内藻毒素的粗提。

冻融酸解法和超声破碎法对含藻水藻毒素提取量比较（单位：$\mu g/L$，$n=3$） **表 9-9**

提取方法	1 号	2 号	3 号	平均值	相对标准偏差（%）
冻融酸解法	0.24	0.25	0.27	0.25	6.3
超声破碎法	0.14	0.21	0.11	0.15	34

注：铜绿微囊藻培养液的叶绿素 a 含量为 $26\mu g/L$。

（2）用于一级纯化的反相柱选择。

为选取合适的反相固相萃取柱，本文用微囊藻毒素（MC-LR）纯品和 Milliq 超纯水配制模拟水样，取水样 20mL，最后定容 2mL。石墨化炭黑（GCB）、C18 键合相和高分子聚合物（Oasis）等 3 种常见反相固相萃取用于一级纯化实验，结果见表 9-10。研究发现 C18 键合相和高分子聚合物等填料的反相柱对藻毒素的回收效果要明显好于石墨化炭黑柱，但 C18 和 Oasis 两者之间差距很小，最终选择价格相对便宜的国产 C18 柱。

（3）一级反相固相萃取纯化的清洗液与洗脱剂。

采用 2 部分相同实验条件完成微囊藻毒素水样的固相萃取吸附过程，分别用 2mL 不同浓度的甲醇溶液洗脱吸附了相同质量藻毒素的 C18 柱，以回收率对甲醇百分含量（φ 甲醇）作图，微囊藻毒素的回收率和 φ 甲醇之间的对应关系示于图 12-6 中。

不同反相固相萃取柱的纯化提取效果 **表 9-10**

反相柱	加标浓度（$\mu g/L$）	回收率（%）			平均回收率（%）
GCB		75	82	68	75
C18	0.1	94	96	91	94
Oasis		93	94	97	95

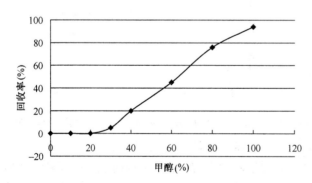

图 9-8 C18 柱一级纯化藻毒素回收率与
洗脱剂中甲醇含量 φ 甲醇之间的关系

图 9-8 显示：φ 甲醇在 0%～20% 范围内不会将微囊藻毒素洗脱下来，但 φ 甲醇＝30% 时，会有 5% 的微囊藻毒素被洗下，此后随着 φ 甲醇的逐步增大，回收率也相应增加，并在 φ 甲醇＝100% 时，回收率达到最大。根据这张图，本文选择 20% 的甲醇水混合液作为清洗液，用于水样中部分共吸附有机物的去除，选择纯甲醇作为微囊藻毒素的洗脱剂。

洗脱剂选定之后，在上述研究的优化条件下进行固相萃取洗脱实验研究，对同一只吸附藻毒素后的 C18 柱用不同体积的洗脱剂进行洗脱，以微囊藻毒素的累积回收率和洗脱体积作图，实验结果参见图 9-9。

图 9-9 表明，在本实验条件下，洗脱剂用量在 1.0mL 时，藻毒素的累积回收率接近 80%，用量为 1.5mL 时，累积回收率超过 90%，用量增至 2mL 后，累积回收率不再变化，因此洗脱剂用量至少选择 2mL。

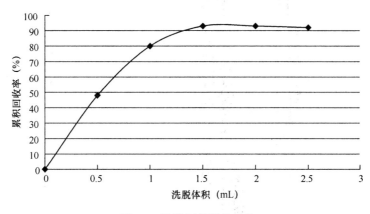

图 9-9　洗脱剂用量的优化

3. SPE/ELISA 测试方法检测限

本文选用的藻毒素试剂盒购于美国 Diagnostics Technologies 公司，该试剂盒的检测限为 $0.1\mu g/L$，线性定量范围为 $0.1\sim1.6\mu g/L$，每次测定之前都要进行阴性控制液校正，同时进行 $0.1\mu g/L$、$0.4\mu g/L$ 和 $1.6\mu g/L$ 标准液校正。

方法检测限（MDL）是考察整个方法全过程的指标，可通过公式计算：
$$MDL = St(n-1, 1-a = 0.99) \tag{9-1}$$
式中　　　　　　　　　S——重复试验的标准偏差；

　　　　　　　　　　n——重复试验的次数；

$t (n-1,1-a=0.99)$——自由度为 $n-1$、置信水平为 99％时的斯图登特 t 值。

本文用微囊藻毒素纯品向 100mL Milliq 纯水中加标，配制浓度为 $0.01\mu g/L$ 的 7 个平行样，按本文研究的方法两级固相萃取纯化（定容体积为 2mL），并进行酶联免疫法测定，单次测定的数据及由此计算的标准偏差列于表 9-11 中，由单测 t 分布表查出置信水平 99％，自由度 $f = n-1=6$ 时的 t (6, 0.99) $=3.14$，并通过公式（2-1）计算 MDL 值。

由最近的文献报道可知，Rivasseau 建立的环境水样中藻毒素测试方法的检测限为 $0.01\mu g/L$，Kondo 研究的湖水中微囊藻毒素测试方法的检测限为 $0.005\mu g/L$，Tsutsumi 更是将自来水中藻毒素的检测限降至 $0.0001\mu g/L$。本文建立的藻毒素测试方法的检测限为 $0.009\mu g/L$，能够和文献方法进行比较，可以用于含藻水中痕量微囊藻毒素的准确测试。

SPE/ELISA 藻毒素测定方法的检测限（单位：$\mu g/L$）　　　　　表 9-11

加标浓度	回收浓度 *	标准偏差 s	检测限（MDL）
	0.008		
	0.009		
	0.012		
0.01	0.011	0.003	0.009
	0.014		
	0.006		
	0.015		

＊：方法的空白值为 $0.001\mu g/L$

9.6　藻毒素在给水处理工艺中的迁移转化及其控制技术

微囊藻毒素具有很强的极性和水溶性，水厂常规工艺很难去除溶解于水中的胞外藻毒素。因此，在自来水生产过程中，应尽可能控制藻细胞的生长期或采取安全的水质净化技术，实现"无破坏性"安全除藻。本章将初步探讨胞外、胞内藻毒素在给水处理过程中的转化规律及机制，并对高效安全的水质净化工艺进行比较和选择。

9.6.1　微囊藻毒素在给水厂常规处理工艺流程中的变化

根据给水处理厂常规工艺流程，本章重点分析了预氯化、混凝沉淀、过滤和消毒四个净化工序中胞内和胞外藻毒素的变化规律。表 9-12 为水厂各工艺单元藻毒素变化示意图。

（1）预氯化阶段：原水中的藻细胞被氯氧化破坏后，胞内 MC（IMC）被释放出来，胞内 MC 减少，胞外 MC（EMC）增加。尽管氯通过氧化作用还能去除部分胞外 MC，但综合考虑各种因素，总体上氯氧化使胞外 MC 增加，使胞内 MC 和总 MC（TMC）降低。

（2）混凝沉淀阶段：原水经混合反应沉淀后，藻细胞得到进一步去除，胞内 MC 亦相应继续降低；残留活性氯继续在反应沉淀阶段发挥作用，释放 MC，同时絮凝剂或混凝剂等化学药剂会使藻细胞变形、收缩，也要释放 MC，但氯氧化和混凝沉淀同样会使部分胞外 MC 降低，由于这些过程对胞外 MC 的去除能力相对有限，胞外 MC 总体上仍然增加，胞内 MC 和总 MC 将继续降低。

（3）过滤阶段：沉淀池出水经过滤池过滤后，将截留大量未被沉淀去除的藻细胞（滤池反冲时排出），故胞内 MC 大大减少；但由于反冲洗不能全部去除截留的藻致使积累在滤池中的藻细胞因活性氯氧化作用或自身衰亡，释放 MC，尽管活性氯仍能氧化去除少量胞外 MC，但滤后胞外 MC 将升高，胞内 MC 和总 MC 仍将进一步降低。

（4）消毒阶段：滤后水中藻毒素的主要存在形式应为胞外 MC，极少量胞内 MC 存在于穿透滤池的少量蓝藻中，氯消毒将迅速消除这部分胞内 MC，同时大幅度消除胞外 MC，因此在该阶段胞内、胞外和总 MC 均呈显著下降趋势。

图 9-10 为水厂常规工艺流程中胞内、胞外和总 MC 的变化趋势示意图，该图更加清楚地显示了藻毒素的转化规律。

水厂常规工艺流程各种作用下胞内、胞外和总藻毒素的变化　　　　　表 9-12

藻毒素	水厂工艺流程中的各种作用										
	预氯化	混凝		反应	沉淀			过滤			消毒
	氧化	氧化	混合	反应	氧化	吸附	沉淀	氧化	吸附/降解	衰亡	氧化
EMC	+	+	无	+	+	—	—	+	—	+	—
IMC	—	—	无	—	—	无	—	—	—	—	—
TMC	—	—	无	—	—	—	—	—	—	—	—

注："＋"表示增加；"—"表示减少；"无"表示无显著变化；"氧化"作用在破坏藻细胞释放藻毒素同时，也会部分去除胞外藻毒素，但 EMC 总体上还是增加。

水厂常规工艺流程中存在化学氧化、混凝、沉降、吸附、过滤、生物降解和藻细胞衰亡等各种化学、物理和生物作用,这些作用对藻细胞的影响不一,因此直接影响着胞内和胞外藻毒素的变化,表 9-12 和图 9-11 从定性和定量 2 个方面描述了水厂常规工艺流程中胞内和胞外藻毒素在各种作用下的增减变化情况。

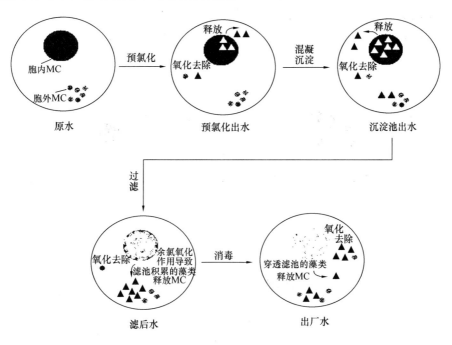

图例:▲——藻类细胞因破坏释放的MC

图 9-10 给水厂水质净化工艺流程中藻毒素变化示意图

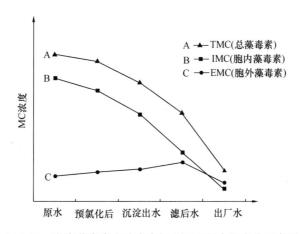

图 9-11 微囊藻毒素在给水常规处理流程中的变化示意图

综上所述,给水厂常规处理工艺流程中的预氯化、混凝等过程能破坏藻体,释放藻毒素,藻细胞在砂滤池中积累,使滤后胞外藻毒素升高,但对胞内藻毒素及总藻毒素有较好地去除能力。

9.6.2 藻类在砂滤池中积累及胞外藻毒素滤后升高的消除

沉淀池出水经过砂滤池之后，没有去除的藻细胞、淤泥、胶体物质及微生物被截留在滤料上，并在砂滤料上越积越多，造成滤料板结，甚至形成泥球。这种现象将逐渐产生两个方面的消极作用：①砂滤池的过滤效果降低，尤其是对藻细胞的截留能力大大降低；②反冲洗的作用受到限制，即反冲洗对砂滤料洗不干净，易于造成藻细胞在滤池中积累。积累的藻细胞因游离活性氯的氧化作用和藻细胞自身的衰亡，导致藻细胞释放胞内藻毒素，滤后胞外藻毒素增加。整个过程变化的示意图参见图 9-12。

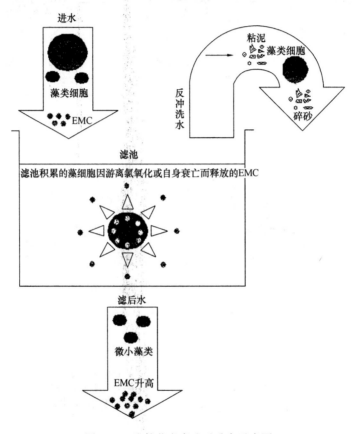

图 9-12 胞外藻毒素滤后升高示意图

经过氧化剂浸泡氧化过的滤池出水中的 EMC，与进水中的 EMC 以及滤池积累藻类释放的 EMC 之间的关系，定性地显示在图 9-13 中。在一定的时间范围内，水厂工艺正常运行时滤池进水中的 EMC 相对稳定，如图 A 线所示，B 线代表滤后水中 EMC 的变化过程，而 C 线显示了滤池积累的藻类因氯氧化或衰亡释放出 EMC 的变化过程。图 9-13 中，OP 段表示未进行氧化剂浸泡清洗前的滤池去除藻毒素的情况，此时滤池积累藻细胞，过滤对 EMC 基本上没有吸附/降解作用，故滤池出水中的 EMC 基本上是进水 EMC 与积累在滤池中藻细胞释放 EMC 的总和，并导致滤后水中 EMC 增高。PM 段是对滤池进行氧化剂浸泡清洗阶段，此时 B、C 线均呈下降趋势。至 MN 阶段时，滤池被氧化清洗干净，滤池藻类积累和滤后胞外藻毒素升高得以消除，同时滤池也恢复了一定的吸附功能，并且能够去除一部分进水中的 EMC，故滤池出水中的 EMC 低于进水的 EMC。

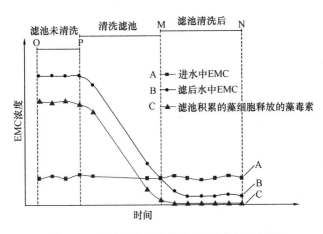

图 9-13 滤池浸泡氧化前后 EMC 变化示意图

混凝前采取臭氧等氧化剂预处理或气浮等物理除藻技术，能够氧化藻细胞，强化混凝过程，使藻类和胞内藻毒素得到有效去除，避免了藻类细胞在滤池中积累，消除了胞外藻毒素的滤后升高问题。另外臭氧—活性炭工艺、粉末活性炭工艺置于传统砂滤和消毒工序之间，能够使砂滤出水中胞外藻毒素得到有效去除。这些处理技术或工艺组合都能避免常规工艺的技术缺陷，有效解决藻类细胞在砂滤池中的积累以及滤后胞外藻毒素升高问题，并能够确保出厂水水质安全达标。

9.6.3 藻毒素控制技术

鉴于微囊藻毒素对水质的危害性，在饮用水源水和水厂出水中对其进行控制、消除势在必行。英、美等国已限定天然水体及饮用水中的微囊藻毒素为 $1\mu g/L$。美国政府已公布了《国家有害藻类水华研究》及其监测规划。许多专家相信，除非我们知道如何控制藻类生长的环境因子，否则人们将面临更多的水华爆发及由此产生相关疾病。

消除微囊藻毒素，首先要消除蓝藻水华。但更为经济、有效、实用的方法是最大限度地消除进入水厂的藻类及藻毒素。微囊藻毒素大多存在于藻体胞内，其在水体中的释放机理尚未完全被揭示，但研究发现，如果除藻不当，会导致藻细胞破裂，胞内毒素可能会释放到水中，微囊藻毒素具有热稳定性，普通的加热煮沸根本不能破坏微囊藻毒素，因此必须寻求经济、高效、稳妥的脱毒技术。藻毒素的消除必须同时考虑藻类的去除，国内外这方面的研究比较少，而且大多局限还在实验室研究阶段。在新建水厂设计和老水厂改造时对浊度、色度等常规指标的去除考虑较多，但对藻类、微囊藻毒素的去除考虑较少，现就微囊藻毒素消除方面的国内外最新研究成果总结如下。

1. 化学氧化

臭氧对藻毒素有良好的去除效果，Rositano 等发现，臭氧投加至刚产生剩余臭氧时，就能破坏微囊藻毒素（MC-LR，MC-LA），剩余臭氧为 0.06mg/L 并持续 5min，就能破坏鱼腥藻毒素—a（anatoxin—a）。臭氧处理对 3 种藻毒素氧化能力排序可能是：微囊藻毒素＞鱼腥藻毒素＞贝类毒素，氧化难易程度的不同可能是因为各种毒素结构的不同；波兰学者 Gajdek 等人发现 15mmol/L 的 H_2O_2 和 1.5mmol/L 的 Fe^{2+} 组成的 Fenton 试剂可以在 30min 内将微囊藻毒素分解完全；刘伟等人利用电子显微镜和紫外分光光度计检测发现，高铁酸盐对水中藻类细胞的表面结构有很大影响，破坏了细胞的表面鞘套，有可能导致胞内物质向水体释放。

表 9-13 列出了世界卫生组织（WHO）推荐使用的几种除藻剂，其作用机理均为化学氧化，这些氧化剂在应急除藻方面发挥了极为重要的作用，但随着对微囊藻毒素认识程度的日益加深，再也不能像 20 世纪 80 年代之前那样放心地使用除藻剂了，因为投加时机和投加量不合适时，会导致有毒蓝藻释放微囊藻毒素，如表 9-14 所示。因此在湖泊、水库水不向水厂供水或后续工艺能够去除释放到水体中藻毒素（如用活性炭吸附工艺）的时候才可适当采用。

常用的除藻剂、分子式及参考文献 　　　　　　　　　　表 9-13

除藻剂	分子式	参考文献
硫酸铜	$CuSO_4 \cdot 5H_2O$	McKnight *et al.*，1983；Holden，1970；Palmer，1962；Casitas Municipal Water District，1987
铜试剂（Cutrine®-plus）	Cualkanolamine $\cdot 3H_2O$	Humburg *et al.*，1989
铜—三乙醇氨复合物	$CuN（CH_2CH_2OH）_3 \cdot H_2O$	Humburg *et al.*，1989
柠檬酸铜	$Cu_2C_6H_2O_7 \cdot 5/2H_2O$	Casitas Municipal Water District，1987；Raman，1988；McKnight *et al.*，1983；Fitzgerald and Faust，1963
高锰酸钾	$KMnO_4$	Fitzgerald，1966；Holden，1970
氯	Cl_2	Holden，1970

实验室培养铜绿微囊藻过程中微囊藻毒素的分布 　　　　　表 9-14

生长期		藻毒素分布（%）	
		细胞内	细胞外（水中）
幼年	慢速生长细胞	100	0
	快速生长细胞	75～90	10～25
老年	慢速生长细胞（未破损）	70～80	20～30
	衰亡细胞（胞内物质流出）	30～40	60～70

2. 活性炭吸附

活性炭的吸附能力与其孔径分布有关，Donati 等研究发现表面积、碘吸附值等只能提供一些专一的吸附信息，并不能用来作普遍的吸附特征值；中等孔径较多的粉末活性炭（PAC）对微囊藻毒素-LR 的吸附效果较好，研究表明对微囊藻毒素-LR 的吸附效果取决于中孔的数量，而不是微孔的数量。Lambert 等发现活性炭能将微囊藻毒素-LR 去除到 $0.5\mu g/L$ 的推荐限制值（加拿大），但不容易去除到低于 $0.1\mu g/L$；在原水中微囊藻毒素的浓度不低于 $0.5\mu g/L$ 时，颗粒活性炭 GAC 过滤和粉末活性炭（PAC）与常规工艺联用的生产性实验对微囊藻毒素的去除效率大于 80%。

生物活性炭工艺除了能够吸附藻毒素外，炭上的生物膜还能起到生物降解作用，关于生物活性炭对藻毒素的去除效果可参见 Hart 等人的中试实验结果（图 9-14）。

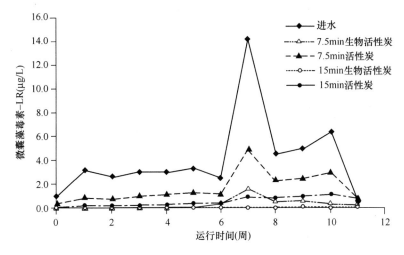

图 9-14 生物活性炭和活性炭在 2 种不同接触时间下对微囊藻毒素的去除效果

3. 生物降解

吕锡武等采用序批式生物膜反应器，对有毒藻类 viridis 及藻毒素 RR、YR 和 LR 进行了生物降解试验研究，结果表明：好氧生物处理对有毒蓝藻及其藻毒素的降解远比缺氧生物处理工艺有效。同时，显微镜观察结果表明，好氧条件下，草履虫对有毒藻类和藻毒素降解起重要作用。Inamori 用微生物和需氧细菌降解水中的微囊藻毒素，据称 10d 就可完全降解水中的毒素，这种方法比较简单，也无须特殊的设备及很多资金，有望在饮用水处理中得到广泛应用。

4. 光催化氧化

光催化氧化法因其极强的氧化能力，对有机物有很强的氧化作用。但光催化氧化系统较复杂，处理费用高，长期运行时存在催化剂中毒现象，因此一般可用于中、小型净水器，不适用于市政给水系统。Shephard 等用氧气、紫外线和 TiO_2 催化剂组成光催化氧化系统对微囊藻毒素进行氧化，取得很好的效果，反应速率与 TiO_2 催化剂数量呈正相关。Benjamin 等发现 TiO_2 光降解后，随后投加过氧化氢氧化剂，这样组成的 $TiO_2/UV/H_2O_2$ 系统比单纯 TiO_2/UV 系统更加有效，这是因为过氧化氢的存在可以强化二氧化钛催化剂表面孔穴对藻毒素的吸附效率，并最终使其氧化脱毒。

5. 人工湿地系统

人工湿地通过湿地中基质、植物和微生物相互关联，以及物理、化学、生物过程协同作用净化污水。湿地中的沙石基质具有类似活性炭的吸附作用，植物根区附近形成的生物膜有絮凝作用，湿地中丰富的微生物可将藻毒素降解。吴振斌等研究发现，人工湿地对藻毒素有一定的去除作用，湿地对 YR 的去除作用最好，湿地出水中藻毒素浓度降至检测限以下。

6. 组合处理工艺选择

根据本文研究结果，结合国外已经公开发表的研究成果，现将给水处理厂常用单元技术对胞内、胞外藻毒素的去除情况进行总结，汇总结果见表 9-15。

水处理工艺对藻毒素的去除规律   表 9-15

处理工艺	理想去除率（%）*		备　注
	胞内毒素	胞外毒素	
混凝/沉淀/过滤	>60	<10	只有藻毒素在胞内，且藻细胞不被破坏时方可使用
气浮	>90	<20	只有藻毒素在胞内，且藻细胞不被破坏时方可使用
粉末活性炭（PAC）	可以忽略	>90	溶解性有机碳（DOC）竞争将降低 PAC 对胞外藻毒素的吸附容量
粒状活性炭（GAC）	>60	>80	空床接触时间要合适，DOC 竞争会降低吸附量
生物活性炭（BAC）	>60	>90	生物活性将强化去除率，延长炭床使用周期
预臭氧	对强化混凝很有效	降低	低投加量有助于混凝，需要检测释放的藻毒素和对后续处理工艺的影响
预氯化	对强化混凝有效	引起藻毒素释放	如果后续工艺能够去除释放的藻毒素，可以用于强化藻细胞的混凝去除
二氧化氯预氧化	对强化混凝很有效	>70	可用于强化藻细胞的去除，低投加量可减少胞内毒素的释放，利于胞外藻毒素的去除
高锰酸钾预氧化	对强化混凝很有效	>80	可用于强化藻细胞的去除，对胞外和胞内藻毒素去除有效
臭氧-活性炭	～100	～100	如果 DOC 含量适宜，可高效快速去除胞外和胞内藻毒素

注：理想去除率为优化运行状态下最佳去除率。

根据表 9-15，给水处理系统高效安全的藻类和藻毒素控制技术应该包括如下几个方面：

（1）保护饮用水源，防止水体富营养化。控制氮磷物质进入水体，通过物理、化学、生物和生态综合防治等技术措施，控制水源水中藻类生长，尤其是减少有毒蓝藻的数量。

（2）最大限度地发挥常规处理工艺的水质净化能力。化学处理剂、投加量、水力停留时间及 pH 等工艺参数要进行科学优化。

（3）氧化剂的投加量要慎重选择。要防止藻细胞的破裂和消毒副产物的形成，为此强化混凝时可以选择低投加量的预氧化剂，而在后续处理中，由于大量藻类被去除，再选用高投加量的氧化剂去除溶解性胞外藻毒素。

（4）粒状活性炭吸附可高效去除藻毒素。较长的空床接触时间（EBCT）或臭氧—活性炭联用时藻毒素的去除效果更为显著，生物活性炭和粉末活性炭也有很好的藻毒素去除能力。

（5）预氧化处理可以强化常规工艺。优先推荐臭氧和二氧化氯，预氯化要慎重采用。

（6）土地处理（地渗）、活性滤池、微滤、气浮等物理除藻办法应推荐使用。一是可以"无破坏性"除藻，二是土层、砂层或炭层中的微生物可以有效去除溶解性胞外藻毒素。

（7）选择组合工艺。在强化常规工艺基础之上，根据场地、资金及水源水质状况等因素选择土地处理、气浮、微滤、臭氧氧化等预处理方式，或选择臭氧—活性炭、生物活性过滤等深度处理方式是提高自来水厂出水水质的有效途径。

在水质标准不断提高、地表水源富营养化程度不断加剧的情况下，国内给水科技工作者应当立足国内现状，跟踪国际领先技术，集成多层次、各行业的科技资源和技术优势，借助于实验室实验、模型实验和生产性实验等手段，系统建立并完善适合中国国情高效简便的微囊藻毒素测试方法，探讨水厂净化工艺对有毒蓝藻细胞的破坏及胞内藻毒素的释放特性，研究常规处理工艺对受污染水源水中藻类、藻毒素的去除效果，强化给水厂现有净水设施的水质净化能力，开发新的处理工艺或工艺组合用于提高水厂出水水质。

第 10 章　消毒和消毒副产物

　　饮用水水质的微生物风险是由于饮用水中致病菌引起的。19 世纪末，人类认识到严重危害生命的霍乱、伤寒、痢疾等传染病是微生物通过饮用水传播的。因此 20 世纪初首次出现的水质标准只对细菌质量作了规定，但对保护人体健康却起了非常巨大的作用。通过饮用水传播的病原微生物主要有细菌、病毒、原生动物和肠虫等。病原菌有传染伤寒的沙门氏菌、传染细菌性痢疾的致贺氏菌和传染霍乱的霍乱弧菌等。从 20 世纪 70 年代起，饮用水中不断发现新的病原微生物，如微小似病毒、贾第鞭毛虫、军团菌和隐孢子虫卵囊等。饮用水中越来越多的致病微生物种类对饮用者健康构成直接威胁。

　　传统的给水处理观念中，对饮用水采用氯消毒就可以解决致病菌问题，即使较大城市的长距离给水管网，只要维持管网末梢一定的余氯就可以保证饮用水的安全。但近几十年随着科学发展和分析技术的进步，发现即使保持一定余氯，给水管道中仍检出几十种细菌，除少数铁细菌和硫细菌外，主要是以有机物为营养基质的异养菌。管网水中细菌和大肠杆菌检出数比出厂水增加的事例也时有报道。国外的学者认为出厂水中存在的有机物是细菌在管网中生长的必要条件，氯消毒后未杀死的细菌的自我修复生长和外源细菌进入管道是管网中细菌生长的内在原因，而管壁本身的特点如表面粗糙、边界层效应、悬浮和胶体物的沉积又给细菌提供了生长的基地。

　　20 世纪 70 年代发现氯消毒产生的消毒副产物对人体健康同样有较大影响。对氯化消毒副产物的研究已经成为给水研究中的一个重要领域。越来越多的消毒副产物如三卤甲烷、卤乙酸、卤代腈、卤代醛等在饮用水中被发现。三卤甲烷和卤乙酸由于其强致癌性已成为控制的主要目标，而且也分别代表了挥发性和非挥发性的 2 类消毒副产物，因此研究氯消毒对饮用水三卤甲烷和卤乙酸形成的影响具有普遍意义。

　　本章将对饮用水处理中采用的消毒工艺、氯对消毒副产物的影响、水处理工艺对消毒副产物及其前体物的去除特点、消毒副产物在管网中的变化情况、控制消毒副产物科学加氯方式的选择等进行介绍。我国许多大城市给水管网也较长、而且水源水质相对较差、处理工艺落后，因此本章的内容也可为此类城市改善水质提供参考。

10.1　给水处理工艺对消毒副产物及其前体物的去除特点

10.1.1　三卤甲烷和卤乙酸的危害

　　氯作为一种饮用水的消毒剂已有 100 多年的历史，为人类控制水致传染病起了十分重要的作用。但自 Rook 于 1974 年在氯消毒后的饮用水中检出三氯甲烷以来，对饮用水氯化消毒副产物的研究已成为国际给水界特别是美国研究的重点课题。饮用水中检测到的三卤甲烷类（THMs）消毒副产物共有 4 种，即三氯甲烷、二氯一溴甲烷、一氯二溴甲烷和三溴甲烷。实验室研究表明，三卤甲烷的各组分具有明显的致突变作用，且存在良好的剂量反应关系。动物试验也证实三氯甲烷可引起雄性大鼠的肾脏肿瘤，雌性大鼠的肝脏肿瘤。三溴甲烷也被证实有致癌性。大量流行病学调查表明，长期饮用氯消毒的饮用水，死于消化和泌尿系统癌症的危险性增加，并和其他癌症的死亡率存在着统计学的关系。目前三卤甲烷类消毒副产物已成为多数国家和组织的饮用水水质标准中的控制指标。

20世纪80年代中期以来饮用水氯消毒中产生的另一类非挥发性消毒副产物卤乙酸（HAAs）引起美国环保局（EPA）的高度重视。卤乙酸共有九种，目前能定量分析的有五种，即一氯乙酸（MCAA）、二氯乙酸（DCAA）、三氯乙酸（TCAA）、一溴乙酸（MBAA）和二溴乙酸（DBAA），在饮用水中最常检测到的是 DCAA 和 TCAA。相比于低沸点、挥发性的三卤甲烷而言，卤乙酸具有沸点高、不可吹脱且致癌风险大的特点。三卤甲烷和卤乙酸的理化特性如表 10-1 所示，二氯乙酸和三氯乙酸的致癌风险分别是三氯甲烷的约 50 倍和 100 倍。

三氯甲烷和卤乙酸的理化特性和致癌风险　　　　　　　表 10-1

三卤甲烷	分子量	沸点（℃）	致癌风险（$\times 10^{-6}$）	卤乙酸	分子量	沸点（℃）	致癌风险（$\times 10^{-6}$）
三氯甲烷	119	61	0.056	一氯乙酸	188	94	ND
二氯一溴甲烷	164	90	0.35	二氯乙酸	194	129	2.6
一氯二溴甲烷	208	120	ND	三氯乙酸	197	163	5.6
三溴甲烷	253	151	0.10	一溴乙酸	208	139	ND
				二溴乙酸	195	218	ND

美国环保局（EPA）在消毒与消毒副产物法（D/DBPs Rule）中规定 1997 年起饮用水中 HAAs 的总量不得超过 $60\mu g/L$，2000 年后不得超过 $30\mu g/L$，并且规定了卤乙酸的标准测定方法（6233）。日本规定 DCAA 和 TCAA 标准为 $30\mu g/L$ 和 $40\mu g/L$。我国目前《生活饮用水卫生标准》（GB 5749—2006）只规定三氯甲烷不得超过 $60\mu g/L$。在煮开水过程中挥发性的三卤甲烷可部分得到去除，卤乙酸则反而有可能被浓缩。

对消毒副产物的去除，应该包括两个方面：即对预氯化产生消毒副产物的去除和对消毒副产物前体物（precursor）的去除。前体物主要是指水中有机物能与氯反应生成消毒副产物的部分，对于未受污染的天然水体，一般由腐殖酸和富里酸组成。在后氯化过程中产生的消毒副产物直接进入给水管网，不再有处理单元对其去除，因此只有通过在给水处理中去除其前体物质才能保证减少后氯化中消毒副产物的产生。

10.1.2　预氯化对水中消毒副产物及其前体物的影响

两个水库水预氯化后对水中消毒副产物及其前体物的影响如图 10-1 和图 10-2 所示。M 水库和 H 水库为某大型水厂（水厂 1）的水源水，至水厂距离分别约为 84km 和 50km。

除 M 水库水中含有极少量（微克级）的三氯乙酸和三氯甲烷外，M 水库和 H 水库水中未检出其他卤乙酸和三卤甲烷类有机物。这说明，水源水中基本没有卤乙酸和三卤甲烷。但 M 水库水卤乙酸的前体物的量为：DCAA22.7$\mu g/L$、TCAA36.2$\mu g/L$、

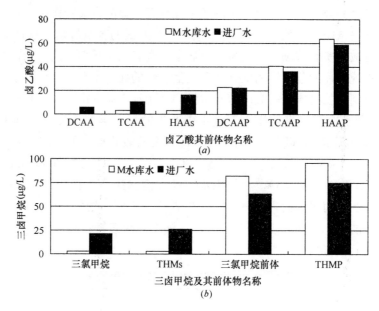

图 10-1　M 水库水预氯化对卤乙酸、三卤甲烷及其前体物的影响
（a）M 水库水预氯化对卤乙酸及其前体物的影响；
（b）M 水库水预氯化对三卤甲烷及其前体物的影响

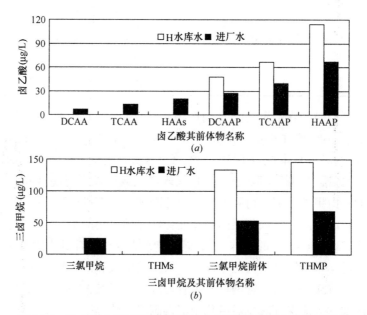

图 10-2　H 水库水预氯化对卤乙酸、三卤甲烷及其前体物的影响
（a）H 水库水预氯化对卤乙酸及其前体物的影响；
（b）H 水库水预氯化对三卤甲烷及其前体物的影响

HAAs58.4μg/L；三卤甲烷前体物为：三氯甲烷 82.1μg/L、三卤甲烷 95.7μg/L；H 水库水卤乙酸的前体物的量为：DCAA47.7μg/L、TCAA66.6μg/L、HAAs114.3μg/L；三卤甲烷前体物为：三氯甲烷 133.8μg/L、三卤甲烷 145.8μg/L。因此，水源水中含有较多能与氯反应生成卤乙酸和三卤甲烷的有机物，在预氯化和后氯化中将对水质有较大的影响。特别是 H 水库水，其消毒副产物的前体物含量是 M 水库水的近两倍。为了保证水质，在可能的条件下，应尽可能使用 M 水库水作为水源水。

尽管水源水中几乎不含卤乙酸和三卤甲烷，但预氯化后（M 水库水预氯化量为 1.4mg/L、H 水库为 1.5mg/L）的水源水经管道输送至进厂处消毒副产物含量大幅度上升。进厂水中卤乙酸含量分别约为 DCAA7μg/L、TCAA12μg/L、HAAs19μg/L；三卤甲烷含量分别为：三氯甲烷 25μg/L、三卤甲烷 30μg/L。因为从 M 水库至水厂 1 和从 H 水库至水厂 1 的 2 根输水管有连通阀而且开启，因此进厂水实际是 2 种水源水的混合水，使 H 水库水中消毒副产物前体物和预氯化产生的消毒副产物浓度得到部分稀释。进厂水中卤乙酸和三卤甲烷前体物浓度比较接近 M 水库水而比 H 水库水低得多的原因即是 2 股水混合稀释的结果。

因此即使水源水中不含消毒副产物，在预氯化后将产生较多的这类有害物质。如果不能保证在水处理过程中将这些消毒副产物加以去除，将对水质产生十分不利的影响。

预氯化用于防止细菌和藻类微生物在输水管道中的生长繁殖必不可少。但其对水质安全性的不利影响和对水质生物稳定性的不利影响应引起高度关注。研究采用合适的预氯化方式以保证饮用水水质十分必要。

10.1.3 不同给水处理单元对卤乙酸及其前体物的去除规律

表 10-2 列出了水厂 1 两个系列的给水处理工艺不同给水处理单元对卤乙酸和三卤甲烷及其前体物的去除效率比较，其中系列 1 的常规处理由相对折板反应池、波纹斜板沉淀池、煤滤池组成；系列 2 的常规处理由机械加速澄清池、煤砂滤池组成。

常规处理对三卤甲烷的去除在系列 1 和系列 2 中有不同的特点：系列 1 的相对折板反应池和波纹斜板沉淀池停留时间短，通过进水跌水的曝气作用使三卤甲烷有一定的去除，但系列 2 的澄清池由于停留时间长，预氯化的余氯与有机物继续反应生成三卤甲烷，因此对三卤甲烷去除率仅为系列 2 的 1/5。如果单纯依靠混凝、沉淀，对三卤甲烷的去除很有限。

常规处理对卤乙酸的去除，系列 1 和系列 2 表现出一致性，基本不能去除。

常规处理对三卤甲烷前体物的去除，2 个系列基本一致，约为 35%，比去除三卤甲烷要高。

常规处理对卤乙酸前体物的去除，系列 2 的去除效率约为 35%，是系列 1 的 2 倍，也即澄清池比混凝沉淀好。

新活性炭（系列 2）对三卤甲烷去除率为 18% 左右，使用时间较长（3 年）的活性炭（系列 1）对三卤甲烷无去除作用。

新活性炭（系列 2）对卤乙酸的去除率达 70% 以上，使用 3 年的活性炭（系列 1）对卤乙酸的去除率约为 55%。

新活性炭（系列 2）对卤乙酸前体物去除率不到 10%，使用 3 年的活性炭（系列 1）对卤乙酸前体物去除率为 25%。

综上所述，对卤乙酸和三卤甲烷及其前体物的去除所适宜选择的处理单元见表 10-3 所列。

各处理单元对卤乙酸和三卤甲烷及其前体物的去除　　　　　表 10-2

系列	处理单元	去除率（%）									
		三氯甲烷	三卤甲烷	二氯乙酸	三氯乙酸	总卤乙酸	三氯甲烷前体	三卤甲烷前体	二氯乙酸前体	三氯乙酸前体	总卤乙酸前体
1	常规	30.67	27.20	5.17	0	1.22	34.81	35.11	14.86	19.61	17.64
	活性炭	0	0	69.01	43.40	55.28	0	0	21.69	27.49	25.16
2	常规	6.00	5.89	7.25	5.34	6.00	35.22	28.80	36.16	34.92	35.43
	活性炭	19.54	17.6	75.00	72.58	73.40	0	0	4.04	12.36	9.03

消毒副产物及其前体物的去除工艺选择　　　　　表 10-3

去除对象	三卤甲烷	三卤甲烷前体物	卤乙酸	卤乙酸前体物
适宜处理单元	常规、新炭（靠炭吸附）	常规	活性炭（靠炭吸附或微生物降解）	常规、旧炭（靠微生物作用）

10.1.4　活性炭对卤乙酸吸附规律研究

活性炭的吸附性能是由它的表面基团类型、比表面积和孔径的分布几个因素决定的。不同的活性炭对特定有机物的吸附能力可能有较大的差别。由于水厂 1 主要使用新华 ZJ15 活性炭，而且新华 ZJ15 炭在国内目前用得比较多，因此试验选用新华 ZJ15 炭。

试验方法参考美国环保局（EPA）活性炭吸附的标准方法：将炭磨成 325 目的粉末，在 150℃下烘 3h。水样均为高纯水与卤乙酸标准试剂配制。吸附在恒温水浴 25℃并振荡的条件下进行，吸附时间 2h。

由于实际水样中主要含有二氯乙酸和三氯乙酸，试验分别对二氯乙酸、三氯乙酸进行了单基质和双基质的活性炭静态吸附研究，在此基础上对 5 种卤乙酸共存时的多基质吸附进行了研究。

1. 二氯乙酸和三氯乙酸在单基质时吸附等温线

活性炭在水中只有一种卤乙酸时对二氯乙酸和三氯乙酸的吸附等温线如图 10-3 所示。

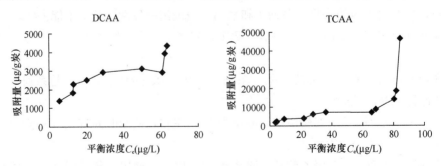

图 10-3　单基质时二氯乙酸和三氯乙酸的吸附等温线（25℃）

活性炭吸附等温线的数学模型主要有 3 种形式：

1）Langmuir 公式（Ⅰ型）

$$X/M = \frac{(X/M)_{max}C_e}{1 + bC_e}$$

（10-1）

式中　　X/M——单位质量活性炭的平衡吸附量，mg/mg；

　　　$(X/M)_{max}$——单位质量活性炭的最大平衡吸附量，mg/mg；

　　　　C_e——吸附平衡浓度，mg/L；

　　　　b——常数。

2）BET 公式（Ⅱ型）

$$X/M = \frac{BC_e(X/M)_{max}}{(C_s - C_e)[1 + (B-1)(C_e/C_s)]} \tag{10-2}$$

式中　　C_s——最大吸附平衡浓度；

　　　　B——常数；

其他符号同公式（10-1）。

3）Freundrich 公式（Ⅲ型）

$$X/M = K_f C_e^{1/n} \tag{10-3}$$

式中包含 K_f 和 n 2 个常数，其他符号同公式（10-1）。

Langmuir 和 BET 公式都是理论公式。Langmuir 公式是根据单层吸附模式的假定推导出来的，BET 公式由多层吸附的假定推导出来的。Freundlich 公式则属于经验公式，可用于一般的吸附数据的整理和分析。

从活性炭在单吸附质对 DCAA 和 TCAA 的吸附等温线可以看到，活性炭对卤乙酸的吸附在低浓度区基本表现为单层吸附，与 Langmuir 曲线比较接近；在靠近饱和浓度的地方，曲线有明显的上翘部分，接近 BET 曲线形状。曲线上翘的原因在于卤乙酸在高浓度时容易聚合在活性炭表面，表现为多层吸附。在活性炭实际应用中，由于水样中卤乙酸浓度均低于 $60\mu g/L$，所以主要应用吸附等温线的前半部分即单层吸附部分。

对二氯乙酸和三氯乙酸的吸附等温数据分别按 Langmuir 和 Freundlich 公式拟合，结果表明两种卤乙酸用前一个公式拟合时线性相关性分别为 98.54％和 94.53％，用后一个公式拟合线性相关性分别为 93.29％和 86.11％。因此采用 Langmuir 公式表征单基质时活性炭对两种卤乙酸的等温吸附规律。结果如公式（10-4）和公式（10-5）。

二氯乙酸：　　$$X/M = \frac{3333C_e}{1 + 0.136C_e} \tag{10-4}$$

三氯乙酸：　　$$X/M = \frac{10000C_e}{1 + 0.056C_e} \tag{10-5}$$

公式（10-4）和（10-5）中 X/M 单位为 $\mu g/g$，C_e 单位为 $\mu g/L$。

活性炭对二氯乙酸和三氯乙酸的吸附等温式清楚表明活性炭对三氯乙酸的吸附能力要大于对二氯乙酸的吸附，其最大平衡吸附容量是二氯乙酸的 3 倍，而常数 b 值仅为其 2/5。

在同一平衡浓度下，活性炭对 TCAA 的吸附量远远高于对 DCAA 的吸附量。以同一吸附平衡浓度 $C_e = 0.08\mu mol/L$（DCAA10.32$\mu g/L$、TCAA13.07$\mu g/L$）为例，活性炭对 DCAA 的单位吸附量为 $1600\mu g/g$（$12.41\mu mol/L$）；对 TCAA 的单位吸附量 $3900\mu g/g$（$23.87\mu mol/L$），二者的摩尔比接近 1∶1.9（质量比接近 1∶2.4）的关系。因此尽管活性炭对 TCAA 和 DCAA 均有很好的吸附能力，但对 TCAA 的吸附容量明显高于对 DCAA 的吸附容量。从其分子结构分析：乙酸是由极性的亲水性羧基和非极性的疏水性甲基组成。乙酸分子中的α－碳原子上的氢原子被氯原子取代后，就形成了氯代乙酸。α－碳原子上有 2 个氢原子被氯原子取代，即为 DCAA；有 3 个氢被取代，即为 TCAA。由于氯原子的强吸电子诱导效应，使乙酸根负离子的负电荷得到分散而稳定性增加，极性减弱。显然，引入的氯原子愈多，极性就愈弱。因此，TCAA 比 DCAA 的极性弱。活性炭基本上是一种非极性的吸附剂，对水中极性弱的物质的吸附能力大于极性强的物质，导致活性炭对 TCAA 的吸附容量高于对 DCAA 的吸附。

2. 活性炭在 DCAA 和 TCAA 共存时对这 2 种卤乙酸的吸附等温线

在大多数情况下实际水样中卤乙酸主要是以二氯乙酸和三氯乙酸的形式存在，因此试验中进一步研究了这 2 种卤乙酸共存时活性炭对其吸附的特点，其结果如图 10-4 所示。

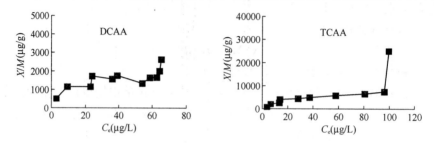

图 10-4　双吸附质时活性炭对 DCAA 和 TCAA 的吸附等温线（25℃）

在双基质下 2 种卤乙酸吸附公式为：

二氯乙酸：
$$X/M = \frac{1667C_e}{1 + 0.214C_e} \tag{10-6}$$

三氯乙酸：
$$X/M = \frac{10000C_e}{1 + 0.032C_e} \tag{10-7}$$

式（10-6）和式（10-7）中 X/M 单位为 $\mu g/g$，C_e 单位为 $\mu g/L$。

式（10-6）和式（10-7）表明：在双基质时活性炭对二氯乙酸的最大平衡吸附容量下降了一半，而三氯乙酸则没有变化。因此在双吸附质存在时，存在竞争吸附现象。在竞争吸附过程中，原来吸附容量高（易被吸附）的吸附质吸附过程不会受太大影响；而原来吸附容量较低（相对难被吸附）的吸附质，在吸附过程中处于明显劣势。因此对二氯乙酸的吸附受到抑制。

3. 活性炭在多吸附质存在时对卤乙酸的吸附等温线数据

在沿海地区水源水中溴离子浓度相对较高，在加氯后易生成溴代卤乙酸，特别是在采用臭氧氧化预处理时，产生溴代卤乙酸的可能性更大。因此试验中对 5 种卤乙酸共存条件下，对活性炭对卤乙酸的吸附特性进行了研究，并与单基质和双基质条件下的吸附情况进行比较。活性炭在多吸附质存在时对卤乙酸的吸附等温线如图 10-5 所示。

4 种卤乙酸的吸附公式（一氯乙酸拟合相关性不到 70%，故未列入）分别为：

二氯乙酸：
$$X/M = \frac{1667C_e}{1 + 0.102C_e} \tag{10-8}$$

三氯乙酸：
$$X/M = \frac{10000C_e}{1 + 0.056C_e} \tag{10-9}$$

一溴乙酸：
$$X/M = \frac{909C_e}{1 + 0.611C_e} \tag{10-10}$$

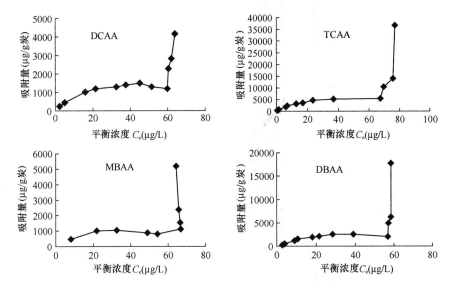

图 10-5 5 种卤乙酸共存时，活性炭对卤乙酸的吸附等温线（25℃）

$$二溴乙酸：\qquad X/M = \frac{2500C_e}{1 + 0.200C_e} \qquad (10\text{-}11)$$

先比较多吸附质条件下活性炭对二氯乙酸和三氯乙酸的吸附特点与单吸附质和双吸附质条件下的异同。从式（10-8）和式（10-9）可以得到二氯乙酸和三氯乙酸的最大平衡吸附量与双基质时相同，分别为 $1667\mu g/g$ 和 $10000\mu g/g$。因此二氯乙酸和三氯乙酸的吸附性能未受其他卤乙酸的影响。但二氯乙酸和三氯乙酸之间却存在竞争吸附。

以最大平衡吸附量比较多吸附质存在时活性炭对 4 种卤乙酸的吸附情况可以看出吸附容量由大到小的顺序为 TCAA、DBAA、DCAA 和 MBAA。因为一般情况下自来水中只含有 DCAA 和 TCAA，所以活性炭对 DCAA 和 TCAA 的吸附特点应是关注的重点。

10.2 饮用水消毒、消毒副产物和生物稳定性之关系

10.2.1 水样中 AOC 含量对消毒副产物生成的影响

为了研究水样中生物可固化有机碳（AOC）含量对消毒副产物生成的影响，取水厂 1 处理流程系列 1 和系列 2 不同处理工艺单元出水作加氯试验，加氯量为 5mg/L，反应时间为 72h。各水样中 AOC 浓度和加氯后生成的消毒副产物浓度如表 10-4 所示。水样中 AOC 和加氯后生成的消毒副产物沿工艺流程变化如图 10-6 所示。

水样中 AOC 含量与消毒副产物产生量比较（加氯量：5mg/L，反应时间：72h）   **表 10-4**

工艺	系列 1				系列 2			
处理单元	进厂	沉淀出	煤滤出	炭池出	进厂	澄清出	煤砂出	炭池出
水样 AOC（$\mu g/L$）	212	187	167	100	266	211	186	116
水样中卤乙酸增加量（$\mu g/L$）	58.4	55.1	48.1	36.0	66.9	52.9	43.2	39.3
水样中三卤甲烷增加量（$\mu g/L$）	74.9	73.5	48.6	49.1	68.4	54.9	48.7	48.6

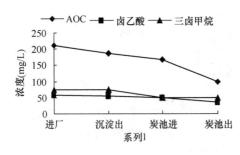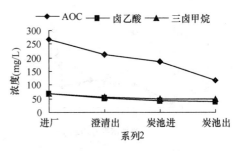

图 10-6 水中 AOC 含量和加氯后消毒副产物生成量的关系

由图 10-6 可以看出：在水厂 1 处理流程系列 1 和系列 2 的不同处理单元出水中，水样中 AOC 和加氯后生成的卤乙酸和三卤甲烷均随处理流程而下降，AOC 的下降速度较快，卤乙酸和三卤甲烷的生成量下降速度相对较慢，但趋势是一致的。因此可以说明水中 AOC 含量的多少与加氯后产生的卤乙酸和三卤甲烷量成正相关，即随着 AOC 沿工艺流程逐渐减少，水样加氯后生成的消毒副产物也随之下降。

消毒副产物卤乙酸和三氯甲烷的前体物究竟是哪一类有机物？如何来定量化描述？这一问题一直吸引许多研究者的努力，但到目前为止也没有满意的结果。一般认为腐殖酸和富里酸是消毒副产物的共同前体物，且三卤甲烷前体物分子量更大，疏水性更强；卤乙酸的前体物则低分子亲水性有机酸的成分更多。为了进一步分析试验结果，将水样中卤乙酸和三卤甲烷产生量与水样中 AOC 初始值相比，其比值列入表 10-5 中。

消毒副产物产生量与水样中初始 AOC 之比值　　　　　　　　　　表 10-5

	1	2	3	4	5	6	7	8	平均	相对偏差（%）
HAAs 增加量/AOC	0.28	0.29	0.29	0.36	0.25	0.25	0.23	0.34	0.28	11.85
THMs 增加量/AOC	0.35	0.39	0.29	0.49	0.26	0.26	0.26	0.42	0.34	21.50

表 10-5 表明，水样 AOC 和三卤甲烷或卤乙酸产生量之间有一定的定量关系：所有水样加氯后生成的卤乙酸量与水中原有的 AOC 浓度之比值为 0.28，其相对误差为 11.85%，加氯后生成的三卤甲烷产生量与水中原有的 AOC 浓度之比值为 0.34，其相对误差为 21.50%。因此水样中卤乙酸的产生量与水样中 AOC 的含量的相关性更好。另外，尽管三卤甲烷产生量与 AOC 含量的比值比卤乙酸的产生量与 AOC 含量的比值高，2 个比例值之比为 1.21，但由于三氯甲烷中 1 个碳原子结合 3 个氯原子，而卤乙酸中 2 个碳原子结合 3 个或 2 个氯原子（平均为 1.5 个），因此三氯甲烷中单位碳原子结合氯原子量是卤乙酸的 2 倍，要高于 1.21，说明水样中 AOC 量对卤乙酸的产生有更直接的影响。综合上述 2 点因素，说明卤乙酸的前体物比三卤甲烷前体物与水中可同化有机碳含量有更好的定量关系。由于水样中 AOC 的组分和消毒副产物前体物成分的复杂性和水样中有机物成分的不确定性，要确定 AOC 和消毒副产物前体物之间精确的定量关系还需作进一步的研究，但总体看来，在给水处理去除 AOC、增加生物稳定性的过程中同时也将减少加氯后消毒副产物的生成，提高饮用水水质这一点是肯定的。

10.2.2　氯消毒对水中 AOC 和消毒副产物的影响

对水厂 1 处理流程系列 1 和系列 2 各给水处理单元出水取样作加氯试验，测定加氯前后 AOC 和卤乙酸的变化，加氯量为 5mg/L，反应时间为 3d，结果见表 10-6 和表 10-7 所列。在系列 1，从进厂水到出厂水各水样加氯后 AOC 增加了 0.3～0.6 倍、卤乙酸增加了 3～5 倍、三卤甲烷增加了 2～5 倍。相比而言消毒副产物增加倍数比 AOC 要高得多，因此加氯对消毒副产物的影响更大。而且由于消毒副产物对人体健康的影响是长期而隐蔽进行的，因此更应引起注意。

系列 1 各处理单元出水加氯（5mg/L）72h 后 AOC、HAAs 和 THMs 的变化　　表 10-6

		M 水库	进厂	沉淀出	煤滤出	炭出	出厂
AOC（μg/L）	初始值	77	212	187	167	100	176
	反应后	227	311	285	261	160	226
	增加倍数	1.9	0.47	0.52	0.56	0.6	0.28
HAAs（μg/L）	初始值	3.2	16.3	16.5	16.1	7.2	7.3
	反应后	66.7	74.7	71.6	64.2	43.2	36.6
	增加倍数	19.8	3.6	3.3	2.98	5.0	4.0
THMs（μg/L）	初始值	2.6	26.1	15.4	19.0	24.0	19.7
	反应后	98.3	101.0	88.9	67.6	73.1	71.1
	增加倍数	36.8	2.9	4.8	2.6	2.0	2.6

注：进水为 M 水库和 H 水库混合水。

系列 2 各处理单元出水加氯（5mg/L）72h 后 AOC、HAAs 和 THMs 的变化　　表 10-7

		H 水库	进厂	澄清出	煤砂出	炭出	出厂
AOC（μg/L）	初始值	93	242	198	168	101	186
	反应后	310	286	211	186	136	204
	增加倍数	2.3	0.2	0.1	01	0.3	0.1
HAAs（μg/L）	初始值	0	20.0	22.6	18.8	5.0	7.7
	反应后	114.3	86.9	75.5	62.0	44.3	42.5
	增加倍数	大	3.3	2.3	2.3	7.9	4.5
THMs（μg/L）	初始值	0.0	31.4	35.6	33.5	27.6	27.5
	反应后	145.8	99.8	90.5	82.2	76.2	64.9
	增加倍数	大	2.2	1.5	1.5	1.8	1.4

注：进水为 M 水库和 H 水库混合水。

系列 2 各处理单元出水加氯后 AOC 增加了 0.1～0.3 倍，卤乙酸增加了 2.3～7.9 倍，三卤甲烷增加了 1.4～2.2 倍。同系列 2 一样，各水样加氯后消毒副产物增加倍数比 AOC 增加倍数要大得多。因此应该重点注意氯消毒对消毒副产物的影响。

水源水中基本不含卤乙酸和三卤甲烷，但由于消毒副产物前体物的存在，水源水中 M 水库水加氯后卤乙酸由 3.2μg/L 增加到 66.7μg/L，三卤甲烷由 2.6μg/L 增加到 98.3μg/L，AOC 也由 77μg/L 增加到 227μg/L。H 水库水卤乙酸由未检出增加到 114.3μg/L，三卤甲烷由未检出增加到 145.8μg/L，AOC 则由 93μg/L 增加到 310μg/L。因此氯消毒对水中消毒副产物和生物稳定性均有十分不利影响。必须改进预氯化方式，在满足控制取水管道控制微生物生长的前提，尽量减少消毒剂的投加量或变连续加氯为间歇加氯，在冬季水温低时可以考虑不加氯。进一步研究预氯化的方式对提高饮用水水质十分必要，同时也应强化给水处理工艺，特别是强化活性炭的作用，使去除预氯化产生的消毒副产物和 AOC 一并达到理想效果。

10.2.3　典型管网中 AOC、卤乙酸和三卤甲烷变化规律研究

1. 水厂 1 典型管网中 AOC 和消毒副产物变化规律研究

水厂 1 在炭后加氯，在二泵站加氨，即先加氯后加氨工艺。由于炭后水加氯后在清水池中实际停留时间一般为 3~5h，而前面的研究已表明加氯后很快将有消毒副产物生成和 AOC 的增加，因此出厂水中 AOC 和消毒副产物比活性炭出水增加。出厂水进管网后供给用户，其水质好坏对饮用者有更直接的影响，因此后加氯产生的 AOC 和消毒副产物在管网中的变化是我们关注的重点。

试验中所选择的管网为水厂 1 沿某高速公路至一生活小区管段，全长 6km，每 1km 设 1 个管网取样点，取样分析结果见表 10-8，表中管网点 1 至管网点 6 为水厂 1 至生活小区的顺序。为了更清楚地说明 AOC、卤乙酸和三卤甲烷在管网中的变化，将上述试验结果用图 10-7 表示。

AOC 和消毒副产物在管网中的变化　　　　　　表 10-8

月份	水质指标	出厂水	管网点					
			1	2	3	4	5	6
6	AOC（μg/L）	265	257	250	203	163	152	154
	卤乙酸（μg/L）	5.9	4.8	5.4	6.3	6.5	6.7	7.8
11	AOC（μg/L）	176	249	235	222	162	154	140
	卤乙酸（μg/L）	7.7	10.5	9.8	8.9	8.1	7.0	6.9
	三卤甲烷（μg/L）	19.5	21.8	23.7	24.9	27.8	26.3	30.2

AOC 和卤乙酸和三卤甲烷在管网中的变化规律是不同的：AOC 在 6 月由出厂水至管网点呈上升趋势，而 11 月是下降趋势，主要由于 6 月用水量大，水在清水池停留时间短，加上清水池加氯后不能完全达到推流状态，因此氯与水混合效果受到影响，使氯氧化生成 AOC 的过程延续到管网开始的一段；而 11 月则由于清水池停留时间相对较长，因此氯化后 AOC 在清水池完全产生，出厂后不再增加。AOC 由管网点 1 沿管道至管网末梢的变化趋势在 6 月和 11 月是相同的，沿管道逐渐下降，这主要是由于管网中细菌对 AOC 的利用。

管网中卤乙酸的变化规律与 AOC 相似。与乙酸一样，卤乙酸属易生物降解有机物，因此在管网中卤乙酸的变化主要受 2 种作用的影响：①水中的余氯继续与卤乙酸前体作用生成卤乙酸，使之增加；②管道生长的微生物对卤乙酸的生物降解作用使之减少，两者对卤乙酸的共同作用决定管网中卤乙酸的变化规律。由于卤乙酸的产生过程比较长，完全产生需约 72h，因此卤乙酸在管道中的变化比 AOC 更复杂化。另外，出厂前在清水池中的停留时间也会对其变化产生影响：如 6 月的水样，由于夏季用水量大，出水在清水池中停

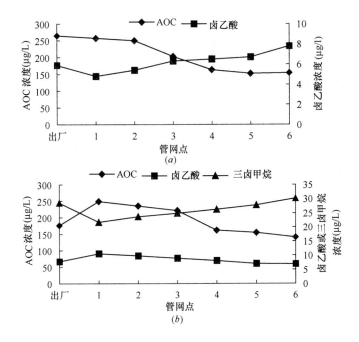

图 10-7 AOC 和消毒副产物在管网中的变化

(*a*) 6 月取样;(*b*) 11 月取样

留时间较短,出厂后仍有很高的余氯,因此在管网中主要是氯与卤乙酸前体物作用生成卤乙酸,表现为管网中卤乙酸随距离增加而增加;对 11 月的水样,由于处于用水淡季,用水量相对少,在清水池中停留时间较长,出厂后余氯低一些,因此在管网中以微生物的降解作用为主,表现为出厂后在管网中随距离增加卤乙酸先增加后减少。

三卤甲烷与卤乙酸不同,属微生物不能降解的有机物,管网中三卤甲烷的变化则主要是余氯继续与其前体物作用生成三卤甲烷。因此管道中三卤甲烷的浓度随距离增加而增加。

另外,从研究结果来看,卤乙酸在管网中的含量完全符合美国环保局(EPA)规定的 2000 年标准($<30\mu g/L$),三卤甲烷远远低于美国提出的低于 $80\mu g/L$ 的标准。因此说明水厂 1 出水和管网水中消毒副产物含量可以达到国际上最先进的饮用水水质标准。出厂水和管网水中 AOC 的含量则高于国际上提出的 $50\sim100\mu g/L$ 的建议值,属于生物不稳定的饮用水。

2. 某市 5 个水厂典型管网中 AOC 和消毒副产物变化规律的研究

为了研究不同水源水质和不同处理工艺的给水处理厂其出厂水中 AOC、卤乙酸和三卤甲烷(以三氯甲烷为代表)在管道中的变化规律,在 1998 年 4 月对某市 5 个有代表性的水厂的管网水质进行取样分析。各水厂出厂水、管网水和管网末梢水的距离见表 10-9。取样测定水样的温度和余氯见表 10-10。各水厂出厂水、管网水和管网末梢水中 AOC、卤乙酸和三氯甲烷的变化情况如图 10-8~图 10-10 所示。水温以水厂 1 水样最低,为 10℃,其他水厂为 13~15℃。管网末梢总余氯均在 0.2mg/L 以上,符合饮用水水质的要求。

在图 10-8 中,除水厂 5 出厂水至管网点上升外,其他所有管网点均沿程下降,说明氯氧化有机物生成 AOC 的过程已在出厂前完成，AOC 在管道中的变化主要由细菌起主要作用。

三氯甲烷的变化 5 个水厂完全一致，均为持续上升。因此进一步说明三氯甲烷在管网中的变化规律比较确定，只受余氯的影响。而卤乙酸和 AOC 同时受余氯和细菌的影响，变化情况相对比较复杂。

各水厂取样点之间的距离及管道流速   表 10-9

水厂名称	出厂至管网点（km）	管网点至末梢（km）	出厂至末梢（km）	管道中流速（m/s）
水厂 1	1.8	4	5.8	0.7～2.1
水厂 2	1.5	2.8	4.3	1.5～3.1
水厂 3	0.3	3	3.3	0.4～3.5
水厂 4	2.8	4	6.8	0.9～2.9
水厂 5	0.4	3	3.4	0.8～3.8

水温和余氯量   表 10-10

水厂	水样	水温（℃）	总余氯（mg/L）	水厂	水样	水温（℃）	总余氯（mg/L）
水厂 1	出厂水	10	1.0	水厂 4	出厂水	15	0.8
	管网水	10	0.8		管网水	15	0.5
	管网末梢水	10	0.2		管网末梢水	15	0.3
水厂 2	出厂水	15	0.8	水厂 5	出厂水	13	1.0
	管网水	15	0.6		管网水	13	0.6
	管网末梢水	15	0.3		管网末梢水	13	0.3
水厂 3	出厂水	14	1.1				
	管网水	14	0.5				
	管网末梢水	14	0.3				

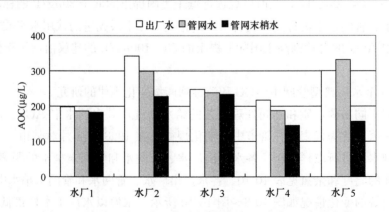

图 10-8　各水厂出厂水、管网水和管网末梢水中 AOC 的变化

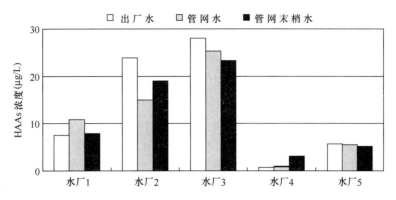

图 10-9 各水厂出厂水、管网水和管网末梢水中总 HAAs 的变化

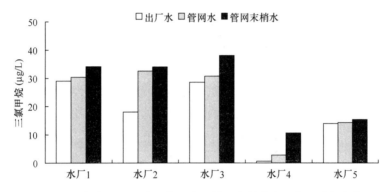

图 10-10 各水厂出厂水、管网水和管网末梢水中三氯甲烷的变化

卤乙酸的变化各水厂管网水均不相同，比较 5 个水厂管网中卤乙酸的浓度变化，有下列特点：

（1）对于以地表水为水源的水厂，原水水质较差者（水厂 2、水厂 3）配水管网中卤乙酸和 AOC 含量均明显高于原水水质较好者（水厂 1）；地下水为水源的水厂（水厂 4、水厂 5）出水中卤乙酸浓度和三卤甲烷则低于地表水为水源的水厂。

（2）水厂 1 出水中卤乙酸先上升后下降。先上升的原因可能由于清水池停留时间较短，出厂水余氯较高（1.0mg/L），卤乙酸前体物与余氯继续反应，使卤乙酸含量升高；后下降的原因则是由于微生物的分解作用。

（3）水厂 3 和水厂 5 配水管网中卤乙酸变化规律类似，都呈现略微下降的趋势。这种情况是因为在清水池中卤乙酸母体物已与氯充分反应生成了卤乙酸；在管网中因微生物的作用，卤乙酸浓度持续下降。

（4）水厂 4 出水中卤乙酸一直在增加。原因可能是水厂 4 水质较好，卤乙酸含量很低，在管网中卤乙酸前体物与余氯继续反应，而生物分解作用表现不明显。

根据以上分析，得到卤乙酸在配水管网中变化的一些共同规律：

（1）配水管网中卤乙酸的变化受众多因素影响，需要综合考虑。

（2）管网中卤乙酸的含量主要受水源水质和水厂处理工艺的影响，管网中卤乙酸浓度的变化幅度并不大。

（3）如果出厂加氯前水中仍有较多卤乙酸前体物，当清水池停留时间较短，出厂水余氯较高时，在管网前部会继续与氯生成卤乙酸，使其浓度升高。

（4）从管网到管网末梢，随着距离的增加，余氯逐渐减少，管网中能降解卤乙酸的微生物活动加剧，导致卤乙酸浓度下降。

10.2.4 科学加氯方式的选择

前面比较全面地介绍了氯消毒对 AOC 和消毒副产物的影响。合理的消毒方式应该是既能减少消毒副产物的产生，又能减少 AOC 的生成量，提高水质生物稳定性，从而达到提高饮用水水质的目的。消毒方式可包括消毒剂的选择，消毒剂的投加量，消毒剂的投加地点等因素。研究针对水厂 1 现有的消毒工艺进行了试验，比较了氯和氯氨消毒、一次性投加和分次投加对消毒副产物和 AOC 的产生量的影响。在这些研究的基础上，对科学的加氯消毒方式的选择提出了建议。

1. 氯和氯胺消毒对消毒副产物生成的影响

实验对水厂 1 的处理流程系列 1 和系列 2 的活性炭后水进行了只加氯不加氨和氯氨同时投加但氯氨比不同的加氯方式进行了比较。所有水样总加氯量均为 2mg/L，氯胺消毒时氯氨比分别为 3∶1、5∶1 和 7∶1（即氨氯比分别为 0.33、0.2 和 0.14）。不同氯氨比条件下对炭后水中卤乙酸、三氯甲烷和 AOC 的影响见图 10-11～图 10-13。

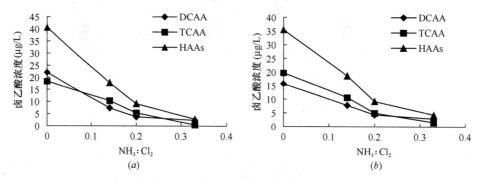

图 10-11　活性炭出水不同氯氨比消毒的 HAAs 生成量

（加氯量 2mg/l，反应时间 3d）

（a）系列 1；（b）系列 2

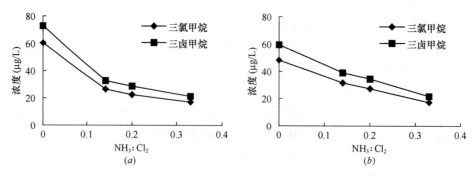

图 10-12　活性炭出水同时加入氯和氨消毒后的 THMs 总量

（加氯量 2mg/l，反应时间 3d）

（a）系列 1；（b）系列 2

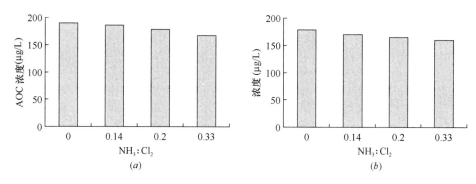

图 10-13　活性炭出水同时加入氯和氨消毒后的 AOC 总量

（加氯量 2mg/l，反应时间 3d）

（*a*）系列 1；（*b*）系列 2

由上述结果可以看出，消毒副产物卤乙酸和三卤甲烷的生成量均随氯氨比的增加而增加，且在只加氯不加氨的情况下最高。系列 2 活性炭出水单加氯后卤乙酸高达 $35.4\mu g/L$，在氯氨比为 7：1 后卤乙酸产生量下降到 $18.6\mu g/L$，下降了近一半；在氯氨比进一步下降 5：1 后，又下降了一半，为 $9.3\mu g/L$，而当氯氨比为 3：1 时，卤乙酸产生量仅为 $4.4\mu g/L$，只有单氯消毒产生量的 12.4%。因此将氯消毒改为氯胺消毒后，卤乙酸产生量下降了 88%。系列 1 活性炭出水加氯试验也表现相同的规律。氯胺消毒产生的卤乙酸仅为氯消毒的 7%，即下降了 93%。

氯和氯胺消毒对三卤甲烷产生的影响与对卤乙酸影响有不同的特点：系列 2 活性炭出水加单氯后三卤甲烷产生量高达 $59.4\mu g/L$，在氯氨比为 7：1 后三卤甲烷产生量下降到 $39\mu g/L$，下降了 34%；在氯氨比进一步下降到 5：1 后，只继续下降 11.5%，再下降到 3：1 后三卤甲烷为 $21.9\mu g/L$。与氯消毒相比，氯氨比为 3：1 时的氯胺消毒产生的三卤甲烷下降了约 70%。因此不同氯氨比消毒对三卤甲烷的产生量的影响要小于对卤乙酸的影响。尽管如此，氯氨比越小，产生的三卤甲烷也大幅度下降。因此，从控制消毒副产物的生成角度来讲，氯胺消毒要大大优于氯消毒。

采用氯胺消毒在反应时间足够长，达到 3d 时对 AOC 的影响比较小。与氯消毒相比，氯胺消毒（氯氨比 3：1）AOC 只增加了约 10%。但氯胺消毒 AOC 产生的时间要比氯消毒慢，因此在出厂水在管网中停留时间短时氯胺消毒比氯消毒有利。氯和氯胺消毒对卤乙酸、三卤甲烷和 AOC 的影响比较可以图 10-14 来表示。

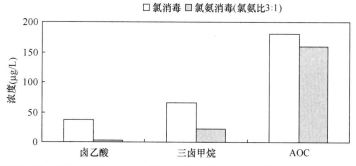

图 10-14　氯和氯氨（3：1）消毒对卤乙酸、三卤甲烷和 AOC 的影响

综上所述，氯胺消毒在对消毒副产物卤乙酸和三卤甲烷以及 AOC 的影响下均优于氯消毒，特别是消毒副产物，采用氯氨比 3∶1 时卤乙酸下降约 90％，三卤甲烷下降 70％，对提高饮用水水质有很好的作用。因此消毒时应在满足消毒效果要求的情况下采用较低的氯氨比。

2. 加氯点对消毒副产物的影响

由于不同的消毒方式对消毒副产物和 AOC 有较大的影响，而大城市管网比较复杂，管线较长，为了保持管网末梢足够的余氯，往往需在出厂水加足够多的氯，因此对水质将有不利影响。为了尽量减少消毒的副作用，考虑在一定的加氯量条件下分次加氯，即在出厂水加一部分，然后在管网中再补充加氯。

目前加氯方式是在清水池前一次性加入足够的氯，由于水中氯的浓度较高，将产生较多的消毒副产物。根据以上特性，可以考虑改变现有的一次加氯消毒方式，改为在清水池前与二泵站前分次加氯，以减少消毒副产物的产生。

第 11 章　管网水质生物稳定性

11.1　管网水质生物稳定性概念和影响因素

11.1.1　饮用水生物稳定性的概念

水传播疾病的爆发绝大多数是由病原体引起的，通过饮水传播的病原微生物有细菌、病毒、原生动物和肠虫等。由于直接检验病原因子极其困难，就需找到一种指示性的微生物，既能反映水的病原微生物密度，又便于做到例行性检验，到目前为止，大肠杆菌被认为是最合适的指示微生物，因此水质标准中规定的细菌学指标一般只有 2 项：细菌总数和总大肠杆菌。给水处理厂通常通过加氯消毒且保持管网末端一定的余氯量来控制细菌在管网中的生长。

在高水质饮水中出现大肠杆菌是目前水处理中难以解决的问题。1930 年，美国给水工程协会（AWWA）给水分会首次报道大肠杆菌重新生长的事例。尽管细菌在管网中重新生长的问题引起了人们的高度重视，但几十年过去了，对解决这一问题没有取得大的进展。

最近十来年，人们认识到引起给水管网中细菌的重新生长和繁殖（regrowth 或 aftergrowth）的主要诱因是出厂水中残存的异养细菌生长所需有机营养基质，即可生物降解有机物（AOC 或 BDOC）。尽管给水处理厂通常通过加氯消毒杀灭病原菌，同时保持管网末端一定的余氯量（我国规定为 0.05mg/L）来控制细菌在管网中的生长，但出厂水中仍残存有细菌（出厂水中细菌控制标准为＜100 个/mL、总大肠杆菌控制为 100mL 中不得检出）；氯消毒后部分受伤细菌也会在管网中自我修复，重新生长；同时换管和其他原因也会引起外源细菌进入管道。在管网水中存在可生物降解有机物时，这些残存的细菌获得营养而重新生长繁殖，导致用户水质变坏。在给水管道表面、铁瘤和冲洗下来的颗粒沉淀物上已检出细菌种属达 21 种。多数研究表明即使保持管网中一定余氯，异养细菌在有机物存在下仍然会生长。细菌在管网中生长的问题越来越受到重视。

细菌在管网中生长繁殖在英文中有两种表示：Regrowth 和 Aftergrowth。给水工作者在解释不明原因的大肠杆菌出现时通常将两者的表达当作同义语，但在研究细菌或大肠杆菌爆发的原因时，这两者是不同的。Brazos 等定义 Regrowth 为出厂水中氯消毒后受伤的细菌恢复正常并生长繁殖，Aftergrowh 为管壁细菌或外源细菌（接头处或卫生设备水封处）在管网中的生长繁殖。由于两者均暗含自来水中细菌污染和增值的现象，此定义的准确性受到怀疑。CharackLis 等提出另外一组概念来区分这两者的不同：Breakthrough（泄漏），指由于出厂水中有较多的细菌进入管网而引起的自来水中细菌的增加，它往往引起传统的水传播的疾病。Growth（生长），指由管网中细菌的生长繁殖引起的自来水中细菌的增加，它与管网中细菌生长所需的营养基质（包括有机物和无机物）的增加有关。

BiofiLm（生物膜），指微生物、微生物分泌物和微生物碎屑在有机物或无机物表面沉积、附着和生长。通常情况下，往往以 Regrowth 或 Aftergrowth 表示管网中细菌的生长繁殖。

所谓饮用水的生物稳定性就是指饮用水中有机营养基质能支持异养细菌生长的潜力，即细菌生长的最大可能性。给水管网中限制异养细菌生长的因素一般比较简单，即主要是有机物。加氯当然可以在一定程度上控制细菌生长，但不能杜绝细菌生长，而且加氯量增加后消毒副产物的量将大大增加，降低了饮用水的安全性。要提高饮用水的生物稳定性，关键要控制有机营养物的量。细菌在管网中的生长包括在水溶液中悬浮生长和在管壁的附着生长。在饮用水中由于贫营养的环境，细菌在管壁的附着生长更占优势，原因在于：①大分子物质容易在固液表面沉积，构造一个营养相对丰富的微环境；②即使管网中有机物浓度较低但高水流速度能输送较多的营养到固定生长的生物膜表面；③胞外分泌物能为细菌生长摄取营养物质；④固定生长的细菌能有效躲过管网余氯的杀伤；⑤由于边界层效应使管壁处水流冲刷作用减小。基于相似原因，管网水体中悬浮或胶体颗粒上附着生长的细菌或其他微生物也占据一定的优势，而且在常规的饮用水细菌或大肠杆菌检测中不易被检出。管壁生长生物膜易引起下列问题。

（1）尽管出厂水能达到水质标准，但由于营养基质促进细菌的繁殖，在输配水管道管壁易形成由细菌为主体的生物膜，膜的老化和脱落将引起用户水的臭、味、色度的上升；管网中生长的细菌对消毒剂的抵抗能力往往有所增强，不易被消毒剂杀灭，并有可能检出病原菌；

（2）为维持对管网细菌的杀灭作用，往往需增加加氯量，由此导致氯化消毒副产物的增加；

（3）由于细菌在管网壁形成生物膜，会促进电化学腐蚀，增加动力消耗，减小输水能力，缩短管网服务年限，因此，应该设法对给水管道中细菌生长现象加以控制。

11.1.2 影响管网细菌繁殖的因素

要有效控制给水管网中细菌的生长，保持水质不在管道中恶化，首先应弄清楚影响细菌在管网生长的因素。这些影响因素很多，但总体说来，有下列一些：

1. 余氯

出厂水通过加氯或氯胺消毒并保持管网内有一定的余氯以控制细菌生长是目前普遍采用的方法。氯或氯胺消毒的原理是破坏细胞膜、酶系统、蛋白质。在氯消毒过程中部分细菌或大肠杆菌在管网中能修复，重新生长。自由氯在水中容易分解，而且即使保持较高的自由氯（$3\sim5mg/L$）仍难以完全抑制生物膜的形成。氯胺在 $3\sim4mg/L$ 时也难以控制铁管中生物膜的生长。众所周知，加氯量过高会引起氯化消毒副产物的生成，使饮水中"三致"物质增加，对人体健康造成威胁。因此靠增加余氯来控制管网细菌生长显然是不可取的。

2. 营养

细菌的生长必须靠营养基质的支持，减少水中可生物降解有机物（BDOC）或生物可同化有机碳（AOC）量以控制异养细菌生长犹如釜底抽薪，但能取得决定性的效果。氨氮、硫酸盐和碳酸氢盐对促进化能自养细菌的生长的作用也应引起重视。

3. 水力因素

管网中水流速度对细菌生长的影响有下面几个方面：增加流速可以将更多的营养基质带到管壁生物膜处，同时也增加了氯量和对管壁生物膜的冲刷作用，死水区由于没有氯，往往导致微生物生长、水质恶化，水流骤开骤停能使管壁生物膜冲刷下来，水流中细菌量急剧上升。上述几方面的作用是相互影响的，对于具体问题应具体分析。

4. 颗粒物的影响

水中颗粒物易成为细菌生长的载体，并降低氯对细菌的杀灭作用。出厂水中剩余的铁或铝的化合物能沉积在管壁处，保护细菌免受氯的伤害。因此应严格控制出厂水中颗粒物数量，有条件时可定时或不定时对管网进行冲洗。

5. 温度

水温能直接或间接影响所有影响细菌生长的因素，如水处理流程的处理效率、微生物生长速度、消毒效率、余氯消耗、管子腐蚀速度、管网水力条件、人们对水量的需求等。但实际上水温基本是不能改变的。许多研究者发现在水温 15℃ 以上时微生物活动显著加快，FransoLet 发现水温不但影响细菌生长速率，而且延长对数生长期和使产率因子升高，同时他发现大肠埃希氏菌和其他肠道菌尽管能在 5～45℃ 范围生长，但水温低于 20℃ 时生长很缓慢。

11.2 影响水质生物稳定性的有机物性质及其表征方式

出厂水中存在可生物降解有机物（BDOM）是管网中异养细菌生长繁殖所需的营养条件，给水管网中将给管网和管网水质带来严重影响。

饮用水中有机物种类繁多，形态、大小和化学性质比较复杂，目前要想测定其中每一种有机物几乎是不可能的。一般测定总有机碳（TOC）作为总有机物含量的替代参数（surrogate parameter）。按有机物形态大小 TOC 大致可以分成颗粒态有机碳（POC）、胶体态有机碳（COC）和溶解性有机碳（DOC）。如果按有机物是否能被微生物利用的角度来划分，则溶解性有机碳又可分为生物可降解溶解性有机碳（BDOC）和生物难降解有机碳（NBDOC）。BDOC 中易被细菌利用合成细胞体的有机物称为生物可同化有机碳（AOC），其中 BDOC 和 AOC 与异养细菌在给水管道

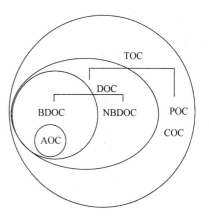

图 11-1　不同性质有机碳之相互关系

中的生长密切相关，是研究饮用水生物稳定性所要关注的重点。上述有机物分类关系可由图 11-1 说明。

Huck 对 BDOC 和 AOC 分别定义如下：BDOC 是水中有机物中能被异养菌无机化的部分，根据 BDOC 的测定程序，这种生物降解所需时间可达 1 个月左右；AOC 是生物可降解有机物中可转化成细胞体的这部分有机物，它是通过一个转化因子或校正因子以碳浓度来表示的。简而言之，AOC（生物可同化有机碳）是有机物中最易被细菌吸收、直接

同化成细菌体的部分，是 BDOC 的一部分；BDOC（可生物降解溶解性有机碳）是水中细菌和其他微生物新陈代谢的物质和能量的来源，包括其同化作用和异化作用的消耗，AOC 和 BDOC 含量越低，细菌越不易生长繁殖。一般以 BDOC 衡量水处理单元（特别是生物处理单元）对有机物的去除效率、预测需氯量和消毒副产物产生量；以 AOC 衡量给水管网细菌生长的潜力。但 Pierre Servais 等人及 J. C. Joret 等人的研究也证实 BDOC 与管网中细菌生长量有较好相关性。有人试图建立 BDOC 与 DOC 或 AOC 与 DOC 之间的定量关系，结果发现随原水水质或季节的不同 BDOC/DOC 或 AOC/DOC 值均变化较大，没有规律。Pierre Servais 等人研究表明 BDOC/DOC 值随水质不同在 11%～59% 之间，Van der Kooij 研究表明 AOC/DOC 在 0.03%～27% 之间。比较一致的结果是经臭氧氧化后水中 BDOC 和 AOC 浓度上升，原因在于臭氧可以氧化部分大分子的、细菌不易利用的有机物，生成小分子的、细菌易氧化分解的有机物。

　　研究水中 BDOC 的含量可以鉴定该水源能否采用生物处理技术以去除有机物，而研究水中 AOC 则可以鉴定饮用水的生物稳定性，以确定水质是否会在输送过程中引起细菌等微生物的生长。因此研究水中 BDOC 和 AOC 对改善水质有重要意义。

11.3　AOC 和 BDOC 测定原理和比较

　　目前国外对可生物降解有机物的测定主要有 2 类方法：一类是在待测水样中接种特殊细菌，通过平板计数，测定其生长稳定期（stationary phase）细菌数，再比较该细菌在标准待测物（一般是乙酸）中生长稳定期的细菌数而求得水样中可生化降解有机物的浓度。这类方法由荷兰 van der Kooij 教授首创，测定结果被称为 AOC，即生物可同化有机碳。另一类方法是由比利时人 Pierre Servais 等人发明的方法。该方法以接种原水中的混合菌种在待测水样中的培养，通过测定水样培养前后溶解性有机碳（DOC）的差值确定水中可生物降解有机物的值，此值以 BDOC 表示。这 2 类方法实质上都是生物检测（Bioassay）方法。当然废水处理中常用的有机物指标 BOD_5 也是表示水中可生物降解有机物的量的一个指标，但由于给水处理中出厂水及管网水中可生物降解有机物含量十分低，不能准确进行 BOD_5 的测定，因此一般不测定 BOD_5。

11.3.1　AOC 的测定方法和改进

　　van der Kooij 在 20 世纪 70 年代末期在自来水中分离到一种荧光假单胞菌 P17（fLuorescent pseudomonads），这种菌在饮用水和水源水中普遍存在，且能利用大多数有机物。Kooij 教授以这种菌为标准测试菌，1982 年首次发表了 AOC 的测定方法和结果。这种方法以乙酸钠作为标准基质，对生长到稳定期时的细菌进行平皿计数，根据不同乙酸钠浓度和在此浓度下 P17 达到生长稳定期的数量作标准曲线，得到一条有较好线性相关性的直线。求出生长因子 $Y = 4.1 \times 10^6$ CFU/μg 乙酸碳。对待测水样，在取样后 7h 内进行巴斯德灭菌（60℃30min 水浴），以破坏植物细胞和灭活非芽孢细菌，然后接种荧光假单胞菌 P17 在 15℃条件下培养，培养过程中每天进行计数，根据稳定期细菌数通过生长因子换算成乙酸碳浓度。由于此方法 AOC 浓度为 μg/L 时细菌可达 10^6 个数量级，灵敏度极高，因此 AOC 测定过程中所有玻璃器皿均需无碳化处理，以防止对测定结果的影响。P17 可以利用水中大部分生物易降解有机物，如氨基酸、羧酸、乙醇、碳水化合物（多糖除外），但不能利用草酸，而水处理中臭氧氧化有机物通常产生草酸，且草酸是一般的细菌易利用的有机营养基质，因此为弥补这一缺陷，van der Kooij 自己对此方法进行了修改：增加一种螺旋菌（spiriLLum）NOX 作为测试菌种，NOX 可以草酸作生长基质，弥补了 P17 菌的不足之处，这使 AOC 测定结果更完善。NOX 的生长因子 $Y = 1.2 \times 10^7 CFU/\mu g$ 乙酸碳或 $Y = 2.9 \times 10^6 CFU/\mu g$ 草酸碳。

由于 Kooij 的 AOC 测定方法操作步骤较复杂，培养时间较长，为了满足日常测定的需要，有人进行了改进。KapLan 等人详细研究了 AOC 测定中影响测定结果的诸因素，如培养瓶大小和比表面积、培养基种类、细菌计数技术、灭菌方式等，提出采用商用的 40mL 的硼硅酸盐玻璃瓶代替 Kooij 采用的 1L 容积的无碳化玻璃瓶，简化了测定程序和劳动强度，提高了测定方法可行性。有人以 P17、Curtobacterium sp、Corynebacterium sp、an unidentified coryneform 等 4 种菌为测试菌，在 20℃培养，不用测定每个样品的生长曲线，也不用在每次测定时作标准曲线，且缩短培养时间到 6d，然后直接计数，在 AOC 浓度为 $0 \sim 10^6 \mu g/L$ 时得到了满意结果，不过这种方法除该作者使用外未见别的报道。Mark W. LeChevallier 等人提出了一种快速 AOC 测定方法，这种改进的 AOC 测定方法得到更广泛应用。该方法主要是增加培养温度到 25℃，以测定细菌 ATP 量代替平皿计数，培养 $2 \sim 4d$ 便能得到满意结果。研究表明以测定细菌 ATP 代替平板计数是完全可行的，二者之间没有显著差异，但 ATP 测定大大简化工作强度且易实现自控。此外还有美国环保局（EPA）推荐的以大肠杆菌为测试菌种的方法、Werner 提出的测定接种液浊度确定细菌量的方法和 Jago-Stanfied 的接种混合菌测定细菌 ATP 的方法等，但应用不广。

AOC 测定中 P17 和 NOX 的接种目前国外主要有 3 种方法：第一种为将待测水样分成两份，分别接种 P17 和 NOX，将测定结果相加作为总的 AOC，这种方法可简称为分别接种法；第二种方法为在水样中同时接种 P17 和 NOX，因为 2 种菌的形状和大小差别较大，比较容易区分，因此可以通过平板计数数出各自的细菌数，算出 AOC 浓度，这种方法可称为同时接种法；第三种方法为先接种 P17 于水样中，当 P17 达到生长稳定期后将该水样用尼龙膜过滤以除去 P17，然后将滤液再接种 NOX 菌，然后将 P17 细菌数和 NOX 细菌数分别转换成 AOC-乙酸碳浓度和 AOC-草酸碳浓度，这种方法可简称为先后接种法。从原理上分析，第一种方法即分别接种法有较大的缺陷，因为 P17 和 NOX 菌有共同的营养基质，如乙酸和其他羧酸类物质，因此分别接种时将重复计算了共同基质部分，使结果偏高，而且由于不同水样中 2 种菌的共同基质含量不一样，使结果可比性较差。第二种方法即同时接种法对第一种方法有改进，但从研究结果看由于 2 种细菌大小不一，且达到稳定期的时间不一样（P17 为 $2 \sim 3d$、NOX 为 $4 \sim 5d$），在同一培养皿上计数时有 NOX 被 P17 掩盖的现象，影响测定结果。同时 2 种菌在对基质利用方面相互影响关系目前尚不清楚。第三种方法显然比较符合 NOX 是对 P17 不能利用的基质补充的原理，因为稳定期的到来是由于细菌营养物尤其是生长限制因子耗尽，因此在 P17 达到稳定期后再接种 NOX 显然是对 P17 菌的补充。不过有人研究认为采用尼龙膜过滤去除 P17 会增加 AOC 值。

综上分析，清华大学对第 3 种方法改进为将 P17 达到稳定生长期的水样再进行巴氏灭菌（70℃、30min）以杀灭 P17（KapLan 认为巴氏灭菌不会改变 AOC 值），然后再接种

NOX 菌,并对这 3 种测定方法进行了比较,认为第三种方法值得推广应用。

总的来看,AOC 测定方法有其特点,是测定水样中微量可生物降解有机物浓度的一种较好方法,但这种方法也存在一定的缺点:

(1) 只用单一的菌种(荧光假单胞菌 P17+NOX)降解简单的、低分子的有机物,不能代表实际给水管网中细菌混合生长状况和细菌胞外酶对大分子有机物的分解作用;

(2) 以稳定期细菌生长最大数折算成有机物浓度,暗含细菌达到最大数时基质浓度耗尽,细菌死亡在此刻才开始,但 Pierre Servais 等人研究证实,即使在细菌量净增长时,细菌死亡已经开始,细菌生长动力学应综合考虑这些因素;

(3) 水样经巴斯德灭菌预处理对可生物降解有机物成分可能有所改变;

(4) 菌种来源和保存复杂。

11.3.2 BDOC 测定方法和改进

为了更准确分析水中混合细菌对可生物降解有机物分解和利用的情况,人们又提出测定可生物降解有机物(BDOC)的新方法。BDOC 的测定首先是由 Joret 和 Levy 于 1986 年提出来的,Servais 和 BiLLen 等人于 1987 年提出一套 BDOC 测定方法,是目前国外 BDOC 测定的方法基础。该方法将待测水样(500mL)通过 $0.2\mu m$ 醋酸纤维素膜过滤,加 5mL 经 $2\mu m$ NucLepore 膜过滤(目的是去除水中较大颗粒和原生动物)的原水作为接种液,在 20 ± 0.5℃温度及暗室条件下培养 10~30d,同时测定水样中 DOC 值的变化量和细菌的生长速率,当 DOC 值恒定不变时计算培养前后 DOC 值之差即为 BDOC,再以表面荧光显微镜对细菌计数,将细菌生长量折算成所耗有机物量(以碳计,折算系数为 1.2×10^{-13} g$C/\mu m^3$ 细菌),将此计算值与 BDOC 进行对比,发现两者有较好一致性。因为测定培养前后 DOC 值之差确定 BDOC 的方法简单易行,同时绝大多数水样培养 10d 后 DOC 值能达恒定,此时若再加入葡萄糖使 DOC 增加且继续培养,最终 DOC 仍达到先前的恒定值,因此所测 BDOC 值能代表水中绝大部分可生物降解有机物。

鉴于上述方法每天测定 DOC 和细菌死亡数量颇为麻烦,Servais 将方法改进为水样取 200mL,接种液 2mL 在 20℃条件下培养 28d,测定培养前后的 DOC,差值即为 BDOC。Pierre Servais 等人对塞纳河(巴黎上游)、Eau d'Heure 河和 Cambre 水池的水测定 BDOC,标准偏差为 0.03mg/L;人工配水分别加氨基酸、乙酸和蛋白质作基质,测得的 BDOC 值与所加基质浓度有很好相关性。根据结果,研究者认为该方法可以检出水中 BDOC 最低浓度为 0.05mg/L,但最好用于分析 BDOC 浓度高于 0.2mg/L 的水样。Joret 和 Levy 于 1988 年提出以取给水处理厂的生物砂为接种物,以提高细菌接种量:在 300mL 待测水样中加 100g 生物活性砂,以增加接种菌量,使培养周期缩短至 3~5d,该方法有较好准确度,精密度取决于测定 DOC 所用 TOC 仪。Ribas 等于 1991 年提出另一种 BDOC 测定方法:将待测水样通过装有生物载体的反应器,测定进出口的 DOC 值,二者之差即为 BDOC,该方法使测定时间缩短为 2~3h,结果与接种土著菌方法没有显著差异。但该方法所需待测水量较大。1992 年 Frias 和 Ribas 又提出了一种封闭循环测定 BDOC 的方法:将待测水样用蠕动泵循环通过装有生物活性的填料的小玻璃柱,隔一定时间取样测定 DOC 值,直至水中 DOC 值恒定,循环前后 DOC 之差值即为 BDOC。该方法快速准确,需待测水样量小,且以生物膜为测定细菌比较符合管网中细菌以生物膜形式生存的特点。为了比较几种 BDOC 测定方法的各自特点和影响因素，1992 年 J. C. BLock 等人在欧洲几个国家的 7 个实验室进行联合实验，以确定影响 BDOC 测定准确性的主要因素，包括不同实验室、不同接种菌液来源、悬浮细菌或生物膜细菌培养，不同的待测水样等因素，结果表明不同实验室是影响 BDOC 测定结果的主要因素，其相对误差达 56.6%～70.7%，而接种液的来源引起的相对误差为 12%～26%，接种生物膜的 BDOC 测定结果比接种悬浮细菌测定的结果要高，该作者认为是由于接种悬浮细菌时待测水样中异养细菌数少的缘故。研究结果认为接种液为土著细菌是最佳选择，不会引起过量的误差，可作为标准方法。

清华大学对接种悬浮土著细菌和将水样循环通过生物膜反应器的方法进行了研究，并研究了悬浮培养法的细菌降解动力学，得出培养 3d BDOC 可达培养 28d 的 40%，以 3d BDOC 代替 28d BDOC 测定结果可行且更有实用意义。悬浮培养法的好处是同时可测定多个水样，生物膜循环培养法一次只能测定一个水样。但是对评价水源水中有机物的可生物降解特性和是否适合采用生物处理技术有重要意义。

11.3.3 AOC 和 BDOC 测定结果的比较

虽然 AOC 和 BDOC 都是为了测定饮用水中微量的可生物降解有机物，但由于测定方法不同，物理意义不一样，因此测定结果也就有不同的含义。Frias 等人比较了 Kooij 的 AOC（P17）和其他 5 种 BDOC 的测定方法，包括：①Joret 接种生物砂培养 10d 法；②Joret 接种生物砂培养 21d 法；③Servais 接种水样中细菌培养 21d 法；④Servais 接种水源水中细菌培养 21d 法；⑤Frias 的生物膜封闭循环培养 5d 法。比较结果认为 5 种 BDOC 测定方法无显著差异，但与 AOC 测定有显著性差异。水源水 BDOC/DOC 约为 40%，而 AOC/DOC 为 10% 左右。显然 AOC 只是 BDOC 的 25% 左右，是 BDOC 中的一小部分。Paode 和 Amy 等人的研究表明：美国的 CoLorado River 水和 Harwood's MiLL Reservoir 水等 6 大水源中 BDOC 为 0.1～0.9mg/L，平均为 0.44mg/L。BDOC 占 DOC 的比例为 2.2%～19%，平均为 10%；AOC 为 22～407μg/L，平均为 156μg/L，AOC 占 BDOC 比例平均为 35% 左右。Bios 等通过模拟管网和计算机模型计算出 BDOC 中 8%～18% 的有机物转换成细胞体。前面述及 Huck 教授认为 BDOC 是水中有机物中能被异养菌无机化的部分，也就是被彻底氧化成 CO_2 的部分。但如果仔细分析 BDOC 的测定过程，这种观点的正确性值得怀疑。在 BDOC 测定中首先将水样通过 0.2μm 或 0.45μm 超滤膜过滤，测定 DOC，此时一般认为水样中绝大部分细菌被截留在膜面上，水中残存细菌极少。然后接种土著菌培养一定时间，在此过程中细菌分解水中可生物降解有机物成两部分，一部分为氧化成 CO_2 以获得能量来源，即无机化部分，一部分则合成细菌体，使细菌繁殖，培养完毕后再将水样通过 0.2μm 或 0.45μm 超滤膜过滤以去除细菌，测定水样中 DOC，初始 DOC 和最终 DOC 之差为 BDOC。因此 BDOC 不仅包括有机物中被异养细菌无机化的部分，也包括细菌合成细菌体的部分，即包括同化作用的部分。BDOC 应是细菌合成代谢和分解代谢对有机物消耗的总和。AOC 只是单一细菌合成代谢对有机物的消耗，是有机物中最易被细菌同化成细菌体的部分。

11.3.4 AOC 和 BDOC 与饮用水生物稳定性的关系

因为 AOC 是直接表达饮用水中有机物能被细菌同化成细菌体的部分，因此 AOC 方法经提出后，许多研究者就一直致力于建立 AOC 与细菌生长也即饮用水生物稳定性的关系。建立这种关系主要基于两种模式：一种是对实际给水管网进行调查，研究 AOC 与管网中细菌数的相互关系；另一种是建立模拟管网，来确定细菌生长模式。

van der Kooij 比较了 3 个实际的给水系统，发现 AOC 在管网中逐渐下降，AOC 下降最多时细菌计数也最多。在进一步调查了 20 个水厂后 Kooij 认为当 AOC<10μg 乙酸碳/L 时异养细菌几乎不能生长，饮用水生物稳定性很好。LechevaLLier 发现：当 AOC<54μg 乙酸碳/L 时大肠杆菌不能生长。其后 LechevaLLier 提出 AOC 浓度应限制在 50μg 乙酸碳/L 以保证水质生物稳定。1996 年 LechevaLLier 报道：对北美 31 个水厂的调查表明：当 AOC 浓度低于 100μg 乙酸碳/L 时，给水管网中大肠杆菌数大为减少。因此 LechevaLLier 提出在有氯的条件下，保持 AOC 浓度 50～100μg 乙酸碳/L 时水质能达到生物稳定。KapLan 等人对美国的 79 个水厂研究表明：95% 的地表水源水厂和 50% 的地下水源水厂的饮用水达不到 AOC50μg 乙酸碳/L 的标准，而所有的水厂出厂水均达不到 AOC10μg/L 的标准。Gagnon 等综述了几种描述管网中细菌生长和 AOC 利用的模型，认为 AOC 达到 50μg 乙酸碳/L 后在管网中趋于稳定。Huck 等研究表明：采用生物处理技术能使 AOC 达到低于 10μg 乙酸碳/L 的要求。

Joret 研究认为 BDOC<0.1mg/L 时大肠杆菌不能在水中生长。Dukan 等人通过动态模型计算出管网中 BDOC 低于 0.2～0.25mg/L 时能达到水质生物稳定。Laurent 等人通过 SANCHO 模型计算出 BDOC<0.15mg/L 时异养细菌在水中不能生长。Bios 等研究了位于法国 Nancy 的 2 个中试管网中细菌、BDOC 和氯等因素的相互影响后认为 BDOC 与细菌生长密切相关。

总的来说，对 AOC 和 BDOC 与细菌生长关系的认识还处于初步探索阶段，缺乏足够的证据和理论依据。管网中细菌、AOC 和 BDOC、氯及水力条件之间的关系十分复杂，而且不同的管网间差异较大，管网里面的物理化学反应和生物化学反应的关系还有待进一步深入研究。目前的计算机模型几乎都未考虑氯氧化有机物引起 AOC 和 BDOC 浓度上升和氯代消毒副产物增加，降低饮用水安全性这一问题，是不完整的。控制管网中细菌尤其是病原细菌的生长繁殖和控制消毒副产物的生成应该综合考虑。因此可以说有关 AOC 和 BDOC 与饮用水生物稳定性的关系的研究才刚刚起步，有待研究者进一步的努力。

11.3.5　降低 AOC 和 BDOC 含量，提高饮用水生物稳定性的途径

不同的水处理单元对水中的有机物去除对象是不同的：常规处理（混凝、沉淀、过滤）主要去除分子量大于 10000 的有机物，活性炭对分子量 1000～3000 的有机物有较好去除，生物处理对分子量小于 500 的有机物有好的去除作用。BDOC 和 AOC 的分子量范围目前未见报道，但肯定是低分子量有机物，因此适合用生物处理技术去除。同时从 AOC 和 BDOC 的定义和测定方法来看，这部分有机物是细菌易利用分解的有机物，当然也适合生物处理来去除。Kooij 报道 生物滤池出水 AOC 含量低于 10μg 乙酸碳/L。Huck 等报道运行 70d 煤砂双层生物滤池出水 AOC 能达到低于 50μg 乙酸碳/L 的水平。Nitisoravut 等人的研究表明：当生物滤池的水力接触时间为 20～30min 时出水 AOC 浓度为 9～28μg 乙酸碳/L。GimbeL 的中试生物滤池对 AOC（P17）的去除为 50% 左右，AOC（P17）由进水的 70μg 乙酸碳/L 降至出水的 35μg 乙酸碳/L。D-Y. Kim 等人采用生物活

性炭处理韩国的 Nakdong River 水，在空床接触时间（EBCT）为 5～15min 时 BDOC 去除量为 0.15～0.52mg/L，进水 BDOC 为 0.5～1.3mg/L。其他一些试验也一致证明生物处理技术对 AOC 和 BDOC 较好的去除作用。臭氧等氧化剂将引起 AOC 和 BDOC 的增加，这一结论已被众多实验证实。如果不将臭氧氧化和生物处理结合的话，将降低水质的生物稳定性。投加粉末活性炭或采用活性炭滤池对 AOC 或 BDOC 的去除也有报道。周蓉研究认为：活性炭对 AOC 去除率达 67%，纳滤对 AOC 去除达 80%，出水为 22μg 乙酸碳/L。反渗透对 AOC 也有很好的去除效果。相对而言，常规处理对 AOC 和 BDOC 的去除十分有限，甚至增加 AOC 和 BDOC 值。因此生物处理和活性炭吸附是去除水中可生物降解有机物、提高饮用水生物稳定性的最佳方法。

11.4 AOC 测定方法

11.4.1 菌种

测定 AOC 所用的菌种为荧光假单胞菌 P17 菌株和螺旋菌 NOX 菌株。由荷兰的 Van der Kooij 博士提供纯种菌种，在 6℃ 冰箱中用 LLA 斜面作纯种保存。

1. 荧光假单胞菌（Pseudomonas FLuorescens）P17 菌株

该菌株是土壤和水环境中的常见细菌，比较容易纯种分离，可将双层滤料过滤后的河水用含多种碳源的培养基在好氧条件下富集培养分离得到。该菌株属假单胞菌属，革兰氏阴性，在电子显微镜下可以发现菌体棒状，有鞭毛，直径 0.6μm 左右，长 2.3～2.8μm。它能利用多种有机化合物，包括羧酸、氨基酸、水杨酸、醇类、碳水化合物（多糖除外）等，可以利用简单的氮源，不需要特殊的生长因子。它在固体培养基上生长迅速，菌落典型，容易辨认。专性好氧，最适生长温度为 25～30℃。P17 菌株不能利用甲酸、二羟乙酸、草酸等有机物。

2. 螺旋菌（SpiriLLum）NOX 菌株

该菌株存在于天然水中，可以将慢速过滤出水在高有机营养条件下富集培养分离得到。该菌株呈螺旋形，直径 0.25～1.7μm，细胞极性，有鞭毛，好氧生长，最适生长温度为 30℃，在 10℃ 以下或 45℃ 以上很难生长。NOX 菌株能利用多种羧酸和极少种类的氨基酸。最重要的是，它能利用 P17 菌株不能利用的草酸、甲酸、二羟乙酸等有机物，弥补了 P17 菌株测定 AOC 的不足，所以被选作实验菌种。NOX 菌株在固体培养基上生长较快，菌落容易辨认。它能利用草酸作为唯一的碳源和氮源，在乙酸上的生长相对较慢，在氨基酸上生长不良，不能利用硝酸盐。

11.4.2 药品和器材

1. 药品

乙酸钠（AR）、硫代硫酸钠（AR）、磷酸氢二钾（AR）、磷酸二氢钾（AR）、氯化铵（AR）、硝酸钾（AR）、七水硫酸镁（AR）、硫酸铵（AR）、氯化钠（AR）、硫酸亚铁（AR）、蛋白胨（Oxford 产品）、酵母浸膏（Oxford 产品）、琼脂粉（进口）、超纯水。

2. 器材

生化培养箱 1 台，马弗炉 1 台，水浴锅 1 台，高压消毒锅 1 台，20L 酸缸 1 个，培养皿若干，50mL 磨口三角瓶若干，20mL 玻璃试管若干，200μL 可调移液枪 1 个，5000μL 可调移液枪 1 个，配移液枪头若干，500mL 磨口取样瓶若干，0.2μm 玻璃纤维滤膜若干。

11.4.3 试剂和培养基的配制与预处理

（1）3mM 磷酸盐缓冲液（pH＝7.2）：称取 7mg K_2HPO_4、0.1mg $MgSO_4 \cdot 7H_2O$、1mg $(NH_4)_2SO_4$、0.1mg NaCl 和 1μg $FeSO_4$ 溶于 1L 超纯水中，高压（15 磅）灭菌 20min。

（2）2000μg 乙酸碳/L 溶液：准确量取 2.5mL 400mg 乙酸碳/L 溶液溶于 500mL 缓冲液中，高压（15 磅）灭菌 20min。

（3）100μg 乙酸碳/L 溶液：准确量取 2.5mL 20mg 乙酸碳/L 溶液溶于 500mL 缓冲液中，高压（15 磅）灭菌 20min。

（4）13.2mg/L 硫代硫酸钠溶液：称取 13.2mg 硫代硫酸钠溶于 1L 超纯水中，高压（15 磅）灭菌 20min。

（5）矿物盐溶液：称取 85.5mg K_2HPO_4，383.5mg NaCl，722mg KNO_3 溶于 500mL 超纯水中，高压（15 磅）灭菌 20min。

（6）LLA 培养基：称取 5g 蛋白胨，3g 牛肉浸膏，12g 琼脂粉溶于 1000mL 超纯水中，高压（15 磅）灭菌 20min。

11.4.4 菌种的复苏

从斜面挑取一环 P17 和 NOX 分别放于 20mL 牛肉汤中 25℃培养，P17 培养 48h，NOX 培养 72h，然后分别接种于斜面，在斜面培养 48h 后放于 6℃的冰箱中保存，保存期不能超过 6 个月。

11.4.5 接种液的准备

（1）从斜面分别取 P17 和 NOX 菌种各一环，分别放至 50mL 经 0.2μm 玻璃纤维滤膜过滤、高压灭菌的水样中培养 7d，使菌种适应低营养的生长条件，并恢复其天然代谢状态。

（2）取 100μL 初培养的菌液移至 50mL 含 2000μg 乙酸碳/L 的乙酸钠溶液中，22～25℃黑暗培养至平台期，使接种液中没有有机碳带入待测水样中。

（3）将培养后的菌种平板计数，计算接种液的浓度，以便确定加入待测水样中的接种液体积（水样的接种浓度按 $10^4 CFU/mL$ 计算）。

$$接种液体积 = \frac{(10^4 CFU/mL) \times (40mL)}{接种液浓度(CFU/mL)} \tag{11-1}$$

（4）接种液在 6℃的冰箱中保存，保存期不得超过 6 个月（平台期菌种浓度在几个月内基本保持稳定）。较长时间后再用时需要再进行平板计数。

11.4.6 器皿的处理

（1）500mL 磨口取样瓶用洗涤剂洗净晾干，用洗液浸泡 8h 以上，然后依次用自来水、蒸馏水、纯水冲洗干净。高压灭菌。

（2）培养用的 50mL 磨口具塞三角瓶和稀释用的 20mL 小试管用洗涤剂洗净，自来水冲净晾干后，在 3N 的稀硝酸中浸泡 24h 以上。取出后依次用自来水、蒸馏水、纯水冲洗干净，晾干后在 550℃马弗炉中烘烤 2h。待温度降至 100℃时，将三角瓶取出立即盖上瓶塞，小试管取出后放入有盖的器皿中，以防空气中的细菌进入。

（3）非玻璃器皿（如移液枪头等）用稀酸浸泡，然后依次用自来水、蒸馏水、纯水冲洗干净。高压灭菌。

11.4.7 待测水样的预处理

（1）水样收集于 500mL 无碳的磨口取样瓶中。若水样中含有余氯，应加入适量的硫代硫酸钠溶液加以中和；若水样浊度较高或 AOC 浓度较高，应静沉后用矿物盐溶液稀释；若悬浮物较多，应该用 $1.2\mu m$ 的玻璃纤维滤膜过滤，以防颗粒物的干扰。

（2）水样在 60～70℃ 的水浴锅中巴氏消毒 30min 以杀死活性细胞。水样保存于 6℃ 冰箱中，应尽快测定。

（3）若水样需长途运输，应加冰冷藏，24h 内运到实验室并再进行一次巴氏消毒。

11.4.8 水样的接种

水样冷却后接种。每种菌种的接种浓度约为 10^4 CFU/mL，接种液体积按公式 11-1 计算。

11.4.9 水样的培养

将接种后的水样放至 22～25℃ 的生化培养箱中静置黑暗培养 3d，一般可达平台期。到达平台期即可进行平板计数。

11.4.10 细菌的平板计数

从 50mL 培养瓶中取 $100\mu L$ 摇匀的培养液，用无机盐溶液稀释 10^3 或 10^4 倍。取 $100\mu L$ 涂布于 LLA 平板，置于 25℃ 培养箱中培养。剩余水样（约 50mL）再经巴氏消毒，杀死其中的 P17，再接种 NOX，培养，平板计数。一般平板培养 3～5d 即可计数。P17 颜色为淡黄色，大小为 3～4mm；NOX 菌落为乳白色，大小为 1～2mm。

11.4.11 测定精度的控制

测定 AOC 所用的生物量法灵敏度很高，如果实验过程的任何环节有微量有机物带入，都会对实验结果造成影响。不同的实验室，不同的实验条件下 P17 和 NOX 菌株的产率系数会产生变化，可能会与 van der Kooij 给出的产率系数有较大差别。为了消除实验过程的有机物污染、产率系数的不同对实验结果的影响，在实验中应分别做空白对照和产率对照。

（1）空白对照。在 50mL 培养瓶中加入 40mL 无碳水，并加入 $100\mu L$ 稀释了 10 倍的无机盐溶液。若水样中加了硫代硫酸钠以中和余氯，则空白对照中也加入等量的硫代硫酸钠。巴氏消毒后，按与待测水样相同的步骤接种，培养，计数。每种方法做对应的空白对照。

（2）产率对照。在 50mL 培养瓶中加入 40mL 含 $100\mu g$ 乙酸碳/L 的乙酸钠溶液，并加入 $100\mu L$ 稀释了 10 倍的无机盐溶液。若水样中加了硫代硫酸钠以中和余氯，则产率对照中也加入等量的硫代硫酸钠。巴氏消毒后，按与待测水样相同的步骤接种，培养，计数。每种方法做对应的产率对照。

11.4.12 产率系数与 AOC 的计算

1. P17 和 NOX 菌株的产率系数的计算

所谓产率系数就是细菌利用单位量的有机碳标准物能产生的最大细胞产量。将产率对照的菌落密度减去空白对照的菌落密度可以计算出 P17 和 NOX 的产率系数。

$$P17 \text{ 产率系数} = \frac{[P17 \text{ 产率对照} (CFU/mL) - P17 \text{ 空白对照} (CFU/mL)] \times 1000mL/L}{100\mu g \text{ 乙酸碳}/L}$$

$$(11-2)$$

$$NOX \text{ 产率系数} = \frac{[NOX \text{ 产率对照} (CFU/mL) - NOX \text{ 空白对照} (CFU/mL)] \times 1000mL/L}{100\mu g \text{ 乙酸碳}/L}$$

$$(11-3)$$

2. AOC 的计算

将待测水样的菌落密度减去空白对照的菌落密度，利用产率系数，即可求得 AOC 值，公式如下：

$$AOCP\text{-}17 \text{ } (\mu g \text{ 乙酸碳}/L) = \frac{[\text{水样} P17 \text{ } (CFU/mL) - P17 \text{ 空白对照 } (CFU/mL)] \times 10^3}{P17 \text{ 产率系数}}$$

$$(11-4)$$

$$AOC\text{-}NOX \text{ } (\mu g \text{ 乙酸碳}/L) = \frac{[\text{水样} NOX \text{ } (CFU/mL) - NOX \text{ 空白对照 } (CFU/mL)] \times 10^3}{NOX \text{ 产率系数}}$$

$$(11-5)$$

$$\text{水样总} AOC \text{ } (\mu g \text{ 乙酸碳}/L) = AOC\text{-}P17 + AOC\text{-}NOX \qquad (11-6)$$

11.5 BDOC 悬浮培养测定法

11.5.1 测定原理

BDOC 的悬浮生长法测定是先将待测水样经膜过滤去除微生物，然后接种一定量的同源细菌（同源细菌也可称为土著细菌（Indigenous bacteria），即在与待测水样相同水源环境中生长的细菌），在恒温条件下（一般为 20℃）培养 28d，测定培养前后 DOC（溶解性有机碳）的差值即为 BDOC。由于 28d 的测定时间过长，为了探索缩短培养时间的可行性，研究了培养 28d 的反应动力学，在培养过程中，每隔 1d 测定 DOC 值，以确定 BDOC 的变化规律。

11.5.2 器皿与材料

（1）500mL 带盖磨口三角瓶（用于水样培养）、1000mL 磨口玻璃瓶（用于水样取样）、5mL 移液管、50mL 玻璃注射器。用前先用重铬酸钾洗液浸泡 4h，用自来水冲干净，然后用蒸馏水冲洗三遍，再用超纯水冲洗一遍。

（2）20mL 具塞玻璃瓶（用于取水样测定 TOC）。用前先用洗液泡洗，然后用蒸馏水冲洗 3 遍，再用超纯水冲洗 1 遍，然后在 550℃温度下干燥 1h。

（3）2μm 和 0.45μm 超滤膜，用前先用超纯水煮 3 遍，每遍 30min。

（4）真空超过滤装置一套。用前用超纯水冲洗干净。

（5）TOC 仪。

11.5.3 BDOC 测定方法

（1）取水样。在取样点将待测水样取入 1000mL 玻璃瓶中，尽快将水样送到实验室，放入冰箱中保存。

（2）取接种液。在与待测水样同源且细菌含量较多的水域（一般在水源处）取水样 1L。尽快将水样送到实验室，放入冰箱中保存。

（3）将待测水样用 $0.45\mu m$ 超滤膜进行过滤。过滤方法为：先用纯水过 500mL 左右，弃之。然后过滤水样，前 150～200mL 滤液弃之不用，接着过滤 600mL 左右，取 500mL 滤液装入 500mL 磨口玻璃瓶中。并同时取水样测 TOC，此值为 DOC_0（即初始 DOC 值），如水样中有余氯，在过滤前加入适量硫代硫酸钠中和（一般为余氯当量的 1.2 倍）。

（4）将接种液通过 $2\mu m$ 膜过滤，分别取滤液 5mL 加入 500mL 待测水样中，盖好盖后摇晃均匀。

（5）将加好接种液的水样放入恒温箱中，在 20℃ 培养 28d。在第 28 天取样，先经过 $0.45\mu m$ 超滤膜过滤然后测定 TOC（过滤程序与前面相同），此值即为 DOC_{28}，$BDOC = DOC_0 - DOC_{28}$。

11.5.4　BDOC 测定动力学

为了研究 BDOC 测定中水中 BDOC 变化的规律，进行 BDOC 测定动力学的研究。取水样测定 28d 反应动力学，在恒温培养过程中每隔 1d 用 50mL 无机玻璃注射器取样，经 $0.45\mu m$ 超滤膜过滤后分析 DOC，即 DOC_t，DOC_t 与 DOC_0 之差即为 $BDOC_t$（第 t 天的 BDOC 值）。每个水样做 3 个平行样。

28d 培养测定 $BDOC_t$ 值变化情况　　　　　　　　表 11-1

水样	$BDOC_{1.5}$ (mg/L)	$BDOC_3$ (mg/L)	$BDOC_5$ (mg/L)	$BDOC$ (mg/L)	$BDOC_9$ (mg/L)	$BDOC_{13}$ (mg/L)	$BDOC_{15}$ (mg/L)	$BDOC_{17}$ (mg/L)	$BDOC_{19}$ (mg/L)	$BDOC_{24}$ (mg/L)	$BDOC_{28}$ (mg/L)	RV（%）
水源	0.09	0.28	0.40	0.46	0.52	0.43	0.48	0.54	0.50	0.45	0.47	0.7～14.4
进厂	0.22	0.40	0.52	0.69	0.73	0.68	0.67	0.67	0.70	0.71	0.69	1.7～12.1
出厂	0.13	0.20	0.35	0.44	0.46	0.55	0.47	0.46	0.44	0.46	0.50	0.9～8.8
管网	0.12	0.21	0.34	0.43	0.45	0.52	0.49	0.43	0.47	0.49	0.53	2.1～9.0
末梢	0.08	0.13	0.19	0.25	0.29	0.33	0.33	0.31	0.27	0.32	0.34	1.4～13.3

注：RV 为 3 个平行样相对偏差。

测定 28d 反应动力学的水样为北方某大型水厂的水源水（水库水）、进厂水、出厂水、管网水、管网末梢水。该水源水质较好，处理工艺由常规的混凝、沉淀、过滤和活性炭滤池组成。取样时间为 97 年 7 月。测定结果如表 11-1，BDOC 大致在 13～15d 达最大值。

根据在低基质浓度下细菌对基质的利用为一级反应的原理，BDOC 的变化应遵循下列模式：

$$\frac{\mathrm{d}BDOC}{\mathrm{d}t} = k \times BDOC \tag{11-7}$$

式中　$BDOC$——在任何时刻的生物可降解溶解性有机碳浓度，mg/L；

　　　　k——反应常数，d^{-1}；

　　　　t——反应时间或称培养时间，d。

积分，得

$$BDOC \; / \; BDOC_u = 10^{-kt} \tag{11-8}$$

式中　$BDOC_u$——水样中生物可降解溶解性有机碳总量。

因此，第 t 天内的 BDOC 降解量应为 $BDOC_t = BDOC_u(1 - 10^{-kt})$。对此公式进行处理，并用图解法求出对应于表 11-1 中试验结果的 $BDOC_u$ 和 k 值，列于表 11-2 内。求出的 k 值平均为 $0.077d^{-1}$，比 BOD 培养中的耗氧常数常取的值 $0.1d^{-1}$ 要小。原因与饮用水中有机营养物贫乏有关，因为 BOD 培养测定中生物处理的出水的 k 值通常也比进水小。根据上述结果，在 20℃ 恒温培养中 BDOC 的降解可用下列公式表示：

$$BDOC_t = BDOC_u(1 - 10^{-0.077t}) \tag{11-9}$$

式中各参数的意义同前述。

反应动力学参数　　　　　　　　　　　　表 11-2

	水源水	进厂水	出厂水	管网水	末梢水	平均	RV（%）
$BDOC_u$（mg/L）	0.57	0.84	0.56	0.57	0.37	—	—
k（d^{-1}）	0.079	0.089	0.077	0.071	0.067	0.077	7.89

RV：相对偏差。

为了验证上述 BDOC 反应动力学的可靠性，将实测的数据和相应的计算值进行了比较。首先将计算出的 $BDOC_u$ 与实测值进行比较，结果如图 11-2 所示。由图可以看出，计算值与实测值基本相符。

同时对一批水样专门测定了 $BDOC_3$ 和 $BDOC_{28}$，以 $BDOC_{28}$ 近似代替 $BDOC_u$，根据上述计算公式计算出 $BDOC_3$，然后与实测的 $BDOC_3$ 进行比较，结果如图 11-3 所示。

理论上如果 $BDOC_3$ 实测值与计算值符合较好，两者的比例应接近于 1。图 11-3 中，所有比值均在 $0.6 \sim 1.5$ 之间，大多数在 $0.8 \sim 1.2$ 之间，说明上述关于 BDOC 降解的动力学的推断基本是正确的。

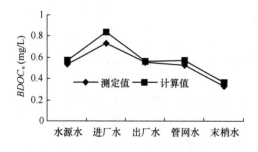

图 11-2　$BDOC_u$ 实测值与计算值比较

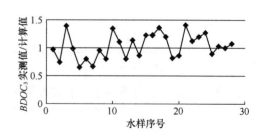

图 11-3　水样中 $BDOC_3$ 的实测值与计算值的比值

11.5.5　以 $BDOC_3$ 为实际应用中的测定指标的可行性

BDOC 悬浮培养 28d 测定时间太长，不能及时反应水中 BDOC 含量的变化，在水厂的实际应用受到限制，且培养时间太长由于有机营养物的耗竭会发生细菌内源代谢的问题，影响测定准确性，同时考虑到给水管网中水流最大停留时间不超过 3d。清华大学研究了以培养 3d 的 BDOC 测定值（$BDOC_3$）代替 28d 培养测定的 BDOC 值（$BDOC_{28}$）的可行性问题。从理论上分析。以 $t = 3d$ 代入公式 $BDOC_t = BDOC_u(1 - 10^{-0.077t})$，得 $BDOC_3/BDOC_u = 1 - 10^{-0.077 \times 3} = 41.25\%$。即 3d 的 $BDOC_3$ 占整个 BDOC 值的 40% 左右，基本能代表 $BDOC_{28}$ 的值。

据此分析，试验中测定了 $BDOC_3$ 和 $BDOC_{28}$ 的值，并进行了比较，结果如图 11-4 所示。$BDOC_3/BDOC_{28}$ 值绝大多数在 $20\%\sim60\%$ 之间，沿 40% 水平线均匀分布。说明实测值基本也在 40% 左右，故以测定 $BDOC_3$ 代替测定 $BDOC_{28}$ 的值是可行的，而且能更及时地反应水中生物可降解溶解性有机碳的含量，更有实用价值。

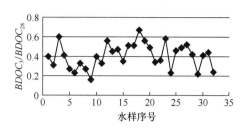

图 11-4　$BDOC_3/BDOC_{28}$ 实测值

11.6　BDOC 动态循环测定法

11.6.1　测定原理

动态循环法测定 BDOC 的原理是让待测水样不断循环通过具有生物活性的颗粒载体，使水中可被生物降解的有机物充分分解，直至反应器出水的 DOC 值保持恒定或达到最低值，在此过程中在一定的时间间隔里测水样 DOC 值，最初的 DOC 值与最低的 DOC 值之差即为 BDOC。

11.6.2　测定装置

测定装置见图 11-5，其中生物载体可以是陶粒、砂、玻璃珠等惰性材料。

11.6.3　测定方法

（1）先将载体接种细菌，使之形成生物膜。

（2）将待测水样通过 $0.45\mu m$ 超滤膜过滤，取滤液 2L。

（3）以蒸馏水 1L 快速（$30\sim40mL/min$）通过玻璃柱及测试系统进行洗涤。

（4）以待测水样 1L 快速（$30\sim40mL/min$）通过玻璃柱及测试系统进行洗涤，然后以 1L 待测水样循环通过玻璃柱，速度为 $3\sim3.5mL/min$，

（5）以一定的时间间隔取样（取样量 10mL）测定 DOC（TOC 仪为岛津 TOC5000 型），直至 DOC 值稳定

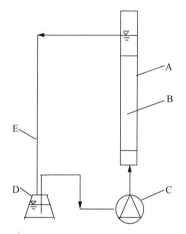

图 11-5　动态循环法
测定 BDOC 装置图
A—玻璃柱；B—生物陶粒；
C—蠕动泵；D—烧杯；
E—硅酮橡胶管

或达最低，初始 DOC 与最低 DOC 值之差即为 BDOC。

11.6.4　标准待测物的测定

以葡萄糖和邻苯二甲酸为两种标准待测物。前者代表易生物降解有机物，后者代表难生物降解有机物。用高纯水配成一定的浓度，测定结果如图 11-6 和图 11-7。葡萄糖配水水样的 DOC 随循环时间而不断下降。在接触时间 10h 达最低值，$BDOC=DOC_0-DOC_{10}=9.72-3.48=6.24(mg/L)$。$BDOC$ 与初始 DOC 之比为 64.19%。邻苯二甲酸配水水样的 DOC 值随循环时间的变化则波动较大，直到 27h 后 DOC 才达到最低值 2.15mg/L。此时 $BDOC=DOC_0-DOC_{27}=19.81-2.15=17.66(mg/L)$，$BDOC$ 与 DOC 之比为

89.14％。说明经过较长的接触时间，难降解的有机物也能被生物膜分解。Frias 等人研究了葡萄糖、谷氨酸、尿素、苯甲胺、柠檬酸、牛清蛋白和表面活性剂等有机物配水测定 BDOC 的情况，发现难降解有机物测定中 DOC 变化多有波动。

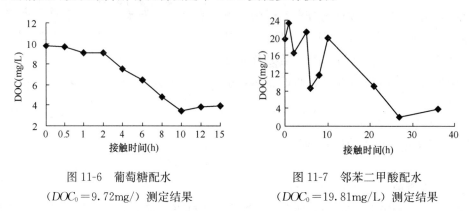

图 11-6 葡萄糖配水
（$DOC_0 = 9.72$mg/）测定结果

图 11-7 邻苯二甲酸配水
（$DOC_0 = 19.81$mg/L）测定结果

11.6.5 用 BDOC 含量判断水中有机物的可生化性

在饮用水处理中采用生物处理技术以去除有机物是目前给水处理中正在研究的热点。国内也进行了生物处理在饮用水处理中应用的研究。但不是所有的水源水都适合采用生物处理技术，从目前研究结果看生物处理对有机物的处理效果也大不相同。原因除了生物反应器本身的特点外，水源水中有机物的特性是主要因素。生物处理的对象主要是可生物降解的溶解性的有机物，这些有机物往往分子量较小，结构简单，常规处理技术不易去除。如果水源水中这部分有机物含量低，即使有机物含量高，生物处理也不会有理想效果。因此在决定采用生物处理技术前应对水中可生物降解有机物进行分析，BDOC 便是较好地反映水中可生物降解有机物含量的指标。下面比较 2 种水质完全不同的水源水中有机物的生物可降解性，这 2 个水源水均采用了颗粒填料生物接触氧化处理，但对有机物的处理效果差别较大。试验结果如表 11-3 和表 11-4 所示。

颐和园内团城湖水源水 DOC 为 5.26mg/L，BDOC 为 1.80mg/L。BDOC 占 DOC 的比例为 34.22％，经生物接触氧化处理后（接触时间 22.5min）DOC 降为 3.97mg/L，BDOC 降为 0.72mg/L。DOC 和 BDOC 的去除率分别为 24.52％和 60％，即 BDOC 的去除率是 DOC 去除率的 2.5 倍，此时 BDOC 与 DOC 的比例降为 18.13％。淮河（蚌埠段）水源水由于受支流中工业废水污染，水源水中 DOC 高达 42.04mg/L。BDOC 为 8.19mg/L，BDOC 占 DOC 的比例为 19.48％，仅为团城湖水的 57％左右，即水源水中可生物降解有机碳的比例低于团城湖水。经生物接触氧化处理后（接触时间为 30min）DOC 降为 34.56mg/L，BDOC 降为 4.33mg/L。DOC 和 BDOC 的去除率分别为 17.79％和 52.86％。此时 BDOC 的去除率为 DOC 去除率的 3 倍左右。两种水源水采用相同的生物处理技术，对 BDOC 的去除效果基本接近，但 DOC 的去除率前者为 24.5％，后者为 17.8％。比较上述 2 种不同性质的水样，可以看出：水源水中有机物含量高并不意味可生物降解有机物含量也高或者生物处理对有机物去除率也高，生物处理去除的对象主要是有机物中可生物降解部分，如果水源水中有机物主要是可生物降解有机物，经过生物处理后有机物大部分将被去除，如果生物可降解有机物含量低，经过生物处理后有机物去除率十分有限。因此在决定采用生物处理技术之前应充分分析水源水中可生物降解有机碳（BDOC）的含量，以便作出正确的决定。

团城湖水生物处理出水 BDOC 测定值　　表 11-3

循环接触时间（h）	0	0.5	3.5	5.5	11.5	17	24	36	BDOC(mg/L)
水源水 DOC（mg/L）	5.26	5.06	4.78	4.25	3.98	3.74	3.46	3.48	1.80
生物处理出水 DOC（mg/L）	3.97	3.97	3.87	3.52	3.32	3.25	—	—	0.72
DOC 去除率（%）	24.52								
BDOC 去除率（%）	60.00								

淮河（蚌埠段）水源水和生物处理出水 BDOC 测定值　　表 11-4

循环接触时间（h）	0	0.5	3.5	5.5	11.5	17	24	BDOC（mg/L）
水源水 DOC（mg/L）	42.04	38.38	36.84	42.81	49.23	35.76	33.85	8.19
生物处理出水 DOC（mg/L）	34.56	34.34	33.43	32.49	31.57	30.23	—	4.33
DOC 去除率（%）	17.79							
BDOC 去除率（%）	52.86							

11.7　氯、氯胺和臭氧氧化对 AOC 的影响

氧化剂在氧化有机物的过程中通常会引起水中 AOC 的增加。氯、氯胺和臭氧是给水处理中常用的氧化剂。氯广泛用于饮用水的消毒中，同时也常被用于水源水的预氯化。由于它消毒能力强，货源充足价廉，设备简单，因而被自来水厂广泛采用。同样，由于它具有氧化性，也会同水中一些有机化合物，无机化合物等反应。水中的腐殖质与氯接触后，会产生诸如三卤甲烷（THMs）、卤乙酸（HAAs）等氯化消毒副产物，对人体健康产生很大影响。因此，近年来，国内外逐渐开展了取代氯的消毒工艺。

为了能保证管网末梢余氯要求，同时也减少氯化消毒副产物的生成，常常采用氯胺消毒来代替氯消毒。在实际水厂中，氯和氨的投加量对不同的水质有不同的比例，可以根据试验得出，在生产中加以调整。目前一般采用氯和氨的比例为 3∶1～5∶1。

臭氧在给水处理中的应用一般是为了去除水中的某些有机或无机污染物质、杀灭水中的病原菌、除色除味以及作为助凝剂强化混凝效果等。臭氧在水中的半衰期较短，一般认为在 30min 之内，但也有报道是 165min。臭氧用于饮用水消毒已有很长的时间，但是直到近年来，由于氯消毒引起消毒副产物等问题，臭氧消毒才得到飞速的发展。臭氧属最强氧化剂之列，其氧化还原电位为 −2.07V。据研究，臭氧对大肠菌的杀灭率比氯快 3000 倍。因而，就消毒效率来说，臭氧是很强的。但是，臭氧由于自身的不稳定性，它并不能保证在配水管网中的持续有效性，使其应用受到限制。近年来，由于水源水中有机污染物的增多，臭氧也常常用来氧化水中的有机物，或作为生物处理的预处理，以提高水中有机物的可生化性。

11.7.1　次氯酸氧化对 AOC 影响

次氯酸氧化对于 AOC 的影响见图 11-8。从图中可明显地看到，加了氯以后，水中的

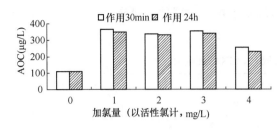

图11-8 次氯酸氧化对于水中AOC的影响

AOC值便有了很大提高。同时我们发现，少量氯（1mg/L）的投加便足以使水样中的AOC值升至初始的3倍以上（此时加氯量与水中TOC之比约为0.25），这说明氯改变AOC不需要很大的剂量，一般水处理采用的氯投加量均会提高水中AOC值。但是，氯剂量的大小与AOC值的增大并没有表现出线性关系。可以看到，随着投加氯剂量的加大，无论在作用30min后还是作用24h后，水样的AOC值再也没有表现出进一步的增长。从这个现象可以得出，少量的氯在较短的时间内即已完成氧化作用的大部分，即使进一步增大剂量和延长反应时间，水中AOC也不会发生明显的改变。如果原水中有机物含量即TOC增加，AOC可能也将增加。因此说明在这种反应条件下，水中有机物总量是影响AOC值增加量的决定因素。

同时从图11-8还可以看到，在氯的剂量达到4mg/L后，反应30min后AOC值反而下降了约100μg/L，由此可以推断氯将部分可同化有机物进一步氧化成二氧化碳和水，使可同化有机碳含量下降，对于试验用水，以加氯量除以原水TOC量，得到这个转折点剂量为4.2/4≈1(mg 氯/mgTOC)，加氯量大于此值，AOC将降低。但如果增加加氯量，将引起氯代消毒副产物的增加，因此靠增加加氯量来降低AOC生成是不合适的。

11.7.2 氯胺氧化对AOC的影响

加氯胺后对水中AOC的影响可通过图11-9来表示。加入氯胺后，水中的AOC值也有一些增长。但与次氯酸氧化比较可看出，氯胺氧化后水在短时间内对AOC的影响程度远没有次氯酸氧化那么大。主要是由于氯胺氧化能力不如自由氯，反应速度慢。一般认为氯胺的氧化作用是靠氯胺水解生成的自由氯，由于氯胺

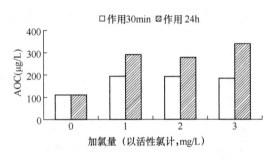

图11-9 氯胺氧化对于水中AOC的影响

消毒后水中自由氯不多，而化合氯转化为自由氯又需要一定的时间，因而在加入氯胺初期，它对AOC的影响并不太大。

随着时间的推移，水中自由氯的逐渐消耗和化合氯向自由氯转化的不断进行，水中大分子有机物转变为小分子易降解物质的过程也随之不断进行。经过24h后，由图11-9看出，水中的AOC值有了不少的增长。这一点与次氯酸氧化过程不同。与次氯酸氧化有相似之处的是，投加剂量的变化对AOC的影响也没有线性关系。在试验中几种剂量对AOC增加值都差不太多。主要原因可能就是水中有机物含量低，氧化剂相对有机物已经过量，增多氧化剂不会增加AOC的生成。

11.7.3 臭氧氧化对水中AOC含量的影响

臭氧氧化能提高水中AOC值在国外已多有报道。根据臭氧在水中分解速度快的特点和一般给水处理中臭氧氧化采用的接触时间，本次实验确定臭氧反应时间为30min。试验

结果如图 11-10 所示，臭氧化之后，无论是 AOCP17 还是 AOCNOX，均有了增长，而 AOCP17 增长量更大些。从图 11-10 可得出一个很重要的结论，即在臭氧投加量小于 2 mg/L 的剂量下，其对 AOC 的增加量与臭氧剂量之间有着十分好的线性关系。所以说，在臭氧量不大于 2 mg/L 时，它将水中的一些大分子难降解物质氧化，

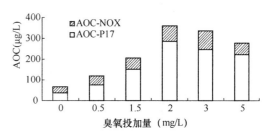

图 11-10　臭氧投加量对 AOC 的影响

并且其作用效果与投加量是相关的。但在低剂量下，这种氧化并没有彻底进行，也就是说臭氧并没有将有机物都氧化成二氧化碳和水，而是生成了一些小分子易降解的中间产物，如小分子酸、醛、酮等。这些小分子易降解物质可被细菌利用以合成自身组成物质，因此水中的 AOC 值就升高了。当臭氧投加量进一步增加，超过 2mg/L 的时候，我们发现 AOC 的值并没有随着进一步升高。臭氧量大于 2mg/L 后，AOC 值不但没有上升，反而呈现出下降的趋势。这很好地证明了当臭氧量增高到一定程度后，会将氧化的中间产物进一步氧化为二氧化碳和水。我们可以把这个转折的剂量称为臭氧的"反应折点"。

进一步的分析可以得出，臭氧对 AOC 的影响与水中总有机碳（TOC）的数量密切相关。水中 TOC 较少时，所用的臭氧量在不多的情况下就可将有机物氧化为二氧化碳和水；若水中的 TOC 较高，则臭氧的"反应折点"将往后移。如果以 TOC 为基准得出臭氧的反应折点，那它可以适用于不同水质的水。因研究用水样 TOC 约为 4.2 mg/L，当臭氧投加量超过 2 mg O_3/L 时，AOC 值便不随臭氧剂量的增加而增长，据此可算出以 TOC 为基准的臭氧"反应折点"为：2/4.2 = 0.48 ≈0.5 （mg O_3/mg TOC）。即当臭氧投加量与水中 TOC 之比大于 0.5 时，水中有机物将被氧化成二氧化碳和水，AOC 不再增加，反而有所减少。但考虑到臭氧的运行成本，采取增加臭氧投加量来减少饮用水中 AOC，提高其生物稳定性的方法从经济上是不行的。

11.8　典型城市饮用水生物稳定性研究

11.8.1　试验方法

1. 取样点的确定

本研究选择了某市自来水公司的 5 个典型水厂及其相应的管网进行现场取样分析。5 个水厂中 3 个为地表水源水厂（水厂 1、2、3）和 2 个地下水源水厂（水厂 4、5）。五个水厂中有水源水质较好的（水厂 1 和水厂 4）也有水源水质相对略差的水厂（水厂 3 和水厂 5），水厂 2 的水源水质居中。因此具有广泛的代表性。取样的时间分别为 1996 年冬天、1997 年的春天、夏天和秋天和 1998 年春天。

2. 取样点之间的距离

本研究中出厂水是指水厂二泵站出水，管网是指距水厂较近的干管，管网末梢是指沿该干管至最远点的用户水管出水。各水厂出厂水、管网水和管网末梢水的距离如表 11-5 所示。

3. AOC 的测定方法

将待测水样在取样后 6h 以内进行巴氏灭菌（70℃ 30min），以杀死植物细胞和无芽孢细菌。然后接种 P17 菌于水样中培养 2d，取 100μL 水样进行平板计数。再将接种 P17 后的水样巴氏灭菌，以杀死 P17 细菌，然后接种 NOX 菌株，培养 3d 后进行平板计数。根据产率系数确定有机营养物的含量即 AOC。因为此方法灵敏度高，故所有玻璃器皿均需进行无碳化处理。

各水厂取样点之间的距离   表 11-5

水厂	出厂至管网距离（km）	管网至末梢距离（km）	出厂至末梢距离（km）
水厂 1	1.8	4	5.8
水厂 2	1.5	2.8	4.3
水厂 3	0.3	3	3.3
水厂 4	2.8	4	6.8
水厂 5	0.4	3	3.4

4. BDOC 的测定

采用目前欧洲比较通行的悬浮培养 28d 法。该方法将待测水样经 0.45μm 膜过滤，在滤后水中加入与待测水样同源的富含细菌的水样作为接种液（此水样预先经 2μm 膜过滤以去除原生质、藻类等），接种液与待测水样的比例为 5%，然后在 20 ± 1℃恒温培养 28d，测定培养前后的 DOC（溶解性有机碳），培养前后 DOC 之差值即为 BDOC。

5. 爆管管壁扫描电镜分析

在爆管后立即赶赴现场，取换下的使用过的管子作样本，然后泡在无菌水中立即送到中科院微生物所作样本处理，进行扫描电镜分析并拍摄电镜照片。

11.8.2 AOC 测定结果及分析讨论

1. 水源水和进厂水中 AOC 浓度

水厂 1 的水源水为某水库水，通过 80km 管道送入水厂，在水源点取水后预加氯，防止细菌和其他微生物在管道中滋生；水厂 2 水源水是某湖水，送到该厂前也进行了预加氯处理；水厂 3 水源水为一水质相对较差的水库水。水厂 4 水源水为地下水，经预氯化后送到水厂。水厂 5 为厂内地下水。测定结果如表 11-6 所示。水厂 1 的水源水中 AOC 值较低，除秋季外均低于 100μg/L，这与该水库水质受到良好保护有关，同时估计水库中水力停留时间为 3 年，因此由于水库中微生物的作用将易被微生物利用的有机营养基质大部分分解利用，使 AOC 较低。水厂 4 的水源为地下水，该水源的常规水质指标都很好，但 AOC 值较高，估计与该地下水附近的河流水通过地下渗漏进入水源区和水量补充过快有关。这 2 个水厂均在水源水处预加氯，由于氯的氧化作用使水源水送到水厂后 AOC 都有增加。水厂 2 的进厂水 AOC 较高，也是与其进厂水已被预氯化有关。水厂 3 进厂水 AOC 为 $200\sim300\mu$g/L，因其水源与水厂较近，因此可以认为两者 AOC 含量接近，说明其水源水中 AOC 比水厂 1 的水源水要高近 $1\sim2$ 倍。水厂 5 虽然是地下水，但该地区为工业区，水质相对较差，所以 AOC 含量较高。

2. 出厂水和管网水中 AOC 调查结果

表 11-7 列出了 5 个水厂出厂水和相应的管网水、管网末梢水的 AOC 测定结果，地表

水厂 1、2、3 的 AOC 浓度依次增加，地下水厂 4、5 的 AOC 浓度相应增加，而且以地表水厂 1 和地下水厂 4 的 AOC 含量较低，这与 5 个水厂的水源水质是一致的。国外研究者认为在保持适量余氯的条件下，出厂水 AOC 浓度在 $50\sim100\mu g/L$ 或不加氯时保持 $10\sim20\mu g/L$ 时可以达到水质生物稳定（即不会引起细菌在其中生长）。根据这一标准，5 个水厂中只有 2 个水厂出水在冬春季节接近 $100\mu g/L$，其余水厂均达不到。但也说明如果水源水质较好，采用合适的处理工艺是有可能达到这一标准的。

水源水和进厂水中 AOC（µg/L）浓度　　　　　　　　　表 11-6

| 取样点 | 水源水 | | | | | 进厂水 | | | | |
水厂	冬	春	夏	秋	春	冬	春	夏	秋	春
水厂 1	89	73	85	141	64	221	210	323	350	263
水厂 2	—	—	—	—	—	305	343	219	270	307
水厂 3	—	—	—	—	—	298	204	259	285	232
水厂 4	—	—	321	265	211	374	321	243	283	204
水厂 5	487	398	322	203	218	487	398	322	203	218

注：取样时间顺序为 1996 年冬、1997 年春、1997 年夏、1997 年秋和 1998 年春。

出厂水及管网中 AOC（µg—L）浓度　　　　　　　　　表 11-7

| 取样点 | 出厂水 | | | | | 管网水 | | | | | 管网末梢水 | | | | |
水厂	冬	春	夏	秋	春	冬	春	夏	秋	春	冬	春	夏	秋	春
水厂 1	130	—	168	202	198	240	106	183	186	186	285	97	163	176	183
水厂 2	203	121	191	193	342	249	293	189	264	299	297	121	171	246	228
水厂 3	263	153	201	235	247	290	164	175	228	238	—	111	156	249	234
水厂 4	108	116	176	230	217	217	236	237	274	187	120	92	138	296	146
水厂 5	383	156	201	160	301	482	227	235	165	332	97	271	177	180	157

注：取样时间顺序为 1996 年冬、1997 年春、1997 年夏、1997 年秋和 1998 年春。

3. AOC 占 BDOC 之比例

正如前面所介绍，AOC 和 BDOC 都是表征饮用水中可生物降解和利用的有机物的替代指标，但二者的意义又有所区别，AOC 只是 BDOC 的一部分，是可生物降解有机物中细菌合成细胞体的部分，一般作为管网中细菌生长潜力的评价指标，而 BDOC 包括了异养细菌新陈代谢所需的物质和能量的来源，一般作为水中可生物降解有机物总量的评价指标，少部分研究者也将 BDOC 作为评价异养细菌生长潜力的评价指标。因此不同特性的饮用水中 AOC 和 BDOC 的比例关系一直是国外研究者最感兴趣的问题之一。

饮用水中 AOC 占 BDOC 比例　　　　　　　　　表 11-8

	水源水	出厂水	管网水	管网末梢水	总　计
AOC(µg/L)	73～487(266)	108～383(193)	103～482(230)	92～313(181)	73～487(222)
BDOC(mg/L)	26～3.77(1.06)	0.1～2.94(0.76)	0.27～3.25(1.17)	16～2.92(0.96)	1～3.25(1.00)
AOC/BDOC(%)	11～89.74(36.96)	5.44～51.6(30.23)	84～74.06(27.90)	3.98～86.25(33.42)	98～86.25(32.33)
数据个数	21	16	18	15	70

注：括号内为平均值。

Bios 等通过模拟管网和计算机模型计算出 BDOC 中 8%～18%的有机物转换成细胞体，也可以粗略地认为 AOC 占 BDOC 的比例为 8%～18%。但实测的结果表明 AOC 与 BDOC 之比在不同的水样中变化比较大。从研究结果（表 11-8）可以看出，不同水源水、出厂水和管网水中 AOC 和 BDOC 的比值同样变化较大，从百分之几到百分之八十几，这一结果与国外研究结果类似。但从上述统计的平均值来看，基本在 30%～40%之间，也即在清华大学所用的研究方法中 AOC 浓度约为 BDOC 的 1/3，说明测定结果与其概念有一致性，即 AOC 是 BDOC 的一部分。这种统计规律也证明采用 BDOC 作为异养细菌在管网中的生长潜力也是可以的。

4. AOC 在给水处理流程的变化

AOC（μg/L）在给水处理流程的变化　　　　　　表 11-9

时间	水厂名称	水厂1			水厂2			水厂3		
	工艺	进水	出水	去除率（%）	进水	出水	去除率（%）	进水	出水	去除率（%）
冬☆	组合工艺	221	130	41.17	305	203	33.44	298	263	11.74
春☆	组合工艺	79 *	41 *	48.10	343	121	64.72	204	153	25
1997 年夏	常规工艺	323	167	48.30	219	202	7.76	259	191	26.25
	活性炭	167	115	31.13	202	103	49.01	191	108	43.46
	总去除	323	115	64.39	219	103	52.96	259	69	58.30
	出厂加氯	115	168	增加 46.09	103	191	增加 85.43	108	201	增加 86.11
1997 年秋	常规工艺	350	249	28.85	270	231	14.44	285	188	34.04
	活性炭	249	86	65.46	231	91	60.61	188	69	63.30
	总去除	350	86	75.42	270	91	66.30	285	69	75.79
	出厂加氯	86	202	增加 134.88	91	193	增加 112.09	69	235	增加 240.58
1998 年春	常规工艺	301	248	17.61	329	275	16.41	270	247	8.52
	活性炭	248	165	33.47	275	205	25.45	247	195	21.05
	总去除	301	165	45.18	329	205	37.69	270	195	27.78
	出厂加氯	165	198	增加 20	205	342	增加 66.89	195	247	增加 26.67

*　为 AOC-NOX 值。

☆　组合工艺包括常规处理和活性炭。

表 11-9 详细列出 3 个地表水厂常规工艺和活性炭对 AOC 的去除情况，活性炭均使用了 1 年以上。水厂 1 常规处理对 AOC 去除为 28.85%～48.30%。水厂 2 常规处理对 AOC 去除率较低，仅为 7.76%～14.14%。水厂 3 常规工艺对 AOC 去除平均为 26.25%～34.04%左右。说明常规处理如果运行较好，对 AOC 是有一定的处理效率的。

3 个水厂的活性炭处理均对 AOC 有较高的处理效果，特别是秋季，均达到 60%以上。再次证明活性炭在给水处理的重要地位。去除机理应包括吸附和载体上微生物降解两部分。水厂 1 夏季活性炭对 AOC 去除率仅为秋季一半，水厂 3 夏季活性炭对 AOC 去除也明显低于秋季，其原因可能就在于夏季为杀藻进行预氯化，而秋季取样时水厂 1 和水厂 3 进水未预氯化，使活性炭上细菌生长环境更好。这一结果也反证了运行时间较长的活性炭必有细菌生长。

研究发现从活性炭出水到二泵站加氯后的出水，3个水厂AOC均有较大幅度的增加，即加氯后氧化作用使水中AOC成分增加了，这将降低出厂水的生物稳定性。氯和氯胺对饮用水中AOC的影响在本章11.7节已详细讨论过。因此尽管加氯和氯胺可以有效杀灭细菌、控制细菌在管网中的生长，但也存在使AOC增加、降低饮用水生物稳定性的不利方面。采用科学的加氯方式以控制细菌生长、AOC的产生和消毒副产物的形成显得十分必要。

5. AOC在管网中的变化

AOC在配水管道中的变化如图11-11～图11-14所示。在冬天和春天出厂水至管网后AOC浓度均有增加，主要原因是加氯的影响。因为氯能氧化部分微生物难利用的有机物，生成易被细菌利用的AOC组分。从管网至管网末梢的变化规律则在冬天和春天有所不同：冬天从管网至末梢AOC基本都是增加，而春天和夏天则相反，基本是减少。原因在于冬天水温低，细菌活性差，因此管道中主要是氯与有机物作用，使AOC增加，细菌的消耗较少。在春天和夏天水温高，细菌活性增强，在管道中会消耗有机物，特别是在离水厂较远的管道中余氯量有限，细菌活动将加剧。但秋季则有降有升，变化情况均不太一样，这与管道中既存在加氯引起AOC升高而细菌活动又降低AOC的双重影响有关，到底哪方面占优势要取决于当时管道中的实际情况。一般而言，由于管网中细菌的存在，在远离水处理厂的管段AOC容易被消耗，利于细菌生长。

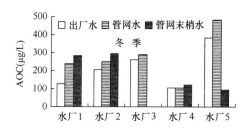

图11-11 冬季AOC在管网中的变化

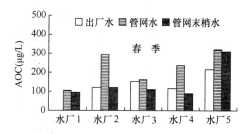

图11-12 春季AOC在管网中的变化

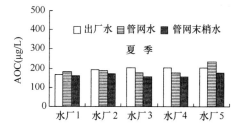

图11-13 夏季AOC在管网中的变化

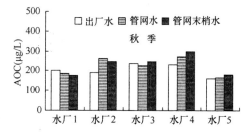

图11-14 秋季AOC在管网中的变化

11.8.3 管壁管垢扫描电镜分析结果

管垢是指水管内壁的黄褐色、多孔、凹凸不平的一层沉积物，是管道内的结垢（碳酸钙，水中的胶体颗粒等），锈蚀物（主要是氧化铁和氢氧化铁）和黏垢（生物膜）这三者相互结合而成的复合体。管垢主要是由于水管受到化学腐蚀和生物腐蚀所形成的。管道的锈蚀必将导致水中余氯含量迅速减少，色度、浊度、铁、锰、细菌学指标等明显增大。当管道内水流速度、水压突然变大或方向改变时，会造成短时间的水质恶化，甚至出现"红水"、"黑水"等水质事故。因此应引起足够重视。

对某市一自来水管爆管后取样观察（该管为 DN100mm 的铸铁管，使用 10 年，地下水源），发现内壁为黄色，表面比较平整，有少量铁锈，没有明显的突起和锈瘤，取样后用扫描电镜观察，可以看到管壁有许多珊瑚状无机物，里面有许多光滑的杆状细菌。另一地表水源的管道一弯头内壁电镜照片（DN50 镀锌钢管，使用年限不详）表明，电镜下表面并不平整，有许多孔隙，对这些孔隙放大后发现里面有光滑杆状细菌。因为管道内水流分布的特点和边界层效应使管壁处流速较小，余氯又难以透过边界缝隙，因此细菌易于在管壁缝隙中生长，即使日常测定用户水中未发现细菌也不能断定管道内没有细菌生长。美国纽约自来水公司的研究人员曾利用消防水龙头放水，使管内水流速度达 4m/s 进行冲刷，然后测定出水中的细菌和大肠杆菌，发现大肠杆菌最多可达上千个每 100mL，而平时常规取样并未测出水样中有大肠杆菌出现。某市自来水水质在国内属比较好的，其管道中尚有上述情况，对国内其他城市水质相对较差的条件下其管道内细菌生长是不可避免的。清华大学环境工程系对南方某市自来水管网的一爆管管道（DN＝300mm，使用 21 年）的内壁进行了观察，管道内壁有黄色锈瘤，最大瘤高 40mm，直径为 40～50mm，管内细菌黏垢已达管径的 1/3。取管垢在 550℃加热 30min，可挥发性物质为 13％左右（在 550℃减重），对管垢进行菌种鉴定后发现了黏质沙雷氏菌（Serratia marcescens）和乙酸钙不动杆菌产碱亚种（Aceinetobater calcoaceticuss subsp. alcaligenes），其中黏质沙雷氏菌是条件致病菌。

要防止管道中细菌的生长，最根本措施是要减少水中的有机物即提高水的生物稳定性和选择适当的消毒剂。生物处理和活性炭吸附是去除有机物、提高水的生物稳定性的重要方法。合适的消毒剂也是防止细菌生长的重要方法。有人研究表明氯胺在控制生物膜方面比自由氯更有效果。即使自由余氯为 3～4mg/L，对铁管上生物膜的控制效果也不大，而余氯胺浓度只要大于 2.0mg/L，就能成功地减少活菌计数。这是因为和氯胺发生反应的化合物的类型受限制较多，因此它穿透生物膜层的能力强，使附着的微生物失活，而自由氯的反应速度快，在它穿过生物膜以前就被消耗掉了大部分，因此氯胺的消毒效果比自由氯好。

11.9　管网 AOC 变化规律分析

在详细分析上述 5 个水厂管网中 AOC 的变化特性基础上，结合氯和氯胺对 AOC 的影响和细菌对有机营养基质的利用，可以初步建立 AOC 在给水管网中变化规律的一般模型。模型的建立将有助于理解 AOC 变化的普遍规律，并根据各地的具体情况分析其管网中 AOC 的变化特点，从而采取相应的对策。

根据前面的分析，在水厂加氯后水中 AOC 的变化主要受氯氧化作用和细菌分解作用的影响。因此加氯后清水池或管网中（如果在二泵站加氯则只对管网点而言）任一点水中 AOC 的浓度可由公式（11-10）表示。

$$AOC = AOC_O + AOC_{Cl} - AOC_B \qquad (11\text{-}10)$$

式中 AOC——加氯后管网中任意一点水中 AOC 的实际浓度；

AOC_O——加氯前水中 AOC 的实际浓度；

AOC_{Cl}——加氯后由于氯氧化引起的 AOC 增加的浓度；

AOC_B——由于细菌利用使 AOC 降低的浓度。

式（11-10）表明加氯后管网中任一点水中 AOC 的浓度等于加氯前水样中 AOC 的浓度与加氯后氯氧化作用使 AOC 浓度增加部分之和再减去细菌对 AOC 利用引起的 AOC 浓度下降部分。由于目前还缺少精确的数学模型来描述氯氧化和管网中细菌利用对水中 AOC 影响，因此建立定性化的概念模型来描述这种变化，以便更深入理解 AOC 在管网中的变化规律。

根据氯和氯胺对 AOC 的影响特点不同，模型分成 2 个基本类型：氯消毒型和氯胺消毒型。

11.9.1 氯消毒型

图 11-15 为氯消毒型水厂其管网水中 AOC 的变化趋势图。A 线表示水处理厂加氯前水中 AOC 的本底浓度（AOC_O），此值为定值；B 线表示由于水厂加氯引起 AOC 增加量（AOC_{Cl}）的变化，由于氯与有机物反应生成 AOC 较快，在 20℃时 30min 可以达到最大，因此 B 线在较短时间达到最大，然后不再变化。如果水厂在清水池进水口加氯，则 B 线中 AOC 增加的过程随清水池停留时间的长短和流态的不同而可能完全发生在厂内或离厂较近的管网区。C 线为细菌利用引起的 AOC 减少量（AOC_B）的变化，离水厂越远，减少越多；D 线是出厂水 AOC 实际浓度的变化趋势，是上述 3 条线总和的结果，即出厂水加氯前的 AOC 值加上氯氧化后增加值再减去细菌的消耗值。D 线的峰点为出厂水 AOC

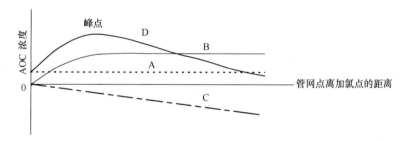

A：加氯前AOC本底浓度（AOC_O）；B：加氯后AOC浓度增加值（AOC_{Cl}）；

C：细菌利用使AOC浓度减少值（AOC_B）；D：管网水中AOC实际浓度（AOC）

图 11-15   氯消毒型管网水 AOC 变化趋势

在管网中达到最大浓度的位置，在峰点前 AOC 增加，在峰点后 AOC 减少。也即一般情况下管网水中 AOC 先增加后减少的现象。

根据不同的情况峰点位置有所区别：如果加氯后水在厂内有足够的停留时间，峰点就在厂内，管网中 AOC 将一直下降，如水厂 1 春秋季的情况；如果加氯后在水厂停留时间不够，氯氧化的 AOC 未完全生成，则峰点在管网中；如果用水量大，管网水流速快，如夏季用水高峰，峰点将向远离水厂的方向移动；如果用水量小，管网水流速慢，峰点将向近水厂方向移动。从抑制细菌生长而言，峰点离水厂越远越有利，能使峰点前的管网水中 AOC 含量相对较少，减少细菌生长的营养物。

水温对 AOC 的变化也有一定的影响，因为温度的变化影响细菌的活性和氯氧化速度，对前者的影响是主要的。在冬季水温较低时（＜5℃）氯消毒型管网水 AOC 变化由图 11-15 基本型变成图 11-16 的低温型。由于细菌活性受到很大程度的抑制，对 AOC 的消耗较少，而氯氧化速度相应降低，因此使峰点向远离厂区方向移动，甚至在管网中没有峰点出现，使管网中 AOC 持续上升，如本研究中 3 个地表水源水厂冬季管网中 AOC 的变化。

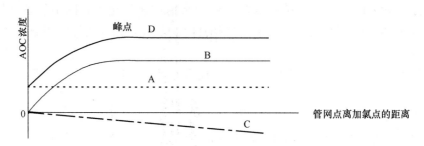

A：加氯前 AOC 本底浓度（AOC_O）；B：加氯后 AOC 浓度增加值（AOC_{Cl}）；
C：细菌利用使 AOC 浓度减少值（AOC_B）；D：管网水中 AOC 实际浓度（AOC）

图 11-16　低温型氯消毒型管网水 AOC 变化趋势

11.9.2　氯胺消毒型

图 11-17 为氯胺消毒型水厂其管网水中 AOC 的变化趋势图。各条线意义同图 11-15，只是氯变成氯胺。由于氯胺与有机物反应生成 AOC 较慢，因此 B 线达到最大值时间要长，然后不再变化。如果整个管网的水力停留时间不能满足氯胺氧化的要求，则 B 线可能不会有平台，呈持续上升趋势。与氯消毒型相比，在相同条件下 D 线的峰点向远离水厂方向移动。在小型给水管网或大型给水管网的用水高峰期，由于水力停留时间短，管网中最长的管线也可能不出现氯胺消毒型的峰点，管网末梢处于峰点与水厂之间的位置。因此氯胺消毒对控制 AOC 的生成和细菌生长有利。

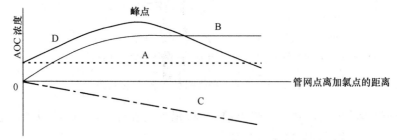

A：加氯胺前 AOC 本底浓度（AOC_O）；B：加氯胺后 AOC 浓度增加值（AOC_{Cl}）；
C：细菌利用使 AOC 浓度减少值（AOC_B）；D：管网水中 AOC 实际浓度（AOC）

图 11-17　氯胺消毒型管网水 AOC 变化趋势

在温度较低的季节氯胺消毒型管网水 AOC 变化趋势线与图 11-16 类似，只是氯胺氧化引起 AOC 的变化更慢，使管网中 AOC 的变化曲线 D 更趋平缓，对控制细菌的生长更有利。概而言之，在低温条件下管网中细菌生长受到水温低、营养少的不利影响，如果冬季水源不受意外污染，管网水中冬季的细菌危害相对较小。夏季则是应该重点注意的季节，好在夏季水温高能使水处理工艺对 AOC 的去除效率提高，使加氯胺前 AOC 浓度相对降低，也降低了细菌的过度繁殖。

11.10　饮用水中 AOC 和 BDOC 控制标准的探讨

11.10.1　饮用水中 AOC 和 BDOC 现状分析

上述某市的 5 个典型自来水厂的水源水质、处理工艺和出厂水、管网水水质在国内颇有代表性，分析其水质特点可以为提出国内饮用水 AOC 和 BDOC 的控制标准提供参考。

1. 饮用水中 AOC 的现状分析

5 个水厂出厂水、管网水和管网末梢水中 AOC 在不同季节中浓度见表 11-7 所列。每个水厂所有水样 AOC 浓度分布情况见表 11-10。3 个地表水源水厂中，水厂 1 AOC 最低为 $97\mu g/L$，最高为 $285\mu g/L$，低于 $200\mu g/L$ 的水样占其总水样的 80%，低于 $100\mu g/L$ 的水样约占 7%，是 3 个地表水源水厂中 AOC 平均浓度最低的水厂，也是包括地下水源水厂在内的 5 个水厂中 AOC 浓度最低的水厂。水厂 2 最低为 $121\mu g/L$，最高为 $313\mu g/L$，所有水样中低于 $200\mu g/L$ 占 40%，没有低于 $100\mu g/L$ 的水样，其总体 AOC 浓度水平居中游。水厂 3 AOC 最低为 $111\mu g/L$，最高为 $293\mu g/L$，水样中 AOC 低于 $200\mu g/L$ 占总水样的 33%，没有低于 $100\mu g/L$ 的水样，水样 AOC 浓度总体水平在 3 个地表水源水厂中最高。说明 AOC 含量与水源水质密切相关。

地下水源水厂中水厂 4 AOC 最低为 $92\mu g/L$，最高为 $296\mu g/L$，低于 $200\mu g/L$ 占总水样的 54% 左右，低于 $100\mu g/L$ 占 7%，是 2 个地下水源水厂中 AOC 含量较少的水厂。水厂 5 AOC 最高为 $482\mu g/L$，最低 $1997\mu g/L$，在 1997 年与水厂 1 供水混合后 AOC 浓度有一定降低，所有水样中低于 $200\mu g/L$ 占 47%，低于 $100\mu g/L$ 占 7%。

5 个水厂水样中低于 $100\mu g/L$ 仅占总水样的 4%，低于 $200\mu g/L$ 占 50%，因此基本上都达不到国外学者提出的在加氯条件下 $50\sim100\mu g/L$ 的 AOC 控制要求，其他的研究也确实证明该市给水管网中管壁上普遍存在细菌生长的现象，因此该市饮用水属生物不稳定的饮用水。

某市 5 个典型水厂出厂水及管网水中 AOC（$\mu g/L$）范围统计　　　　　表 11-10

	不同 AOC 浓度范围的水样个数及占该水厂总水样比例					
	$<100\mu g/L$	比例（%）	$100\sim200\mu g/L$	比例（%）	$>200\mu g/L$	比例（%）
水厂 1	1	6.67	11	73.33	3	20
水厂 2	0	0	6	40	9	60
水厂 3	0	0	5	33.33	10	66.67
水厂 4	1	6.67	7	46.67	7	46.67
水厂 5	1	6.67	6	40	8	53.33
总　计	3	4	35	46.67	37	49.33

2. 饮用水中 BDOC 的现状分析

饮用水中 BDOC 的浓度见表 11-11 所示，不同水样中 BDOC 的浓度范围分布见表 11-12

所示。水厂 1 BDOC 最低为 0.21mg/L，最高为 0.78mg/L，低于 0.25mg/L 水样占 8%，低于 0.5mg/L 占 60%。水厂 2 BDOC 最低为 0.16mg/L，最高为 1.27mg/L，低于 0.25mg/L 水样占 17%，低于 0.5mg/L 占 50%。水厂 3 BDOC 最低为 0.2mg/L，最高为 3.25mg/L，低于 0.25mg/L 水样占 9%，低于 0.5mg/L 占 30%。因此这 3 个水厂从 BDOC 含量分析仍然是水厂 1 水质最好，水厂 2 次之，水厂 3 相对最差。

出厂水及管网中 BDOC（mg/L）统计　　　　　　　　　　　表 11-11

水厂名称	冬	春	夏	秋	冬	春	夏	秋	冬	春	夏	秋
水厂 1	0.45	0.46	0.27	0.31	0.78	0.78	0.38	0.7	0.74	0.49	0.21	0.55
水厂 2	0.43	0.51	0.18	0.44	0.53	0.62	0.35	0.70	1.27	0.77	0.16	0.34
水厂 3	1.21	0.49	0.4	0.94	3.25	1.39	0.56	1.07	—	0.8	0.2	1.90
水厂 4	0.55	0.53	0.15	0.46	0.63	0.72	0.32	0.59	0.7	0.76	0.16	0.2

北京市典型水厂出厂水及管网水中 BDOC（mg/L）范围统计　　　　　表 11-12

	不同 BDOC 浓度范围的水样个数及占该水厂总水样比例					
	<0.25mg/L	比例（%）	0.25～0.5mg/L	比例（%）	>0.5mg/L	比例（%）
水厂 1	1	8.33	6	50	5	41.67
水厂 2	2	16.67	4	33.33	6	50
水厂 3	1	9.09	2	18.18	8	72.72
水厂 4	3	25	2	16.67	7	58.33
总　计	8	17.02	13	27.66	26	55.32

地下水厂中水厂 5 由于兑水后 BDOC 未作测定。水厂 4 BDOC 最低为 0.15mg/L，最高为 0.76mg/L，低于 0.25mg/L 占 25%，低于 0.5mg/L 占 40%。总体上与水厂 1 水质近似。

4 个水厂所有水样中 BDOC 低于 0.25mg/L 占 17%，低于 0.5mg/L 占 44%，接近一半。按国外学者提出的 BDOC 控制 0.2～0.25mg/L 标准，该市饮用水总体仍为生物不稳定的饮用水。

11.10.2　饮用水 AOC 和 BDOC 控制标准的探讨

AOC 是反应饮用水生物稳定性，即水中能成为细菌营养物的有机物含量多少的替代参数，欧洲也有学者将 BDOC 作为水质生物稳定性的参数，因此研究 AOC 含量和给水管道中细菌生长情况之间的关系以确定合适的 AOC 控制浓度便是目前这方面研究中的重点。国外研究者的研究方法主要是基于对实际管道中细菌生长情况和 AOC 含量的实测值进行统计分析，然后提出控制标准，这方面的领先者无疑是荷兰的 Van Der Kooij 教授。他研究认为在保持适量余氯的条件下，出厂水 AOC 浓度在 50～100μg/L 或不加氯时保持 10～20μg/L 时可以达到水质生物稳定（即不会引起细菌在其中生长）。Louis A. Kaplan 等人对美国和加拿大的 79 个水厂调查表明 95% 的地表水源水厂和 50% 的地下水源水厂不能达到 50～100μg/L 的标准，所有的水厂均不能达到 10～20μg/L 的标准。以 BDOC 作为管网中细菌生长潜力的替代指标的主张主要是法国的学者，他们提出 0.2～0.25mg/L 的标准。

要准确地确定这一指标是十分困难的，应该进行长期的模拟管网试验，研究管网中细菌生长特性，综合考虑影响管网中细菌生长的各项因素，如：余氯、水温、有机营养物和其他因素，才能提出科学的指标。对给水管网中细菌生长特性和饮用水生物稳定性关系的研究是近年来研究的新课题，因此还缺少比较全面的研究成果和足够的基础数据，国外目前也没有立法规定的 AOC 和 BDOC 控制标准的先例，只是一些研究者根据本人的研究成果提出了建议值。

就国内而言，清华大学 1995 年首先开展对饮用水 AOC 特性的初步研究，1996 年开始比较系统和全面地研究典型水厂中 AOC 和 BDOC 特性，积累了一批有价值的基础数据。根据研究结果并基于以下几点原因，提出我国饮用水 AOC 和 BDOC 的控制建议值分别为：$200\mu g/L$ 和 $0.5mg/L$。

（1）以目前水质最优水厂 AOC 和 BDOC 浓度作参考。所调查的 5 个水厂中水厂 1 水源水质居全国领先水平，采用常规处理和活性炭深度处理结合的处理工艺水平也属国内领先，因此水厂 1 可以作为较优水质的代表，其自来水中 AOC 和 BDOC 代表了目前国内地表水源水厂可能达到的最好水平。水厂 1 水中 AOC 浓度低于 $200\mu g/L$ 的水样占其总水样的 80％，BDOC 低于 $0.5mg/L$ 占 60％，因此大多数情况下是低于建议值的。

（2）水厂采用一定的处理技术后可以达到的标准要求。尽管水厂 1 目前也不能完全达到 AOC 和 BDOC 的控制建议值，但根据对其工艺的分析可以肯定，在选择合适的加氯方式、强化其常规处理效果和强化活性炭上微生物功能后是完全有可能达到的。生物处理技术在饮用水处理中的应用也是本建议值可以达到的保证之一。有研究表明：某自来水厂水源水 AOC 达 $774\mu g/L$，经常规工艺处理出水 AOC 为 $339\mu g/L$，而单经生物预处理即可达 $214\mu g/L$，去除率达 72.35％；生物预处理与混凝沉淀的组合出水可达 $49\mu g/L$，低于 $200\mu g/L$。尽管这只是中试研究结果，与实际规模的水处理结果会有一定的差距，也说明生物处理对降低 AOC 有美好前景。膜技术在给水处理中应用也是降低饮用水中 AOC 和 BDOC 含量的有效手段。因此即使其他水源水质相对较差的水厂，在采用合适的处理技术后是可以达到此建议值的。而且如果制定的控制标准要求太高，目前的原水水质与水处理水平是根本达不到要求的。

（3）提出的控制标准能在一定程度上防止细菌在管道中的生长。尽管被研究城市的给水管网中发现管壁普遍有细菌生长的现象，但在研究中所取管网水样未发现有细菌和大肠杆菌检出。国内其他城市的管网水中普遍存在检出细菌的情况，大肠杆菌也有部分检出，且细菌和大肠杆菌随管网延长而增加。因此说明被研究城市饮用水目前的 AOC 和 BDOC 含量水平尽管不能完全控制细菌生长，但在一定程度上可以抑制细菌的过度繁殖，保证管网水细菌学指标合格。如果其他水厂均达到 AOC $200\mu g/L$ 和 BDOC $0.5mg/L$ 的要求，对提高国内饮用水水质是十分有利的。

当然此标准的提出还缺少 AOC 和 BDOC 浓度与管网中细菌生长关系直接相关的证据和定量化模型，还有待深入研究和完善。但人们对自然界的认识总是不断发展的，因此每一阶段的认识受当时的历史条件的限制在所难免。我们可以根据目前对饮用水生物稳定性的认识制定现阶段的控制标准，以后随技术水平的进步和认识的提高再进一步修改。这正如所有其他水质指标一样，尽管均不是尽善尽美，对保护饮用者的身体健康却都起到了巨大的作用。目前国内对饮用水生物稳定性的研究刚刚开始，给水工作者不仅要重视净水厂出厂水水质，而且应关注管网水质，使用户真正用上合格的饮用水。

第12章 膜技术

12.1 概述

12.1.1 膜的分类

膜技术是21世纪水处理领域的关键技术。常用的膜技术包括电渗析、微滤、超滤、纳滤和反渗透。其中电渗析属于电势梯度作为驱动力，属脱盐工艺；而后4种膜法属于压力梯度作为驱动力，且微滤、超滤为过滤工艺，属于低压膜处理范畴，纳滤、反渗透为脱盐工艺，属于高压膜处理范畴；其适用范围见图12-1所示。

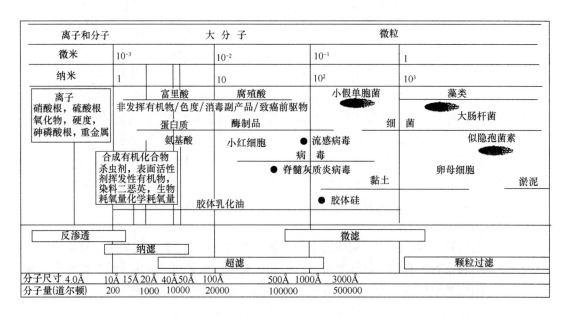

图12-1 膜分离图谱

饮用水水厂采用膜分离技术的历史只有约55年，但是随着饮水水质标准的提高，特别是对水中日益增多的致病微生物与有毒有害的有机物（包括消毒副产物）等限值的严格要求，使得污染物截留去除功能具有广谱性、绝对性的膜技术在饮水处理中的应用也越来越广泛。

从表12-1可知，微滤、超滤对浊度、胶体和细菌具有很好的去除效果，而对溶解性的色度物质、无机物、有机物的去除效果不理想。在这些膜技术当中，纳滤膜在0.35～1MPa的操作压力下对水中的有机物具有很高的去除效果，同时选择性地去除一些溶解性离子。

膜法给水处理的效果　　表 12-1

参数	处理后水水质	典型的去除率（%）	去除效果				
			MF	UF	NF	化学药剂+UF/MF	活性炭+UF/MF
浊度	<0.3NTU	>97	★	★	★	★	★
色度	<5	>90	部分	部分	★	>70%	★
铁	<0.5mg/L	>80	部分	部分	★	★	★
锰	<0.02mg/L	>90	部分	部分	★	化学氧化	★
铝	<0.2mg/L	>90	部分	部分	★	★	部分
硬度	—	—	无	无	中等—好	无	无
三卤甲烷	<0.2		部分	部分	90%～99%	≤60%	≤70%
卤乙酸			无	部分	≥80%	≤32%	
TOC	—	—	20%～40%	≤50%	90%～99%	≤80%	≤75%
大肠菌群	0	—	LR≥4	LR≥4	100%		
粪大肠菌	0	—	LR≥4	LR≥4	100%		
隐孢子虫	0	—	LR≥4	LR≥4	100%		
贾第鞭毛虫	0	—	LR≥4	LR≥4	100%		
病毒	0	—	LR≥0.5	LR≥2	100%		

★表示去除效果很好。—表示效果与原水水质相关。表中空白处表示无相关数据。

　　膜技术是所有去除水中污染物质的过滤方法中，其去除效率和水力停留时间都已接近极限值的技术。在实际的工程应用中，应针对具体的原水水质特点和饮用水水质标准，综合评价各种膜技术及其组合工艺的技术与经济性，以最终确定优质饮用水净化的最佳实用膜技术或工艺。成功的膜系统的真正挑战是系统运行所需配套设备和组合工艺的设计，而证实的膜工程应用业绩和运行数据是新建系统设计优化和性能保障的重要依据。

12.1.2　膜组件的材料与基本形式

　　目前膜的材料主要有高分子有机材料和无机材料 2 种。高分子有机材料主要包括 PES、PS、PVDF、PVC 等；无机材料主要包括氧化铝、氧化锆和氧化钛等。用于工业化的膜分离组件的基本形式有 4 种：板式、管式、中空纤维式和卷式，如图 12-2 所示。

　　上述 4 种膜组件的特性比较见表 12-2。目前在水处理工程应用中，纳滤膜基本上采用卷式膜，而低压膜如超滤膜采用中空纤维膜。

膜组件的特性比较　　表 12-2

特　征	膜组件			
	卷式	中空纤维	管式	板式
装填密度（m²/m³）	800	6000	70	500
额定进水流量[m³/(m²·s)]	0.25～0.5	0.005	1～5	0.25～0.5
进水侧压力降（MPa）	0.3～0.6	0.01～0.03	0.2～0.3	0.3～0.6
膜污染倾向	大	中等—大	小	中等
化学清洗	一般	一般—难	容易	较易
进水预处理过滤要求	5～25μm	5～500μm	无要求	10～25μm
相对费用	低	低	高	高

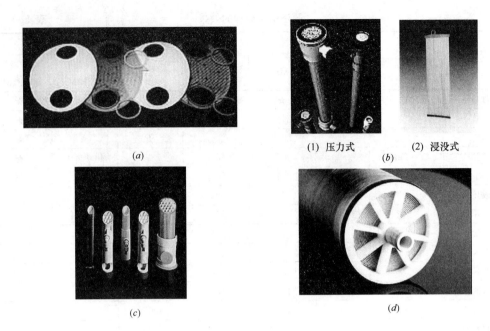

图 12-2　膜组件

（a）板式；（b）中空纤维式；（c）管式；（d）卷式

12.1.3　卷式膜

卷式膜多为复合膜，受高分子溶液性质的限制，非对称膜致密皮层最薄只能达到30～100nm。致密表层薄膜的透水率大是其特点。此外，复合膜皮层与支撑层一般用不同的膜材料，为表层材料的选择提供了更多的可能。

卷式膜组件是由中间为多孔支撑材料，两边是膜的"双层结构"装配组成的。其中3个边被密封而黏结成膜袋状，另一个开放的边沿与一根多孔中心产品水收集管（集水管）连接，在膜袋外部的原水侧再垫一层隔网，即将膜—多孔支撑体—原水侧隔网依次叠合，绕中心集水管紧密地卷在一起，形成一个膜组件（图 12-3）。

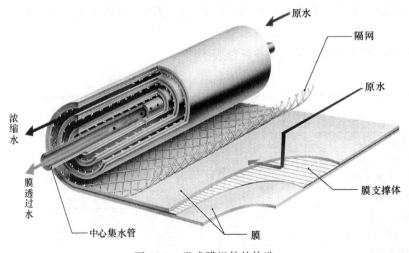

图 12-3　卷式膜组件的构造

在实际应用中，通常是将几个（≤7，一般6个）膜组件的中心管密封串联起来并安装在压力容器中，若干个压力容器通过级段排列组成一系统单元。

12.1.4 中空纤维膜

中空纤维膜是一种极细的空心管膜，其本身不需要支撑材料即可耐受较高的压力，具有最高的膜装填密度，处理效率高，成本低，是低压膜系统的首选形式。

中空纤维膜按进水水流方式可分为外压式和内压式，按膜系统制造方式不同可分为压力式和浸没式。

1. 外压式与内压式的比较

外压式和内压式结构比较见图12-4所示。

（1）外压式：也称横流构型，系统进水从中空纤维膜丝的外部由外向内通过膜产生透过水（进水在外，透过水在内），所以水流通道没有被固体悬浮物阻塞的风险。

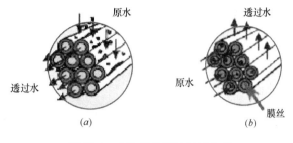

图12-4 中空纤维膜的过滤方式
（a）外压式；（b）内压式

（2）内压式：也称正交流或切线流构型，系统进水从中空纤维膜丝的内部由内而外通过膜产生透过水（进水在内，透过水在外），适于水质良好的原水。但如果来水水质较差，则较外压式膜而言抗污染能力差，一般可考虑选择内压式毛细管膜（膜丝内径较中空纤维膜丝粗，通常大于1mm）或外压式膜。

2. 压力式与浸没式膜系统的比较

1）压力式

将大量的中空纤维膜丝装入一圆柱形压力容器中，纤维束的开口端用环氧树脂浇铸成管板，配备相应的连接件（包括进水端、透过液端和浓缩水端）即形成标准膜组件，通过不同数量的压力式膜组件并联即组装成膜系统，如图12-5所示。

根据膜组件排列方式不同，可分为立式和卧式两种，如图12-5（b）所示。大部分压力式膜系统是采用立式，只有X-Flow推出适合低悬浮物水处理的XIGA系列卧式超滤膜系统。

XIGA系列卧式超滤膜系统采用类似于反渗透膜系统的装配方式：在一个压力容器中，最多可以置入4根膜组件。这些膜在压力容器中串联排列，通过内部连接器进行连接。每根膜中的大量膜丝被瓦棱片分成12个区域，这样可以获得最佳的流态，尤其有利于反洗和化学加强反洗。另外，每个组件都连有一个旁路，它接在膜组件的中部的位置，当反洗和化学加强反洗时，反洗污水通过旁路排出。

对于压力式膜的运行方式有2种（图12-6）：

直流式：或称全量过滤或死端流过滤，适于污染程度轻的原水。

错流式：能获得稳定的过滤速度，适于高浊度或高污染程度的原水。

一般引入膜污染势的概念，所谓膜污染势是指膜进水中污染物对膜污染贡献大小的趋势。

图 12-5 压力式膜过滤系统

(*a*) 压力式膜组件；(*b*) 压力式膜系统

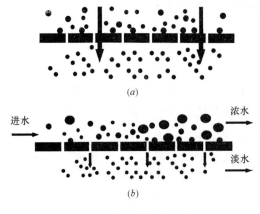

图 12-6 直流式与错流式

(*a*) 直流式；(*b*) 错流式

对于低浊度、低污染势的原水，压力式膜采用直流式运行，这将大大降低工艺的能耗。

对于错流式，通过膜的进水循环率是控制膜污染的重要参数。在中空纤维膜中，采用错流速度 V 作为控制参数。一般增加错流速度，则膜污染势减小，但通过膜的压力水头损失增加，能耗大大升高。

此外，中空纤维直径也是一个限制参数。假设膜纤维的粗糙度忽略不计，在纤维中膜组件的压力降（水头损失）可用式（12-1）计算：

$$\Delta P = \frac{32 \times \nu \times l \times V}{d^2 \times 10^6} \tag{12-1}$$

式中　V——错流速度，cm/s；

d——纤维内径，cm；

ΔP——压力降（压力损失，等于膜组件进水压力减去出水压力），10^5 Pa；

l——膜纤维管长度，cm；

ν——水的黏度，g/(cm·s)；

32——组件修正系数。

一般商业化中空纤维膜纤维内径为 0.5～1.5mm，则 20℃时 1m 长该直径的纤维膜在错流速度 1m/s 下的压力降小于 0.1MPa。由于膜纤维管直径表明了压力容器中的装填纤维膜数，从而使膜的填充密度与压力降能够得到优化。

2）浸没式

浸没式膜组件包括固定在垂直或水平框架上的中空纤维膜、设在框架顶部和底部的透过液集水管。每个集水管包含有一层密封膜丝的环氧树脂，使得膜的内腔与管道相连以收集透过液，因此浸没式膜组件只有透过液端一个连接点。中空纤维膜要比顶部和底部的集水管之间的距离稍长。几个或几十个膜组件通过 2 个硬直角管将其集水管相连接，同时将它们位置固定，形成一个膜箱。其中一个直角管将来自底部水管中的透过液运送至顶部总管；另一个是将鼓风机的压缩空气送到底部曝气管，平缓温和的曝气摇动中空纤维膜并且在膜池中产生一种气升循环模式，同时周期性反冲洗可以减少膜面的浓差极化，这种运行方式对应于低的膜污染率。若干个膜箱并联组成一个膜列（或一套），若干个膜箱并联浸没在膜池中组成不同处理规模的膜处理系统，如图 12-7 所示。

(a)

(b)

图 12-7 浸没式膜系统
(a) 浸没式膜组件；(b) 浸没式膜系统

与传统的压力式膜过滤相反，浸没式膜是在较低的负压状态下运行使用，利用虹吸或泵抽吸方式将水由外向内进行负压抽滤，实现低跨膜压差（TMP）、适度膜通量的平稳运行的直流式全量过滤，这使得其整体能耗成本低于压力式膜过滤，一般在 0.03～0.1kW·h/m³ 之间。这主要表现为：

（1）透过液从两端排出，所以实际上膜压差沿中空纤维膜长度方向均匀分布，在膜的进水一侧没有压降损失；

（2）抽吸模式的运行对膜压差和膜通量施加了一个明确的限制，使其保持在过滤曲线的恒压控制区。

从系统设计上，浸没式膜可被直接浸入到需要处理的水中，因此系统的占地面积非常小。这也就给现有处理厂的改造提供了条件，可以将膜安装到现有的澄清池或其他水池中。浸没式膜系统无论对新建还是已建处理厂的升级都非常理想——在同样的滤池占地面积下，出水水量提高至2～3倍。

压力式与浸没式膜系统各有各的优势与适用领域，其技术比较见表12-3。

压力式与浸没式膜系统的比较　　　　　　　　　　表 12-3

	压力式膜	浸没式膜
系统	密闭式系统设计	开放式系统设计，在某些系统采用加盖措施
过滤方式	内压式或外压式设计，为直流式或错流式过滤	外压式过滤设计，为直流式过滤
膜材料	PES，PS，PVDF，PVC，PTFE	PVDF，PVC，PTFE
预处理要求和抗污染能力	单根膜组件装填密度高，过流通道小，要求复杂的预处理（100～300μm自清洗过滤器），抗污堵能力差，需要频繁化学清洗，适于精处理或水质较好、稳定的水源水。对于水质较差的原水一般需要采用错流过滤方式，能耗大幅增高	单根膜组件装填密度中等，过流通道宽，只要求简单的预处理（500～1000μm自清洗过滤器），抗污堵能力强，减少了化学清洗，适于水质差、波动大的水源水
膜堆或膜箱装填密度	立式膜堆装填密度低（某些场合会考虑二层设计），卧式膜堆装填密度较高	浸没式膜箱装填密度高；但不同膜厂家会有差异性
与现有工艺的衔接	需要中间水池、进水增压泵和自清洗过滤器	可重力流进入膜池，不需要中间水池、进水增压泵；如果前处理包含有下向流砂或炭滤池，可省掉自清洗过滤器
水利用率	典型90%～95%，需要采用二级或回流方式达到99%以上的利用率。第二级膜系统一般采用浸没式膜。如果第二级考虑压力式膜则要求采用错流模式和较低的进水利用率下运行，此时能耗会较高	典型90%～95%，需要采用二级或回流方式达到99%以上的利用率。二级膜系统采用浸没式膜
操作压力	采用较高压力过滤，能耗高。通过压力调节可应对工艺波动或进水水质、水温变化的影响	采用虹吸或负压抽吸，能耗较低
对低温水的工程对策	主要通过增加跨膜压差来补偿低温时膜通量的减少，但需要结合能耗增加和所选膜的最大跨膜压差限值来综合考虑膜面积补偿	主要通过增加膜面积来补偿低温时膜通量的减少，同时需要核算低温条件下跨膜压差增值和所选膜的最大限值来做经济核算
膜通量	较高。相同条件的水厂系统所用膜面积较小	较低。相同条件的水厂系统所用膜面积较大
产水水质	均能满足饮用水对浊度和微生物（如"两虫"）的去除要求。只是微滤膜对病毒的去除率要远低于超滤膜	均能满足饮用水对浊度和微生物（如"两虫"）的去除要求。只是微滤膜对病毒的去除率要远低于超滤膜
膜寿命	视不同膜材料、制造方法、运行条件和应用经验而定	视不同膜材料、制造方法、运行条件和应用经验而定
安装方式	压力式膜需要安装在密封的压力容器内，系统需要更多和复杂的连接件及阀门	浸没式膜只需要安装在土建或金属钢池中，只需要少量的连接件及阀门，方便增容或老水厂改造。混凝土池体价格便宜并耐腐蚀，更适于建设项目需要40～100年的使用期

续表

	压力式膜	浸没式膜
运行维护	在线清洗与维护简单、方便；但不同膜厂家有差异性	在线清洗与维护相对简单、方便，离线清洗会相对复杂、麻烦；但不同膜厂家有差异性
膜系统占地面积	大，典型占地面积 60～100m²/(万 m³·d)。小型系统与浸没式系统相差不大	小，典型占地面积 20～40m²/(万 m³·d)
适用处理规模	典型单列系统最多仅能达到 4000～8000m³/d 的处理规模。对于大型水厂，系统会变得比较复杂，所以适合中、小型处理规模的水厂。膜组件构型是压力式膜规模效应的制约因素	单列系统产量可到 4 万 m³/d 以上，非常适合大型水厂建设。膜分离法的技术优势通过规模效应得到进一步显示。目前已运行的 10 万 m³/d 以上的大型饮用水厂中，有 70% 水厂选择浸没式超滤膜系统
基建投资	中、小型水厂基建投资低	大型水厂基建投资低
运行成本	高	低

注：PES：聚醚砜；PS：聚砜；PVDF：聚偏二氟乙烯；PVC：聚氯乙烯；PTFE：聚四氟乙烯。

12.1.5　陶瓷膜

陶瓷膜是无机膜的一种，通常由氧化铝、氧化锆和氧化钛经高温烧结制备。与高分子聚合物有机膜相比，陶瓷膜具有以下优点：

（1）机械强度高，可承受数十个大气压的压力。

（2）化学稳定性高，可耐酸碱腐蚀，耐有机溶剂和氧化剂氧化。

（3）热稳定性好，工作温度范围跨越几十至几百摄氏度。

（4）环境友好型材料，可重复使用。陶瓷膜的优点使其能够耐受极端污染环境和清洗条件，适合在投加氧化剂或恶劣工况下的水处理工艺中使用。

陶瓷膜的主要弊端在于制备成本高，装填密度低和安装施工复杂等。但是，随着膜技术的发展，陶瓷膜的制备成本不断下降。在一些经济条件允许的国家和地区，陶瓷膜在饮用水处理中的应用越来越多。

1. 陶瓷膜的几何特征

目前陶瓷膜主要有管式、板式和中空纤维 3 种外形结构（图 12-8）。其中管式结构最为成熟，多应用于食品、制药、化工、水处理领域，是目前应用最广的陶瓷膜。平板陶瓷膜由于更适应当前市政水处理的需求，在近 10 年内获得快速发展。目前平板陶瓷膜在国

 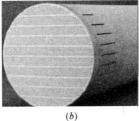 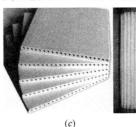

（a）　　　　　　　　　（b）　　　　　　　　　（c）

图 12-8　不同几何外形的陶瓷膜

（a）管式膜；（b）平板膜；（c）中空纤维膜

内已经有中试规模的饮用水处理工程和工程规模的 MBR 污水处理案例。中空纤维陶瓷膜则多处于研发和实验室测试状态，未出现大规模应用案例。

2. 陶瓷膜在饮用水处理中的应用

20 世纪 60 年代末，陶瓷膜开始进入民用领域，用于核电站燃料分离等核工业。同时水处理领域出现了利用金属氧化物薄膜进行无机膜的反渗透和电渗析研究。到 20 世纪 70 年代末和 80 年代，成熟的陶瓷膜工艺水处理等民用工业领域。此阶段膜制备技术的进一步提升，出现了膜层和支撑体结构的非对称陶瓷膜，而且孔径可达纳米级别。20 世纪 90 年代。陶瓷膜在水处理中得到广泛应用，并出现了关于陶瓷膜复合工艺研究的报道。

国内陶瓷膜的研究始于 20 世纪 80 年代，研究内容集中于陶瓷膜的制备及表征，陶瓷膜在工业废水和中药制备领域的应用等。近 10 年国内也有陶瓷膜处理饮用水的报道，但是研究的系统性和深度均需进一步提高。

3. 应用现状

目前，已经有多个国家的水处理企业推出了陶瓷膜及饮用水处理系统。METWATER 公司已有近 100 套生产规模设备运行，总供水能力约为 50 万 m^3/d，最长运行年限已经超过 13 年，均无膜破损现象发生，说明陶瓷膜具有很好的稳定性，能克服当前中空纤维有机膜使用年限较短，且频繁出现断丝导致维护工作量增加的难题。陶瓷膜的高机械强度可应对颗粒物的磨损，实现对高浊度混凝水的直接过滤。而且，其优良的化学稳定性使其可以与臭氧等氧化剂联用，在改善污染物去除效果的同时减缓膜污染。所以，陶瓷膜工艺与其他工艺联合后，能够实现去除浊度、病原微生物和有机物的功能，而且能够减少后续消毒工艺中的消毒副产物。因此，在当前的水厂升级改造中，陶瓷膜及其集成工艺有较好的应用前景。

4. 颗粒物和有机物的去除

诸多研究表明，膜工艺对浊度具有很好的去除效果，大部分超滤膜出水的浊度低于 0.2 NTU，但是一旦膜孔径超过 100nm，则初滤水的浊度会有较明显的升高。图 12-9 为不同孔径陶瓷膜对浊度的去除效果。

图 12-10 为不同孔径陶瓷膜对沉淀池出水中颗粒物的去除。

在原水颗粒数相近的情况下，5nm和 10nm 陶瓷膜对颗粒物的去除效果相近，且膜出水中的颗粒数最低，$2\sim3\mu m$

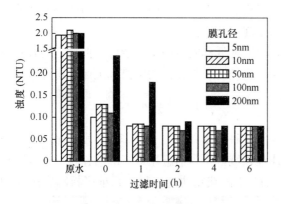

图 12-9　不同孔径陶瓷膜对浊度的
去除（TMP=0.1MPa）

和 $3\sim5\mu m$ 的颗粒物数量分别低于 44 个/mL 和 61 个/mL。50nm 和 100nm 陶瓷膜对颗粒物的截留效果也较好，膜初滤水中 $2\sim3\mu m$ 和 $3\sim5\mu m$ 的颗粒物数量分别低于 70 个/mL 和 101 个/mL。

图 12-11 为不同孔径陶瓷膜对 COD_{Mn} 的去除。不同孔径陶瓷膜对 COD_{Mn} 的去除率在 20%～45% 之间。其中，10nm 和 50nm 膜对有机物的去效率略高于 100nm 和 200nm 膜。

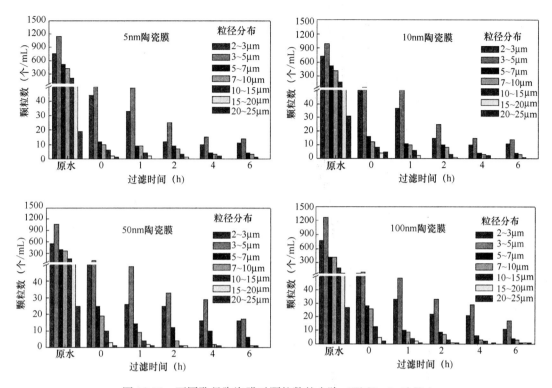

图 12-10　不同孔径陶瓷膜对颗粒数的去除（TMP＝0.1MPa）

由于原水中的有机物多以溶解态存在，而陶瓷膜的物理截留作用无法对溶解性有机物进行有效截留，因此不同孔径陶瓷膜对 COD_{Mn} 的去除效果较差。

12.1.6　膜的污染与清洗

在膜分离应用工程中，由于浓差极化和膜污染等问题的存在，导致渗透通量随运行时间的延长而下降。

1. 膜污染

膜污染是造成膜组件运行失常的主要影响因素。膜污染可定义为：当截留的污染物质没有从膜表面传质回原水主体中，膜面上污染物质的沉淀与积累（这包括溶解性盐和悬浮固体在膜表面的富集、胶体和可溶性高分子有机物的吸

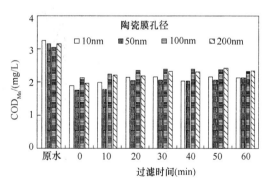

图 12-11　不同孔径陶瓷膜对颗粒数的去除
（TMP＝0.1 MPa）

附与微生物的黏附生长以及新陈代谢产物形成的黏垢），使水透过膜的阻力增加，妨碍了膜面上的溶解扩散，从而导致膜产水量和水质的下降。同时，由于沉积物占据了进水通道空间，限制了组件中的水流流动，增加了水头损失。这些沉积物可通过物理、化学及物理化学方法去除，因而膜产水量是可恢复的。然而，膜产水量的下降将影响膜的运行和投资费用，这是因为产水量决定了膜的清洗频率与膜更换的频率（当产生大量不可恢复的污染时）。

随着给水水源水质的日益恶化与脱盐预处理系统设计或运行的问题，膜污染基本表现为复杂的严重的多种污染物组成的复合污染。因此，需要有效实用的膜污染评价方法和化学清洗技术来实现膜系统的长期稳定运行。

目前，成功用于膜的特性分析的技术包括光学显微镜、扫描电子显微镜、能量色散 X 射线、红外光谱和接触角测定。而 ζ 电位仪、原子力显微镜、光电子能谱仪、超声在线检测则是近些年来的研究热点。

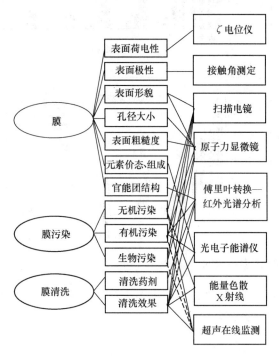

图 12-12　膜—污染—清洗特性的评价方法体系

综合国内外文献，结合以往的研究实践，提出了图 12-12 的表征膜、膜污染和膜清洗特性的评价方法体系。

从图 12-12 可知：

（1）膜的特性包括：膜的荷电性、极性、形貌、粗糙度、膜孔大小、膜材料元素组成、价态和官能团结构。这些指标是评价膜性能、膜污染和膜清洗特性的基础，有效的表征方法有：ζ 电位仪、接触角测定、扫描电镜、原子力显微镜、傅里叶转换—红外光谱分析和光电子能谱仪。

（2）膜污染物通常包括无机污染、有机污染和微生物污染，其鉴定的最好方法是通过解剖已污染的膜组件，并详细分析其污染物，但这种方法必须牺牲膜组件，费用较高。因此，膜污染物的分析鉴定通常采用其他方法来实现，如对污染的膜片进行扫描电镜、能量色散 X 射线（或光电子能谱仪）和傅里叶转换红外光谱仪等仪器分析方法。采用原子力显微镜和超声波探伤仪在线监测是目前国内外膜研究的热点，其中前者已有应用于膜孔径、粗糙度、表面形貌和生物颗粒吸附的研究报道；后者目前只处于实验室平板膜的膜污染研究，但超声波在线监测将是最有发展前途的工程化的实用技术。

（3）膜清洗包括物理清洗和化学清洗，而通常应用较多的是化学清洗。化学清洗是污染物与清洗剂之间的一种多相反应。常用化学清洗剂包括：酸、碱、螯合剂、表面活性剂、酶、消毒剂和专用清洗剂。从研究角度而言，可以采用仪器分析方法来定性或定量地表征膜清洗的效果。

纵观这些分析技术，场发射扫描电镜是分析膜表面及污染物形态的较佳技术，它与能量色散 X 射线联合分析能够很好地评价膜的污染特征，但是相对于后 2 种技术，扫描电镜对样品有较大的损伤与失真性。原子力显微镜是分析膜表面形貌与孔径分布的最佳技术，它具有显像真实、可在自然条件下操作、样品破坏少的优点，而傅里叶转换红外光谱技术（特别是 ATR-FTIR）能够检测和鉴定 EDX 总体上难以识别的有机化合物，以及膜材料或基材化学变化的迹象，因此更宜作为膜污染或膜损伤的首选分析技术。这些技术通过有效地结合，将能够解决分析膜表面特性与膜污染的问题。

利用膜－污染－清洗特性的评价方法体系，结合现场试验研究表明，以微污染水源水为原水的膜污染是以颗粒物质、胶体、有机物和微生物为主体的复合污染，不同类型污染之间的相互作用与相互促进会使膜污染变得复杂，其中胶体和有机物是加速、促进膜污染的重要因素。对于低压中空纤维膜而言，一般大于 $10\mu m$ 的颗粒不致对超滤产生污染，大于 $45\mu m$ 的微粒不致对微滤产生污染。具体可表现为：

1）超滤过程的膜污染

浓差极化：严格地讲，极化不是一种污染现象。它是由于水中溶质在膜面上产生浓度梯度、浓缩富集的结果，从而使水通量减少。因为停止过滤操作，浓度梯度现象就会消失，所以浓差极化是可逆的。但是，如果膜面已经形成凝胶层（浓度足够大时），则只有通过水力或化学清洗才能恢复。就 4 种超滤膜组件形式来说，抗浓差极化能力大小的顺序为：中空纤维膜＞管式膜＞板式膜＞卷式膜。

形成结块：颗粒物质的富集在膜面上形成结块，这将增加膜的透过阻力，最终减少水通量。通常，这种污染可通过水力清洗（如冲刷、反冲洗）方法部分恢复。

天然有机物（NOM）的吸附：水中天然有机物造成的膜污染可认为是膜面颗粒结块物的粘着吸附作用或膜孔等本身的吸附作用，表现为 NOM 与聚合膜间的亲和性。这种吸附过程是动力学速率很小的动态平衡过程。由于存在有机分子的脱附问题，NOM 的污染是很难恢复的。在反冲洗或化学清洗时，对于憎水性聚合膜（如聚砜、聚丙烯）一般加入氧化剂（如氯）能够更有效地限制膜的透过损失，因为有机物在这些膜上吸附的化学键能高，一般清洗（甚至化学清洗）的效果较低。

钙、铁、锰的沉淀：对于超滤而言，沉淀垢局限于碳酸盐非平衡的水质或铁、锰由于氧化水解而产生的沉淀。后者主要由于预处理投加氧化剂或反冲洗时加氯等造成的。

膜的污染可以通过膜材料的选择、预处理、有效的清洗方案及工艺操作来控制。

2）纳滤膜的污染

除了无机结垢，纳滤膜的污染一般认为分为 4 个阶段：

（1）腐殖质、聚糖脂与其他微生物的代谢产物等大分子物质吸附过程，导致在膜表面形成一层具备微生物生存条件的膜。

（2）进水的微生物体系中黏附速度快的细胞形成初期黏附过程。

（3）在黏附后期，进水中的细菌数与细菌的营养状态将大大影响黏附行为。

（4）在膜表面形成一层生物膜，造成膜的不可逆阻塞，使产水阻力增加。

膜装置的产水率、出水水质和膜的压降，常用来判别膜的污染及决定其是否需要进行化学清洗。

2. 膜污染的控制对策

膜污染与浓差极化有内在联系，但是两者在本质上截然不同，浓差极化是一个可逆过程，是膜系统动力学条件的函数，与膜本身的物理特性无关。浓差极化也不会直接影响膜孔隙度，当膜表面浓度达到大分子溶液的可溶浓度时会形成凝胶层。而膜污染层是不可逆的，是由溶质与膜的相互作用而形成的。

在膜的应用过程中产生膜的污染是很难完全避免的，但是通过对不同的膜污染情况采取相应的措施来减小膜的污染程度是可行的。要从设计、工艺流程到设备选择、运行、膜的储运和停机保养等各个环节加以具体分析考虑，确定采取何种方法减小膜的污染，制定维护膜组件与预防膜污染的具体措施，使浓差极化的影响和膜污染减小到最低程度。

作为膜污染的控制与防止方法概括起来有化学方法和物理方法。

1) 化学方法

（1）原水预处理。预处理是指在原水过滤前向其中加入一种或几种物质，使原水的性质或溶质的特性发生变化，如进行絮凝、预过滤或改变溶液 pH 等方法，以脱除一些与膜相互作用的物质，从而提高膜过滤通量。恰当的预处理有助于降低膜污染，提高渗透通量和膜的截留性能。

（2）研制抗污染性能强的膜材料。

（3）化学清洗法。利用不同的清洗剂对已污染的膜进行化学清洗来恢复膜的渗透通量。常用化学清洗方法包括：

酸碱液清洗法：如柠檬酸、草酸、盐酸、氢氧化钠溶液等，主要去除膜表面的无机污染物和有机污染物及胶体。

氧化剂法：利用氧化剂的氧化分解膜表面的凝胶层，特别是破坏胶层中的大分子物质相互间的结合，使膜面的凝胶层脱落被水流带走，达到清洗的目的。常用的氧化剂有：$0.1\%H_2O_2$、碱性氯液（300mg/L 活性氯，pH＝10）、0.1%酸性高锰酸钾溶液。

表面活性剂法：利用表面活性剂有分散、增溶、洗涤作用，清除膜的污染物沉积层，常用的表面活性剂有 Tween-80、大豆磷脂、SDS 等。

酶制剂法：利用酶制剂的降解作用，使膜面及膜孔内的大分子物质降解成小分子物质，从而清除膜污染。

2) 物理方法

膜表面上滤饼的堆积或凝胶层的形成，基本上都是膜污染性物质在膜表面附近的积累造成的，因此减少浓差极化现象可以降低膜面的污染，以下为降低浓差极化的物理方法：

（1）滤饼机械刮除；

（2）膜面搅拌；

（3）错流过滤；

（4）稳态湍流；

（5）不稳定流体流动；

（6）流化床；

（7）松弛法；

（8）反向冲洗法；

（9）脉冲法；

（10）增大膜面流速；

（11）提高膜的移动速度；

（12）附加电场的方法；

（13）消毒法。

膜的物理清洗方法包括：

（1）热水法；

（2）瞬时闪吹法；

（3）海绵球洗净方法；

（4）脉动法；

（5）气水反冲洗法。

在实际清洗操作中，往往几种清洗再生方法结合使用，利用它们的协同作用以取得最佳的再生效果。同时，清洗再生工艺条件应根据污染膜的性质而确定，包括膜材质、阻塞程度及装置的形式。通常在清洗程序设计中需要考虑 2 个因素：① 膜的化学特性：耐酸、碱性、耐温性、耐氧化性和耐化学试剂性，这对选择化学清洗剂类型、浓度、清洗液温度等极为重要；② 污染物特性：指膜污染物在不同 pH 溶液中，不同种类盐及浓度溶液中，不同温度下的溶解性、荷电性和可氧化性及可酶解性等。

结合在线清洗研究实践，研究者提出了膜复合污染化学清洗时的内在主要污染物优先清洗（Preferential Cleaning Principle of Essential Foulants，PCPEF）原则。PCPEF 原则主要包括 2 点：

（1）膜复合污染内在主要污染物的优先次序为：胶体硅＞可吸附有机物＞颗粒物质（铁和铝的胶体物）＞微生物＞金属氧化物。

（2）化学清洗是膜污染的一个逆过程。只要优先去除内在的主要的膜污染物，则次要的或螯合的膜污染物就会被同时去除或者被后续化学清洗工艺很容易地去除，从而减少化学清洗的总时间。

根据水质分析报表、运行操作记录和当前膜系统的运行状况，首先初步判定膜污染物的种类，然后通过肉眼观察污染膜组件和评价方法体系进一步鉴定，以确定具体的复合污染物种类和程度，最后根据 PCPEF 原则"对症下药"，确定适宜的化学清洗配方与程序即可获得最佳的化学清洗效果，同时可对预处理系统提出评价或改进方案。

12.2 微滤

微滤（Microfiltration，简称 MF）是利用微孔径的大小，在压差为推动力下，将原水中大于膜孔径的悬浮物质截留下来，达到透过水中微粒的去除与澄清的膜分离技术。微滤膜的结构为筛网型，一般具有比较整齐、均匀的多孔结构，孔径范围在 $0.05 \sim 5\mu m$，可去除 $0.1 \sim 10\mu m$ 的物质及尺寸大小相近的其他杂质，如微米或亚微米颗粒物、细菌、藻类等。操作压力一般小于 0.3MPa，典型操作压力为 $0.07 \sim 0.2$MPa。

12.2.1 微滤理论与机理

微滤与常规过滤一样，滤液中微粒的浓度可以是 10^{-6} 级的稀溶液，也可以是高达 20％的浓浆液。根据微滤过程中微粒被膜截留在膜的表面层或膜深层现象，可将微滤分成表面过滤和深层过滤。当料液中的微粒直径与膜的孔径相近时，随着微滤过程的进行，微粒会被膜截留在膜表面并堵塞膜孔，这种称为表面过滤。根据 Grace 的过滤理论，表面过滤可进一步细分为 4 种模式：即微粒通过膜的微孔时，微粒被堵塞，使膜的孔数减少的完全堵塞式；随着过程的进行，小于微孔内径的微粒被堵塞在膜孔中，使滤膜的孔截面积减小，造成通量呈比例下降的逐级堵塞式；当微粒的粒径大于孔径时，微粒被截留并沉积在膜表面上的滤饼过滤式，以及界于逐级堵塞式和滤饼式之间的中间堵塞式。当过程所采用的微孔膜孔径大于微粒的粒径时，在微滤进行过程中，流体中微粒能进入膜的深层并被除去，这种过滤称为深层过滤。由于堵塞式及深层过滤模式比较复杂，虽可列出有关的微分方程式，但很难应用于实际过程。

随着微滤过程的进行，膜的通量会有所下降，其原因可能为孔堵塞、吸附、浓差极化或凝胶层的形成。此时，若能增强被截留组分离开膜向溶液本体的反向扩散，必将使膜的通量得到提高。通常认为所需的反向扩散是建立在以下 2 个基础之上的：① 由膜上被截留组分浓度的升高而引起的扩散效应；② 由膜上速度梯度而产生剪切力的流体动力学效应。这 2 种效应都起作用，但影响程度有所不同，而且与粒子或分子的大小密切相关。当微粒尺寸大于 $0.1\mu m$ 时，微粒过程主要受流体动力学效应支配，膜通量将随着粒子或分子尺寸的增加而增大。但由于影响过滤过程因素的复杂性和物料体系的多样性，目前仍没有通用的可描述微滤过程的数学模型。

可见，微滤膜的截留机理可分为：①机械截留：即筛分机理，是指膜具有截留比其孔径大或相当的微粒等杂质的作用；②物理吸附或电性能作用；③架桥作用：通过电镜可观察到，在膜孔入口处，微粒因为架桥作用也同样可被截留；④网络型膜的网络内部截留作用：即将微粒截留在膜的内部，而不是在膜的表面上。这种深层过滤截污量大，但不易清洗，多属于用毕废弃型。

12.2.2　微滤的应用

典型的微滤工艺包括细格栅或粗过滤器、微滤膜设备和消毒，其主要工艺流程：① 直接 MF；② 混凝剂或粉末活性炭—MF；③ MF 作为 RO 或 NF 的预处理工艺。对于一些管式膜系统，不需要格栅。

微滤的应用主要有：

（1）去除颗粒物质和微生物。这包括两方面：一是直接用于饮用水的过滤处理，可同时去除"两虫"与其他病菌；二是超纯水等制取中的终端过滤，以滤除水中极痕量的悬浮胶体和霉菌等。

（2）去除天然有机物（NOM）和合成有机物（SOC）：尽管常规微滤系统对这些有机物质去除率很低，但通过投加混凝剂或粉末活性炭等预处理工艺，可增加系统对有机物的去除，同时减缓了膜的污染。

（3）作为反渗透、纳滤或超滤的预处理。

（4）污泥脱水与胶体物质的去除。

12.3　超滤

早在 1861 年，Schmidt 首次在过滤领域提出超滤（Ultrafiltration，简称 UF）概念。20 世纪 70 年代和 80 年代是超滤技术高速发展时期，应用面越来越广，使用量越来越大。

我国对超滤膜技术的研究起步较晚，20 世纪 70 年代尚处于研究期，20 世纪 80 年代进入工业化生产和应用阶段，发展较快。近 20 年来，我国超滤技术有了飞跃性的发展，开发了板式、管式、卷式和中空纤维式等不同结构形式的超滤器，并在饮用水、纯水、超纯水制备和溶液浓缩分离等许多领域得到广泛应用。

12.3.1　超滤的基本理论

超滤是一个压力驱动过程，其介于微滤与纳滤之间，且三者之间无明显的分界线。一般来说，超滤膜的截留分子量在1000～300000，而相应的孔径在5～100nm之间，这时的渗透压很小，可以忽略。因而超滤膜的操作压力较小，一般为0.01～0.5MPa，主要用于截留去除水中的悬浮物、胶体、微粒、细菌和病毒等大分子物质被截留。因此超滤过程除了物理筛分作用以外，还应考虑这些物质与膜材料之间的相互作用所产生的物化影响。在这种情况下，超滤过程实际上存在如下3种情形：

（1）污染物在膜表面及微孔孔壁上产生吸附；

（2）污染物的粒径大小与膜孔径相仿，则其在孔中停留，引起阻塞；

（3）污染物的粒径大于膜孔径，则在膜表面被机械截留，实现筛分。

可见，理想的超滤筛分，应尽量避免污染物在膜表面和膜孔壁上的吸附与阻塞现象的发生。所以用超滤技术去除大分子有机物质时，除了选择适当的膜孔径（截留分子量）外，必须选用与被去除物质之间相互作用弱的超滤膜。

超滤模型主要包括位阻－微孔模型、渗透压阻力模型、浓差极化与凝胶层阻力模型。一般多用位阻-微孔模型（steric hindrance-pore model），由于超滤传质过程中基于筛孔机理，设法将溶质与膜的固有性质联系起来，以评价膜的传递性质则是微孔模型的基础。

12.3.2　超滤膜

与传统给水净化工艺与消毒相比，超滤的主要优点为：

（1）不需投加化学药剂；

（2）以筛分机理为主，依靠孔径大小选择膜；

（3）对颗粒和微生物（包括病毒）具有较高的去除率。不论进水水质情况，都能获得良好的、稳定的处理水质；

（4）占地面积小；

（5）可实现自控。

超滤膜的性能：

表征超滤膜性能的主要参数有截留分子量、截留率和水通量，以及与之相关的孔结构（例如孔的形状、大小、平均孔径、孔径分布和孔隙率等）、耐温、耐压、抗腐蚀性及使用寿命等。

截留分子量是膜生产厂家提供的描述超滤膜截留能力的参数，可认为是膜孔径的一种表示方法。但确定膜的截留分子量准确值，目前国内外尚无统一的测试方法和基准物质，所以不同膜生产厂家提供的膜不能仅仅通过截留分子量特性进行比较。

通常，选择基准物质的原则是：

（1）在溶液内呈球形；

（2）纯度高、性能稳定、价廉；

（3）易于分析，特别是在低浓度时也有较高的分析精度。

常用的基准物质一般为已知分子量的蛋白质，如蛋白质（65000）、细胞色素（13000）、胰岛素（5700）和多肽抗生素（1600）。也有的厂家采用线性聚合物（如葡聚糖和聚乙二醇）测定截留分子量。

超滤膜截留分子量的测定是采用曲线法，即用一系列标准物质的缓冲溶液或水溶液，在不易产生浓差极化的条件下测定膜对这些标准物质的截留率，并绘出截留率对分子量的曲线（图 12-13），但不同生产厂家在标明超滤膜的截留分子量时取值方法不尽相同，大致有如下 3 种：

（1）取截留率 50％所对应的分子量值为截留分子量；

（2）取截留率 90％所对应的分子量值为截留分子量；

（3）延长曲线（即作曲线上端弧线的切线）与截留 100％横坐标相交所对应的分子量值，即作为膜的截留分子量。

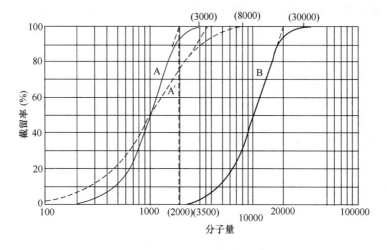

图 12-13　截留分子量曲线

由图 12-13 可知，A 膜的截留性能优于 A'膜。虽然对分子量 1000 的物质截留率均为 50％，但按曲线切线法来定位，A 膜的截留分子量为 2000，而 A'膜为 3500。

评价超滤膜性能优劣主要考虑如下几个参数：

（1）截留分子量范围和截留率：截留分子量范围越窄和截留率越高越好；

（2）水通量：在截留率一定时，水通量越大越好；

（3）平均孔径和孔径分布；

（4）膜表面的物理化学性能：如亲水性和疏水性，荷电性与非电性等；

（5）其他性能：如耐热性和耐酸碱性、氧化剂等。

总之，表征超滤膜好坏可归结为三方面：即截留率、膜通量和有效使用寿命。超滤膜若使用得当，能连续运转 5～10 年以上，视不同膜材料和制造方法而不同。暂时不用时，可保存在 50％甘油水溶液中。

12.3.3　超滤装置

超滤装置是随着反渗透装置的开发而发展起来的。有机聚合膜通常有板式、管式、卷式和中空纤维式 4 种，而无机膜只有管式形成商品化，板式膜片只是在实验室使用。几种膜组件的比较见表 12-4 膜组件的选择主要取决于膜对污染或阻塞的控制能力。

超滤膜组件的比较　　表 12-4

	中空纤维	细管[b]	粗管	板式	卷式
进水通道高度（mm）	1～2.5	3～8	10～25	0.3～1	0.5～1
典型充填密度（m^2/m^3）	1200	200	60	300	600
进水速度（m/s）	0.5～3.5	—	2～6	0.7～2.0	0.2～1.0
雷诺数（Re）[a]	10～1000	—	10000～30000	100～6000	100～1000[c]
单位面积价格	低	高	高	高	低
膜更换费用（不含人工）	适中	高	高	低	适中至低
滞留体积	很低	适中	高	适中	低
能耗	低	高	高	适中	适中
抗污染	一般	很好	很好	一般	中等
膜清洗	好	很好	很好	较难	较难
主要供应商	GE Pentair Koch BASFInge 津膜科技 立升	Alcoa	Koch PCI Wafilin	DDS Dorr-Oliver Millipore	GE Koch TriSep

a. 从层流过渡到紊流，对于多孔管或槽 $Re=4000$，而对于无孔管 $Re=2100$。因此，当管式膜组件处于紊流态运行时，其他膜组件通常在层流态。

b. 由细管发展而来的蜂窝状膜组件的进水通道高度为 2～3mm。

c. 尽管雷诺数小，但由于进水空间的大小而促进了紊流态的发生。

12.3.4 超滤系统设计

1. 原水和预处理

1）原水水质对设计和运行的影响

原水水质直接影响超滤膜的运行（表 12-5），最终关系到工艺设计。各个超滤膜公司均有自己的设计软件，对于大规模的水厂设计可参考相关设计与工程案例，也可进行必要的现场中试。通过中试研究，可调整与优化运行参数，如反冲洗要求、水通量、运行压力和回收率（水利用率）。

压力式膜运行方式与原水水质的关系　　表 12-5

TOC (mg/L)	UV_{254}/TOC* [m^{-1}/(mg/L)]	膜通量 [L/($m^2 \cdot h$), 20℃]	运行方式	回收率 （%）
<2	<2	80～150	直流式	>95
2～4	<2	60～120	直流式	90～95
	>2	50～100	直流式或错流式	<90**
>4	—	<80	直流式或错流式	<85**

*　UV_{254}/TOC 表示单位有机碳的紫外度，反映了水中有机物的芳香构造化程度，简称芳香度，也可用比紫外吸光度（Specific UV Absorbance，SUVA）表示，$SUVA = 100 \times UV_{254}/TOC$ [m^{-1}/(mg/L)]。

**　如果维持直流式且 90% 回收率，需要降低膜通量低负荷运行。

2）预处理

超滤原水的预处理要求虽不高，但对不同的膜组件的要求不同。下面列举了超滤膜的原水预处理工艺。

预过滤：中空纤维膜与管式膜对预处理的要求很低，只需根据纤维管内径的大小，选用截留孔径为 $50\sim1000\mu m$ 的过滤器以去除较大的颗粒污染物。预过滤器包括精密过滤（滤芯过滤）器、盘片式过滤器、袋式过滤器和穿孔细格栅。对于卷式膜，由于水流通道小，即使预过滤也不宜直接过滤。一般而言，预过滤器的截留孔径必须为进水通道高度的 $1/5$。

pH 值调整：主要是针对天然的非平衡水系或进水 pH 值不符合膜的要求。对超滤一般不需要。

预氧化：针对铁、锰而言。

混凝－吸附：NOM 是潜在的超滤膜污染物，一般采用粉末活性炭和混凝剂（铝盐、三氯化铁等）。

2. 设计参数

由于目前几乎所有的超滤水处理厂采用的都是中空纤维膜，所以下面的设计运行参数是针对这类膜的。

中空纤维超滤系统在给水中的应用一般采用并联排列。在欧洲，为了提高水的利用率而利用二级超滤系统，系统的水利用率为98％，两级的回收率分别为85％和13％，这说明超滤二级系统可减少所需的膜面积，允许第一级在较高的流速和较低的进水利用率下运行。这种系统多用于污染程度较高的原水，此时对污染膜需反冲洗，其中第一级的反冲洗水可通过第二级膜回收。从表 12-6 可见，膜面积减小 15％以上，水利用率增至98％。

单级与二级超滤系统的比较（净产水量 1498m³/h）　　　　　表 12-6

系统	原水量 （m³/h）	浓缩水量 （m³/h）	超滤膜水通量 [L/(m²·h)]	水利用率 （％）	超滤膜面积 （m²）
单级	1577	79	100	95	15771
二级					
第一级	1528	229[a]	140	85	10914
第二级	（第一级浓缩水）	34	100	85	2290
总计	1528	34	—	98	13204

a. 第一级的浓缩水作为第二级的膜进水。

1）水通量与操作压力

在较低的操作压力下，较低的回收率或较低的水通量，将减少膜的化学清洗要求。表 12-7 为建议的压力式膜设计与运行参数，主要考虑了原水中有机物浓度的影响。

2）反冲洗

对于中空纤维膜，反冲洗是控制污染的最有效方法之一。反冲洗用水为膜透过水，用一水箱收集，反冲洗水泵需保证有效反冲洗压力在 $0.03\sim0.35MPa$，具体与所选用的膜有关。研究表明，加氯反冲洗对于控制或减缓膜污染是重要的。

3）温度的影响

温度直接影响超滤膜的设计。温度升高，水通量增加。在低温时，压力式膜通常需采用提高操作压力来获得所需的产水量，但这会加剧膜的污染；对于浸没式膜，则需要更多的膜面积来达到相同的产水量。有时也可预加热以提高水温。然而在许多工程实例中，冬天的需水量一般是较低的，此时只需考虑日最高用水量。

4）化学清洗

化学清洗液同微滤膜。

综上所述，表 12-7 总结了超滤系统的典型设计参数。设计者宜根据原水水质、类似工程实例、中试结果或咨询膜公司，对水通量、错流速度及反冲洗频率进行调整。

超滤系统的典型设计参数　　　　　　　　　　　　　　表 12-7

设计参数	压力式膜典型值	浸没式膜典型值
水通量(20℃)　L/(m²h)	80～170	40～100
错流速度　m/s	0～1	—
进水利用率　%	≥90	≥95
操作压力　MPa	0.035～0.28	0.02～0.03 或虹吸
反冲洗：		
持续时间　s	10～180	10～30
频率　1/min	1/30～1/60	1/30～1/60
压力　MPa	0.035～0.28	0.02～0.03

3. 运行管理

1）压力式膜系统描述

对于压力式膜系统包括：① 取水口与原水加压泵；② 预处理单元，包括细格栅、过滤等；③ 超滤膜单元；④ 化学清洗、反冲洗（采用加氯产水）、加氯罐和调节器；⑤ 浓水及反冲洗水的处置。其中：原水加压泵是用于提供所需的压力和进水量。循环泵宜根据原水水质情况，控制循环泵流量与原水泵流量之比在 3∶1～6∶1 之间。对于直流式运行（即低浊度低 TOC 原水），不需设置循环泵。反冲洗泵压力限制在 0.1～0.25MPa（与膜有关），历时小于 1min，按串联方式进行。

2）浸没式膜系统描述

对于浸没式膜系统包括预处理系统（细格栅，或强化混凝或粉末炭）、膜池、膜箱、抽吸泵（反洗泵）、鼓风机、化学清洗系统。典型工艺流程如图 12-14 所示。

在正常运行过程中膜系统生产透过液（产水），原水通过进水管和进水控制阀进入膜池。膜浸没在膜池中的原水中，透过液泵从膜内侧将水负压抽吸过膜壁。透过液抽吸泵是控制浸没式膜系统的压力和产水量。每个膜列的所有膜箱产生的透过液通过透过液泵收集到共用的透过液抽吸管后，再到所有膜列共用的透过液母管中，最后进入下一步的处理。

进水中固体物质积累在膜的表面，会逐渐增加跨膜压力（TMP）值。反洗过程可以去除膜表面的固体物质，从而使 TMP 恢复到前一个产水周期中 TMP 值。多数反洗是每天进行的，有助于保持 TMP 且延长清洗周期，降低平均能耗。反洗过程包括将透过液反向透过膜、曝气擦洗膜去除沉积物，防止它们沉积在膜表面来减缓膜的污染，并且将膜池

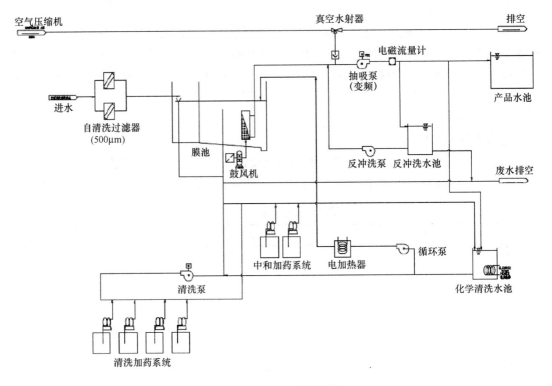

图 12-14　浸没式膜系统

中的液体排到废液池或污水管。在反冲洗时，空气进入了超滤膜箱的底部在超滤膜的表面形成紊流，上升中的气泡擦洗并清洁超滤膜丝的外表面，提高超滤膜的处理效率。然后，重新将原水注入膜池，开始产水。

产水还需周期性地停止以对膜进行化学清洗，以去除膜的有机污染或是结垢物质。恢复性清洗的频率根据处理厂的水质和运行条件而变化。

3）过程控制

超滤系统的运行管理是与原水的水质密切相关的，其中原水的浊度和 TOC 是重要的控制参数。为了使单位制水成本最小，宜采用自控以实现工艺系统的优化。通常，在恒定产水量的条件下，超滤系统包括 3 个控制参数，每个参数都设置了 2 个控制上限：

（1）操作压力或空气擦洗频率：这与膜特征产水量和污染相关。

（2）原水浊度。

（3）UV_{254}/TOC：与膜污染势有关。

通常操作压力和浊度的大小用于能耗优化、控制系统运行方式（如直流式或错流式或浸没式等），有时压力上限可用来确定反冲洗的频率。膜进水的最大允许压力，相当于运行时膜迅速反冲洗所需的压力。而 UV_{254}/TOC 值主要用于控制超滤膜的进水流量。这种过程控制的优点在于：① 节省能耗；② 减少化学清洗的要求。

超滤膜在饮用水处理中除了浊度控制之外，最重要的功能是对微生物特别是"两虫"（贾第鞭毛虫和隐孢子虫）的去除。如图 12-15 所示，膜孔径$\leqslant 0.02\mu m$ 的超滤膜对微生物尤其是病毒会有更高的绝对去除率。根据美国环保局（EPA）的要求，采用 LRV（Log

Removal Value) 来表征。

$$LRV = \text{Lg}(C_f/C_p) \tag{12-2}$$

式中 C_p——进水浓度；

　　　C_f——产水浓度。

在低压膜过滤系统表征 LRV 时，需要考虑膜的完整性和系统的体积浓缩倍率（VCF，volumetric concentration factor），所以修正后的 LRV 相关性公式为：

$$LRV \approx Q_p/(VCF \times PDR) \tag{12-3}$$

式中 Q_p——膜产水流量；

　　　PDR——基于完整性测试的压力衰减率。

根据该相关性表征，通过减小膜的破损率、断丝率和降低 VCF 将能有效提高 LRV 表征的微生物去除性能，其中前者可由膜制造厂家担保，而后者可通过工艺设计优化来实现。对于浸没式膜系统，建议采用全池排空模式来满足这一要求，这是因为该运行模式可以实现：

（1）减少能量消耗：采用高效膜擦洗来降低能耗，最大可达 90%。

（2）降低成本：通过减少风机和循环阀的使用来减少运行维护成本。

（3）延长膜的使用寿命：通过改善膜清洗来减少膜擦洗所导致磨损/破损的风险，从而延长膜的使用寿命。

（4）改善 LRV：在计算 LRV 时选择低浓缩倍率来提高 LRV。

12.3.5 应用领域

1. 滤池或沉淀池升级改造

利用浸没式膜可以简单地代替现有的滤池或沉淀池，充分利用现有的池体构筑物，在基础建设投资花费很少的情况下，显著地提高了水厂的处理水质和处理能力。在滤池改造过程中，滤料被拿出，采用浸没式膜来替代，同时改变管道走向，安装透过液泵和鼓风机，从而满足超滤膜系统的增加设计水量和操作要求。

2. 滤池后膜过滤抛光处理

在现有滤池或活性炭池后增加超滤或微滤膜系统作为抛光过滤处理，以控制出水的浊度和微生物泄漏安全的问题。该升级需要考虑厂区可用占地和膜系统回收率的影响，同时需要考虑压力式膜系统的二次提升和预过滤器选择或浸没式膜膜池土建的问题。

典型工艺流程为：压力式膜抛光处理工艺：混凝→沉淀→砂滤池→配水井→增压泵→预过滤器→压力式膜系统→消毒→清水池。

浸没式膜抛光处理工艺：混凝→沉淀→砂滤池→浸没式膜系统→产水泵→消毒→清水池。

3. 滤池反冲洗水回收

对于自来水厂滤池反冲洗水量的减少，将能提高自来水厂的生产能力，减少生产废水排放量。目前通常的措施是将水厂所有生产废水，包括沉淀池排泥水、滤池反冲洗水收集到统一的泥水池中，再由潜水泵将上清液回流至自来水厂的原水入厂口或沉淀池前重新处理，但这会带来潜在的重金属、消毒副产物和微生物（如"两虫"）的富集问题。因此，近十年来采用膜过滤来进行滤池反冲洗水的回收处理成为国内外研究和应用的热点。从实际工程应用的角度，浸没式超滤膜具有独特的优势，并已在国内外有成功的案例。

典型的浸没式超滤膜运行参数：

（1）进水 TSS（总悬浮性固体）：2～400mg/L。

（2）回收率：90%～95%。

（3）浓缩后的 TSS：20～8000mg/L。

（4）超滤产水浊度：≤0.1 NTU。

4. 高回收率（≥99%）的低压膜系统

通常中空纤维低压膜系统在给水中采用并联排列，回收率为 95%。为了提高水的利用率可利用二级超滤系统，使整个膜系统的水利用率为 99% 以上，两级的回收率分别为 90%～95% 和 9%～4%，一般第一级超滤系统采用压力式或浸没式，而第二级超滤系统采用浸没式膜；如果第二级考虑压力式膜则要求采用错流模式和较低的进水利用率下运行，如两级的回收率分别为 86% 和 13%，此时能耗会较高。二级超滤系统多用于高回收率（≥99%）的低压膜系统或者污染程度较高的原水，此时对污染膜需反冲洗，其中第一级的反冲洗水可通过第二级膜回收。

5. 与现有深度处理工艺相结合

考虑到我国的自来水水源水质特点，超滤膜将会与现有深度处理工艺相结合，如强化混凝、臭氧、活性炭（包括粉末炭、颗粒炭、生物活性炭）等的组合应用将实现对微污染水源水的综合净化处理。根据水源水质特点和超滤膜的特点，可以考虑 3 种主体工艺选择：

工艺 1：混合反应→澄清→臭氧→生物活性炭→超滤

该工艺适合水质稳定、低浊度的原水，生物活性炭相当于超滤膜系统的预处理，此时超滤膜膜面积减少 15%～25%，可以在高的膜通量和回收率下运行，且化学清洗频率低，膜系统的基建投资和运行成本会降低。但是，如果采用一级膜系统，那么前处理、臭氧和生物活性炭处理流量会增加 5%。

工艺 2：混合反应→（澄清）→超滤→臭氧→生物活性炭

该工艺适合水质（如浊度、微生物）波动比较大的原水，澄清单元根据原水水质和所选膜形式（浸没式或压力式）而确定。超滤有效去除了来水的悬浮物、浊度、胶体和微生物，是臭氧和生物活性炭工艺单元的最佳预处理，这可减少臭氧发生器容量约 10%，生物活性炭的运行周期会大大延长。同时由于是微絮凝过程，混凝剂剂量大大减少，使全厂的泥水处理量最少。该工艺在工程设计时，需要考虑生物活性炭的可能微生物泄漏问题。

工艺 3：强化混凝或粉末炭或气浮→超滤

该工艺适合季节性有机物（色度、臭味）和藻类污染的原水，可降低膜工程系统的一次性投资和占地，充分发挥了以低压膜为主体的短流程工艺特点。

6. 膜生物反应器在给水处理中的应用

膜生物反应器（MBR, membrane bioreactor）工艺主要用于污水处理，通过好氧生物反应器与微滤或超滤膜技术的有机结合，有效克服了传统活性污泥法的污泥膨胀问题，MBR 的处理效果与污泥的沉降特性无关。MBR 工艺将生物处理、二沉池和深度过滤工艺合为一个工艺，一步达到三级处理的水质要求。膜生物反应器目前已逐步用于更严格排放标准的新建污水处理厂和已有污水处理厂的改扩建工程。典型的膜生物反应器工艺流程见图 12-15。

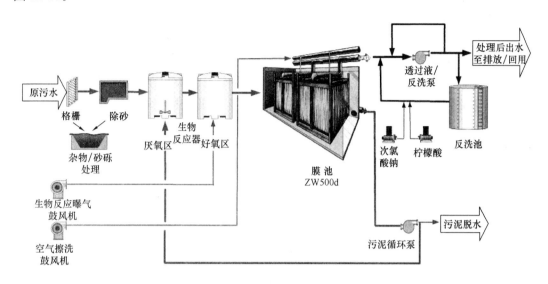

图 12-15 典型 MBR 系统

从图 12-15 可见，经过 1mm 穿孔式细格栅筛滤过的原污水，或使用泵或由重力流入生物反应池。在生物反应池中通过扩散式曝气系统进行曝气。

超滤或微滤膜是浸没在生物曝气池或膜池中，直接与活性污泥混合液接触。与压力式膜相比，采用负压抽吸的方式将中空纤维膜的透过液泵至后续中间水池。在膜箱下部采用间歇曝气方式产生紊流来擦洗中空纤维膜的外表面，这可大大减轻膜的污堵。

在生物反应池和膜池之间保持连续的污泥循环流，一般是平均设计流量的 3～4 倍。由透过液泵抽吸而产生负压，将透过液（处理后出水）从生物反应器中透过膜抽吸出来。通过对透过液泵运转速度的控制，来维持生物反应器水池中水位的恒定。

对膜施加的真空负压的同时，透过膜的水流被持续监测。通过反冲洗的方式对膜进行定期的清洗。用来反冲膜的水一般是储存在反冲水池中的透过液。反洗水池在污水厂正常运转中自动由透过液泵灌满。反冲用的水泵将水从反冲水池中抽出，然后泵入膜丝内。反冲频率一般是每 15min 反冲一次，每次持续 30s，不过，不同系统间略有差异。透过液产水流量和反冲流量由安装在透过液泵排水管道上的流量计测量。透过液出水的浊度由在线浊度仪连续监测。

根据特殊的应用和设计要求，采用 MBR 工艺可提供高质量的硝化出水，也可通过增设缺氧生物段获得反硝化后的脱氮处理出水。除磷可通过厌氧生物除磷或化学除磷或反渗透方式来实现。

作为一种新型高效的净水工艺，膜生物反应器用于微污染水源水的处理，可有效地去除水中的氨氮、可生物降解有机物和浊度，相关研究近年来受到越来越多的关注。日本札幌大学采用生物膜—膜反应器（BMR，Biofilm-Membrane Reactor）以去除饮用水中的氨氮。法国的 Delenaghe 和 Chang 应用分置式的膜—生物反应器脱氮，其硝酸盐的去除率可达 99%。波兰的 Ewa 采用厌氧填充床与 MF 结合的分置式膜—生物反应器有效地去除地下水中的硝酸盐氮。

为了加强 MBR 对饮用水源水中有机物的去除，尤其是水中难生物降解的农药、腐殖质类等物质，出现了将活性炭和 MBR 联合使用的工艺。MF/UF 膜不能截留低分子量的有机污染物质，但能有效截留微米级污染物。因此，如果将 MBR 与活性炭联合，活性炭的吸附作用、生物的降解作用和 MF/UF 膜的截留作用在对污染物质的去除上可以互相补充，各自发挥对不同污染物质的去除作用。另一方面，活性炭也可以作为微生物附着生长的载体。因此，投加粉末活性炭（PAC）的附着生长型膜—生物反应器（PAC-MBR）应运而生。

在法国，首先提出了吸附—膜组合工艺：PAC-UF（称为 CRISTAL 工艺），使得吸附有机物、澄清和消毒一步完成。1992 年，因为水源水中硝酸盐氮和杀虫剂的问题促使研究者们将 CRISTAL 和 MBR 结合在一起，即 BIOCRISTAL-DN 工艺，该工艺 1995 年在法国的 Douchy 市进行了处理能力为 $400m^3/d$ 的中试研究，并最终得到了应用。BIOC-RISTAL-DN 工艺的出水 TOC 为 $0.8\sim1.1mg/l$，硝酸盐氮低于 $2.3mg/L$，且生物稳定性好，无色、无臭和无味。由于 PAC 对微量人工合成有机物（SOC）和天然有机物（NOM）的吸附作用，该工艺能够完全地去除杀虫剂，对 NOM 的去除率可达 30%，UV_{254} 去除率达 60%。

在日本 Suzuki 等人也进行了 PAC-MBR 组合工艺处理地表水的研究，采用微滤膜组件，间歇地向反应器中投加 PAC，以去除水中的天然有机物，以 E260（260nm 处的紫外吸光度值）为水质指标，其去除率可达 70%；并通过生物的降解作用来去除锰和氨氮。

国内膜生物反应器在给水处理这方面的研究才刚刚起步，对膜—生物反应器的去除特性及运行特性的研究还有待于深入。清华大学莫罹、黄霞等人考察了悬浮生长型 MBR 和附着生长型 MBR 处理人工模拟微污染水源水时的运行特性。试验采用日本三菱公司的聚乙烯中空纤维微滤膜（孔径为 $0.1\mu m$），结果表明 2 类 MBR 对氨氮的去除率均可达 85%～90% 以上。投加块状填料和粉末活性炭（PAC）的 MBR 对有机污染物去除率较高；投加沸石粉的 MBR 和悬浮生长型 MBR 有机物去除效果较前两者低。当水力停留时间（HRT）为 2～4 h 时，HRT 对 MBR 有机物和氨氮的去除效果影响很小。PAC 投加量及其饱和程度会影响 PAC-MBR 系统对有机物，特别是 UV_{254} 的去除率。当 PAC 投加量提高到 1000mg/L 以上时，PAC 饱和前 UV_{254} 的去除率可较块状填料-MBR 提高约 25%；PAC 饱和后，两系统对有机物的去除效果相差不大。对于连续运行中膜的过滤性能，投加 PAC 和块状填料的 MBR 与悬浮生长型 MBR 相差不大，而沸石粉-MBR 最低。改变 PAC 投加量对 PAC-MBR 中膜过滤性能的影响不大。同时，由于 MBR 形式的不同，膜外表面表现出不同的污染特征：悬浮生长型 MBR 膜表面滤饼层较厚，附着微生物较多，物理清洗可使滤饼层大部分脱落，但对膜过滤性能的恢复效果较小；碱洗对膜过滤性能的恢复作用显著，有机污染对膜阻力贡献最大。而附着生长型 MBR 膜表面为粘性凝胶层所覆盖，常规物理清洗效果小，采用超声波清洗能使膜通透性恢复约 30%，与超声波结合的化学清洗效果优于常规化学清洗。各种 MBR 的膜内表面基本无污染。

12.3.6　工程案例分析

1. 压力式膜——以英国 Clay Lane 自来水厂为例

1) 工程背景

位于英国东南部的 Clay Lane 自来水厂，水源取自 8 口地下水井，最早只采用消毒工艺就直接供水，1996 年改扩建后采用臭氧—颗粒活性炭工艺，日处理规模 16 万 m^3/d，向伦敦北部和西部地区的 300 万居民供水。随着水质标准的提高，尤其针对蓝伯氏贾第鞭毛虫孢囊和隐孢子虫卵囊的问题提出，使水厂考虑采用膜技术。

2) 解决方案

改建的 Clay Lane 自来水厂是目前欧洲较大的超滤水处理系统之一，采用臭氧—颗粒活性炭—两级 X-FLOW 超滤膜系统。该厂自 2001 年 4 月投产，最大产水量 16 万 m^3/d。X-FLOW 超滤膜是内压式改性聚醚砜中空纤维膜，其主要目的是作为供水终端的微生物屏障，同时由于水源会受到雨季等的影响，考虑由超滤膜来保证在原水浊度较高时保证供水水质。

图 12-16　英国 Clay Lane 自来水厂超滤膜系统

X-FLOW 超滤膜系统见图 12-16 所示，主要系统参数见表 12-8 所示。超滤系统的反洗频率视原水浊度等情况而定，并不定期进行化学加强反洗，即在反冲洗时投加一定浓度的酸或碱来实现强化清洗，每次化学加强反洗均保证有 10min 的静态浸泡过程。为提高水的利用率，一级超滤系统的反冲洗废水进入二级超滤系统进一步处理，这样整个水厂的水利用率可保持在 99.9% 以上。

X-FLOW 超滤膜系统的工艺参数　　　　　表 12-8

参数	一级超滤	二级超滤
超滤系统（套）	32	4
每套系统的超滤压力容器数量（个）	12	12
每个压力容器的膜组件数量（个）	4	2
总的膜组件数量（个）	1536	96
总的膜面积（m^3）	53760	3360
进水流量（m^3/d）	160000	7000
废水流量（m^3/d）	<6000	<100
水利用率（%）	>97	>98
总的水利用率（%）	>99.9	

2. 浸没式膜——以新加坡 Chestnut 水厂为例

1) 工程背景

多年来，新加坡公共设施委员会一直在努力为工业和市政用于提供充足的用水。随着总人口已经增长超过了 600 万，新加坡公共设施委员会开始重新评估目前的饮用水设施以保证日益增加的用水需求。

Chestnut 水厂是新加坡最大的饮用水厂之一，它采用传统的砂滤工艺。水厂目前的原水来自 Upper Pierce 水库，未来可能再加上来自 Tebrau 河的河水，由于原水平均浊度是 5.4 NTU，平均色度是 22 Hazen 单位，所以 Chestnut 水厂对满足政府规定的出水水质感到很困难，急需升级目前的净水设施。因为和一个自然保护区临近，水厂需要用最小的占地面积来升级系统，所以水厂可提供的面积比已有的传统技术所要求的要小很多。

2）解决方案

在选择升级系统供应商的过程中，新加坡公共设施委员会一直和 Black & Veatch SEA Pte. Ltd 工程咨询公司合作。在确定采用超滤技术后，对多种不同的超滤膜技术进行了为期 5 个月的中试试验。最后在 2002 年 11 月新加坡公共设施委员会选择 GE 公司的 ZeeWeed® 浸没式膜技术，处理规模为 273000m³/d。

整个水厂从设计到安装调试总共仅用了 13 个月，2003 年 12 月工程建成后，Chestnut 水厂是世界上最大超滤膜饮用水厂（图 12-17）。水厂的土建是按照未来日处理量 478000m³/d 来建造的，而膜数量按照一期 273000m³/d 的处理量来安装。整个水厂占地面积 2500m²，273000m³/d 出水量仅用了 16 个膜列，当然未来扩建为 478000m³/d 处理量后会增加 12 个膜列变成 28 个膜列，单位占地面积处理水量 190m³。

图 12-17　新加坡 Chestnut 水厂

Chestnut 水厂工艺流程如图 12-18 所示。

原水从水库先经过 1mm 的细格栅，然后采用强化混凝工艺，即投加铝盐去除色度和总有机物，同时投加石灰控制 pH 值。

水经重力流至絮凝池，与传统混凝反应不同，在该工程中采用高的 G 值（90～100s⁻¹）和小的 T 值（5min），其目标是生成密实的细小絮体。絮凝池出水再进入 Zee-Weed 膜池，通过把水从超滤膜外抽吸出来完成过滤，这个过程与一般采用透过液抽吸泵的方式不同，水厂采用虹吸式的设计形成真空压从而获得过滤后的出水。因为虹吸设计仅

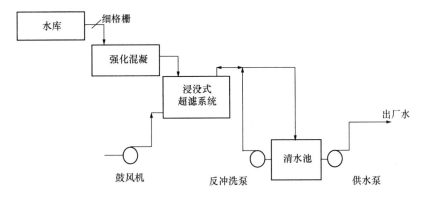

图 12-18 Chestnut 水厂工艺流程

依靠重力，所以整个水厂的设计更简单，占地和运行费用（能耗）都极大地降低。膜池、进水配水渠、工艺设备间的总占地面积为 2500 m^2。ZeeWeed 膜池液位和下游水池液位之差是 9m。

与传统工艺相比，ZeeWeed 强化絮凝工艺去除色度和总有机物（TOC）效率高，所用絮凝剂量也更低。典型出水水质见表 12-9。同时更低的投药量也显著地降低了处理浓水的费用。

Chestnut 饮用水厂典型膜出水水质　　　　　　　　　　　　　　　　表 12-9

	原水	处理后出水
浊度（NTU）	5.4	< 0.3
UV_{254}（cm^{-1}）	0.14	0.014
色度（Hazen 单位）	22	< 5
铝（mg/L）	0.1	< 0.05

12.4 纳滤

12.4.1 概述

纳滤膜是 20 世纪 80 年代末发展起来的新型膜分离技术，是介于反渗透膜和超滤膜之间的一种压力驱动膜，是近年来国际上发展较快的膜品种之一。该类膜对多价离子和分子量在 200 以上的有机物的截留率较高，而对单价离子的截留率较低。

早期的具有纳滤性质的膜的名称并不统一。20 世纪 70 年代，以色列脱盐公司用"混合过滤"（Hybird Filtration）来表示介于反渗透与超滤之间的过滤过程。这种膜对 NaCl 的截留率为 50%～70%，对有机物小分子的截留率可达 90%，使用"混合过滤"较难准确地描述该过程的特征，且容易让人产生误解。根据相应膜的截留分子量，这种膜的孔径处于纳米级范围，所以美国陶氏（DOW）化学公司把这种膜技术称之为纳滤。如今世界上各大反渗透膜公司大多已涉足纳滤膜的生产，但是各大膜公司对产品取的名称各不相同。根据膜的性质，被称作疏松型反渗透、部分低压反渗透、超渗透（ultra-osmosis）以及电荷 RO/UF，这些都应归类于纳滤范畴。

1. 定义

通常，纳滤的定义包括以下 6 个方面：

（1）介于反渗透与超滤之间；

（2）孔径在 1nm 以上，一般 1～2nm；

（3）截留分子量 200～1000；

（4）膜材料可采用多种材质，如醋酸纤维素、醋酸-三醋酸纤维素、磺化聚砜、磺化聚醚砜、芳香聚酰胺复合材料和无机材料等；

（5）一般膜表面带负电；

（6）对氯化钠的截留率小于 90%。

国内的纳滤膜研究工作始于 1990 年，至今还没有成熟的产品出现，大都还处于实验室阶段。国内研究涉及的材料主要有：带酚酞侧链的磺化聚醚砜、磺化聚醚砜、磺化聚砜、醋酸纤维素、聚酰胺、由胺与过氧化物合成的正电性高聚物、丙烯酸共聚物等。

由无机材料制备的纳滤膜虽然还没有商品化，但是由于无机材料同有机高分子材料相比，具有耐高温、耐化学溶剂等特点。因而，无机纳滤膜的研究也受到人们的重视。

2. 纳滤膜分类

纳滤膜分为 2 类：传统软化纳滤膜和高产水量荷电纳滤膜。前者最初是为了软化，而非去除有机物，其对电导率、碱度和钙的去除率大于 90%，且截留分子量在 200～300 之间（比反渗透膜的高），这使它们能去除 90% 以上的 TOC。后者是一种专门去除有机物而非软化（对无机物去除率只有 5%～50%）的纳滤膜，这种膜是由能阻抗有机污染的材料（如磺化聚醚砜）制成且膜表面带负电荷，同时比传统膜的产水量高，这种纳滤膜对有机物的去除是高的，这依赖于有机物的电荷性，一般带电的有机物的去除率高于中性有机物，因而截留分子量就不是一个很好的有机物表征量。同时由于它对无机物去除率低，将会减少膜的污染、膜浓水的处置和产水的后处理。

传统软化膜对有机物的去除由分子量大小来决定，膜制造厂家通常采用聚乙二醇或类似的有机物来测定膜的截留分子量，大于截留分子量的有机物能全部去除，而小于截留分子量的物质的去除率与它们的尺寸、离子电荷和膜的亲和性有关。所以，如果选用传统软化纳滤膜，确定原水中有机物的分子量分布是十分必要的。

12.4.2 纳滤膜的传质机理和模型

纳滤类似于反渗透与超滤，均属于压力驱动的膜过程，但其传质机理有所不同。一般认为，超滤膜由于孔径较大，传质过程主要为孔流形式，而反渗透膜通常属于无孔致密膜，溶解—扩散的传质机理能够很好地解释膜的截留性能。由于大部分纳滤膜为荷电型，其对无机盐的分离行为不仅受化学势控制，同时也受到电势梯度的影响，其确切的传质机理至今尚无定论。

Wijmans 等认为当膜的孔径很小时，其传质机理为处于孔流机理和溶解—扩散之间的过渡态，因为孔流和溶解—扩散机理的区别就在于传质通道（孔）存在的持续时间。存在于溶解—扩散膜中的传质通道是随着构成膜的高分子链间的自由体积波动的出现而出现的，渗透物就是通过由此产生的通道而扩散透过膜。在孔流膜中，"自由体积"形成的孔相对固定，位置和通道的大小都不会有大的波动。所以"自由体积"越大（即孔越大），孔所持续的时间越长，膜的性能表现为孔流的特性，将传质通道的位置和大小不会发生改变的叫作永久孔，相反膜中的传质通道为非固定的叫作暂时孔。因此，超滤膜中的孔是永久性的，而反渗透中的"孔"是暂时性的。初步估计，永久孔与暂时孔的过渡态的孔径为0.5～10nm，也就是纳滤膜的孔径范围。

目前已经有很多纳滤膜商品化。对于所制备的高性能膜，人们总希望能够以定量的方法对膜性能进行预测，这不仅可以将现有的膜系统优化，而且能拓宽膜的应用范围，由此发展了几种模型来预测膜的性能：非平衡热力学模型、固定电荷模型、空间电荷模型和杂化模型等。

12.4.3　纳滤膜系统

对于纳滤膜系统，由于进水盐浓度低和一价离子去除率低，使纳滤系统的进水压力和渗透压比反渗透系统要低得多。因此纳滤系统的水头损失不能像反渗透系统那样被忽略，传统的反渗透设计结构已经不适宜于纳滤系统。Eriksson提出采用渗透回压、增设中间加压泵和部分浓水回流等3种方法来提高回收率，如图12-19所示。

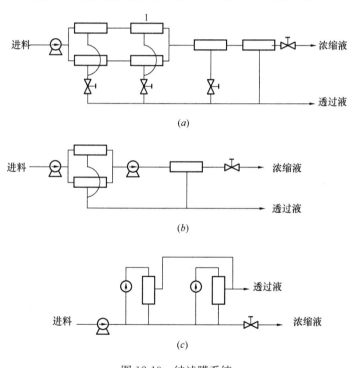

图 12-19　纳滤膜系统
(a) 有渗透背压；(b) 有增压泵；(c) 循环

(1) 渗透回压：见图12-19 (a)。在上游压力容器的产水管线上加设阀门，此时上游压力容器中的膜组件产水量不会很高，但有足够高的压力将浓水供给下游压力容器。这样的系统目前在美国的艾奥瓦州运行。

(2) 增设中间加压泵：见图12-19 (b)。与渗透回压相比，这种系统利用能源的效率高，但是增加了系统的复杂性和中间加压泵的维修管理。对于大型的系统，增设中间加压泵可能会因为节能而具有较大的应用前景。

（3）部分浓水回流：见图 12-19（c），这种低压循环运行多用于超滤系统。对于纳滤系统来说，因为低的渗透压，回流能够在高百分比下进行，使得回收率升高。与前 2 个系统相比，循环系统更具有灵活性，但费用较高些。有研究表明，一段（有回流循环）比多段（无回流）产水量大、总压力降低、回收率高，只是回流会使能耗（渗透压）和产水浓度略微增加。这说明，如果采用回流，则达到相同产水量所需的膜面积较小。

12.4.4 纳滤的应用

在饮水处理中，可以选择不同性能的纳滤膜。纳滤膜可根据图 12-20 所示进行初步筛选，但是针对不同的实际的微污染水源水，工程设计人员需要进行必要的原水水质分析和纳滤膜小试才能确定合理的纳滤膜及其工艺系统。大型的纳滤膜水厂见表 12-10 所列。

大型纳滤膜水厂

表 12-10

地　　点	产水量（m³/d）	膜形式	年	膜厂家
鄂尔多斯，中国内蒙古	148000	NF	2012	陶氏
Mery-sur-Oise，法国巴黎	140000	NF	1999	陶氏
Palm Beach County System 9，美国佛罗里达	86700	NF	2001	陶氏
好莱坞，美国佛罗里达	53000	NF	1995	海德能
Plantation-Central Plant，美国佛罗里达	45400	NF/RO	1991	流体
Naples，（Collier County），美国佛罗里达	45400	NF	1993	海德能
Fort Myers，美国佛罗里达	45400	NF/RO	1992	海德能
City of Sunrise，美国佛罗里达	45400	NF	2000	陶氏
Dunedin，美国佛罗里达	36000	NF/RO	1991	海德能
Palm Beach County System 3，美国佛罗里达	35200	NF	1994	流体
City of Boynton Beach，美国佛罗里达	30000	NF	1993	陶氏
Plantation-East Plant，美国佛罗里达	22700	NF	1998	海德能
Indian River County，South，美国佛罗里达	22700	NF/RO	1991	海德能/流体
Bajo Almanzora，西班牙	21000	NF	1995	陶氏
A Brewery Company，美国佛罗里达	18900	NF	1999	陶氏
City of Miramar，美国佛罗里达	17000	NF	1995	陶氏
Cooper City，美国佛罗里达	11400	NF	1998	陶氏
Indian River County，美国佛罗里达	11400	NF	1998	陶氏
Clefton，美国科罗拉多	15900	NF	1998	GE

在图 12-20 中，Ⅰ类纳滤膜对水中的盐、硝酸盐、铁、硬度、色度和有机物（如农药、除草剂和消毒副产物前体等）具有很高的截留率，属于传统软化纳滤膜；Ⅱ类纳滤膜对水中的有机物（TOC）和消毒副产物前体具有较高的截留率，对盐的截留率从 40%～90%（与原水水质有关），对硬度只有 50%左右的截留率；Ⅲ类纳滤膜对低分子量的有机物（如农药、除草剂等）具有很高的截留率，而对水中的盐和硬度只有 30%～50%的截留率。Ⅱ类和Ⅲ类纳滤膜属于高通量荷电纳滤膜。

纳滤膜的这些性能决定了其在饮水处理中特有的广阔的应用，简述如下：

1. 软化

膜软化水主要是利用纳滤膜对不同价态离子的选择透过特性而实现对水的软化。膜软化在去除硬度的同时，还可以去除其中的浊度、色度和有机物，其出水水质明显优于其他软化工艺。而且膜软化具有无须再生、无污染产生、操作简单、占地面积省等优点，具有明显的社会效益和经济效益。

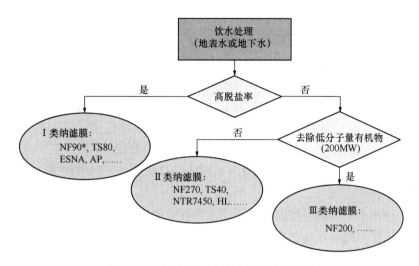

图 12-20 饮水处理中纳滤膜的选择准则

* 表示纳滤膜的商品代号

膜软化在美国已很普遍，佛罗里达州近 10 多年来新的软化水厂都采用膜法软化，代替常规的石灰软化和离子交换过程。近几年来，随着纳滤性能的不断提高，纳滤膜组件的价格不断下降，膜软化法在投资、操作、维护等方面已优于或接近于常规法。

膜软化在饮用水处理中主要应用于常规水脱硬、高硬度海岛水软化和用于海水淡化的预软化。特别是用于海水淡化，其工艺流程为：膜软化（NF）＋反渗透（SWRO）＋多级闪蒸（MSF），海水经纳滤膜处理后，去除了 80% 以上的硬度，TDS 下降了 40% 左右，去除了所有的有机污染物，从而可提高反渗透的操作压力和回收率（回收率可达 60%），且能保证反渗透膜的安全、长期、稳定运行。而且反渗透过程的浓缩海水，由于其硬度低，不易结垢，可再经由多级闪蒸处理获取淡水，并可进一步将整个淡化过程的回收率提高到90% 左右。因此，该集成技术具有良好的应用前景。

2. 用于去除水中有机物

纳滤膜在饮水处理中除了软化之外，多用于脱色、去除天然有机物与合成有机物（如农药等）、"三致"物质、消毒副产物（三卤甲烷和卤乙酸）及其前体和挥发性有机物，保证饮用水的生物稳定性等。

1）"三致"物质的去除

这方面的研究主要是以国内清华大学为代表的课题组，利用色谱－质谱联机、Ames致突实验为评价手段，考察了微污染水源水（包括地表水和地下水）中致突、致畸和致癌的有毒有害有机物质的纳滤去除效果。研究表明，纳滤膜能够去除水中大部分的有毒有害有机物和 Ames 致突变物，使 TA_{98} 及 TA_{100} 菌株在各试验剂量下的致突比 MR 值均小于2，Ames 试验结果呈阴性。进一步的研究将要考察纳滤技术对饮水中的内分泌干扰物质的截留特性，为安全优质饮水提供依据。

2）消毒副产物及其前体物的去除

消毒副产物主要包括三卤甲烷（THMs）、卤乙酸（HAAs）和可能的三氯乙醛氢氧化物（CH）。国外的科技工作者在这方面已开展了广泛的研究，纳滤膜对这 3 种消毒副产物的前体的平均截留率分别为97%、94%和86%。通过合适纳滤膜的选用，可以使得饮用水水质满足更高的安全优质饮水水质标准。

3）保证饮用水的生物稳定性

饮用水的生物稳定性通常采用可同化有机碳（AOC）和可生物降解的溶解性有机物（BDOC）表示。纳滤膜与饮用水生物稳定性的关系国内外均开展了研究，研究表明，AOC和BDOC在低离子强度、低硬度和高pH值下的截留率较高，相比之下，AOC的截留率受水环境条件影响较大（在低pH值、高离子强度和高硬度条件下，纳滤膜对AOC的截留率几乎为零），而由大分子有机物（如腐殖酸、棕黄酸）构成的BDOC的截留率受水环境影响很小。

此外，纳滤出水是低腐蚀性的，对饮用水管网的使用期和管道金属离子的溶出有正面的影响，有利于保护配水系统的所有材料。试验表明采用必要后处理的纳滤膜系统能够使管网中铅的溶解减少50%，同时使其他溶出的金属离子浓度满足饮水水质标准要求。

4）挥发性有机物（VOC）的去除

地表水和地下水中的大多数挥发性有机卤化物（HOVs）是致癌物质，常规的HOVs去除工艺（包括活性炭吸附、氧化、吹脱和生物处理）会出现一些问题，例如有毒副产物形成、污染物被转移进入空气或固相中、原水中微污染浓度的变化或氧化剂的投加等。膜技术（包括真空膜蒸馏和纳滤）避免了副产物的产生和污染物的转移，另外HOVs的回用成为可能。研究表明商业有机纳滤膜对饮用水中痕量的HOVs（如三氯乙烯、四氯乙烯和氯仿）具有较高的截留率，但存在界面化学反应现象，这将影响纳滤膜的使用寿命，因此可考虑采用无机膜或耐溶剂纳滤膜进行进一步的研究。

12.4.5 纳滤技术的发展

微污染水源水的纳滤膜处理将是未来的发展方向。与传统软化纳滤膜相比，新型纳滤膜对无机离子的截留率要低，因此特别适用于处理硬度、碱度低而TOC浓度高的微污染原水。这种纳滤膜的回收率较高（可达85%左右），产品水不需再矿化或稳定，就能满足优质饮水的要求。

纳滤技术使饮用水的水质方面达到并向更高水平发展。同时，纳滤膜的出现标志着一个膜分离法的新概念：可以按原水中的各种成分的去除程度要求，定做特定分离性质的膜。实际上在饮水处理中最需要研发的纳滤膜应该是：① 能够高效地截留水中的消毒副产物前体、天然有机物（NOM）以及农药等有机污染物，以尽量减轻预处理的负担，同时对水中溶解盐分的截留率要小；② 抗污染或低污染的纳滤膜，特别是能够抵抗有机物与微生物污染的高通量纳滤膜；③ 此外应研制与开发大型膜组件与高回收率膜装置，这将会推动纳滤膜技术在饮水处理中的广泛应用。

12.4.6 典型工程案例——法国Mery-sur-Oise纳滤饮用水厂

1. 工程背景

以瓦兹（Oise）河水为水源的Mery-sur-Oise水厂隶属于法国水工会（SEDIF），初建于1911年，采用慢滤池的方法。20世纪60年代改造为快滤池和臭氧法，并于1980年改为臭氧生物活性炭工艺。但是采用臭氧生物活性炭工艺并不能完全达到预期的效果，因为

Oise 河是法国污染最严重的河，水温、浊度随季节变化范围大（水温 1～25℃，浊度 8～60NTU），受到约 300 种农药和化肥的污染，有机物含量非常高，每年的 11 月至 4 月之间 TOC 值高达 6～10mg/L 以上，其中莠去津（$C_8H_{14}N_5Cl$）除草剂含量达 850μg/L。通过对瓦兹河水进行有机物的分子量分布分析（图 12-21）可见，原水的有机污染主要由分子量大于 1000 的大分子量有机物组成。

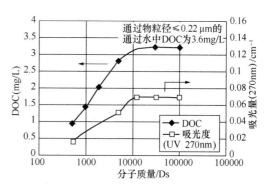

图 12-21 Oise 河水有机物的分子量分布

为了达到新的欧盟饮用水水质标准，法国水工会要求采用低能耗、低污染、易清洗、高水利用率的纳滤技术，其净化目标：

纳滤产水 TOC≤0.18mg/L；

莠去津≤0.05mg/L；

钙≈40mg/l；

使氯耗量从 2～3mg/L 降至 0.1mg/L。

2. 解决方案

Mery-sur-Oise 水厂选用的是美国 DOW 公司的纳滤膜产品，通过对比 NF70、NF90、NF200B 对莠去津和 $CaCl_2$ 的截留率，如图 12-22、图 12-23 所示，最终采用 NF200B 纳滤膜，其主要性能指标见表 12-11，这是一种对有机物去除率高、脱盐率低、部分软化的膜产品，可以维持满足口感和管网输送所需的最低硬度。

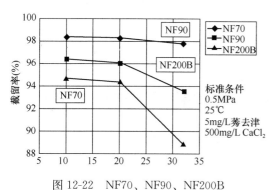

图 12-22 NF70、NF90、NF200B 对莠去津的截留率

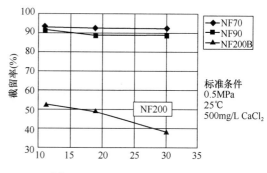

图 12-23 NF70、NF90、NF200B 对 $CaCl_2$ 的截留率

NF200B-400 性能指标　　　　　　　　　　　　　　表 12-11

溶质	产水量（m^3/d）	稳定截留率（%）
$CaCl_2$	30.3	35～50
$MgSO_4$	25.7	97
莠去津		95

Mery-sur-Oise 水厂是世界上首次将纳滤技术用于地表水净化的水厂，也是最大的纳滤膜自来水厂之一（图 12-24），产水量 14 万 m^3/d，负责供应巴黎南部地区 50 个城镇的 80 万人的生活用水，1999 年 11 月调试运行。

图 12-24 法国 Mery-sur-Oise 纳滤饮用水厂

整个水厂包括两条处理线（图 12-25）：①新的纳滤膜工艺；②臭氧生物活性炭工艺，产水量 20 万 m³/d。臭氧—生物活性炭工艺可迅速提高处理水量，是对纳滤膜工艺产水量不足的补充。目前，Mery-sur-Oise 水厂的平均产水量大约为 18 万 m³/d，其中纳滤工艺产水量 13 万 m³/d，余下的 5 万 m³/d 是利用臭氧—生物活性炭工艺生产的。

纳滤膜系统的主要参数为：

（1）系统产水量：5840m³/h。

（2）水温：1～25℃。

（3）运行压力：0.5～1.5MPa。

（4）系统回收率：85%。

（5）浓水处理：返回 Oise 河。

（6）系统共分：8 列。

（7）单列配置：108∶54∶28（图 12-26）。

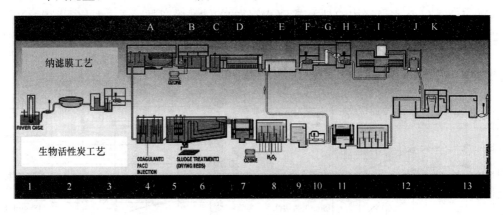

图 12-25 纳滤膜工艺水厂的工艺流程图

A— ACTIFLO 澄清池；B—臭氧接触池；C—混凝快速混合池；D—双介质过滤器；E—中间水池；
F—低压泵；G—保安过滤器；H—高压泵；I—纳滤单元；J—UV 发生器；K—混合池
生物活性炭工艺
1—取水口；2—原水池；3—进水池；4—快速混合池；5—絮凝池；6—沉淀池；7—砂滤池；8—臭氧
接触池；9—中间水池；10—水泵；11—生物活性炭滤池；12—氯接触池；13—清水池、泵站

（8）每个压力容器元件数：6 支 NF200-400。

（9）元件总数/压力容器总数：9120/1520 支。

（10）设计膜通量：17.0 L/(m² · h)。

图 12-27 反映了纳滤膜对有机物的去除效果，纳滤产水的年平均 TOC 值从 1.8mg/L 降到 0.18mg/L，莠去津含量也已经低于检测值。

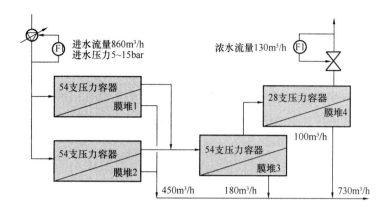

图 12-26　单列纳滤系统一级三段图

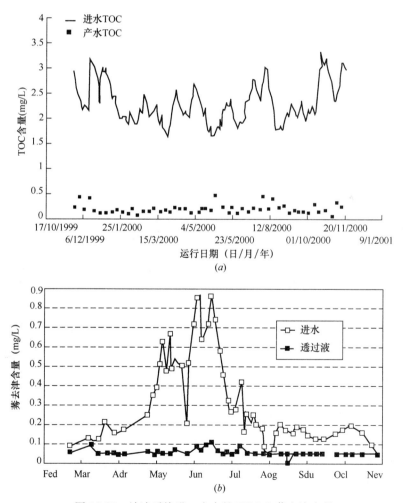

图 12-27　纳滤系统进、出水的 TOC 和莠去津含量

12.5 反渗透

12.5.1 概述

反渗透（Reverse Osmosis），是利用半透膜把水和盐水隔开，水分子由纯水一侧通过半透膜向盐水一侧扩散的现象（图 12-28a）。随着渗透现象的进行，盐水侧液面不断升高纯水侧水面相应下降，经过一定时间之后，两侧液面差不再变化，系统中纯水的扩散渗透达到了动态平衡，这一状态成为渗透平衡（图 12-28b）。π 为盐水溶液的渗透压。渗透平衡时纯水相与盐水溶液相中水的化学势差等于零。如果人为地增加盐水侧的压力，则盐水相中水的化学势增加，就出现了水分子从盐水侧通过半透膜向纯水侧扩散渗透的现象。由于水的扩散方向恰恰与渗透现象相反，因此人们把这个过程称为反渗透（图 12-28c）。由此可见，若用一半透膜分隔浓度不同的 2 个水溶液，其渗透压差为 π，则只要在浓溶液侧加以大于 π 的外压，就能使这一体系发生反渗透过程，这就是反渗透膜分离的基本概念。实际的反渗透过程中所加外压一般都达到渗透压差的若干倍。

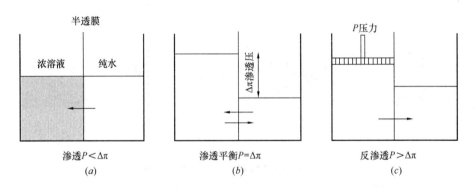

图 12-28 渗透与反渗透现象

目前膜工业上把反渗透过程分成 3 类：高压反渗透（5.6～10.5MPa，如海水淡化），低压反渗透（1.0～4.0MPa，如苦咸水的脱盐），和超低压反渗透（0.5～1.0MPa，如自来水脱盐）。反渗透膜具有高脱盐率（对 NaCl 达 95%～99.9%的去除）和对低分子量有机物的较高去除，有机物的去除依赖于膜聚合物的形式、结构与膜和溶质间的相互作用。

12.5.2 反渗透理论

关于反渗透膜，具有多种不对称膜渗透的透过机理和模型，目前流行的几种机理简有：氢键理论、优先吸附－毛细孔流出理论、溶解扩散理论。

目前一般认为，溶解扩散理论较好地说明膜透过现象，当然氢键理论、优先吸附、毛细孔流理论也能够对反渗透膜的透过机理进行解释。此外，还有学者提出扩散－细孔流理论以及自由体积理论等。也有人根据反渗透现象是一种膜透过现象，因此把它当作是非可逆热力学现象来对待。总之，反渗透膜透过机理还在发展和继续完善中。

近年来的研究证明，反渗透膜对有机溶质的脱除主要受两方面的影响：①膜孔径的机械筛除作用，与有机物分子量大小和形状有关；②膜与有机物间排斥力的作用，这种排斥作用的大小与膜材料和有机物的物理化学特征参数有很大的关系。这些物理学特征参数包括极性参数、位阻参数、非极性参数。

12.5.3　反渗透膜的主要特性参数

衡量反渗透膜性能的 3 个最基本参数是透水率、脱盐率和通量衰减系数。

（1）透水率。透水率也叫水通量，它的定义是单位时间通过单位膜面积的水体积流量。反渗透膜的透水率首先取决于膜材料化学性质（尤其是膜表面的化学特性）和膜的结构特性；其次与反渗透过程的操作条件（操作压力、温度、原水流过膜表面的流速等）有关。

（2）脱盐率。脱盐率是用来评价反渗透膜分离性能的主要指标。

（3）膜通量衰减系数（m）。在长期高压下多孔的高分子反渗透膜必然会有一个被压密的过程。另外，其他因素，如膜的生物降解、氧化、酸或碱腐蚀等也都会破坏膜的化学结构和物理结构，造成膜的透水率下降。通量衰减系数（m）是表示反渗透膜在一定条件下透水率随时间而变化的一个参数。m 值愈小，随操作时间增加膜的透水率的衰减愈慢，亦即膜的抗压密性能愈好，可以使用更长的时间。对一般反渗透膜而言，m 值不应大于 0.03。m 值等于 0.1 的膜，使用 1 年后的透水率仅为起始时的 55%。

12.5.4　反渗透过程的基本流程

反渗透装置是由其基本单元——膜组件以级段的配置方式组装而成的。所谓级，指膜组件的产水再经膜组件处理。产水经 n 次膜组件处理，称为 n 级。所谓段，指膜组件的浓水，流经下一组膜组件处理。浓水流经 n 组膜组件，即称为 n 段。反渗透流程根据应用对象和规模的大小，通常采用连续式、部分循环式和循环式。

反渗透系统可分为 3 个单元，即：预处理单元—反渗透单元—后处理单元。正确的工艺及装备设计，可以节约造价、降低成本，延长反渗透膜的寿命。

12.5.5　反渗透工艺设计

1. 原始资料

水源可归纳为下列几种类型：

（1）海水——含盐量 35000mg/L 的标准海水；

（2）苦咸水——含盐量 2000mg/L 的标准苦咸水；

（3）地表水——江、河、湖、水库水，水质和水温变化较大，通常有机物含量较高，悬浮固体与颗粒较多；

（4）地下水——井水，水质和水温变化较小，但难溶及微溶性盐类含量较高。

不同的水源应根据其水质分析报告来确定系统的预处理工艺。水质分析报告应有下列项目：钙、镁、钠、铁、锰、钡、锶、HCO_3^-、硫化物、氯化物、氟、二氧化硅、SO_4^{2-}、磷酸盐、pH 值、浊度、色度、温度和 COD_{Mn}，有条件时可测 TOC。

产水量按 m^3/h 计。工作方式分连续工作与间断工作。

2. 反渗透设备的选型设计

一般膜生产厂家（如 Dow、Hydranautics、GE、Koch 等公司）可以提供相关的计算机设计软件（可从各公司网站下载）。

3. 预处理工艺

反渗透单元对进水有严格的要求，见表 12-12。预处理的目的是为了将不同的原水处理成符合膜进水要求的水，以免 RO 膜在短期内损坏。预处理水量等于膜产水量除以回收率（或水利用率）。

反渗透膜和纳滤膜对进水水质的要求 表 12-12

项 目	卷式醋酸纤维素膜	卷式复合膜	中空纤维聚酰胺膜
SDI_{15}	<4 (4)	<4 (5)	<3 (3)
浊度（NTU）	<0.2 (1)	<0.2 (1)	<0.2 (0.5)
铁（mg/L）	<0.1 (0.1)	<0.1 (0.1)	<0.1 (0.1)
游离氯（mg/L）	0.2~1 (1)	0 (0.1)	0 (0.1)
水温（℃）	25 (40)	25 (45)	25 (40)
操作压力（MPa）	2.5~3.0 (4.1)	1.3~1.6 (4.1)	2.4~2.8 (2.8)
pH 值	5~6 (6.5)	2~11 (11)	4~11 (11)

注：1. 括号内为最大值；

2. 纳滤膜的操作压力一般为 0.5~1.0MPa，最大值为 2.7MPa。

表 12-13 列出了不同原水的典型预处理流程。

反渗透系统中典型的预处理方法 表 12-13

污染物类型	预处理方法
悬浮固体或颗粒	格栅、水力旋流器、滤芯过滤、多层介质过滤、超滤、微滤
胶体	混凝—过滤、超滤
难溶性盐	加酸、石灰软化、加阻垢剂、阳离子交换、磁化
金属氧化物	酸清洗
生物污染物	氯化、臭氧、紫外照射、加亚硫酸氢钠、加硫酸铜、超滤、微滤
有机污染物	混凝—过滤、活性炭吸附、化学氧化

4. 后处理工艺

对反渗透产水进行保质或水质调整称之为后处理。常见的后处理要求有 3 种：

1）保质要求

由于 RO 产水活性高，无防腐剂，当长时间存放时，其与空气或容器接触后，溶于水的细菌可能会比其在原水中更快繁殖，影响水的品质，故需要采用一定的方法进行保质。常用方法有：臭氧杀菌、紫外线杀菌。

2）提高酸碱度要求

RO 膜对水中 CO_2 的截留率几乎为零，CO_2、HCO_3^-、CO_3^{2-} 透过膜的能力大小依次为：$CO_2 > HCO_3^- > CO_3^{2-}$，故一般产水偏酸性，pH 值在 4.5~6.5 左右，且其 pH 值随原水中 HCO_3^- 含量的变化而变化。

一般采用脱 CO_2 器或投加碱或通过石灰过滤柱以提高水的 pH 值。

3）超纯水的制备

在膜法制备超纯水的流程中，大多数以反渗透作为离子交换的预脱盐。目前，美国电子工业已有 90% 以上采用反渗透和离子交换树脂相结合的装置。二级反渗透预脱盐制取更高纯度超纯水的流程在日本等国也已采用。

12.5.6 反渗透浓水处置的现状和趋势

反渗透及纳滤系统的废弃物有预处理淤泥、清洗液、保护液以及浓水等副产物。除浓水之外，其他副产物与传统水处理设施一致，都有现成的处置方法可以参照。

原水中的杂质在其中得到了浓缩，如果反渗透浓水中得不到妥善的处置，直接排入天然水体，必然会对水环境产生不利影响。国内目前对于反渗透浓水基本没有进行特别的处置，多数采用就地排放的方式。浓水的水质和水量之间的平衡对浓水的处置方式影响很大，同时回收率的选择也受到了处置可能方式的影响。有时将浓水与其他水或废水进行混合后排放，无论在可行性上还是经济性上都是较好的选择方案。比如将浓水与处理后的城市排水、工业废水或电厂冷却水混合排放。

如何处置浓水或与其他水的混合液，取决于浓水的水量和水质、处置地点的地理环境和对水源、土壤的潜在影响。目前国外的典型处置方法有：

（1）地面水排放（海洋、潮水）；

（2）深井注射；

（3）喷灌；

（4）废水处理装置；

（5）蒸发塘；

（6）蒸发结晶零液体排放。

12.5.7 反渗透在市政给水处理中的问题

反渗透在市政给水处理应用中存在的主要问题为：①造价高；②能耗高（虽然可采用能量回收的方式，但其能耗仍高于目前的水处理工艺）；③浓缩水的处置困难。内陆城市采用反渗透后，浓水无处排放，即使是在沿海地区，由于海流问题，浓水的排放也可导致排放区的海水盐类浓度升高。

反渗透目前已在小型的水处理工程中得到应用，如小区的分质供水、包装饮用水和家用净水器中都有反渗透技术的采用。

第 13 章　微污染水源饮用水组合工艺处理效果分析和毒理学评价

对于微污染水源饮用水净化，通常采用组合处理工艺。因此组合工艺的选择是非常重要的，影响工程投资和运行费用，还影响饮用水安全性。本章采用色谱/质谱联机分析（GC/MS）、有机物分子量，对组合工艺的有效性进行分析，采用 Ames 毒理学方式对组合工艺的安全性进行评价。

13.1　GC/MS 分析水中微量有机物

色谱质谱联机分析（GC/MS）是目前确定水中有机物种类的有效方法之一。通过 GC/MS 分析，将质谱图与标准质谱图比较，可确定有机化合物的种类、结构特征和名称，进而通过有机物毒性数据库查出有机物的毒性与特征。因此，GC/MS 可作为原水与净化后水质评价的重要依据，可利用此技术评价不同处理工艺以及组合工艺中不同处理技术的效果。

13.2　组合工艺的有机物分子量分析

根据水源水中有机物的分子量分布及其不同分子量有机物的特性，依据不同单元工艺的去除对象及其相互联系，可以对水处理工艺的组合方式进行选择。

1. 以水中有机物的分子量为工艺选择的根据

水中有机物种类繁多，不同形态有机物要用不同的工艺加以去除。表 13-1 大致列出了水源水中有机物种类和相应的去除方法。

一般而言，常规处理主要去除分子量大于 10000 的有机物，对于分子量 10000 以下的有机物只能部分去除，对分子量小于 1000 的有机物基本无去除作用甚至有所增加。

活性炭（GAC）吸附主要去除分子量 500~3000 的有机物，对更大分子量的有机物由于存在"空间位阻效应"而难以进入 GAC 的吸附孔道，对分子量 500 以下的有机物由于其亲水性较强而难以吸附。但是，对分子量 1000 以下有机物中的 Ames 试验活性组分有良好的去除。研究证明，致突变活性物质是一些亲水性不高的组分；生物处理主要去除水中分子量小于 1000 的亲水性有机物，对更大分子量的有机物由于细胞膜的屏障作用而难以进入细胞内部。

生物滤池的生产性试验说明，生物滤池 DOC 的去除率似乎主要与分子量 500 以下的有机物占 DOC 的百分比有关。水中有机物也可划分为悬浮态有机物、胶体有机物和溶解性有机物。根据能否被微生物去除而划分为可生物降解和不可生物降解的有机物等。水中可生物降解的有机物由生物处理去除，而不可生物降解的有机物则不能用生物处理去除，同时对于悬浮状态和胶体状态的有机物，采用混凝沉淀方法则有好的去除效果，特别对于大分子有机物（分子量大于 10000）常规工艺对其去除效果较好。对分子量小于 3000 的有机物，亲水性的可生化部分可用生物处理加以去除，憎水及难降解部分用活性炭去除。总之，生物处理、活性炭吸附和常规处理三者基本呈互补关系。

2. 水源水中 UV_{254} 与工艺选择的关系

目前，自来水中最成问题的有机物就是 UV_{254} 附近发现的有机物，如腐殖质类物质受到氯的作用后生成三氯甲烷等消毒副产物，水中 Ames 试验的致突活性物质在紫外区有明显的吸收，因此在水质控制中要对 UV_{254} 附近发现的有机组分进行处理。在 UV_{254} 处吸收较弱的组分具有较强的可生化性，对饮用水的生物稳定性有重要影响。因此在 UV_{254} 处吸收最弱或不吸收的组分用生物处理，在 UV_{254} 处发现的高分子组分用混凝处理，在 UV_{254} 处发现的低分子量组分用活性炭吸附去除，这样就可有效地去除水中这些组分。有机物的紫外吸收与对应的处理方法见表 13-1 所示。

水处理不同单元和工艺的去除对象　　　　　　表 13-1

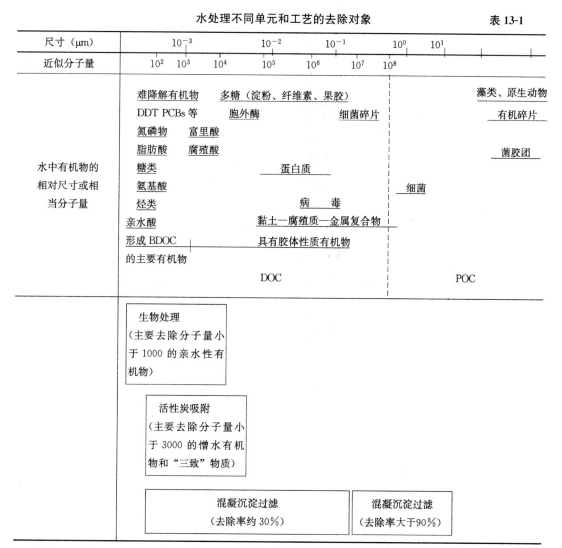

备注：1. 水中大分子有机物的分子量和相对尺寸不同资料来源有差异；

2. 生物处理对分子量>1000 的有机物有一定去除，但在给水处理中不是主要去除对象。

13.3 生物预处理组合工艺的致突变活性评价

生物预处理与常规处理组合工艺的氯化出水同常规工艺氯化出水对 TA98 和 TA100 菌株的剂量反应关系见表 13-2。对于移码型突变的 TA98 菌株，组合工艺、常规工艺氯化出水都呈现良好的剂量—反应关系，相关系数分别为 0.957 和 0.999，组合工艺出水在剂量为 3L/皿时诱变指数（MR）为 2.62，大于临界诱变指数（$MR＝2$），呈阳性，常规工艺出水在最小剂量（0.5L/皿）时诱变指数为 2.53，已大于临界诱变指数，在最大剂量条件下（5L/皿），组合工艺诱变指数为 4.25，常规工艺诱变指数为 7.91，后者几近前者 2 倍，由此说明了组合工艺及常规工艺氯化出水中均存在直接移码型致突变物质。但常规工艺出水的直接移码型致突变活性大大高于组合工艺出水。

对于碱基置换型突变的 TA100 菌株，组合工艺出水呈现良好的剂量—反应关系，相关系数为 0.999。在剂量为 3L/皿条件下，诱变指数为 2.73，已大于临界诱变指数，在最大剂量（5 L/皿）条件下，诱变指数为 4.2，呈现比较强的致突活性，常规工艺氯化出水则在剂量为（1 L/皿）时，诱变指数即达 2.56，大于临界诱变指数，在最大剂量即 5 L/皿条件下，则产生抑菌现象，呈现了较强的致突活性，由此说明组合工艺及常规工艺氯化后出水中均存在碱基置换型致突变物质，常规工艺出水比组合工艺出水有更强的致突活性。

比较 TA98 和 TA100 的测定结果，显然常规工艺的出水 TA98 的诱变指数比 TA100 要高得多。对常规工艺出水与组合工艺出水进行比较，TA98 型致突活性提高了近 1 倍，TA100 型致突活性只提高 25％左右。根据黄君礼等人的研究结果：氯化消毒副产物的致突变活性主要以直接移码型为主，因此也说明生物处理单元对氯化消毒副产物的前体物有十分好的去除作用。

组合工艺与常规工艺氯化出水 Ames 试验结果比较 表 13-2

	TA98			TA100		
	每皿水样量 (L/皿)	诱变指数 (MR)	相关系数 (R)	每皿水样量 (L/皿)	诱变指数 (MR)	相关系数 (R)
组合工艺	0.5	1.81		0.5	1.21	
	1	2.28	0.957	1	1.46	0.999
	3	2.62		3	2.73	
	5	4.25		5	4.2	
常规工艺	0.5	2.53		0.5	1.67	
	1	2.91	0.999	1	2.56	
	3	5.47		3	5.25	
	5	7.91		5	5.32	抑菌

综上所述，组合工艺及常规工艺氯化出水中既存在移码型致突变物质又存在碱基置换型致突变物质。常规工艺出水的致突活性比组合工艺出水的致突活性更强，说明水源水经

生物预处理后，一方面微生物通过代谢分解了部份毒性物质与致突物的前体物，另一方面生物预处理出水更利于后续常规工艺对水中存在的有机物（包括有毒有机物）的去除作用，因此，同样经过加氯后，尽管各种工艺出水都呈现致突活性，但组合工艺出水的致突活性弱于常规工艺出水，也进一步说明了生物预处理对改善受污染饮用水水质，去除水中各类有机物，降低出厂水致突活性，提高饮用水的安全性的良好作用。

13.4 活性炭组合工艺的 Ames 毒理学评价

活性炭吸附一般置于常规处理之后，因此常规处理出水的质量直接关系到活性炭（GAC）处理的效果。当常规处理的效果不佳时，水中的悬浮颗粒和大分子有机物会堵塞活性炭的大孔和过渡孔，阻塞小分子进入活性炭微孔的必由之路，缩短了活性炭的使用寿命，通过对活性炭的"解剖"发现，当以上现象发生时活性炭的碘值未有明显的下降。为了延长活性炭的吸附周期，在整个工艺设计和运转中应加强预处理和常规处理以减轻活性炭的有机负荷，这样才能充分发挥活性炭易于吸附小分子、弱极性、难降解有机物的特长。一些研究者证明混凝能明显地提高活性炭的吸附能力，并能加快其吸附速率。

由表 13-3 可以看出，活性炭对胶体有机物、淀粉、糖类等的吸附能力很差，而且易于堵塞活性炭的过渡孔，影响小分子有机物向微孔的迁移。因此采用活性炭作为后处理时，应适当加大混凝剂的投加量，强化对大分子有机物的去除，以延长活性炭的使用周期。常规处理与活性炭吸附都倾向于去除水中憎水性较强的有机物，这是它们的共同特点，而且在去除水中不同分子量有机物方面又具有互补性。

活性炭容易和难于吸附的有机物

表 13-3

容易吸附的有机物	难于吸附的有机物

1 芳香溶剂类
  苯、甲苯、硝基苯等
2 氯化芳香烃
  PCBs（多氯联苯）、氯苯、氯萘
3 酚和氯酚类
4 多核芳香烃类
  二氢苊、苯并芘等
5 农药及除草剂类
  DDT、艾氏剂、氯丹、六六六、七氯等
6 氯化非芳香烃类
  四氯化碳、氯烷基醚、六氯丁二烯等
7 高分子烃类
  染料、汽油、胺类、小分子量腐殖物
	1 醇类
	2 低分子酮、酸、醛
	3 糖类和淀粉
	4 大分子有机物或胶体物质
	5 低分子的脂肪类

在去除水中的致突变组分方面，常规处理不但不能去除水中原有的致突变物，反而有所增加。混凝出水 Ames 试验致突变活性升高的原因，可以认为主要是由于水中的致突变组分为极性不高的组分（如人工合成的化学品），易于吸附在大分子有机物的表面并与这

些大分子有机物的表面的官能团发生较为复杂的作用（如离子交换、络合、螯合等）而形成"复合体"，这些复合体的致突变活性大大低于其单体的活性。例如，在大多数天然水体中，腐殖质是带负电荷的大分子有机物，具有同水中大多数成分进行离子交换和络合的特性，能同水中有毒元素、重金属、有机微污染物等形成结合体，成为有毒、难溶于水的元素及有机微污染物的在水环境中的"增溶剂"和运载工具，使这些物质在水中溶解度增大、迁移能力增强、分布范围更广。某些人造非极性有机污染物如 DDT 在 0.5％水生腐殖酸钠溶液中的溶解度是其在纯水的 20 倍，某些多环芳烃（PAHs）与腐殖质结合得是如此的牢固，以致用现有的分析技术难以准确的定量多环芳烃在水体中的总量，而多环芳烃被认为是"三致"物质；镉对大马哈鱼和藻类的毒性，在腐殖质存在时毒性降低；汞与腐殖质的作用现已被认为是汞在环境中被同化的可能机理。

此外，腐殖质也是土壤中吸附各种农药最重要的成分，腐殖质所具有离子交换和络合的特性，也使得我们难以从水中分离出纯的腐殖质。由于"三致"物质与水中大分子有机物形成的这些复合体（可能由于分子量较大）而难以进入 Ames 试验细菌（TA98 和 TA100）的细胞内，使得其致突变率相对较低，即水中的大分子有机物如腐殖质等对水中的致突变活性物质具有"屏蔽作用"，当向水中加入混凝剂后，由于混凝的水解产物与这些致突变活性物质发生竞争吸附、竞争络合等作用而使这些致突变活性物质发生脱附形成单体游离态，而且混凝对大分子有机物的去除，减少这种屏蔽作用，所以混凝沉淀后水的 Ames 试验结果升高。活性炭置于混凝沉淀过滤之后，可有效去除常规处理过程中游离出来和未游离出来的 Ames 试验的致突活性物质。

在对水中不同分子量有机物的去除上，常规处理主要去除水中具有胶体性质的大分子有机物，活性炭主要去除小分子中亲水性不高的有机组分。

在对 Ames 试验结果活性组分的去除上，常规处理可使水中一些 Ames 试验的活性物质从大分子上游离出来而使 Ames 的试验的致突变性上升，活性炭能有效地去除这些活性物质而使 Ames 试验的致突变性下降；

在运行上，常规处理的出水水质关系到活性炭处理的效果，必须强化常规处理对大分子有机物的去除，以防止对活性炭过渡孔和微孔较大孔径部分的堵塞，而且常规处理也可使水中的一些大分子转化为小分子而有利于活性炭的吸附；常规处理与活性炭吸附都倾向于去除水中憎水性较强的有机物，这是它们的共性；当采用预氯化工艺时，活性炭可较大程度地去除预氯化形成的卤乙酸等非挥发性卤代有机物。

当水中大分子（10000 以上）有机物较少时，常规处理对其去除率大约在 30％左右，虽然活性炭吸附可去除小分子有机物，但活性炭对 TOC 的吸附周期较其对致突变物质的去除周期要短得多，这样常规处理与活性炭的组合工艺对 TOC 的去除率也不会太高，而且常规处理与活性炭吸附二者都对水中小分子亲水性有机物去除性较差，北京某水厂运行结果即说明此问题，常规处理和活性炭吸附对 TOC 的去除率平均为 15％～23％，这除了预氯化的原因外，其水源水（怀柔水库）中有机物主要为分子量小于 3000 的有机物，而且其中有近 50％的有机物为阴离子亲水酸类有机物，因此较难去除。另据资料介绍，水库水中的藻类分泌物易于和混凝剂形成络合物而穿透滤池。因此采用生物处理弥补常规处理和活性炭吸附对去除低分子亲水性有机物的不足是十分有利的。

13.5 蚌埠市饮用水生物陶粒滤池预处理生产规模试验

13.5.1 试验装置、水质分析项目与方法

1. 试验工艺流程及试验装置

生物陶粒滤池预处理生产规模试验装置设于蚌埠自来水公司二水厂。该厂原设计处理能力为 5 万 m^3/d，目前实际产水量约为 3 万 m^3/d。原水取水点位于淮河蚌埠下游。处理工艺流程为：

(1) 原水→混凝→平流沉淀池→过滤→消毒。

(2) 原水→澄清池→三层滤料滤池→消毒。

上述 2 套运行设备是独立平行运行的，其中平流沉淀池长×宽×高为 50m×12m×4m，设计处理能力为 3 万 m^3/d，澄清地直径为 13m，共 2 池，设计处理能力为 18000m^3/d。为了考察生物陶粒预处理技术的可行性，以及比较生物预处理与常规处理的组合工艺与单一常规处理工艺在处理效果上的差异性，在原第二套流程的澄清池前面，新建筑了一组 4 个生物陶粒滤池。试验工艺如图 13-1 所示。过滤出水与第一套流程出水混合，加氯后通过清水池送往用水点。

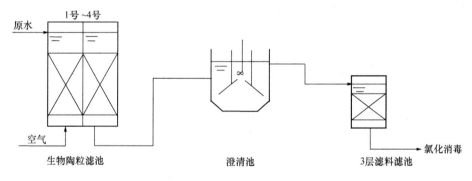

图 13-1 试验工艺流程示意图

陶粒滤池参数如表 13-4 所示，为便于进行试验比较，管路布置考虑了上向流和下向流形式，反冲洗布水采用大阻力穿孔管配水系统，在配水系统以上 50cm 处设有穿孔管布气系统。布水管及布气管均为 ABS 管材。生物陶粒滤池采用的载体为页岩陶粒。

生物陶粒滤池参数　　　　　　　　　表 13-4

池高 (m)	表面积 (m^2)	垫层高度 (m)	陶粒高度 (m)	陶粒粒径 (mm)	配水方式	配气方式	冲洗方式
4.5	25	0.65	2	2~5	穿孔管	穿孔管	气水联冲

2. 水质分析项目与方法

(1) TOC：总有机碳，1994 年 5 月以前使用日本岛津 TOC-10B 仪测定，7 月以后在现场取样加稀硫酸至 pH 为 2 左右，冷冻至 4℃保存带回北京，采用日本岛津 TOC-500 仪测定。

（2）DOC：溶解性有机碳，水样经孔径为 0.45 μm 的滤膜过滤后测 TOC。

（3）BDOC：可生物降解性有机碳，水样经 0.45 μm 过滤后加少许生物陶粒，在 20±5℃下培养 2 星期，测定培养前后的 TOC，其差即为 BDOC。

（4）UV_{254}：254nm 波长下水样的紫外吸光度。试验采用北京分析仪器厂的 WFZ800-D3A 型紫外光光度计。比色皿厚 1cm。

（5）溶解氧：1994 年 7 月以前采用碘量法，7 月以后采用英国 Jenway 公司的 9071 型溶解氧测定仪。

（6）pH：德国 WTW 型 pH 计。

（7）水温：温度计现场测定。

（8）浊度：Hach2100A 型浊度仪，单位为 NTU。

（9）COD_{Mn}、COD_{Cr}、浊度、氨氮、亚硝酸盐、硝酸盐及总碱度，按标准方法进行。

（10）生物量测定：取一定量陶粒，用蒸馏水冲洗后在恒温箱中以 105±1℃温度干燥至恒重，然后在马弗炉里以 550℃灼烧 30min，称灼烧前后减重即为生物量。

13.5.2 试验期间淮河蚌埠段的水质及其特性

1. 试验期间淮河蚌埠段的水质状况

试验期间淮河蚌埠段的水质情况如下：水温的月平均值为 2.0～28.7℃，最低温度为 1.0℃；浊度的月平均值为 28～74NTU，最大浊度为 140NTU；色度的月平均值为 36～71 度，最大值为 120 度；这在水源水中是极为少见的；氨氮的月平均值为 0.1～13.0mg/L，最大值为 18mg/L；其月平均值只有 2 个月未超过欧共体标准饮用水标准（0.25mg/L），而其最大值是欧共体饮用水标准的 72 倍，也是美国环保局（EPA）建议标准（0.5mg/L）的 36 倍；溶解氧的月平均值为 2.2～8.0mg/L，最小值为 0.9mg/L，其最小值比地面水Ⅲ类标准低 4.1mg/L，试验期间溶解氧的月平均值只有 2 个月达到了地面水Ⅲ类标准；高锰酸钾耗氧量的月平均值为 5.26～9.37mg/L，最大值为 21.7mg/L；其最大值是地面水Ⅲ类标准的 3.6 倍，而月平均值在枯水季节（12 月～3 月）几乎全部超过地面水Ⅲ类标准。因此，淮河蚌埠段水质存在的主要问题为色度高，其污染物以氨氮和有机物为主。

2. 淮河蚌埠段的水质特性及其与污染源的关系

1）淮河蚌埠段的水质特性

根据淮河蚌埠段水质存在的主要问题，对水源水中各种性质的有机物如 TOC、溶解性有机碳（DOC）、生物可降解的溶解性有机碳（BDOC）、生化需氧量（BOD_5）等进行了分析，并利用从美国进口的超滤膜对水源水中溶解性有机碳的组成进行了分子量分析。生物处理主要去除小分子量的亲水性有机物，大分子量的有机物由于空间位阻效应或有较强的憎水性而难以通过细菌质膜，因此微生物对大分子量的有机物代谢速率较慢或难以代谢。水源水中各种性质的有机物的含量如表 13-5 所示，不同分子量范围的有机物的含量见表 13-6 所示。由表 13-5 可以看出，水源水中溶解性有机物（DOC）占 TOC 的 72.73%～86.51%，说明水中有 13.5%～27.3% 的颗粒有机物，这在水源水中是比较高的。可生化的有机物（BDOC）的含量为 1.9～2.6mg/L，占水中溶解性有机碳的百分比为 17.43%～43.20%，说明水源水的可生化性在一年中变化较大。从表 13-6 可知，水源水中所含的

有机物主要为分子量大于 3000 的胶体大分子有机物，占水中 TOC 的百分比为 62.88%～68.25%，这在水源水中是很少见的。

水源水中不同有机物的含量 表 13-5

日期	TOC (mg/L)	DOC (mg/L)	BDOC (mg/L)	DOC/TOC (%)	BDOC/DOC (%)	BDOC/TOC (%)	BOD$_5$ (mg/L)
94.10.12	6.5	5.3	2.3	81.54	43.20	35.38	
94.12.02	10.7	9.0	2.6	84.11	28.89	24.30	2.3～3.5
94.12.28	12.6	10.9	1.9	86.51	17.73	15.08	
94.01.14	13.2	9.6	2.1	72.73	21.88	15.91	

水源水中不同分子量有机物分布情况 表 13-6

日期	分子量范围	TOC	<0.45μm	<100000	<10000	<3000	<1000	<500
94.12.28	含量（mg/L）	12.6	10.9	8.7	7.5	4.0	3.3	3.2
	占 TOC 百分比（%）	100	86.51	69.05	59.52	31.75	26.19	25.40
95.01.14	含量（mg/L）	13.2	9.6	7.0	5.8	4.9	2.4	2.3
	占 TOC 百分比（%）	100	72.73	53.03	43.93	37.12	18.18	17.42

2）淮河蚌埠段的水质特性与污染源的关系

淮河蚌埠段的水质特性是由其污染源的性质所决定的。20 世纪 80 年代以来，除国营企业的发展外，异军突起的乡镇企业已遍及淮河两岸。造纸、酿酒、化肥、印染、电镀、皮革等中小企业云集淮河两岸及其支流，其废水几乎未得到任何治理而直接排放，国营大企业排放的工业废水达到排放标准的只是少数，城市污水几乎未得到任何处理而直接排放，给淮河造成了严重污染。根据 1989 年的污染源调查资料，蚌埠上游有机物的排放情况为：造纸废水占每日 COD 排放总量的 52.58%，其次为酿造和化肥，分别占 17.54% 和 11.24%。造纸废水中含有大量的木素和大分子碳水化合物，其残余木素高度带色；酿造（酿酒和味精）废水中含有大量蛋白质和淀粉，为高分子溶液；制革废水中含有蛋白质和油脂，也为高分子有机物。由于大分子有机物在自然水体中的分解速度很慢，因此淮河蚌埠段水源水中主要是大分子有机物。此外水源水中的氨氮主要来自上游化肥厂的排水以及降雨径流对农田的冲刷和水中蛋白质的分解。

13.5.3 生物陶粒滤池的运行效果分析

在生物陶粒滤池运行阶段，处理效果如下（以 1 号生物陶粒滤池为例）。

1. 生物陶粒滤池对有机物的去除效果

在试验过程中，由于客观条件限制，所测 COD$_{Cr}$ 及 TOC 数据不多，日常测定项目主要为 COD$_{Mn}$。

1）对 COD$_{Mn}$ 的去除效果

在试验期间，生物陶粒池进出水 COD$_{Mn}$ 值及对 COD$_{Mn}$ 的去除率的最大、最小及平均值如表 13-7 所示。（试验期间，水温 1.5～31℃，滤速 3.6～6m/h，曝气时水气比 1:1。在整个运行期间，进水 COD$_{Mn}$ 值变化较大。而出水 COD$_{Mn}$ 值也随进水值变化而变化，生物陶粒滤池对 COD$_{Mn}$ 的去除效率则在 2.52%～35.8% 之间变动，月平均值为 5.48%～

20.5%。去除率的波动范围较大。但总体上对有机物（COD_{Mn}）有一定的去除效果。

2) 对 COD_{Cr} 去除效率

在滤速 4.8～6m/h（即空床停留时间 25～20min），水气比 1:1，温度 6～23.6℃条件下，当进水 COD_{Cr} 浓度为 10.6～30.96mg/L 时，出水浓度在 5.48～26.45mg/L 之间，COD_{Cr} 去除率为 11.71%～52.82%，平均去除率为 27.92%。

3) 对 TOC 去除效率

在滤速 4.8m/h（即空床停留时间 25min），水气比 1:1，水温 6.5～17℃条件下，当进水浓度为 4.2～12.7mg/L 时，生物陶粒滤池出水浓度为 3.2～8.7mg/L，去除率为 18.46%～35.59%，平均去除率为 29.46%。上面已经述及，此3项有机物替代参数有不同的意义，COD_{Cr} 和 TOC 能比较真实地反映水中有机物的含量，从运行结果来看，这2项去除效果有较好的一致性，平均去除效率分别为 27.98% 和 29.46%，说明生物陶粒预处理对水中有机物有一定的去除效果。

生物陶粒滤池对有机物（COD_{Mn}）的去除情况　　　　　　表 13-7

日期	1993.11	1993.12	1994.1	1994.2	1994.3	1994.4	1994.5	1994.6	1994.7
进水 (mg/L)	474～ 6.98 (6.02)	4.74～ 7.8 (5.59)	4.69～ 7.18 (5.89)	6.69～ 9.18 (8.16)	2.3～ 8.05 (6.46)	4.77～ 7.26 (6.00)	4.07～ 10.75 (6.89)	4.63～ 6.22 (5.06)	4.4～ 21.7 (6.95)
出水 (mg/L)	4.1～ 6.74 (5.40)	3.56～ 7.2 (4.74)	4.38～ 6.59 (5.38)	6.52～ 8.59 (7.67)	2.12～ 7.4 (5.25)	3.48～ 6.3 (5.16)	3.52～ 8.91 (5.85)	3.35～ 4.58 (4.01)	3.71～ 18.82 (6.07)
去除率 (%)	2.52～ 20.9 (9.65)	6～25 (12.46)	6～ 11.7 (9.22)	2.1～ 11.3 (5.83)	6.3～ 22.9 (13.6)	4.0～ 29.4 (13.8)	6.3～ 33.4 (16.2)	12.2～ 35.8 (20.5)	7.6～ 31.9 (16.4)
日期	1994.8	1994.9	1994.10	1994.11	1994.12	1995.1	1995.2	1995.3	1995.4
进水 (mg/L)	4.6～ 6.37 (5.51)	4.44～ 6.47 (5.20)	4.96～ 6.37 (5.89)	4.81～ 6.88 (5.89)	6.17～ 9.74 (7.36)	5.65～ 8.96 (8.02)	6.52～ 7.71 (5.93)	6.27～ 7.48 (6.66)	7.63～ 9.22 (8.65)
出水 (mg/L)	3.9～ 5.76 (4.83)	3.92～ 5.18 (4.42)	4.5～ 6.25 (5.30)	4.5～ 6.35 (5.40)	5.06～ 9.26 (6.74)	6.14～ 8.25 (7.44)	6.12～ 7.42 (6.55)	5.57～ 6.65 (6.19)	6.89～ 8.58 (8.13)
去除率 (%)	10.33～ 22.27 (16.60)	8.93～ 20.81 (14.4)	6.44～ 13.31 (9.30)	5.14～ 13.56 (9.75)	4.59～ 12.8 (8.24)	4.01～ 16.81 (7.48)	3.2～ 8.2 (5.48)	2.23～ 12.59 (6.87)	2.95～ 11.96 (5.98)

注：括号内为平均值。

4) 影响有机物去除效率的因素的初步分析

在试验过程中，发现下列几个因素对有机物去除效率有一定影响：

（1）原水水质。为了研究原水中可生物降解有机物占有机物总量的比例以及可生物降

解有机物降解比例，试验对生物滤池的进出水的 TOC、DOC 和 BDOC 进行了分析，结果见表 13-8。由表可以看出，原水中溶解性有机碳（DOC）占总有机碳比例（DOC/TOC）为81.54%，溶解性有机碳中可生物降解成分比例（BDOC/DOC）为43.39%，还有56%的溶解性有机碳是不能被生物降解的，比例是很高的。经过生物预处理后，溶解性有机碳占总有机碳的比例（DOC/TOC）则变为67.92%，比原水下降，原因在于生物预处理中生物降解去除的主要是溶解性有机物。生物预处理出水中 BDOC 值已经降到0.6mg/L，占DOC比例为16.67%，此时绝大部分有机物（占83.33%）均不能被微生物所降解。生物预处理对 BDOC 去除率达73.91%，对 DOC 及 TOC 去除率分别为32.08%、18.46%。

由以上数据可说明，即使生物预处理对 TOC 去除效率在20%左右时，其生物降解成分已去除了73.91%，因此生物预处理已经充分地发挥了去除有机物的作用，只是原水中可生物降解比例并不高，影响了生物预处理对 TOC 和 DOC 的去除效率。原水可生物降解成分不高的原因在于：淮河水源水中大分子量有机物（>10000）较多，小分子有机物（<10000）比例较低，特别是分子量小于1000的比例更低，不利于生物降解，影响了生物预处理对有机物的去除效率。

生物预处理对可生物降解有机物去除　　　　　　　　　表 13-8

	水温（℃）	TOC（mg/L）	DOC（mg/L）	BDOC（mg/L）
原水	17.0	6.5	5.3	2.3
生物滤池出水	17.0	5.3	3.6	0.6
去除率（%）		18.46	32.08	73.91

（2）位置的影响。由于淮河水源水大分子量有机物较多，生物预处理对有机物去除效果受到影响，试验中考察了生物滤池置于沉淀池后对有机物的去除情况（采用小试陶粒柱），结果表明在沉淀池后，生物预处理对 COD_{Mn} 去除效果达20%～47%，说明经过混凝沉淀后，大分子有机物被去除，小分子有机物经生物预处理有好的去除效果。

2. 生物陶粒滤池对 UV_{254} 去除效果

生物预处理对原水中 UV_{254} 物质去除效率较稳定，在水温7～31℃，水气比 1:1，滤速4.8～6m/h（即空床停留时间25～20min）条件下，进水 UV_{254} 为0.133～0.569/cm时，出水为0.096～0.421/cm，去除效率为17.43%～40.22%，平均去除效率为29.22%，由于 UV_{254} 与三卤甲烷前体物或者说总三卤甲烷的生成能力（THMFP）有很好的相关性，因此，也说明了生物预处理对三卤甲烷前体物的良好去除作用，这对于整个工艺降低氯耗减少 THMs 的生成量有十分重要的作用。

3. 对氨氮的去除效果

地面水中的含氮有机物在输水过程中通过生物氧化及光氧化等作用逐渐形成了无机氨离子，同时由于化肥厂大量排放的含氨废水及农田土壤中铵离子冲刷入河水中，使淮河原水中氨氮含量较高（夏秋季 0.5～1.0mg/L，春冬季 1～4mg/L，最高时达 10mg/L）。在传统净水工艺中，混凝沉淀及过滤不能有效地去除水中的氨氮。在美国主要采用预氯化的方法通过氯的氧化能力去除氨氮，以控制处理系统内部及配水系统中自养硝化细菌的生长，但由此导致水处理成本上升且易生成大量卤代物。目前采用生物预处理以去除氨氮的

方法引起了广泛注意。

　　试验中生物陶粒滤池对氨氮的去除效果见表 13-9 所列。生物预处理对原水中氨氮的去除效率在曝气时能达 70% 甚至 90% 以上，不曝气时，根据原水氨氮浓度变化，平均去除率在 48.6%~71.4% 之间。根据稳态膜理论，在生物滤池处于稳态膜运行时，出水氨氮的最低浓度随温度的增加而上升，因此在夏季由于雨水的稀释使进水浓度下降到较低水平时，生物滤池对氨氮的去除率将下降。但是只要原水氨氮浓度不是突然升高，且维持生物滤池足够的溶解氧，生物滤池出水的氨氮浓度就可以保持较低的水平。

　　4. 对浊度和色度的去除效果

　　浊度是水中悬浮物及胶体含量的一个替代参数。水中颜色可由存在天然水中的金属（铁和锰），腐殖质和泥炭物质，浮游生物及工业废物而造成。在生物陶粒滤池中，陶粒作为固定床填料，能使原水中一些悬浮物、生物体以及老化脱落后的生物膜被载留在陶粒的间隙之间，形成具有生物活性的生物絮体，这种生物絮体对水中悬浮物及颗粒物质有一定的生物絮凝能力，从而对浊度和色度有一定的去除能力，同时，水中的铁和锰一般可被铁氧化细菌如铁细菌、纤发菌和披毛菌等以及锰氧化细菌如球衣菌，纤发菌等所氧化，使 Fe^{2+} 变成 Fe^{3+} 或使 Mn^{2+} 变成 Mn^{4+}，形成不溶性氢氧化物而被截留，水中部份形成色度的有机物质也可被生物降解而去除。

生物陶粒滤池对氨氮的去除情况　　　　　　　　　　　　　表 13-9

日期	1993.11	1993.12	1994.01	1994.02	1994.03	1994.04	1994.05	1994.06
进水 (mg/L)	0.5~2.0 (1.20)	0.6~1.0 (0.88)	1.15~3.0 (2.15)	2.45~3.6 (3.04)	0.75~4.1 (2.07)	1.255~2.08 (1.99)	0.095~6.09 (1.56)	0.7~1.8 (0.29)
出水 (mg/L)	0.25~0.9 (0.58)	0.25~10.77 (0.46)	0.15~1.8 (1.00)	0.4~1.8 (1.07)	0.03~1.98 (0.54)	0.71~0.59 (0.2)	0~3.52 (0.78)	0.05~0.9 (0.14)
去除率 (%)	33.3~67.7 (48.6)	29.0~69.0 (49.8)	40.0~88.0 (57.0)	50.0~88.9 (64.7)	63.1~97.2 (83.7)	63.8~95.7 (90.3)	22.7~100 (55.3)	25~66.7 (50.7)
日期	1994.07	1994.09	1994.10	1994.11	1994.12	1995.01	1995.02	1995.03
进水 (mg/L)	0.15~18 (2.05)	0.2~0.9 (0.33)	0.5~1.8 (0.77)	0.9~2.4 (1.81)	2.0~4.0 (2.88)	2.7~4.2 (3.23)	3.2~3.6 (3.47)	36~4.0 (3.65)
出水 (mg/L)	0.05~10 (0.62)	0.05~0.05 (0.05)	0.05~0.25 (0.08)	0.1~1.3 (0.55)	0.3~2.7 (1.13)	0.6~2.5 (1.06)	0.9~1.8 (1.55)	1.6~2.4 (2.33)
去除率 (%)	14.3~96.3 (50.6)	75~94.4 (85.1)	80~95.8 (88.2)	45.8~97.22 (71.46)	44.4~91.4 (58.8)	50~83.3 (67.33)	40~72.2 (55.24)	33~55 (45.4)

注：括号内为平均值。

试验结果表明，进水浊度由 18NTU 降至 12.5NTU 范围内，出水浊度 14NTU 至 10.1NTU，去除效率为 19.2%～63%，平均约为 37.98%，生物预处理对浊度的去除效果为后续传统工艺减轻了负荷，为整个工艺的出水浊度降低提供了保证。

在水温 5～31℃ 内，当进水色度为 35～120 度时，出水色度为 20～100 度，去除率变化较大，由 11.11% 至 41.67%，平均为 21.55%，因此，当原水色度很高时，出水色度也随之升高，必须靠后续传统工艺加强对色度的去除。产生水的色度的有机物质，大多数分子量为 10000～50000 但低可小于 700，高可超过 200000。能形成色度的颗粒是亲水胶体，90% 色度颗粒粒径大于 3.5nm，属于胶体颗粒范围，大分子有机物不易被生物降解，因此生物预处理难以有效去除色度，而通过混凝沉淀处理对色度将有较好的去除效果。

13.6 生物陶粒技术改善城子水厂水质研究

城子水厂位于北京西南郊门头沟区内，日产水量 43000m³，主要供给本区居民用水。其水源水为永定河水，中途经过官厅水库和三家店水库，水处理流程如图 13-2 所示：

$$混凝剂 \qquad\qquad\qquad 消毒剂$$
$$\downarrow \qquad\qquad\qquad\qquad \downarrow$$

原水 → 预沉池 → 澄清池 → 砂滤池 → 活性炭滤池 → 清水池 → 出水

图 13-2 城子水厂工艺流程

城子水厂的现有工艺对氨氮去除效果不好，出水氨氮浓度仍很高，有的甚至超出原水中氨氮，加氯后氨氮能够去除一部分，但效果有时也不令人满意。从现有工艺各单元出水来看，氨氮的去除主要依靠加氯，从折点加氯试验来看，每去除 1mg 的氨氮需消耗 7.3～7.4mg 氯，大量加氯不仅使水处理成本上升，而且还产生许多"三致"物质，对人类健康存在潜在危害。而且加氯后氨氮有时也很高，因为原水中氨氮浓度不断变化，且水中存在许多其他污染物质如有机物等造成折点加氯不易控制。从 COD_{Mn} 的变化趋势来看，现有工艺对有机物的去除率在 30% 左右。但原水经澄清、砂滤 2 个单元后 COD_{Mn} 的去除率不大明显，少数 COD_{Mn} 值超过原水。主要原因是混凝、澄清、砂滤工艺主要是去除水中呈悬浮及胶体物质，而有机物多数在水中以溶解状态存在，所以砂滤出水仍很高。因此，一方面去除 COD_{Mn} 主要依靠活性炭，无形中给活性炭增大有机负荷，从而活性炭再生周期变短。另一方面，由于微量有机物的存在，使得配水管道中贫营养微生物得以生存，水质的生物稳定性差，影响配水的可靠性。

13.6.1 生物陶粒试验装置及设备参数

1. 试验装置

在试验装置的设计中，以生物陶粒池为主，同常规处理单元有机的组合，建立了中、小两套试验装置，工艺流程及装置分别见图 13-3。中试装置的设置主要是结合城子水厂的现有工艺，考虑将水厂的砂滤池改造为生物陶粒池，即将生物陶粒池放在澄清池之后，考察生物陶粒及其组合工艺对水中污染物的去除效果。小试装置的设置主要是研究：

(1) 生物陶粒柱在整个处理工艺中所处的位置，对整个水处理工艺去除水中污染物的

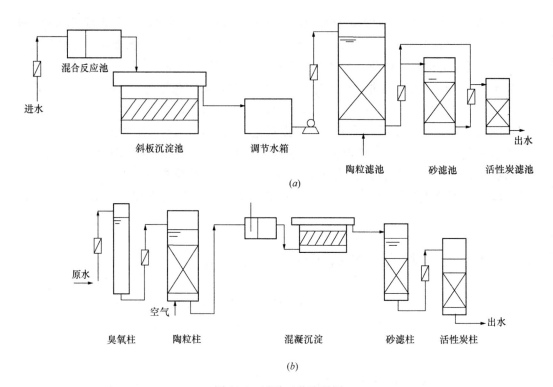

图 13-3 试验工艺流程图

(a) 中试工艺流程图；(b) 小试工艺流程图

影响。

（2）臭氧与生物陶粒处理联用工艺中通过臭氧的预氧化作用，较好地改善水质的可生化性，从而达到进一步提高生物处理效果的目的。

2. 设备参数

所采用的设备参数见表 13-10。

设备主要参数值

表 13-10

		尺寸 （mm）	填料高度 （mm）	填料粒径 （mm）	接触停留 时间(min)	空床停留 时间(min)	滤速 （m/h）	水气比
陶粒柱		$\phi 250 \times 3000$	1800	2～5	7.5～19	12～60	1.8～8	1：1～1：0
陶粒池		$700 \times 700 \times 4000$	1800	2～5	7.5～15	15～0	3.6～7	1：1～1：0
反应池	小试	$300 \times 299 \times 286$				20		
	中试	$800 \times 800 \times 1000$				20		
沉淀池	小试	$275 \times 348 \times 875$				45		
	中试	$900 \times 900 \times 3500$				45		
砂滤柱		$\phi 100 \times 3000$	800	0.6～1.2			10	
砂滤池		$400 \times 500 \times 3500$	800	0.5～1.0			10	
活性炭柱		$\phi 100 \times 3000$	800	$\phi 1.5 \times 4$			8	
O₃柱		$\phi 100 \times 3000$				18		

小试和中试生物陶粒滤池采用气水联合反冲，反冲时间 5min，反冲强度为水 20L/$(m^2 \cdot s)$，气 25L/$(m^2 \cdot s)$（因试验中采用的陶粒比重较大，故反冲强度有所偏高）；

絮凝反应采用机械搅拌，搅拌速度为 40～70 r/min；

斜板沉淀池，斜板水平间距设计为 40mm；

活性炭为 ZJ-15 型，采用水反冲，反冲强度 10L/$(m^2 \cdot s)$，时间 5min。

3. 分析项目

COD_{Mn}、BOD_5、COD_{Cr}、TOC、浊度、NH_4^+-N、DO、水温、色度等，分析方法均参照标准分析法执行。

4. 试验时间

1992 年 11 月至 1994 年 5 月。

13.6.2 生物陶粒池的试验结果

试验中生物陶粒的运行方式为下向流。由于生物陶粒属于生物处理范畴，因此水温是影响生物陶粒的重要因素之一。根据水质、水温的变化，将整个实验分为 2 个阶段考察：冬、春季和夏、秋季。各阶段的水温水质变化见表 13-11。

根据表 13-11 所列的数据，生物陶粒处理工艺在研究时分 2 种情况，一种是考察生物陶粒在冬、春季对氨氮有机物及浊度的去除效果，另一种是生物陶粒在夏季对有机物及浊度的去除效果。由于在整个运行期间，浊度较小，因此在本部分的试验中，没有使用混凝沉淀单元，原水直接进入生物陶粒池。以下的结果主要为生物陶粒池的去除效果。

试验期间原水水温、水质变化情况   表 13-11

	水温（℃）	氨氮（mg/L）	COD_{Mn}（mg/L）	浊度（NTU）
冬春季（11 月至 4 月）	0～14	0.05～1.4（0.68）	4～7	2～5
夏秋季（5 月至 10 月）	14～22	0.00～0.05（0.03）	4～7	2～5

注：括号内为平均值。

1. 生物陶粒池对氨氮的去除效果

水源水中氨氮的出现主要从 11 月下旬至次年 4 月，平均浓度为 0.68mg/L，最高浓度达 1.40mg/L，此时水温在 0～14℃范围内变化。在刚开始运行的一段时间内因生物膜尚未成熟。靠接种挂膜所投加营养不足以使硝化细菌生长，而且硝化细菌的生长本身就很慢，因此在水中出现氨氮时，硝化细菌并不能将其迅速降解，仅能吸取一部分作为硝化细菌的生长所需，大部分仍随水排出，所以在运行初期，对氨氮去除率并不高。此后随着生物膜的成熟，硝化细菌的生长，氨氮的去除率逐渐增加，并稳定在 90% 以上。而且随着水力负荷及温度变化，生物陶粒对氨氮的去除率变化不大。因此，生物陶粒滤池在低温时（0～14℃）对氨氮的去除率较高，作为饮用水源水的预处理是非常出色的，是净水厂去除氨氮的最有效的方法。

2. 生物陶粒池对有机物的去除效果

整个运行期间包括 2 个冬春季，1 个夏秋季，温度在 0～25℃之间变化。试验中进水有机物浓度从冬季 12 月到 3 月，TOC 值为 10～12mg/L，从 3 月到 11 月基本维持在 6～10mg/L。而总的去除率基本上保持稳定，其平均去除率为 30% 左右。生物陶粒对以

COD_{Mn}表示的有机物的去除率在 20％左右，COD_{Cr} 的去除率在 25％左右。温度在此时对生物陶粒工艺的影响表现不大。这是因为：①在水温较低时，陶粒池内的微生物仍保持一定的活性，水中的有机物浓度能保证微生物的生长需要；②微生物经低温生长对低温水质有了适应性，从而使生物陶粒仍有一定的去除效率。而在高温时，尽管微生物活性加强，代谢速度增快，但由于水中的有机物浓度相对较小，不能产生有效强降解能力的菌胶团，尽管出水有机物浓度要低于低温时的出水有机物浓度，但由于进水有机物浓度要低于低温时的进水有机物浓度，因此从对水中有机物的去除率来看变化不大。

3. 生物陶粒池对浊度的去除效果

生物陶粒池对于浊度有着良好去除效果。生物陶粒对浊度去除率有以下特点：

（1）生物陶粒池对浊度去除率基本维持在 70％～90％之间，不受水温影响。

（2）出水浊度在一定范围内受进水浊度的影响不大。当进水浊度为 2～14NTU 范围内变化，出水浊度在 0.2～3NTU 之间变化，且有较强的抗冲击负荷的能力。生物陶粒池对浊度的去除主要依靠粒状滤料的机械截留和生物接触絮凝作用。在陶粒表面生长有生物膜，在生物膜之间存在着生物絮体，所有这一切，使得陶粒池内滤料级配更加密实，即使在低温条件下也能发挥较好的吸附，凝聚作用，达到良好的物理截留作用。

4. 生物陶粒对色度的去除效果

生物陶粒对色度具有一定的去除能力，平均去除率为 46.4％。这是因为生物陶粒对有机物的去除所造成的。

5. 生物陶粒对污染物去除率沿程变化情况

图 13-4 为生物陶粒池在水力负荷为 4m³/(m²·h)，水温为 8～12℃时条件下沿程去除有机污染物(以耗氧量即 COD_{Mn} 表示)及氨氮的情况。可以看出，在床层深度 $H/2$ 处，

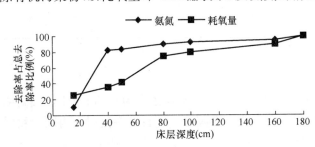

陶粒对氨氮的去除率已达到总去除率的 95％。而 COD_{Mn} 的去除率已达到总去除率的 85％。产生以上现象的主要原因是水中有效基质浓度比较低，沿着水流方向不断被微生物分解，吸收和利用。因此在陶粒下层由于营养不足而不可能产生对有机物有较强降解能力的菌胶

图 13-4　生物陶粒对污染物去除率沿程变化情况

团。因此陶粒的降解能力主要集中在上半部 80cm 内，下半部基本上无太大去除效果。

6. 水力负荷变化对生物陶粒滤池处理效果的影响

水力负荷的大小直接影响着工程基建投资。因此为了能降低生物陶粒池造价，和目前砂滤，炭滤池的滤速接近，在保证生物陶粒具有一定的处理效率下，为充分利用下层的生物陶粒，实验中提高了水力负荷。水力负荷的变化范围为 2～7m³/(m²·h)，按水力负荷大小分为：2～4m³/(m²·h)(停留时间为 54～27min)为低负荷，4～7m³/(m²·h)(停留时间为 27～15min)为高负荷。温度范围为 5～15℃，试验时间为 1994 年 3 月至 1994 年 5 月。表 13-12 中列出低负荷和高负荷下生物陶粒对 COD_{Mn}，氨氮浓度的平均去除结果。

从表 13-12 中看出水力负荷变化对 COD_{Mn}、浊度、氨氮的去除率无明显影响。当水力

负荷为 $7m^3/(m^2 \cdot h)$ 时，对 COD_{Mn} 去除率仍维持在 20％左右，浊度去除率在 80％左右，氨氮去除率维持在 90％左右。这是因为生物陶粒降解能力主要集中在上半部分 80cm 内，增加水力负荷可以充分利用陶粒下半部分，另一方面水力负荷增加，有机负荷同时也增加，这样微生物可利用的营养物质增加，微生物繁殖更旺盛。相应去除有机物的量增加，去除率基本维持不变。

水力负荷变化对生物陶粒滤池处理效果的影响   表 13-12

水力负荷 $[m^3/(m^2 \cdot h)]$	低负荷（2～4）	高负荷（4～7）
停留时间（min）	54～27	27～15
COD_{Mn} 平均去除效率（％）	20.8	19.20
浊度平均去除效率（％）	75.14	77.56
氨氮平均去除效率（％）	90	90

13.6.3 生物陶粒预处理与其他单元技术的组合

1. 生物陶粒在工艺中不同位置对处理效果的影响

传统的给水处理工艺一般是混凝、沉淀、过滤、消毒 4 个步骤。生物陶粒近年来作为预处理工艺进行了大量的研究。但近年的研究主要是将生物陶粒预处理工艺放在混凝沉淀之前，这样能使水中胶体颗粒的表面电位发生变化，从而可以降低混凝剂的投加量，但这也必增加生物陶粒的无机负荷率，使得生物陶粒去除有机物的作用没有得到充分的发挥。本实验结合城子水厂可能改造的具体情况，考虑将生物陶粒放在混凝沉淀之后，过滤之前的可能性，进行下列 2 种工艺的对比，实验结果见表 13-13。

工艺 1：原水→混凝沉淀→生物陶粒→出水。

工艺 2：原水→生物陶粒→混凝沉淀→出水。

2 种工艺去除效果比较   表 13-13

	ζ 电位（mV）	浊度（NTU）	COD_{Mn}（mg/L）
原水	−19.59	8.2	5.18
工艺 1 混凝沉淀出水	−5.48	1.6	3.15
工艺 1 陶粒滤池出水	−2.09	0.8	2.60
工艺 2 陶粒滤池出水	−11.64	3.2	4.70
工艺 2 混凝沉淀出水	−7.62	2.2	3.40

注：混凝剂碱式氯化铝（2％），投加量 20mg/L，水力负荷 $4m^3/(m^2 \cdot h)$。

在工艺 1 中，对 ζ 电位降低幅度相对较大（由−19.59mV 降至−2.09mV），这可能是由于混凝沉淀对水中胶体起到压缩双电层作用，使其脱稳，这样双电层被压缩或者水化壳变薄的悬浮颗粒，一部分絮体在沉淀池中沉淀去除，一部分微小絮体进入生物陶粒中被吸附、分解、氧化，使得 ζ 电位进一步降低至−2.09mV。而工艺 2 中，对 ζ 电位由−19.59mV 降至−7.62mV。显然比工艺 1 降低幅度要小。在宏观上就表现出了对浊度和有机物的去除效果不同。在工艺 1 中对浊度的去除率为 90％左右，对 COD_{Mn} 的去除率为 49.8％。而工艺 2 对浊度的去除率为 73％，对 COD_{Mn} 去除率为 34.4％，因此对于城子水厂水源水，将生物陶粒单元放在混凝沉淀之后是可行的，而且效果也较好。

2. 组合工艺的去除效果

对城子水厂的水源水进行生物处理表明，生物陶粒池虽然对氨氮、浊度具有较好的去除效果，对有机物有一定的去除效果，但在生物陶粒运行期间，会产生生物膜的脱落，使出水产生不稳定现象，且根据城子水厂现有工艺，考虑改造的可能性，因此将生物陶粒预处理同后续处理方法联用进一步改善水质是很有必要的。

研究中对下列3个工艺的去除效率进行了比较。

工艺1：原水—沉淀—生物陶粒—出水。

工艺2：原水—沉淀—生物陶粒—砂滤—出水。

工艺3：原水—沉淀—生物陶粒—活性炭—出水。

实验结果列于表13-14。由实验结果表明，在去除氨氮和浊度方面，生物陶粒池起着主要的作用，它通过微生物的活动，将水中的氨氮大部分分解。通过生物絮凝及机械截留作用将水中的较大部分胶体截留于反应器中，后续的砂滤池对氨氮的去除不起作用，但能截留住生物陶粒池排出的少量脱落的生物膜。在后续的活性炭滤池中，由于活性炭的吸附及少量的微生物的活动，能进一步去除水中的氨氮及溶解性物质，在去除有机物质方面，生物陶粒池的微生物首先分解氧化一部分有机物质，并将大部分大分子的有机物质降解分解为小分子的易吸附的小分子有机物，这些有机物质随出水进入后续的处理单元，砂滤池对这些有机物无去除作用，而活性炭池对这些小分子的有机物有着较高的吸附作用，因此，生物陶粒之后的活性炭对进一步降低水中的有机物起着补充作用。因此，考虑城子水厂的实际情况、可采用以生物陶粒—活性炭工艺。

组合工艺出水水质比较 表 13-14

		工艺 1	工艺 2	工艺 3
氨氮	进水（mg/L）	0.15~0.50（0.34）	0.15~0.50（0.34）	0.15~0.50（0.34）
	出水（mg/L）	0.01~0.05（0.03）	0.005~0.06（0.028）	0.00~0.035（0.015）
	平均去除率（%）	91.20	91.80	95.59
有机物（COD$_{Mn}$）	进水（mg/L）	3.77~5.29（4.65）	3.77~5.29（4.65）	3.77~5.29（4.65）
	出水（mg/L）	3.12~4.85（3.87）	2.83~4.47（3.80）	1.54~2.95（1.95）
	平均去除率（%）	16.80	18.20	57.96
浊度	进水（NTU）	7.7~14.2（9.84）	9.7~14.6（10.6）	10.7~14.8（12.9）
	出水（NTU）	1.2~3.32（2.23）	1.83~4.0（2.13）	0.70~2.39（1.64）
	平均去除率（%）	77.7	79.9	87.29

注：1. 运行参数：水力负荷（q）7~8m³/(m²·h)，温度（T）3~20℃，气水比 0∶1。

2. 括号内为平均值。

3. 实验中未投加混凝剂。

13.6.4 臭氧对工艺出水的影响

臭氧在水处理中的应用已经有很长的历史了，在20世纪60年代之前，大多数使用臭氧的水处理厂都将臭氧工艺设置在净水过程的末端，对出厂水质进行深度处理。但60年代以后，臭氧作为预处理工艺逐渐得到推广。臭氧对有机物的作用以氧化反应为主，有机物在臭氧作用下有 2 类物质产生，一类是较易被氧化的有机物在臭氧作用可能变成 CO_2 和 H_2O，另一类氧化性较低的有机物被臭氧部分氧化后，形成一系列的中间氧化产物。

在试验中，将预臭氧工艺同生物陶粒工艺联用，通过臭氧的预氧化作用，较好地改善了水质的可生化性，从而达到进一步提高生物处理效果的目的。

试验从 1993 年 6 月～8 月及 1994 年 4 月～5 月考察了臭氧对改善城子水厂水源水的影响。试验主要考察的流程为：

工艺 1：原水→生物陶粒→出水。

工艺 2：原水→O_3 柱→生物陶粒→出水。

试验中 O_3 投加量 0.5mg/L，接触时间 18min，水力负荷 $10m^3/(m^2 \cdot h)$。实验结果见表 13-15。在生物陶粒之前加臭氧氧化后能将原来对有机物（COD_{Mn} 表示）去除率由 20.03% 提高到 41.59%。这是因为水源水中主要的污染物是一些天然的有机物，这类物质首先经过水体自净作用，然后才进入水厂，因此进入水厂的这类物质可生物降解的能力较差，从而使生物预处理效果在一定程度上受到了限制，而臭氧的预氧化的作用可有效地破坏这些污染物的大分子结构，使物质性质向可生化性好的方向转变，从而能进一步提高生物的处理效果。

O_3 对生物陶粒去除有机物效果的影响 表 13-15

序号	原水 COD_{Mn}（mg/L）	生物陶粒出水		O_3-生物陶粒出水	
		出水 COD_{Mn}（mg/L）	去除率（%）	出水 COD_{Mn}（mg/L）	去除率（%）
1	4.30	3.60	16.3	2.19	51.2
2	7.77	6.72	13.5	4.42	43.1
3	7.15	5.85	18.2	3.85	46.2
4	4.30	3.45	19.8	2.20	48.8
5	5.20	4.15	20.2	3.15	39.4
6	5.25	4.40	16.2	3.06	41.7
7	6.10	4.90	19.8	4.00	34.5
8	9.12	6.80	25.4	5.20	43.0
9	8.77	6.75	23.0	6.01	31.5
10	6.15	4.75	24.5	3.85	38.4
11	6.80	5.20	23.5	4.40	35.3
平均去除率（%）		20.03		41.59	

13.6.5 不同组合工艺对水致突变活性的影响

本节采用 Ames 致突变试验考察生物预处理及其组合工艺去除水中致突变物的能力及城子水厂现有工艺对水中致突变物的去除情况，对生物预处理及其组合工艺在改善城子水厂水质问题从毒理学方面进行评价。考察以下几个工艺：

工艺 1：原水→生物陶粒→砂滤→出水。

工艺 2：原水→生物陶粒→活性炭→出水。

工艺3：原水→澄清池→砂滤→活性炭→出水（城子水厂现工艺）。

试验中为考察水中氯化致突变物前体物的情况，采用了人为投氯的方法。各单元的投氯量按照30min接触后余氯量控制在0.3~0.5mg/L范围内来确定的，本实验由此依据确定的水样的加氯量分别为：原水1.4mg/L，生物陶粒出水1.2mg/L，砂滤出水1.2mg/L，活性炭出水0.8mg/L。水样加氯反应24h后测定水中余氯，用硫代硫酸钠溶液终止氯化反应。表13-16为不同组合工艺及生物陶粒单元出水的Ames试验结果。

不同组合工艺及生物陶粒单元出水Ames试验结果　　　　　　　　表13-16

菌株	水样量 (L/皿)	原水		生物陶粒出水		活性炭出水		城子水厂出水	
		未氯化	氯化	未氯化	氯化	未氯化	氯化	未氯化	氯化
TA98	2.0	5.36	9.52	3.48	6.67	2.92	5.63	5.41	BS
	1.5	3.88	7.02	2.56	5.52	2.26	3.33	4.78	6.52
	1.0	2.60	5.08	1.68	3.22	1.48	1.96	2.44	5.63
	0.5	1.80	3.40	1.28	2.28	1.28	1.70	1.96	3.67
TA100	2.0	1.94	BS	1.59	BS	1.42	2.95	BS	>8
	1.5	1.56	3.49	1.37	3.01	1.28	2.84	1.86	5.01
	1.0	1.52	3.15	1.33	2.37	1.12	1.78	1.57	3.99
	0.5	1.17	2.28	1.31	1.56	0.96	1.69	1.47	3.54

注：BS——抑菌（受试菌株受毒物影响不能正常回复突变）。

从表13-16中可以看出，城子水厂的原水对于TA98菌株，在受试水样体积为1.0L/皿时已出现大于临界诱变指数的诱变回变率（2.60），在试验最大水样体积时，回变率增加至5.36，且剂量与反应之间有较好的线性关系，水样氯化后诱变回变率有较大幅度增长，平均增长率为85.7%，说明原水中有较高的氯化直接移码突变物的前体物存在，对于TA100菌株，在受试的水样未出现大于临界诱变指数的结果，原水氯化后，在受试水样体积为0.5L/皿时就出现了大于临界诱变指数的诱变回变率（2.28），受试水样与诱变回变率之间的剂量—反应之间有较好的线性关系，诱变回变率有较大幅度增长，平均增长率为108.6%，这说明原水中有较多量的氯化直接碱基置换突变物前体物存在。因此从试验结果看，城子水厂水源水中含有大量的直接移码突变物，少量的直接碱基置换突变物以及较大量的氯化所产生的致突变物的前体物。

表13-17为3种工艺对城子水厂水源水致突变活性平均去除能力的统计表。从表13-16和表13-17可以看出：生物陶粒处理单元对原水中移码型致突变物（对TA98而言）有一定的去除率，去除率达33.3%；对碱基置换型致突变物（对TA100而言）去除作用较小（7.7%）。对氯化移码型致突变物的前体物和碱基置换致突变物的前体物都有较高的去除作用，分别为64.1%和53.7%。在生物陶粒之后加上砂滤工艺（工艺1）对水中致突变物以及氯化致突变物的前体物的去除程度同仅有生物陶粒单元对水中的致突变物的去除程度基本相同，这说明在工艺1中，对水中致突变物的去除作用主要是生物陶粒的作用，而砂滤单元对这些物质去除基本是不起作用的。该工艺出水经氯化消毒后，水中的致突变物无论是移码致突变物还是碱基置换致突变物都有一定的提高，分别为29.9%和62.6%。

在生物陶粒之后加上活性炭工艺（工艺2）对水中的致突变物质无论是移码型还是碱基置换型都有一定的去除作用，去除率分别为39.8％和28.6％，对致突变物的前体物的去除比生物陶粒的去除略有提高，这说明活性炭对水中的致突变物质有一定的吸附作用，但起主要作用仍然是生物陶粒。工艺2出水经氯化消毒后，出水中的移码突变物同原水相比基本一致，这说明水中被去除的移码致突变物同加氯后生成的移码突变物量基本接近，也就是说工艺2对移码突变物的去除效果较好。但出水中的碱基置换致突变物比原水有所升高（增加了48.4％）。而不含生物陶粒的城子水厂现有工艺（工艺3），活性炭出水加氯消毒后，水中的致突变物质无论是移码致突变物还是碱基置换致突变物比原水都有较大幅度的提高，提高幅度分别为96.2％和195.4％，可见城子水厂现有工艺虽然含有活性炭深度处理工艺对水中的致突变物质以及其前体物去除作用很小，也就是说常规处理加活性炭工艺对这些物质作用很小。因此，对城子水厂水源水的处理从毒理学指标上看，生物陶粒工艺对水中的已有致突变物有一定的去除作用，对氯化致突变物的前体物有较好的去除效果，无论是工艺1还是工艺2，对城子水厂水源水中的致突变物及其前体物的去除上，生物陶粒单元起着决定性的作用。

不同组合工艺对致突变性去除情况　　　　　　　　　　　　表 13-17

		原水	生物陶粒出水	工艺2出水	工艺1出水	工艺2加氯出水	工艺1加氯出水	工艺3出水
水样氯化后致突变活性增加的比例（％）	TA98	85.7	94.3	51.3	110.0			
	TA100	108.6	89.2	90.6	80.3			
处理工艺对原水致突变活性的去除率（％）	TA98		33.3	39.8	36.8	9.8	−29.9	−96.2
	TA100		7.7	28.6	11.8	−48.4	−62.6	−195.4
处理工艺对氯化水致突变活性的去除率（％）	TA98		64.1	67.6	65.9			
	TA100		53.7	61.9	56.3			

13.6.6　各处理单元对水中微量有机物的影响

本节采用色谱—质谱（GC/MS）分析技术对生物预处理及其组合工艺和城子水厂现有组合工艺对水中微量有机物的去除情况，对生物陶粒处理及其组合工艺在改善城子水厂水质问题方面对水中的微量有机污染物进行定性分析，为研究有机物的降解规律及评价水质提供依据。

GC/MS水样的采集是在1994年4月进行的，表13-18为GC/MS的分析结果。

从表中可以看出从原水中共检出52种有机物质，其中有29种物质具有致突、致癌、刺激作用和生殖毒性，有机物主要为烷烃类、烷基苯类、酚类、脂肪酸、稠环芳烃类等，有些为农药杀虫剂，如莠去净，该杀虫剂在北京地区其他水系中未发现过。在原水中还有一些高碳烷烃化合物，说明城子水厂水源水所受到的污染较为严重，而且可能存在石油裂解产品。

原水经混凝沉淀、过滤的常规处理后（未加氯消毒），出水中共检出有机物种类为38种，其中毒性物质为19种，原水经生物陶粒单元处理出水中的有机物种类为22种，其中毒性物质为10种。原水经城子水厂现有工艺（即澄清、过滤、活性炭吸附、加氯消毒）

处理后，出水中有机物种类为37种，毒性物质为19种，同原水经混沉、过滤（未加氯消毒）相比一些毒性物减少，消毒副产物增加，这主要是由活性炭的吸附和加氯消毒而产生的。原水经混凝、沉淀、生物陶粒、活性炭吸附、加氯消毒工艺处理后出水中共检出有机物的种类为30种，其中毒性物质为11种。其中官厅水系特有的杀虫剂莠去净在出水中消失。这说明生物对这类物质具有一定的氧化分解作用。从以上的结果来看，无论是控制水中的有机物种类还是减少水中的毒性物质等方面，生物陶粒单元比其他单元技术有着更大的优越性，因此，针对城子水厂现有工艺的情况，将虹吸滤池改造成生物陶粒池，利用生物陶粒中的微生物对水中的有机物进行氧化分解能有效地控制水中的有机物污染物种类和减缓氯化消毒所带来的副作用，达到改善出水水质的目的。

城子水厂原水及各种工艺出水和 GC/MS 检测结果　　　　表 13-18

序号	有机物名称	毒性	原水	生物陶粒出水	常规工艺出水	混凝沉淀+生物陶粒+活性炭出水	混凝沉淀+生物陶粒出水	生物陶粒+活性炭出水	常规处理+活性炭+氯化消毒出水	混凝沉淀+生物陶粒+活性炭+氯化消毒出水	臭氧+生物陶粒出水
1	苯	◇☆	+			+		+			+
2	异丙基苯	◇☆	+			+		+	+		
3	环己酮		+			+					
4	苯酸戊酯		+								+
5	十一烷		+				+		+		
6	二环 [2，2，1] 庚烯-三甲基酚	◇	+					+	+		+
7	2-巯基-5-甲氧基苯酚	◇	+								
8	甲苯	◇	+	+		+	+	+	+	+	+
9	3-乙基-2-甲基戊烷		+								
10	2-甲基庚烷		+			+	+	+			
11	2，4-二甲基-1-甲基壬酯		+	+							
12	7-乙基二十烷		+								+
13	甲基已蒽二酮	◇	+						+		+
14	乙苯	◇☆									+
15	间二甲苯	◇☆	+	+		+					+
16	邻二甲苯	◇☆	+	+		+					+
17	1，2，4-三氯苯	◇☆	+	+		+					+
18	1，3，5-三氯苯	◇☆	+	+		+					+
19	萘	◇☆	+	+	+	+	+	+	+		+
20	苯并噻唑	◇	+	+	+	+	+	+	+	+	+

续表

序号	有机物名称	毒性	原水	生物陶粒出水	常规工艺出水	混凝沉淀＋生物陶粒出水	混凝沉淀＋生物陶粒＋活性炭出水	生物陶粒＋活性炭出水	常规处理＋活性炭＋氯化消毒出水	混凝沉淀＋生物陶粒＋活性炭＋氯化消毒出水	臭氧＋生物陶粒出水
21	2-氨基-1H-菲并米唑	◇	+			+					
22	11戊基二十一烷		+								
23	5-丁基二十二烷		+								+
24	1-（2-羟基-5-甲基苯基）-乙烷		+		+						
25	2，6-二叔丁基-2，5-环己二烯-1，4-二酮		+		+	+	+	+	+	+	
26	7-丁基二十烷		+		+				+		
27	邻苯二甲酸乙基丙酯	◇	+								
28	二十二烷		+								
29	2，6-二叔丁基-4-乙基苯酚	◇	+	+	+	+	+	+	+	+	+
30	2，6-二叔丁基-4-乙基苯酚	◇	+	+		+					
31	氧芴	◇☆	+								+
32	十四芴		+				+		+		+
33	邻苯二甲酸二（2-甲氧基乙基）酯	◇	+	+		+	+	+		+	+
34	邻苯二甲酸丁异丁酯		+	+	+	+	+		+	+	
35	葵烷		+					+			
36	十六酸	◇	+		+						
37	戊基环己烷		+						+		+
38	丁基环己烷		+						+		
39	二十八酸	◇	+								
40	二十一烷		+		+						+
41	邻苯二甲酸二异辛酯	◇	+		+		+	+	+	+	+
42	Atrazine	◇	+		+						
43	N，N-二（2-羟乙基十二胺）	◇	+	+		+	+	+			
44	1-甲基乙基苯		+	+				+		+	
45	庚烷			+	+					+	
46	3-甲基壬烷			+	+						

续表

序号	有机物名称	毒性	原水	生物陶粒出水	常规工艺出水	混凝沉淀＋生物陶粒出水	混凝沉淀＋生物陶粒＋活性炭出水	生物陶粒＋活性炭出水	常规处理＋活性炭＋氯化消毒出水	混凝沉淀＋生物陶粒＋活性炭＋氯化消毒出水	臭氧＋生物陶粒出水
47	3-甲基庚烷			+		+	+				
48	9-亚甲基-9H-芴	◇	+			+			+		
49	2-硫伐二环［3.1.0］己-3-烯-6-羧酸 3-甲基甲酯			+		+					
50	9-幸基十七烷			+						+	+
51	1-乙基-4-甲基环己烷					+		+	+		
52	乙基环己烷										+
53	1.1.2-三甲基环己烷					+					
54	1.2-苯并异噻唑					+	+	+	+	+	+
55	邻苯二甲酸单甲			+							
56	2.4.5-三氯苯酚	◇☆	+			+			+	+	
57	2-甲基辛烷						+				+
58	3-甲基辛烷						+				+
59	丙基苯	◇				+					
60	H-甲基苯乙胺								+		
61	十五酸					+	+				
62	4，5-壬二烯					+					
63	2－甲基-4-［（2－甲基苯基）偶氮］苯胺	◇					+		+		
64	1.2-二甲基环己烷					+			+	+	+
65	1.3-二甲基环己烷					+					+
66	9H-芴-9-酮	◇☆				+	+		+		
67	十六酸乙酯									+	
68	十八酸	◇				+			+		
69	辛烷			+		+		+		+	+
70	1-乙基-3-甲基苯	◇									+
71	4-甲基-4-三氯化甲基-2,5-环己二烯小醇					+					+
72	2，2-二烯丁基-9，10-二蒽酮					+					

序号	有机物名称	毒性	原水	生物陶粒出水	常规工艺出水	混凝沉淀+生物陶粒出水	混凝沉淀+生物陶粒+活性炭出水	生物陶粒+活性炭出水	常规处理+活性炭+氯化消毒出水	混凝沉淀+生物陶粒+活性炭+氯化消毒出水	臭氧+生物陶粒出水
73	2-戊基呋喃					+				+	+
74	2-庚酮										
75	乙醛	◇									+
76	葵基酯		+		+						
77	间苯二甲酸二甲基酯	◇				+			+		
78	庚酸乙酯										
79	辛酸甲酯						+			+	
80	2-乙基庚酸									+	
81	1-蒽基乙烯					+	+	+			
82	十一酸乙酯										+
83	蒽	◇☆	+			+					+
84	壬酸					+	+				
85	2，4-二甲基四氢呋喃					+			+	+	
86	三溴甲烷	◇☆						+			
87	硝基苯					+		+			
88	1，2，3，4-四甲苯	◇	+						+	+	+
89	邻苯二甲酸丁基				+	+			+	+	+
90	十五酸乙酯					+		+			
91	1，3，4-环辛三烯					+					
92	邻苯二甲酸丁基-2-乙基己基酯	◇				+				+	
93	三氯乙烯	◇☆					+		+	+	
94	2-甲基戊酸酐	◇					+				
95	4-乙基苯甲醛						+				
96	邻苯二甲酸酐	◇	+								
97	2-甲硫基苯并噻唑						+				
98	二甲基哌嗪								+	+	
99	一溴二氯甲烷	◇							+	+	+

续表

序号	有机物 名　称	毒性	原水	生物 陶粒 出水	常规 工艺 出水	混凝沉 淀＋生 物陶粒 出水	混凝沉 淀＋生 物陶粒 ＋活性 炭出水	生物陶 粒＋活 性炭出 水	常规处 理＋活 性炭＋ 氯化消 毒出水	混凝沉 淀＋生 物陶粒 ＋活性 炭＋氯 化消毒 出水	臭氧＋ 生物陶 粒出水
100	氧化四氯甲烷				+				+	+	
101	邻苯二甲酸二（2-乙基丁基）酯	◇	+	+	+						+
102	2-丁基-5-异丙基噻吩							+			
103	三氧基甲烷	◇☆							+	+	+
104	氧基双（二氯化基）乙烷										+

第14章 饮水净化展望

1. 理想的饮水水质、用水水质与综合的水质标准

1）理想的饮水水质

什么水是理想的饮水，是广大居民希望了解的，也是争论颇多的热门话题。医学界的专家们认为水中微量元素，如钙、镁、铁、碘等是人们不可缺少的营养元素，不主张喝纯水、蒸馏水。而商界的公司则宣传水中的这些微量元素是微不足道的，营养可以从食物中获得。人们获取的营养的确大多数是从食物中来，水中有益元素其量甚少。问题在于我们的食物结构能否保证取得应有的有益元素与营养，有了这些营养元素人体是否容易吸收。

过去的地方病往往在交通不发达地区，常年喝当地的水，吃当地的粮，呼吸当地的空气，当水中缺乏某些有益元素且食物中也缺乏这种元素或某些有害元素过多时，因此得病。现在交通发达，商品得到流通，食物、饮料的产地不一，含元素各异。如果我们的食物结构能够保证获得应有的元素与营养，喝纯水、蒸馏水就不影响健康（如一些发达国家部分人群也时兴喝罐装水、瓶装水）；如果食物结构单调，缺乏有益的元素得不到补充，喝纯水、蒸馏水就会引起不良反应（尤其对正在发育成长的儿童）。

人体内盐分需要有一定的平衡，如果喝纯水虽然避免了水中污染成分的危害，但缺乏必需的含盐量，失去盐的平衡，也就会有不适的感觉，就像当病者脱水过多时，医院给人"吊盐水"而不是吊蒸馏水，夏天出汗多，要补充盐分是一样的道理。

国外研究表明，水的硬度和心脏病死亡率有确定的关系：软水地区心血管病死亡数比硬水地区高。这种关系也被我国学者所证实。

Sorenson J博士（医药化学家、矿物质新陈代谢理论权威）认为，饮用水中的矿物质能很好地被吸收。他发现新陈代谢的主要金属元素与非主要元素的比例受水中主要元素数量的影响极大，如果所需主要元素得到满足，非主要元素就很少或不会被吸收，而是被排泄掉。也就是说，如果水中钙、镁含量高而铅含量低，人体会选择主要元素钙、镁，而将非主要元素排泄掉。但如果钙、镁含量也低，细胞就可能选择铅，从而造成危害。

美国马丁·福克思博士1996年在《健康的水》一书中，综合了近年国外研究成果认为，对于饮水：硬度的理想指标是170mg/L左右，总溶解固体理想指标是300mg/L，pH呈偏碱性（对于井水和市政给水在7.0以上）。

2）用水水质

居民用水除饮水外，还有冲洗厕所、冲洗地面、洗衣、清洗器皿、碗筷、淋浴（或盆浴）、浇花等用途，除冲洗地面与厕所的水不与人体接触外，其余的用水都与人体直接接触。与人体直接接触的水质应比不接触的水质要求高。随着我国居民生活水平不断提高，淋浴、盆浴逐渐普及。近年来国外一些专家对淋浴水的水质提出质疑，据多伦多大学与安大略癌病治疗研究基金研究人员3年来调查5000名安大略使用自来水和使用井水的居民

发现，喝用氯消毒的水与用其淋浴比用未经氯消毒的水的居民得前列腺癌与膀胱癌的机率高。

马丁·福克思认为水中有害化学物质通过以下几个途径：进入人体的经口腔喝入，淋浴时吸入，洗漱或洗澡时皮肤吸收。他指出：仅注意饮水质量是不够的，理想的情况是，应有一套完整的家庭的过滤系统以去除洗澡水中的挥发性有机物，也解决了饮水问题，另一种选择是安装淋浴过滤器用于洗澡，装于水龙头上的过滤器用于饮水。

目前家用净水器主要是解决饮水问题，一般产水量很少（一天几十升左右），但供淋浴用需在短时间内产较多的水量（15min需30L左右），饮水水质与淋浴水水质是有差异的，因此分别安装可以达到不同水质要求的净水器可能是必要的。

3）水质标准与综合性水质指标

水中人工合成有机物越来越多。随着研究的发展，它们中的一些有毒、有害性质将逐渐被认识而订入水质标准中。现在已经在饮用水质标准中列出数十种之多，如果要经常逐项化验、检测，工作量太大，必将受到各方面条件（仪器、设备、人员和经费等）的限制。各个有机物的单项指标是孤立研究出来的，可是水中一些有机物是同时存在的，如何考虑它们协同作用的危害，这方面的研究国际上才开始，尚未见有详细报道。因此需要我国给水处理、有机化学、仪器分析、卫生毒理学诸学科研究者共同制定几个简便易测、容易普及又有代表性的水质综合指标，如对水中各类有机物是否可定溶解性有机物耗氧量、DOC、UV_{254}作为经常测定的水质指标。

卫生毒理学指标是测定存在于水中各种有机物的综合毒性的水质参数，它是判断水质优劣的重要依据。是否可以从基因突变、微核试验等方法中选择公认的能充分反映水中毒性的1～2项，作为水质指标。

只有研究出一些综合性水质指标并严格检验，才有利于保护人们避免水污染给健康带来的危害。

2. 选择干净水源

一般城市的水源，大部是取自郊区地下水，因地下水水质较好，大多数不需净化，只需消毒即可饮用。但地下水源水量有限，随着开采量的增大，漏斗区逐渐扩大，井水量越来越少，被迫向深层取水。井越打越深，水质日益变差，此时就转向近处的地面水源。由于城市的发展，城区的扩大，工业废水、生活污水的流入，附近的河流、湖泊遭到污染。为了改善饮用水水质，一方面要向远处寻求水质好的水源，往往是水库或河流的上游河段；另一方面是强化净水工艺，进行深度处理提高水质。综合考虑我国目前的经济实力、城市市政设施的投入与环境保护工作的进展，可以认为湖泊、河流流域的治理，水源保护区的建设等，尚需较长时间。因此应将较远处或远处干净的水源作首先的选择，这将是上策。对现有水厂工艺的改造是应急之举。如果干净水源太远，经济上不可能或根本无可选择，只有着力于水厂工艺改造。

3. 分质供水

由于一个城市的用水包括了工业用水（往往多数是冷却用水），市政用水与居民用水，而这些用水的水质要求是各异的，过去工业用水与居民用水都取自一个水源，大多都用生活饮用水标准要求水质并合用一套供水管网。

居民用水中大部分是冲洗马桶、洗涤、淋浴等杂用水，真正进嘴的饮水与烹调用水是少量的。从水质要求而言，饮水要求最高，应全面符合饮用水质标准，每人每日饮水及烹调水也就是 3L 左右，但居民用水却每人每日达 100～200L。

生活饮用水的概念将饮水与用水混同了，用水中冲洗便器的水的水质与其他用水水质也是有区别的。在缺水地区引入了"中水"这个名词，中水是外来语，日本惯用上水、下水名词。介于上水与下水之间的水称为中水，而以我国的习惯，应是介于给水、排水之间的杂用水。中水一般是指在建筑中或建筑群中将洗淋等用水收集后加以处理，回用于冲洗便器。"中水"的水质与饮水水质可有很大差别。城市或小区污水处理厂二级处理出水经过滤、消毒回用到工业冷却、市政杂用或家庭冲便器宜称"回用水"，不应统称为"中水"。

分质供水是针对当前干净水源越来越少，要远处引好水；也是因为用水的不同水质要求提出来的，一般说来分质供水的原则是正确的，但结合管网，如果新建分质供水系统，则可同时敷设 2 套管道；如是已有管网系统，要重新敷设一套管道就很难实现。

目前我国规划与实施分质供水的有以下几种形式：

（1）在新建开发区（如平湖市乍浦区）建 2 套供水系统：以地下水进厨房作饮水；地面水经净化后作杂用水。

（2）原有城市全用地下水（平湖市），水质很好，现城市发展水量不够，将地面水（水质差）直供工厂逐步取代地下水，以后地下水只供生活饮用，也即将工业用水与生活饮用水分开。

（3）在原有管网系统的基础上，在小区范围内将自来水进行深度净化获得优质水，另设优质水管从净水站送入用户（进厨房）。这种方式易于实现，现已在大庆石油管理局宿舍区、上海浦东、深圳、宁波、广州等地建成。

根据我国国情与各地水质情况，优质水系统可以在房地产开发的同时建立，供应优质水的住房容易出售。建筑小区每户接管费约 1500 元（采用不锈钢管），优质水供水量 1m³/h 的膜设备约 10 多万元，1m³ 水售价 50～100 元，每人每月消费约 5～10 元，能被我国经济发达地区城市的居民接受，投资容易回收并能获利，有很大发展前景。

4. 净水站

由于水源水质日趋恶化，或因管网或水箱的二次污染，供给的饮用水不能满足居民对水质的要求，在缺乏资金来改造净水厂工艺的前提下，又考虑现有管网改造的复杂性，在建筑小区或建筑群内可设置净水站，居民凭卡可从自动净水设备中取水。

由专门的净水站生产的桶装水，由专人送往用户。以为罐装水已经消毒，就可长期使用，不含有细菌的想法是错误的。罐装水一旦启封，空气中细菌就会进入罐内，几天喝不完，还要生饮，从卫生角度是不安全的。

在建筑小区内设置净水站将优质水接管入户，同供给居民，能暂时缓解居民对自来水水质不够满意，愿喝优质水的矛盾。

5. 家用净水器

曾经时兴的矿泉壶，因增加的矿物质并不能普遍适用于不同地区、不同性别、不同年龄段的人，又因其溶解矿物质的量不易控制，用以灭菌的三碘树脂的脱碘或灭菌效果差，售后服务与滤芯的更换等问题而被市民冷落。

目前在市场上出售净水器品种繁多，价格各异，但最常见的是活性炭过滤器。这类净水器价格适宜，使用方便，具有脱色除臭、去除细菌与有害有机物的功能，但要科学使用，即在一定的出水量条件下，保持水接触活性炭的时间，才能有效。由于活性炭吸附容量有限，因此使用时间（净水容量）应根据说明书上规定的水量来控制，届时应该更换滤芯或活性炭。不应几秒钟灌满一水壶，让水高速流过净水器或者长期不更换活性炭。目前还存在活性炭中长细菌，使出水中细菌量增加、亚硝酸盐增加的问题。只要认真解决消毒问题，活性炭过滤器应该得到推广应用。

用活性炭吸附与超滤除菌相结合的净水器，可以使出水中不含细菌，但要及时对超滤膜进行反冲洗。

反渗透净水器，因能去除硬度，在北方地区容易被居民接受，但该类净水器也要更换反渗透膜。

由于经济条件的逐渐好转，人们对水质的重视，居民可根据自身的生理条件和心理需求，结合当地自来水水质，购买净水器，改善饮用水质量。但是要科学使用，及时更换滤芯、滤材和膜件。

卫生部门要加强卫生安全的监督，检验净水器的产品质量，发放卫生安全许可证。

出售净水器厂家、公司应加强售后服务，切实解决买主的后顾之忧。

针对洗漱水、淋浴水的净水器的开发与制造还未得到重视。首先要研究这种过滤器的功能，应去除挥发性有机物与不易挥发却易被皮肤吸收的有害有机物。其次，尚应使其经济、高效，不致因出水量大而使净水器尺寸大、售价高。

6. 净水技术的发展与膜技术

（1）供水企业的体制应调顺，水价应符合市场经济的法则进行调整，使供水企业能获微利，并且按优质优价的原则，调动企业改进净化工艺、提高供水水质的积极性。

（2）当原水中氨氮、亚硝酸盐含量高，有机物多，较易生物降解（BDOC 占 DOC 比值大）时，采用生物预处理将是适宜的，因出水水质可得到全面提高，运转费低廉。

当原水中有机物量多且较难降解（BDOC 占 DOC 比值小）时，为保证净水厂出水水质全面达到规定的有机物（包括消毒副产物）指标与使出水降低致突活性（Ames 试验呈阴性），采用活性炭过滤将是必要的，是今后发展的方向。

（3）为了有效地推广活性炭吸附技术需采用吸附量大的活性炭与解决活性炭再生问题，必须开发研制专门用于净水的活性炭。目前我国活性炭品种少，且大多是净化空气用的，微孔极其发达，因水中有机物分子尺寸较大，为了有效吸附水中有机物，就要将微孔扩大，使次微孔增多。活性炭吸附饱和后需要再生，如果没有厂家再生，活性炭很难推广，因此要按地区建立活性炭再生厂，就近为当地净水厂服务。

（4）膜技术。

膜技术是利用离子交换膜或有机高分子合成膜组成的技术，近年来发展迅速，对于水质处理，可能是 21 世纪的革新技术。

电渗析淡水装置是利用离子交换膜在电力牵动下，将水中正、负离子透过相应的膜而弃去，从而使水淡化。

微滤、超滤与反渗透是靠压力驱动使水透过膜，而将水中所含杂质：胶体、无机离子、有机物、微生物等截留的过滤技术。它们的区别主要是膜的孔径和截留粒子或分子的直径不同。

一般颗粒介质（砂、煤等）过滤技术可去除 $2\sim5\,\mu m$ 以上的粒子。

微滤可以去除 $0.1\sim0.2\,\mu m$ 的粒子，能将绝大多数形成浊度的粒子去掉。

超滤可去除 $0.05\,\mu m$、含分子量 10000 以上的粒子，包括细菌、病毒。

反渗透则可去除 $0.3\sim1.2nm$ 大小的有机物（分子量>200）与无机离子，用于除盐、海水淡化。

纳滤是一种低压反渗透，可去除纳米级的粒子、有机物（分子量>300）、无机离子，用于软化、除盐。

膜技术的应用需与其他技术（如前处理、后处理）组合才能充分发挥其特点。

水质好的原水，可经微滤、消毒就能供饮用。

含盐量高、硬度高并受有机物污染的原水可最终采用反渗透制取优质水。考虑到需要保留一些有益于健康的离子，则可在反渗透后进行矿化、钙化等处理，或者采用纳滤，少去除离子。

膜技术的应用中，关键是防止膜污染。无机盐形成的垢，有机物的黏附与微生物的积累、滋长都会造成膜的堵塞，降低膜的通水量（如维持通水量则需增加进水压力）。因此，根据原水水质选择必需的前处理格外重要，否则会影响膜的使用寿命，使膜更换频繁，增加运行成本。针对膜上不同的污染，选用清洗液定期对膜进行清洗，也是膜技术应用中的重要环节。

一些国家在研究用微滤与超滤来取代常规的净水工艺，结果表明：技术是可行的，但从经济上考虑需慎重。法国、美国、日本等已有 1 万 m^3/d 以上规模的水厂采用膜技术的实例，我国近年来已经有数家超过 20 万 m^3/d 的水厂采用超滤膜技术。

随着有机膜的大量应用，膜的高速率生产使膜的成本迅速下降，可以认为膜技术在给水事业上会得到越来越多的应用。

参 考 文 献

[1] 《全国主要湖泊、水库富营养化调查研究》课题组. 湖泊富营养化调查研究[M]. 北京：中国环境科学出版社，1987.

[2] Sourirajan S 编. 反渗透与合成膜[M]. 殷琦等译. 北京：中国建筑工业出版社. 1987.

[3] 冯敏. 工业水处理技术[M]. 北京：海洋出版社，1992：489-622.

[4] 冯逸仙，扬世纯. 反渗透水处理[M]. 北京：中国电力出版社，1997.

[5] 顾丁锡等. 湖泊水污染预测及其防治规划方法[M]. 北京：中国环境科学出版社，1988.

[6] 顾久传. 微孔膜过滤器在纯水中的应用和选择[J]. 净水技术. 1993，46(4)：3-7.

[7] 顾平，李方方. 膜技术在水处理中的应用现状及其发展[J]. 中国给水排水，1998，14(5)：25-27.

[8] 顾夏声. 废水生物处理数学模式[M]. 第2版. 北京：清华大学出版社，1993.

[9] 哈特 B T. 水质管理——水环境中污染物的迁移和归宿[M]. 北京：中国环境科学出版社，1991.

[10] 侯宇光等编. 水环境保护[M]. 成都：成都科技大学出版社，1990.

[11] 胡家骏，周群英，环境工程微生物学[M]. 北京：高等教育出版社，1988.

[12] 胡江泳等. 低温低浊微污染水源水的生物净化技术研究[J]. 环境科学，1996，17(1)：54-55.

[13] 华耀祖. 超滤技术与应用[M]. 北京：化学工业出版社，2004.

[14] 黄晓东，王占生. 微污染水源水净化新技术[J]. 环境污染与防治，1998，20(3)：35-38.

[15] 黄晓东等. 生物陶粒处理深圳水库水的试验研究[J]. 环境科学，1998，19(6)：60.

[16] 黄晓东等. 受污染珠江水源水的生物预处理试验研究[J]. 给水排水，1997，24(7)：35.

[17] 金传良等. 水质技术工作手册[M]. 北京：能源出版社，1989.

[18] 金相灿等编. 沉积物污染化学[M]. 北京：中国环境科学出版社，1992.

[19] 金相灿等编. 有机化合物污染化学—有毒有机物污染化学[M]. 北京：清华大学出版社，1990.

[20] 兰智文等. 蓝藻水华的化学控制研究[J]. 环境科学，1992，13(1).

[21] 李亚新，侯建荣. 生物砂滤池处理微污染原水工艺特性研究[J]. 给水排水，1997，23(7)：6.

[22] 李燕城. 水处理试验技术[M]. 北京：中国建筑工业出版社，1989.

[23] 刘国平. 混凝和活性炭吸附配合去除水中有机物[J]. 水处理技术，1988，14(2).

[24] 刘鸿亮等著. 中国水环境预测与对策概论[M]. 北京：中国环境科学出版社，1988.

[25] 刘文君等. 淮河(蚌埠段)饮用水源水生物接触氧化预处理生产性试验[J]. 环境科学，1997，18(1)：22.

[26] 刘毓谷等. 环境毒理学[M]. 北京：武汉：同济医科大学出版社，1987.

[27] 龙小庆，罗敏，王占生. 活性炭—纳滤膜工艺去除饮用水中总有机碳和可同化有机碳[J]. 水处理技术，2000，26(6)：351-354.

[28] 龙小庆，王占生. 活性炭—纳滤膜工艺去除饮用水中总有机碳和 Ames 致突变物[J]. 环境科学，2001，22(1)：75-77.

[29] 鲁承虎，孔青. 欧洲部分国家水库和湖泊水处理特征[J]. 给水排水，1998，24(11)：10.

[30] 罗敏. 浸没式超滤膜在大型自来水厂的应用[J]. 给水排水，2009，35(12)：17-22.

[31] 莫罹，黄霞，迪里拜尔·苏里坦. 膜—生物反应器处理微污染水源水的运行特性[J]. 中国环境科学，2003，23(2)：196-200.

[32] 莫罹，黄霞，吴金玲，张力平. 混凝—微滤膜组合净水工艺的膜污染特征及其清洗[J]. 中国环境

科学，2002，22(3)：258-262.

[33] 聂梅生．水工业工程设计手册：水资源及给水处理[M]．北京：中国建筑工业出版社，2001：747-804.

[34] 彭近新等编．水质富营养化与防治[M]．北京：中国环境科学出版社，1988.

[35] 陶氏膜产品及技术手册[Z]．2006.

[36] 汪光焘等．城市供水行业 2000 年技术进步发展规划[M]．北京：中国建筑工业出版社，1993.

[37] 王华东等著．水环境污染概论[M]．北京：北京师范大学出版社，1984.

[38] 王晓琳，丁宁．反渗透和纳滤技术与应用[M]．北京：化学工业出版社，2005.

[39] 王学松．膜分离技术及其应用[M]．北京：科学出版社，1994.

[40] 王学松．现代膜技术及其应用指南[M]．北京：化学工业出版社，2005.

[41] 王毓仁．提高废水生物硝化效果的理论探讨及工艺对策[J]，给水排水，1994(8).

[42] 王湛．膜分离技术基础[M]．北京：化学工业出版社，2000

[43] 谢志平．水源异嗅和给水除臭[Z]．合肥：中国城镇供水协会安徽分会，1989.

[44] 徐南平，邢卫红，赵宜江．无机膜分离技术与应用[M]．北京：化学工业出版社，2003.

[45] 许保玖，安鼎年．给水处理理论与设计[M]．北京：中国建筑工业出版社，1992：83.

[46] 许保玖．给水处理理论[M]．北京：中国建筑工业出版社，2000：596-630.

[47] 许建华等．弹性填料生物接触氧化预处理微污染原水的生产性研究[C]//全国给水深度处理学术交流会，宁波，1997.

[48] 许京骐，陈培康．给水排水新技术[M]．北京：中国建筑工业出版社，1988.

[49] 许振良，马炳荣．微滤技术与应用[M]．北京：化学工业出版社，2005.

[50] 严煦世．给水排水工程快速设计手册：(1) 给水工程[M]．北京：中国建筑工业出版社，1995：338.

[51] 叶常明．水污染理论与控制[M]．北京：学术书刊出版社，1989.

[52] 叶婴齐．工业用水处理技术[M]．上海：上海科学普及出版社，1995：168-182.

[53] 尹至仁编．水土保持应用化学[M]．北京：水利电力出版社，1992.

[54] 俞三传，金可勇，高从堦．膜软化及其应用[J]．工业水处理，2000，20(11)：10-13.

[55] 俞毓馨．环境工程微生物检验手册[M]．北京：中国环境科学出版社，1990.

[56] 张德和等．黄腐酸的凝胶过滤[J]．分析化学，1982，10(5).

[57] 张淑琪等．臭氧氧化自来水生物稳定性研究[J]．环境科学，1998，19(5)：34-36.

[58] 张自杰主编．环境工程手册—水污染防治卷[M]．北京：高等教育出版社，1996.

[59] 赵章元，吴颖颖等．我国湖泊富营养化趋势探讨[J]．环境科学研究，1991，4(3).

[60] 郑领英．我国反渗透、超滤和微滤膜技术的现状[J]．水处理技术．1995，21(1)：1-6.

[61] 中国环境优先监测研究课题组编．环境优先污染物[M]．北京：中国环境科学出版社，1989.

[62] 中国市政工程中南设计院．富营养化湖泊水源水净化技术研究[R]．"八五"国家科技攻关专题报告．1995.

[63] 钟淳昌．净水厂设计[M]．北京：中国建筑工业出版社，1986：393-394.

[64] 朱良金等．淡水藻类与饮用＋A1：A198 水致突变活性的关系[J]．中国环境科学，1986，6(4).

[65] Amjad Z. Reverse Osmosis：Membrane Technology, Water Chemistry, and Industrial Applications [M]. New York：Van Nostrand Reinhold, 1993.

[66] ASTM D4189-95 Standard Test Method for Silt Density Index (SDI) of Water[S]//1996 Annual Book of ASTM Standards Section Ⅱ：Water and Environmental Technology Volume 11.01 Water (1)：400-401, West Conshohocken：American Society for Testing and Materials, 1996.

［67］ AWWA Membrane Technology Research Committee. Committee report: membrane processes ［J］. Journal - American Water Works Association, 1998, 90(6): 91-105.

［68］ AWWA. AWWA Manual 53: Microfiltration and Ultrafiltration Membranes for Drinking Water ［M］. Denver: Glacier Publishing Services, Inc. , 2005.

［69］ AWWA. Water Treatment Plant Design［M］. Third Edition. New York: McGraw-Hill Companies Inc. , 1998: 233.

［70］ Babcock D B, et al. Chlorination and coagulation of humic and fulvic acids［J］ . Journal - American Water Works Association, 1979, 71(3): 149.

［71］ Benschoten J E V, Edzwald J K. Chemical aspects of coagulation using aluminum salts: coagulation of fulvic acid with alum and polyaluminum chloride［J］. Water Research, 1990, 24(12): 1527-1535.

［72］ Bermhardt H, Hoyer O, et al. Reaction mechanisms involved in the influence of algogenic organic matter on flocculation［J］. Zeitschrift Für Wasser- Und Abwasser-forschung, 1985, 18(1): 18-30.

［73］ Bernhardt H. and Clasen J. Flocculation of micro-organisms［J］. Journal of Water Supply: Research and Technology-Aqua, 1991, 40(2): 76-87.

［74］ Bitton G. Wastewater Microbiology［M］. New York: A John Wiley & Sons Inc, 1994: 126.

［75］ Block J C, Mathieu L, et al. Indigenous bacterial inocula for measuring the biodegradable dissolved organic carbon (BDOC) in waters［J］. Water Research, 1992, 26(4): 481-486.

［76］ Boireau A, Randona G, Cavard J. Positive action of nanofiltration on materials in contact with drinking water［J］. Journal of Water Supply: Research and Technology-Aqua, 1997, 46(4): 210-217.

［77］ Bois F Y, Fahmy T. Dynamic Modeling of Bacteria in a Pilot Drinking-Water Distribution System ［J］. Water Research, 1997, 31(12).

［78］ Brazos B J, et al. Kinetics of Chlorine Depletion and Microbial Growth in Household Plumbing Systems［C］//Proceedings of the American Water Works Association Water Quality Tech. Conference, Houston Texas, 1985.

［79］ Cartwright P. The role of membrane technology in water purification applications［J］. Filtration & Separation, 1997, 34(6): 564-568.

［80］ Castro K, et al. Membrane Air-stripping: Effects of Pretreatment［J］. Journal - American Water Works Association, 1995, 87(3): 50-61.

［81］ Chadik P A, et al. Removing trihalomethane precursors from various natural waters by metal coagulants ［J］. Journal - American Water Works Association, 1983, 75(10): 532.

［82］ Chang J. Jaques Manem and Andre Beaubien, Membrane bioprocesses for the denitrification of drinking water supply［J］. Journal of membrane science, 1993, 80: 233-239.

［83］ Characklis W G, et al. Bacterial Regrowth in Distribution Systems［C］, AWWA Res. Fdn. , Denver, Colo, 1988.

［84］ Cheng R C, Krasner S W, Green J F, Wattier K L. Enhanced coagulation: a preliminary evaluation ［J］. Journal - American Water Works Association, 1995, 87(2): 173.

［85］ Chowdhury Z K, et al. Optimization of NOM precursors and arsenic removal by enhanced coagulation［C］// Proceeding 1994 AWWA Annual Conference. New York, 1994.

［86］ Cipparone L A, Diehi A C. Ozonation and BDOC Removal: Effect on Water Quality ［J］. Journal - American Water Works Association. 1997, 89(2).

［87］ Cote P. International Report: State-of-the-art techniques in reverse osmosis, nanofiltration and electrodialysis in drinking-water supply［J］. Water Supply, 1996, 14(3/4): 289-322.

[88]　Crozes G, et al. Enhanced coagulation: Its effect on NOM removal and chemical costs [J]. Journal - American Water Works Association, 1995, 87(1): 78.

[89]　Cunliffe D A. Bacterial nitrification in chloraminated water supplies [J]. Applied & Environmental Microbiology, 1991, 57(11): 3399-3402.

[90]　Daniel P A, Meyerhofer P F. Ozonation of Taste and Odor Causing Compounds[C]//Proc. 9th Ozone World Congress, New York, 1989.

[91]　Delanghe B, Nakemura F, Myoga H, et al. Drinking water denitrification in a membrane bioreactor [J]. Water Science & Technology, 1994, 30(6): 157-160.

[92]　Donald K N, et al. Evaluating treatment processes with the Ames mutagenicity assay [J]. Journal - American Water Works Association, 1989, 81(9).

[93]　Ducom G, Cabassud C. Interests and limitations of nanofiltration for the removal of volatile organic compounds in drinking water production[J]. Desalination, 1999, 124: 115-123.

[94]　Dukan S, Levi Y, et al. Dynamic Modelling of Bacterial Growth in Drinking Water Networks[J]. Water Research, 1996, 30(9).

[95]　Edzwald J K. C in drinking water treatment: particles, organics and coagulants[J]. Water Science & Technology, 1993, 27(11): 21-35.

[96]　Edzwald J K. Coagulation in drinking water treatment: particles, organics and coagulations[J]. Waterence & Technology, 1993, 27(11): 21-35.

[97]　Ellis K V, White G, Warn A E. Surface Water Pollution and Its Control[M]. Basingstoke and London: Macmillan Press Ltd., 1989.

[98]　Ericsson B, et al., Membrane Applications in Raw Water Treatment with and without Reverse Osmosis Desalination[J]. Desalination, 1994, 98(1-3): 3-16.

[99]　Eriksson P. Nanofiltration extends the range of membrane filtration[J]. Environmental Progress, 1988, 7(1): 58-62.

[100]　Escobar I C, Hong S, Randall A A. Removal of assimilable organic carbon and biodegradable dissolved organic carbon by reverse osmosis and nanofiltration membranes[J]. Journal of Membrane Science, 2000, 175(1): 1-17.

[101]　Farahbakhsh K, Adham S, Smith D W. Monitoring the Integrity of Low Pressure Membrane [J]. Journal - American Water Works Association, 2003, 95(6): 95.

[102]　Flogstad H. & Odegaard H. Treatment of Humic Waters by Ozone[J]. Ozone Science & Engineering the Journal of the International Ozone Association, 1985, 7(2): 121-136.

[103]　Fransolet G, et al. Influerence of Temperature On Bacterial Development in Waters[J]. Ozone Science & Engineering, 1985, 7(3).

[104]　Frias J, et al. A Method For The Mesurement Of Biodegradable Organic Carbon In Waters[J]. Water Research, 1992, 26(2).

[105]　Frias J, Ribas F. Comparison of Methods for the Measurement of Biodegradable Organic Carbon and Assimilable Organic Carbon in Water[J]. Water Research, 1995, 29(12).

[106]　Fu P, et al. Selecting membranes for removing NOM and DBP precursors [J]. Journal - American Water Works Association, 1994, 86(11): 55-72.

[107]　Fu P, Ruiz H, Lozier J, et al. A pilot study on groundwater natural organics removal by low-pressure membranes[J]. Desalination, 1995, 102(s 1 - 3): 47-56.

[108]　Gagnon G A, Booth S D J, et al. Carboxylic Acids: Formation and Removal in Full-Scale Plants

[J]. Journal - American Water Works Association. 1997, 89(8).

[109] Gagnon G A, Ollos P J. Modelling BOM Utilization and Biofilm Growth in Distribution Systems: Review and Identification of Reseach Needs[J]. Journal of Water Supply Research and Technology-AQUA, 1997, 46(1).

[110] Garcia-Aleman J, et al. From 0 to 100-MGD in 30 Months - How the San Diego County Water Authority is Implementing the Largest Ultrafiltration Membrane Water Treatment Plant at Twin Oaks Valley with the Design-Build-Operate Process[C]//AWWA membrane technology conference, 2007.

[111] Garcia-Aleman J, Mains K, Farr A. Integrating 80 MGD of membranes, ozone and biological pretreatment at Lakeview WTP[C]//AWWA membrane technology conference, 2005.

[112] Gimbel W U, Bundermann G, et al. A Two- Step Process for Biodegradation and Activated Carbon Adsorption-a Means to Improve Removal of AOC and Natural Organics and to Achieve Longer Operation Times of GAC-Adsorbers[J]. Water Supply. 1996, 14(2) .

[113] Graese S L, Lee R G. Granular activated carbon filter-adsorber system [J]. Journal - American Water Works Association, 1987, 79(12).

[114] Guy P. B. Developing a sand-GAC filter to achieve high-rate biological filtration [J]. Journal - American Water Works Association, 1988, 80(12): 48.

[115] Hassan A M, et al, A new approach to membrane&-thermal seawater desalination processes using nanofiltration membrane[J], Desalination &- water Reuse, 1998, 1(8): 53-59; 1998, 2(8): 39-45.

[116] Hillis P. Membrane Technology in Water and Wastewater Treatment[M]. The Royal Society of Chemistry, 2000.

[117] Himberg K, Keijola A M, Hiisvirta L, Pyysalo H, Sivonen K. The effect of water treatment processes on the removal of hepatotoxins from Microcystis and Oscillatoria cyanobacteria: a laboratory study[J]. Water Research, 1989, 23(8): 979-984.

[118] Ho W S W and Sirkar k K. Membrane Handbook[M]. New York: Van Nostrand Reinhold, 1992.

[119] Hoyer O, Lusse B, et al. Isolation and characterization of extracellular organic matter (EOM) from algae[J]. Z. Wasser-Abwasser-Forsch. , 1985, 18.

[120] Hozalski R M, et al. TOC removal in biologically active sand filters: effect of NOM source and EBCT [J]. Journal - American Water Works Association, 1995, 87(12): 40.

[121] Huck P M, et al. Formation and removal of assimilable organic carbon during biological treatment [J]. Journal - American Water Works Association, 1991, 83(12).

[122] Huck P M. Measurement of Biodegradable Organic Matter and Bacterial Growth Potential in Drinking Water [J]. Journal - American Water Works Association, 1990, 82(7).

[123] International Membranes Directory[J]. Filtration &- Separation, 1997, 34(1): 38-54.

[124] Janson A, O'Toole G, Singh M, et al. A 273, 000 m3/d immersed membrane system for surface water treatment pilot system results and full-scale system design[C]//IWA Specialised Conference on Water Environment-Membrane Technology, Seoul, 2004.

[125] JMM, Consulting Engineering, Inc. Water Treatment: Principles and Design[M]. New York: John Whiley &- Sons, 1985.

[126] Joret J C, et al. . Biodegradable Dissolved Organic Carbon(BDOC) Content of Drinking Water and Potential Regrowth of Bacteria[J]. Water Science &- Technology, 1991, 24(2).

[127] Kaplan L A, Bott T L, Reasoner D J. Evaluation and Simplification of the Assimilable Organic Carbon Nutrient Bioassay for Bacterial Growth in Drinking Water[J]. Applied & Environmental Microbiology, 1993, 59(5): 1532 - 1539.

[128] Kaplan L A, Reasoner D J. A Survey of BOM in US Drinking Waters [J]. Journal - American Water Works Association. 1994, 82(2).

[129] Kim D Y, Rhim J A, et al. Characteristics of Micropollutants by Ozonation and Treatment of BDOC in the Nakdong River[J]. Water Supply, 1996, 14(2).

[130] Koch B, Gramith J T, et al. Control of 2－MIB and Geosmin by ozone[J]. Water Science & Technology, 1992, 25(2).

[131] Krasner S W, et al. Jar-test evaluations of enhanced coagulation [J]. Journal - American Water Works Association, 1995, 87(10): 100.

[132] Krasner S W, et al. Testing biological active filters for removing aldehydes formed during ozonation [J]. Journal - American Water Works Association, 1993, 85(5): 62.

[133] Kunikane S, et al. Flocculation and filtration of the green algae Chorella sp. and Dictyosphaerium sp. under selected conditions[J]. Z. Wasser－Abwasser－Forsch, 1986, 19.

[134] Laurent P, Servais P, et al. Testing the SANCHO model on Distribution Systems [J]. Journal - American Water Works Association. 1997, 89(7).

[135] Lebeau T, Lelievre C, Buisson H, et al. Immersed membrane filtration for the production of drinking water: combination with PAC for NOM and SOCs removal[J]. Desalination, 1998, 117(1): 219-231.

[136] Lechevallier M W, Babcock T M, et al. Examination and Characterization of Distribution System Biofilms[J]. Applied & Environmental Microbiology, 1987, 53(12).

[137] LeChevallier M W, et al. Evaluating the performance of biologically active rapid sand filters [J]. Journal - American Water Works Association, 1992, 84(4): 136.

[138] Lechevallier M W, Schulz W, et al. Bacterial Nutrients in Drinking Water[J]. Applied & Environmental Microbiology, 1991, 57(3): 857-862.

[139] Lechevallier M W, Welch N J, et al. Full-Scale Studies of Factors Related to Coliform Regrowth in Drinking water[J]. Applied & Environmental Microbiology, 1996, 62(7).

[140] LeChevallier M W. Coliform Regrowth in Drinking Water: A Review[J]. Journal - American Water Works Association, 1990, 82(11).

[141] LeChevllier M W, et al. Development of a Rapid Assimilable Organic Carbon Method for Water [J]. Applied & Environmental Microbiology, 1993, 59(5): 1526 - 1531.

[142] Lee H O, et al. Controlling nitrification in chlorinated systems [J]. Journal - American Water Works Association, 1996, 88(71): 95.

[143] Mallevialle J, et al. water treatment membrane processes[M]. New York: McGraw-Hill, 1996.

[144] Mark C. White. Evaluating criteria for enhanced coagulation compliance [J]. Journal - American Water Works Association, 1997, 89(5): 64-77.

[145] Miltner R J, et al. The control of DBPs by enhanced coagulation[C]//Proceeding 1994 AWWA Annual Conference. New York, 1994.

[146] Montgomery J M, Consulting Engineers. Water treatment principles and design[M]. A-Wiley-Inerscience publication , 1985: 263.

[147] Mulder M. Basic Principles of Membrane Technology[M]. Second Edition. Kluwer Academic Pub-

lishers，1996.

[148] Muylwyk Q，et al. Pre-treating Membranes with Ozone and Biologically Active Carbon Contact: Optimizing Performance and Cost[C]// AWWA WQTC conference，2004.

[149] Nancy I L，et al. Optimizing chloramine disinfection for the control of nitrification [J]. Journal - American Water Works Association，1993，85(2)：84.

[150] Nicoll H. Nanofiltration makes surface water drinkable[J]. Filtration and Separation，2001 (1)：22-23.

[151] Nitisoravut S，Wu J S. Columnar Biological Treatability of AOC under Oligotrophic Conditions[J]. Journal of Environmental Engineering，1997，3.

[152] Oinuma M，et al.，New Pretreatment Systems Using Membrane Separation Technology[J]. Desalination，1994，98(1-3)：59-69.

[153] Owen D M，et al. Practical implications of enhanced coagulation[C]//Proceeding 1993 AWWA WQTC. Miami，Fla.，1993.

[154] Palmer C M. Algae and water pollution：the identification，significance and control of algae in water supplies and in polluted water[M]. Castle House Publications Ltd. (U. K.)，1980.

[155] Paode R D，Amy G L. Predicting the Formation of Aldehydes and BOM [J]. Journal - American Water Works Association，1997，89(6).

[156] Paralkar A. The effects of ozonation on algae in drinking water treatment[D]. University of Massachusetts，1992.

[157] Pirbazari M，et al. Physical chemical characterization of five earthy-musty-smelling compouds[J]. Water Science & Technology，1992，25(2).

[158] PitterP. Biodegradability of Organic Substances in the Aquatic Environment[M]. CRC Press，1992.

[159] Porter M C (ed.). Handbook of Industrial Membrane Technology[M]. N. J. ：Noyes Publications，1990：136-259.

[160] Pqntius F W. An update of the federal regs[J]. Journal - American Water Works Association，1996，88(3)：36.

[161] Ramam R K. Controlling algae in water supply impourdments [J]. Journal - American Water Works Association，1985，77(8).

[162] Randtke S J. Organic contaminant removal by coagulation and related process combinations [J]. Journal - American Water Works Association，1988，80(5)：40.

[163] Ratnayaka D D，Lee M F，Tiew K N，et al. Application of membrane technology to retrofit large-scale conventional water treatment plant in Singapore[C]//IWA conference，2008.

[164] Reckhow D A，et al. Chlorination byproducts in drinking waters：from formation potentials to finished water concentrations [J]. Journal - American Water Works Association，1990，82(4)：173.

[165] Reissmann F G，Uhl W. Ultrafiltration for the reuse of spent filter backwash water from drinking water treatment[J]. Desalination，2006，198(1-3)：225-235.

[166] Ribas F，Frias J，Lucena F. A New Dynamic Method for the rapid Determination of the Biodegradable Dissolved Organic Carbon (BDOC) in Drinking Water[J]. Journal of Applied Bacteriology，1991(71).

[167] Rice R G. Forum on Ozone Disinfection[M]. Vienna，1977.

[168] Rosberg R. Ultrafiltration (New Technology)，a Viable Cost-saving Pretreatment for Reverse Osmosis and Nanofiltration—a New Approach to Reduce Costs[J]. Desalination，1997，110(1-2)：

107-114.

[169]　Sanchez de la Nieta et al. . Problems caused by biological growth in water distribution systms storage and regulation reservoirs[J]. Water Supply, 1984, 2 (3/4).

[170]　Semmens M J, et al. Coagulation: Experiences in organics removal [J]. Journal - American Water Works Association, 1980, 72(84): 476.

[171]　Semmens M J, et al. Removal by coagulation of trace organics from Mississippi River water [J]. Journal - American Water Works Association, 1985, 77(5): 79.

[172]　Semmens M J, et al. Using a Microporous Hollow-Fibre Membrane to Separate VOCs from Water [J]. Journal - American Water Works Association, 1989, 81(4): 162-167.

[173]　Servais P , et al. Determination Of The Biodegradable Fraction Of Dissolved Organic Matter In Waters[J]. Water Research, 1987(21).

[174]　Servais P, et al. Development of a model of BDOC and bacterial biomass fluctuation in distribution system[J], Revue Des Sciences De Leau, 1995, 8: 427-462.

[175]　Siddiqui M, Amy G, Ryan J, et al. Membranes for the control of natural organic matter from surface waters[J]. Water Research, 2000, 34(13): 3355-3370.

[176]　Smith J E Jr. , et al. Upgrading existing or designing new drinking water treatment facilities[M]. U. S. A. Noyes Data Corporation , 1991: 61.

[177]　Smith L A, et al. Effects of enhanced coagulation on halogenated disinfection by-product formation potentials[C]//Proceeding 1994 AWWA Annual Conference. New York, 1994.

[178]　Suffet I H. Aquatic Humic Substances Influence on Fate and Treatment of Pollutants[M]. Washington: ACS, 1989.

[179]　Sukenik A, Teltch B, et al. Effect of Oxidants on Microalgal Flocculation[J]. Water Research, 1987, 21(5).

[180]　Thorell B, Boren H, et al. . Characterization and identification of odors compounds in ozonated waters[J]. Water Science & Technology, 1992, 25(2).

[181]　Toyomono K, Higuchi A, Microfiltration and Ultrafiltration[M]//Yoshihito Osada, Tsutomu Nakagawa, Membrane Science and Technology. New York: Marcel Dekker, Inc. , 1992: 291-313.

[182]　Tryby M E, et al. TOC removal as a predictor of DBP control with enhanced coagulation[C]//Proceedings 1993 AWWAWQTC, Miami, Fla. , 1993.

[183]　Urbain V, Benoit R and Manem J. Membrane bioreactor: a new treatment tool [J]. Journal - American Water Works Association, 1996, 88(5): 75-86.

[184]　USEPA. Membrane Filtration Guidance Manual[Z]. EPA 815-R-06-009, 2005.

[185]　Van der Kooij D, Assimilable Organic Carbon as an Indicator of Bacterial Regrowth [J]. Journal - American Water Works Association, 1992, 84(2).

[186]　Van Der Kooij D, et al. Determining the concentration of easily assimilable organic carbon in drinking water [J]. Journal - American Water Works Association, 1982, 74(10).

[187]　Van Der Kooij D, Hijen D, et al. The Effect of Ozonation, Biological Filtration and Distribution on the Concentration of Easily Assimilable Organic Carbon in Drinking Water[J]. Ozone Science & Engineering, 1989, 11(3): 297-311.

[188]　Van der kooij D, et al. Substrate utilization by an oxalate-consuming spirillum species in relation to its growth in ozonated water[J]. Applied and Environmental Microbiology, 1984, 47(3): 551.

[189]　van der Kooij D. Assimilable organic carbon (AOC) in drinking water[M]// Gordon A, Mc Felers

eds, Drinking Water Microbiology. Spinger-vcrlag, 1990.

[190] Ventresque C, Turner G, Bablon G. Nanofiltration: from protype to full scale [J]. Journal - American Water Works Association, 1997, 89(10): 65-76.

[191] Vrijenhoek E M, Childress A E, Elimelech M, Tanaka T S, Beuhler M D. Removing particles and THM precursors by enhanced coagulation [J]. Journal - American Water Works Association, 1998, 90(4): 139-150.

[192] Wąsik E, Bohdziewicz J, Błaszczyk M. Removal of nitrate ions from natural water using a membrane bioreactor[J]. Separation and Purification Technology, 2001, s22 - 23(00): 383-392.

[193] Water Quality Division Disinfection Committee. Survey of water utility disinfection practices [J]. Journal - American Water Works Association, 1992, 84(11): 123.

[194] Wilczak A. Occurrence of nitrification in chlorinated distribution systems [J]. Journal - American Water Works Association, 1996, 88(71): 84.

[195] Wolfe R L, Barrett S E. Biological Nitrification in Covered Reservoirs Containing Chloraminated Water [J]. Journal - American Water Works Association, 1988, 80(9): 109-114.

[196] Wolfe R L, Lieu N I, Izaguirre G, Means E G. Ammonia-oxidizing bacteria in a chloraminated distribution sytem: Seasonal occurrence, distribution, and disinfection resistance [J]. Applied &. Environmental Microbiology, 1990, 56(2): 451-462.

[197] Yuasa A. Drinking Water Production by Coagulation-Microfiltration and Adsorption- Ultrafiltration [J]. Water Science &. Technology, 1998, l37(10).